浙江省哲学社会科学重点研究基地

第七辑

浙江海洋文化与经济

李加林 主编

海洋出版社

2015年·北京

图书在版编目(CIP)数据

浙江海洋文化与经济. 第7辑/李加林主编. —北京：海洋出版社, 2015.1
ISBN 978-7-5027-9079-0

Ⅰ.①浙… Ⅱ.①李… Ⅲ.①海洋-文化-浙江省-文集②沿海经济-经济发展-浙江省-文集 Ⅳ.①P722.6-53②F127.55-53

中国版本图书馆 CIP 数据核字(2015)第022924号

责任编辑：钱晓彬
责任印制：赵麟苏

海洋出版社　出版发行

http://www.oceanpress.com.cn
北京市海淀区大慧寺路8号　邮编：100081
北京画中画印刷有限公司印刷　新华书店发行所经销
2015年1月第1版　2015年1月北京第1次印刷
开本：787mm×1092mm　1/16　印张：21.75
字数：514 千字　定价：88.00元
发行部：62132549　邮购部：68038093　总编室：62114335
海洋版图书印、装错误可随时退换

《浙江海洋文化与经济》编委会

主　任：郑孟状
主　编：李加林
委　员：（以姓氏笔画为序）
　　　　刘桂云　李加林　严小军　张　伟　郑孟状
　　　　郑曙光　胡求光　段汉武　钟昌标　蔡先凤

前　言

　　《浙江海洋文化与经济》是浙江省哲学社会科学重点研究基地——浙江省海洋文化与经济研究中心主办的学术性刊物。本刊物旨在围绕我中心的浙江海洋经济与管理、浙江海外经济文化交流与区域社会变迁、浙江海洋文化三个研究方向，通过理论与实证研究，努力推出一批高质量、有影响的基础性与对策性研究成果，在促进基地建设、推动学术交流的同时，为浙江省全面实施海洋经济强省和文化强省建设提供智力服务。

　　本辑共收录论文38篇，其中除了中心研究人员的部分研究成果外，也有其他高等院校、研究机构以及地方政府部门研究人员的相关成果。就其内容而言，涉及海洋经济、海洋文化以及海洋资源的开发与利用等方面，既有宏观研究，也有个案研究；既有理论、对策类研究，也有基础性研究，一定程度上反映了当前相关海洋文化、海洋经济研究，尤其是浙江省海洋文化与经济研究的一些新动态。

　　由于我们的水平有限，加之编纂时间仓促，文中错讹之处在所难免，敬请读者批评指正。同时，我们也衷心感谢同行专家与广大读者对我们的大力支持。

《浙江海洋文化与经济》编委会
2014年7月

III

目　次

全球化背景下宜家空间扩散路径与模式研究 …………………………… 陈丽丽，冯革群（1）
论海洋生态损害国家索赔主体资格 ………………………………………… 蔡先凤，刘　娜（12）
海洋文化视野中的莎士比亚研究述评 ……………………………………… 虞佳佳，王松林（27）
20世纪初萧绍海塘的管理——以西湖底闸为中心 ……………………………… 蔡　彦（37）
规范使用海岛概念研究 ………………………………………………………………… 邹日强（44）
从舟山古民居看海岛民俗文化的现世观 …………………………………………… 翁源昌（49）
会馆文化与大运河文化研究——流徙与汇聚中的点、线、面 ……………… 曹　琼（54）
近代英国谋取舟山为自由港始末 …………………………………………………… 王文洪（59）
文化强国战略下的青岛蓝色文化遗产研究 ……………………………… 梁晓宇，任成金（70）
茅元仪与明代中西文化交流 ………………………………………………………… 周运中（77）
浅析明州在唐代国内贸易中的地位 ………………………………………………… 钱彦惠（83）
试论郑若曾《筹海图编》的编撰——中国古代海防著述的典范之作 ………… 童　杰（92）
渔业组织与海洋秩序——以民国时期浙江海洋渔业组织为中心的考察 ……… 白　斌（102）
在包容与对话中建构、质疑乌托邦——论徐讦海洋小说《荒谬的英法海峡》的独创价值
　……………………………………………………………………………………………… 陈绪石（112）
镇海古海塘略论 ………………………………………………………………………… 吴锋钢（119）
制度引进与近代江浙海洋渔业发展 ………………………………………………… 李园园（129）
边疆问题与中国国家安全——地缘政治视角的新疆与南海 ……………………… 梁贤军（137）
浙江省海洋经济核心区发展现状与目标定位研究 ………………………………… 许继琴（148）
比较视角下的我国海岛旅游发展模式和路径选择——以舟山和海南岛为例
　……………………………………………………………………… 马丽卿，苏立盛，程敏玲（161）
露营旅游在中国：研究动态与挑战 ………………………………………… 倪欣欣，马仁锋（170）
陆岛型都市区结构的多维测度 ……………………… 孙东波，王益澄，马仁锋，陈鹏程，徐樑（182）
浙江大宗商品市场发展现状、运营模式及瓶颈分析 …………………… 王军锋，曹无瑕（194）
浙、台海洋旅游研究动态及两岸旅游合作新思维 …………… 倪欣欣，马仁锋，张旭亮（202）
浙江海洋经济示范区建设进程评估 ………………………………………………… 马仁锋（213）

中国海水养殖与海洋生态环境协调度分析 …………………………… 王秀娟,胡求光(222)
人类活动对海岸带资源环境的影响研究综述 …………………………… 徐谅慧,李加林(234)
浅论江苏海洋经济发展战略 ……………………………………………… 沈永明,时海东(245)
宁波港集装箱海铁联运的发展对策 ……………………… 张星星,刘婷婷,刘桂云(250)
基于自动感知技术的集装箱码头生产监控系统 ………………… 包雄关,刘桂云(256)
中国南方大陆海岸线时空变迁研究 ………………………………………… 杨 磊(264)
潮滩围垦对海岸环境的影响研究进展 …………………………………… 李加林(276)
山东半岛与长三角、珠三角城市群综合竞争力比较研究 ………………………………
……………………………………………… 王楠楠,王益澄,马仁锋,梁贤军(288)
SPS 和 TBT 对我国海产品出口影响分析 ………………………………… 董楠楠(297)
海洋旅游低碳化发展研究 …………………………………………………… 苏勇军(303)
浙江海洋文化遗产保护与旅游开发对策 …………………………………… 金 露(308)
欧洲港口海运产业集群发展模式研究 ……………………………… 庄佩君,马仁锋(313)
港口吞吐量预测模型的比较研究——以舟山港为例 ………… 徐钰姬,邱 枫(326)
宁波海洋经济数据库平台设计 ……………………… 孙伟伟,李 飞,陈顺丽,陈小慧(333)

全球化背景下宜家空间扩散路径与模式研究[①]

陈丽丽,冯革群

(宁波大学 建筑工程与环境学院)

摘要: 宜家作为瑞典的一家乡村家具便利店,经过70多年的发展,已经成为全球性的家居用品商业帝国。目前,它的触角遍布世界各地,并从专门的家具邮购转向生活体验式的商业空间发展。宜家不仅是全球化的参与者、塑造者,也成为引领社会与个体生活方式的标杆。宜家的体验模式、空间扩散模式及全球在地化模式构成独特的"宜家现象",并引起了学术界的关注。通过跟踪全球化背景下宜家的空间扩散路径和扩散模式,发现,点–轴扩散始终贯穿于宜家的整个空间扩散模式之中;宜家的空间扩散呈现出从初期的跨国区域性的邻近接触扩散,到后期全球化空间尺度的等级扩散的发展趋势。这种空间扩散战略对中国家具跨国企业"走出去"战略具有启示意义。

关键词: 全球化;"宜家现象";扩散模式;全球在地化

一、引言

全球化是资本、生产、技术、服务、信息等要素在全球范围内的快速流动[1],其中跨国公司在全球化过程中起助推器的作用[2],跨国公司势力的增强是全球化日益深化最明显的标志[3-4]。同时,跨国公司与全球化相伴而来[5],它参与、加速全球化进程,是全球化的主要载体和推动者[6-8]。作为全球性的跨国公司的宜家(IKEA)诞生于1943年,秉承"提供种类繁多、美观实用、老百姓买得起的家居用品"的经营理念,经过70多年的发展,宜家商场遍及全球,在43个国家或地区拥有345家商场,总销售额达279亿欧元(2013财年),成为全球最大的家居用品跨国集团。毋庸置疑,宜家跨国集团不仅是全球化进程的塑造者,也是现代时尚生活方式的引领者。这种萌芽于乡村的便利店发展为商场遍及全球的成功商业模式被称为"宜家现象"(IKEA Phenomenon)。"宜家现象"包括宜家的体验模式、空间扩散模式和

[①] 基金项目:浙江省哲学社会科学重点研究基地——浙江省海洋文化与经济研究中心项目(14HYJDYY01)。
作者简介:陈丽丽(1985—),女,硕士,研究方向为区域分析与区域规划、休闲旅游。E-mail:chenlily1st@163.com。
冯革群(1967—),男,博士,副教授,硕士生导师,研究方向为跨文化城市发展和国际旅游。E-mail:fenggequn@nbu.edu.cn。

全球在地化模式。体验模式表现在产品开发,情景设置及信息媒介[9]。宜家产品的设计采用"模块化"的方法,让消费者体验到 DIY(Do It Yourself,自助拆卸组装)家具的乐趣[10-11]。宜家充满灵感的样板间、别具风格的瑞典餐厅、贴心的儿童游戏区,让消费者获得丰富的体验感知和娱乐购物[12]。

另外,作为全球最大的家居用品的跨国集团宜家,通过全球化的空间扩散和传播,对目的地的生活方式、地方经济和城市景观带来深刻的影响[13-15]。全球化本质是一个空间扩散过程[16],但它并非均匀的空间扩散,而是在不同的时期具有不同的特征[17]。因此,作为全球化现象的宜家商场,其空间扩散在不同时期和不同的国家亦不尽相同[18]。那么,全球化背景下宜家的空间战略,存在怎样的扩散模式?目的地城市的选择是否有章可循?区位的确定如何考究?本文试图通过分析宜家的空间扩散模式,来回答这些问题。

二、宜家扩散的理论基础——空间扩散理论

随着宜家在全球的空间扩散,其经营理念也不断向外渗透。如果把宜家的经营理念看作是一种创新,那么宜家的扩散之路便是创新在空间上不断扩散的过程。创新扩散是创新的空间传播或转移过程,它既是一个时间过程,也是一个空间过程[19-20]。最早对空间扩散现象进行开创性研究的是瑞典 Lund 大学教授哈格斯特朗(Hagerstrand. T)。他在《The Propagation of Innovation Waves》中首创数学方法定量研究创新扩散的空间特征[21]。并进一步在其 1953 年发表的《Innovation Diffusion as a Spatial Process》论文中对创新空间扩散规律和内在机制做了详尽的研究,提出了两个重要规律:"邻近效应"和"等级效应"。前者是指创新从创新源地逐渐向周围地区扩散,后者是指在一个城市体系中,创新总是按照城市的等级来扩散[22]。

哈格斯特朗的经典研究奠定了现代空间扩散理论的基础。其后,地理现象的空间扩散得到不少地理学者的关注。巴斯(Bass)根据扩散随时间变化呈现出的特征,提出倒"U"形扩散模型,指出创新在刚起步时接受程度较低,扩散过程也就相对迟缓,当使用者比例达到临界值后,创新扩散过程就会快速地增加[23]。莫里尔(Morill)认为,地理扩散最常见的是接触扩散(Contagious Diffusion),其特点是围绕扩散源由中心向周围扩散,近邻效应明显,具有距离衰减效应[24]。琼斯(Jones)研究发现英国家具连锁零售商 M.F.1 通过不断兼并竞争对手来实现扩张,属于典型的接触扩散模式[25]。劳拉詹南(Laulajainen)1988 年通过大量的实证分析后指出,零售企业扩散的基本模式是接触扩散[26]。接触扩散在公司的空间扩散中不足为奇,零售业[27-30]、连锁酒店[31]的扩散等皆属于此类扩散。等级扩散(Hierarchy Diffusion)是遵循一定的等级顺序进行的跳跃式的扩散,空间上表现为间断性,等级效应明显。哈德逊(Hudson)1969 年提出,等级扩散沿着一定等级规模的地理区域进行蛙跳式的扩散。世界著名销售商 LVM 公司进入日本各地的先后顺序,具有等级扩散特点,依次从东京,到大阪、名古屋、京都,再到规模较小的城市[32]。李金昌等通过对国美连锁店的扩张之路进行研究后指出,国美电器自成立以来进入城市的次序与城市等级规模呈正相关[33]。李小健对日本的日立公司和美国的联合技术公司在中国投资的空间扩张进行分析后指出,跨国公司的空间扩散大多直接进入最大的城市,然后向次级城市扩散[34]。

点-轴系统理论由中国经济地理学家陆大道先生提出,此理论中的"点"是指一定地域范围内的中心城市,呈斑点状分布;"轴"是指由交通、通信干线、水源通道等连接起来的供应线。点-轴系统理论认为,随着主要交通干线的建立,区域的人流和物流会迅速增加,生产和运输成本会降低,从而形成有利的区位条件和投资环境[35]。跨国企业作为现代经济发展的一种重要产业,也遵循点-轴系统理论。轴向、邻近、等级等因子影响着创新的空间扩散,使其表现出点-轴扩散模式、接触扩散和等级扩散等类型。宜家的空间扩散亦不例外。安娜·琼森(Anna Jonsson)认为,宜家通过灵活复制母国的经验走上的全球化扩散之路,其国际扩散具有等级性[36]。她还指出,文化差异制约国际化的扩张,宜家全球化空间扩散成功的关键是文化的适应性[37]。宜家的全球空间扩散的典型性和所具有的普遍意义,使得对宜家扩散模式的研究极为重要。

三、宜家的空间扩散路径

宜家从进驻国外的第一站——挪威——伊始,表现出强烈的空间占据的意识(Consciousness of Space Occupied)。经过50年的海外空间扩散,宜家建立了从亚欧大陆到北美大陆;从东半球到西半球,从北半球到南半球宜家帝国的基本雏形(图1)。依据空间扩散的速度和规模,宜家的扩散过程可以分为三个连续的阶段:原始扩散阶段、调整扩散阶段和稳定扩散阶段(图2)。原始扩散阶段宜家主要向邻国逐步扩散,空间距离较近、经济水平相当、文化背景相似等优势有力地推动宜家欧洲的空间扩散。调整扩散阶段宜家向更深更广的空间拓展:深度上,宜家强调市场、建筑及颜色的统一,注重品牌、文化、理念等内在效应的扩散;广度上,宜家跨出欧洲,向北美和澳大利亚渗透,但文化背景等差异使宜家的全球性的空间扩散遭遇了挫折。稳定扩散阶段,宜家灵活调整全球的空间扩散战略,顺应地方特殊文化,重视全球化战略与在地化的结合,保证宜家在全球的顺利扩散。

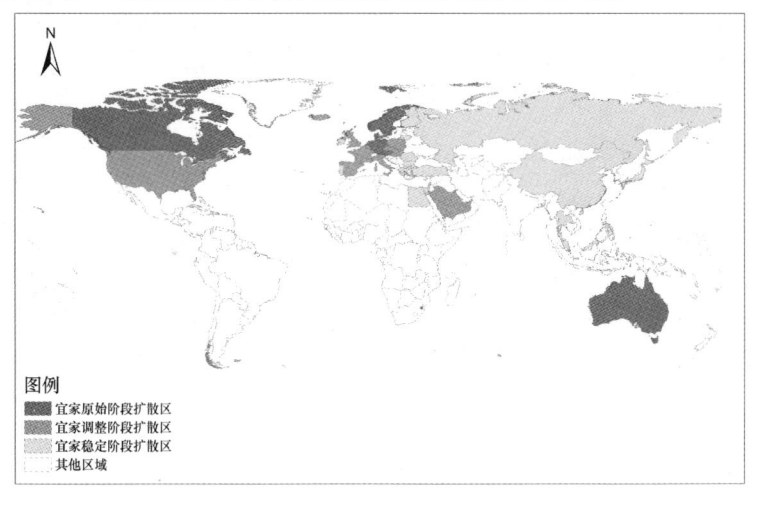

图1 宜家全球化空间扩散区

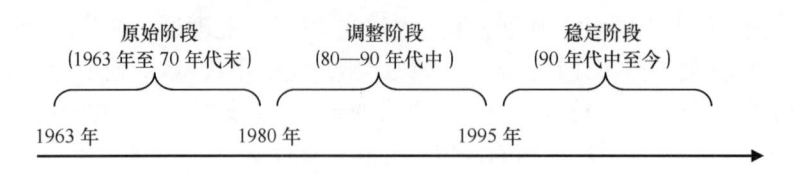

图 2　宜家全球化空间扩散阶段划分时间轴

(一)宜家欧洲空间扩散路径

20世纪60年代初,瑞典家具市场趋于饱和,宜家开始了国外扩散的步伐。欧洲(俄罗斯除外)是宜家全球化空间扩散的大本营,是宜家的主要扩散路径所在。1963年,第一个海外宜家商场设在邻国挪威,开启了宜家的未来发展方向。1969年,宜家成功进驻丹麦市场。1973年,宜家扩散到瑞士——被认为是欧洲最保守的家具市场。宜家的空间战略基于这样一个理念:如果宜家能在瑞士取得成功的话,那么它也可能在其他市场取得成功。其后宜家海外空间拓展速度加快。1974年宜家开辟了全球最大的家居市场——德国宜家,之后挺进奥地利、荷兰市场,形成了第一条空间扩散路径:瑞典—挪威—丹麦—荷兰—德国—瑞士—奥地利,由北欧向中欧推进(图3上)。瑞士、德国市场的成功拓展,使宜家在欧洲站稳了脚跟,原始空间扩散的成功,奠定了宜家欧洲空间扩散的基础。调整扩散阶段宜家凭借价格竞争优势,在欧洲的扩散速度加快,扩散范围波及中欧、西欧、南欧等更广阔的区域。宜家在西班牙、法国、比利时、波兰和英国等10个国家设立多家分店,形成宜家欧洲的第二条空间扩散路径:冰岛—英国—比利时—法国—西班牙—意大利—匈牙利—捷克—波兰(图3中)。全球化稳定扩散阶段,欧洲宜家日趋成熟,门店遍地开花,几乎覆盖整个欧洲大陆,成为名副其实的宜家帝国。宜家波及范围更加广阔,西至爱尔兰,南至塞浦路斯,北至芬兰,宜家形成了欧洲的第三条扩散路径:芬兰—立陶宛—罗马尼亚—保加利亚—塞浦路斯—希腊—葡萄牙—爱尔兰(图3下)。欧洲宜家扩散路径的选择,不同时期基于不同的标准:原始扩散阶段,宜家扩散路径的选择,基于近邻地理因素和文化背景因素;而第二阶段和和稳定阶段宜家扩散路径的确定则主要基于经济因素、市场门槛的考虑。

宜家欧洲的扩散路径以瑞典为核心,由近及远的向四周扩散。但由于中间障碍的干扰,空间扩散往往不能按原有流向展现为规律性的次第扩散。中间障碍可分为自然障碍和人为障碍:前者是自然因素引起的,后者主要由经济、文化背景差异造成。当障碍可渗透时,扩散会沿着原有的传播轴线继续深入。以芬兰为例,20世纪60年代,芬兰经济不景气、政局不稳,再加上严寒气候的阻隔,直至90年代,芬兰经济逐渐恢复后宜家才扩散至此。

(二)宜家北美的空间扩散路径

原始扩散阶段宜家并不是完全局限于欧洲市场的空间扩张,它的触角伸到北美地区,形成北美宜家的空间扩散路径。鉴于加拿大较完整地保留了移民源地欧洲的文化背景,在一定程度上或许会减轻宜家扩散过程中的障碍干扰。基于这一因素,1976年,宜家进驻加拿大温哥华,开始了北美家居市场的尝试。到2013年,加拿大开设了12家宜家商场。宜家在

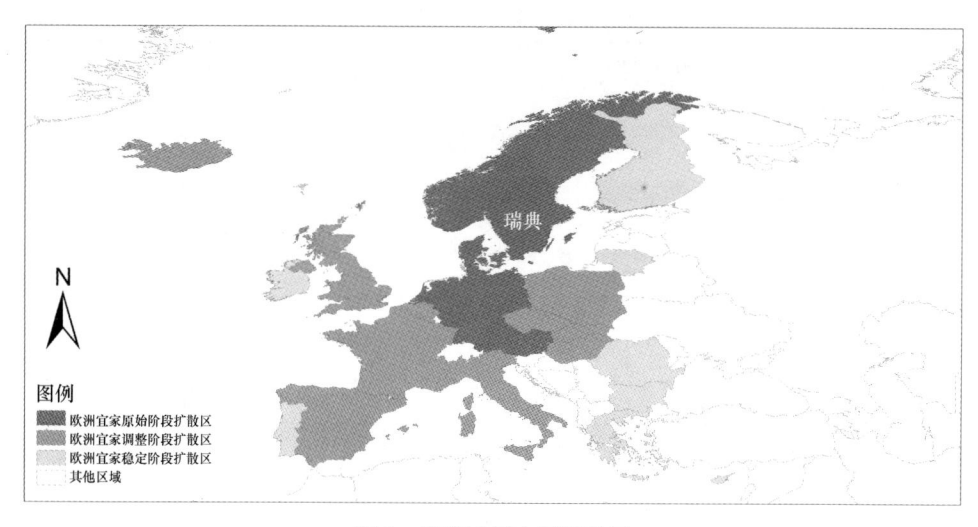

图3 宜家欧洲空间扩散区

加拿大的空间扩散战略取得较大的成功。同样作为移民国家的美国,宜家在美国的扩散却并非一帆风顺:1985年宜家扩散到美国,但却用22年的时间才使美国的20家门店全部盈利。

美国受挫的典型问题是宜家的全球统一的产品设计忽视了美国本土的实际。典型欧式特色的宜家家居与美式风格格格不入。比如,美国的房间大,宜家的床太窄;厨房的碗柜太浅,容纳不下美国人装比萨的大盘子;衣橱的抽屉浅,根本摆不下厚重的毛衣。另外,宜家的品牌宣传、服务环节等均不符合美国市场。宜家的全球化战略忽视了美国在地化实际,强势的文化差异使宜家的空间扩散步履维艰。为走出困境,宜家修正自己的企业文化,使之具有更强的地理在地化和文化适应性:宜家进一步保持自身的市场定位,坚持低价、面向中产阶级,站在大众这一边,提供美观实用、老百姓用得起的家居产品;在产品上迎合当地的口味,在家具尺寸和风格上做调整,优化购物的流程,避免客户排队等待时间等。最终,宜家实现了与美国本土文化无缝对接,克服了外来者的水土不服。截至2013年,宜家在美国开设38家分店,营业额约占全球总销售量的11%,仅次于德国,位于世界第二。

（三）宜家亚洲的空间扩散路径

宜家原始扩散阶段已经把亚洲市场纳入到全球化空间扩散战略之中了。早在1974年,宜家就在日本设立了门店。但由于宜家进驻日本缺乏计划性,且宜家把产品及品牌出售给日本公司,致使宜家丧失了品牌。最终宜家于1986年惨淡退出日本市场,亚洲的空间扩散战略遭受挫折。因此,宜家的原始扩散阶段被描述为"尝试—错误"(try-error)的探索过程,日本空间拓展的惨败是"尝试—错误"阶段的一个痛苦昂贵代价。但日本市场的滑铁卢并未阻止宜家的亚洲空间扩散的步伐。80年代后,宜家成功扩散到新加坡、中国香港和台湾,马来西亚和中国大陆,2011年又顺利扩散到泰国。宜家亚洲的空间扩散路径形成:中国香港—新加坡—中国台湾—马来西亚—中国大陆—泰国—日本(表1)。

表1 宜家亚洲空间扩散情况

宜家首次进驻国家或地区	门店数
1980年　中国香港	3
1980年　新加坡	2
1994年　中国台湾　台北	5
1996年　马来西亚	1
1998年　中国　上海	13
2006年　日本　东京	7
2011年　泰国　曼谷	1
共计	32

数据来源:http://www.ikea.com/cn/zh/ 整理。

值得一提的是宜家中国的扩散。稳定的政局、优惠的政策、高速发展的经济、庞大的市场吸引了宜家的目光。鉴于中国经济发展的区域差异,宜家首先把目光投向中国经济发达的东部沿海区域。基于政策、市场、区位、经济、消费观念等优势,宜家把目光聚焦在中国的经济中心——上海。1998年,宜家在上海的市中心设立第一家分店,跨出了中国市场空间扩展的第一步。但是整整8年宜家在中国只踏出了三步——上海、北京、广州。中国市场的扩散如此缓慢是因为宜家遭遇了跨文化与在地化的冲突。宜家的中国式问题体现在三个方面:①消费价格:欧美市场上低价取胜的宜家,由于欧美国家与中国经济水平及消费水平方面的差异,在中国的低价优势不再;②消费习惯:北欧环保、简约的宜家产品偏离了中国大众的消费习惯,耐用、复杂的家具更符合中国人的口味;③消费心理:DIY的全新自由消费体验以及不送货、不负责安装的惯例触碰了消费者的神经,这与中国消费者"顾客就是上帝"的消费心理不符。

为缓解全球化战略与在地化的矛盾,宜家注重跨文化与在地化的结合。考虑到当时中国私家车的普及程度不足,上海宜家商场设在市中心,3条地铁线和25条公交路线可以直接到达;在上海建成亚太区最大的物流中心,以保证宜家的低价优势;采用差异化市场定位,使宜家产品所蕴含的和表现的斯堪的纳维亚风格,为广大城市中产阶级和年轻人所钟爱;宜家商场增设服务人员、增聘中国设计人员,提供低价送货、安装服务等,经过一系列在地化的调整,宜家全球化空间扩散战略取得较大的成效。截至2013年底,宜家在中国大陆拥有的分店增至13家(港台除外)(图4)。

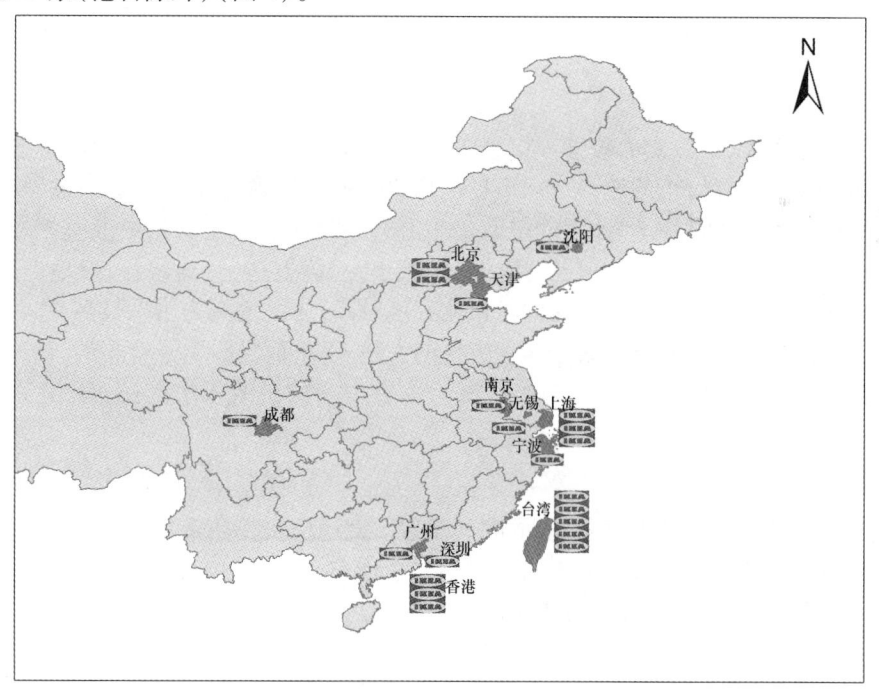

图4 宜家中国空间扩散

从上述分析中可以看出,宜家的空间扩散路径在欧洲、北美和亚洲有明显的不同。原因在于欧洲同时兼有三个方面的优势,而北美、亚洲是无法同时具备的:一是地理位置临近,二是经济发达,三是文化背景相似。此外,宜家不同的扩散路径却遵循着由近及远、先易后难、点面结合的扩散规律。而经济因素和文化背景是影响宜家空间扩散目的地城市选择的共同因素。也就是说,宜家目的地城市首先选择经济较发达且文化背景接近宜家源地的区域或城市,这一点从原始阶段宜家扩散靶地的选择即可看出:在经济发展水平较均衡的区域,文化背景与宜家源地较相似的城市具有优先权,如加拿大宜家;在社会文化背景与宜家源地差异较大的区域,经济因素则成为宜家目的地城市选择的决定性因素,如中国宜家。

四、宜家全球化的扩散模式

(一)点-轴迁移扩散模式

宜家的空间扩散表现了点-轴扩散模式:以中国为例,上海、北京、广州是宜家在中国东部沿海空间扩散的三个主要经济中心,代表了宜家扩散的三个节点,宜家分店以这三个点为辐射中心,向四周的经济圈空间扩散。再以北京为例,北京是环渤海经济圈的中心城市,宜家在北京设立门店,以北京为"节点",沿交通轴线向天津、大连、沈阳等次一级的城市扩散。进一步预测,当次一级的城市成为第三级的城市中心时,宜家会以这些城市为中心,继续向较低级城市完成扩散过程。

(二)等级扩散模式

1. 以市场门槛为等级的扩散

在发展中国家,经济实力较强和市场腹地广阔的城市往往是跨国公司的首选。宜家亚洲的扩散路径及目标城市的选择皆以市场门槛为基础。宜家在中国的扩散过程也不例外。第一家中国宜家分店设在上海,而非是政治中心——北京。这主要是由上海的经济地位和市场门槛范围所决定的:上海是长三角的首位城市,经济发达,交通便捷,腹地广阔,市场潜力巨大;作为中国的经济中心,上海的城市化程度较高,居民购买力水平较高;作为世界的经济、金融中心之一,上海不仅集聚了其他省份的大量人口,而且吸引了众多的海外人口,是不折不扣的国际城市。基于门槛范围的考虑,宜家在中国的扩散依次是:上海、北京、广州、成都,再到规模较小的城市。

2. 以交通节点为等级的扩散

交通的可达性能保证人流、物流的顺利流通。交通枢纽往往聚集了大量的人口,因交通物流而形成的区域引导着扩散的方向。宜家的选址,交通的重要的作用不容忽视。以浙江宁波为例,宜家的营销战略除了考虑宁波作为杭州湾南翼经济中心和城市腹地的市场门槛范围外,其空间区位的选址则明显地体现了以交通节点为等级的扩散模式。宁波宜家位于杭州湾环线高速、甬台温高速、环城南路等各主要交通枢纽连接处,交通区位十分优越。环线高速、甬台温高速既为杭州湾沿线各城市和温州市、台州市的顾客提供便捷的交通保证,也便利宜家的物流的畅通;在宁波地处经济比较发达的鄞州区,周围居民收入水平相对较高,购买力较强。同时,2条宜家专线也保证沿线顾客的可达性。

3. 以文化背景为等级的扩散

社会文化背景影响着文化扩散的速度和规模。相似的文化背景有利于文化的扩散和传播,差异性较大的文化则制约着文化的扩散。北美宜家的空间扩散路径正体现于此。同样作为移民国家的美国和加拿大,宜家却首先选择加拿大,原因在于加拿大较完整地保留了欧洲的文化背景,这有利于消除宜家扩散过程中的障碍,易于宜家文化的传播与传承。而在美国,美式风格与宜家欧式风格的文化冲突使宜家的扩散一波三折。经过20多年的地理在地化的适应,宜家文化最终在美国站稳了脚跟。

（三）接触扩散模式

跨国公司常常就近扩大市场,由近及远地向外扩张。宜家的空间扩散模式亦遵循接触扩散的规律。宜家欧洲路径可以明显地看出,宜家最初由北欧扩散到中欧,再由中欧扩散西欧、南欧、东欧,扩散范围不断加大,扩散面比较集中,并且空间连续(图4)。同时,扩散载体的更新换代也影响着创新扩散的速度和范围。印刷精美的目录名册是宜家最直接的扩散媒介,仅在中国,一年要发放200万册,在全球其数量就以亿计。理论上讲,凡是有机会接触到目录名册的读者都是接触扩散的潜在客户。然而目录名册是以宜家会员登记的信息寄送的,因此它们在大众群体的影响还是比较有限。为了进一步扩大客户群体,宜家选择不同的媒介:比如,宜家在购物袋上标注的"IKEA"LOGO;出租车后窗玻璃张贴的宜家椅子的海报;公交车移动电视上显示宜家的宣传广告片等。此外,随着科技的进步,宜家还通过创意视频广告、音乐广告等媒介加大宜家的扩散范围、日本火车宜家车厢、温情宜家站台、街头宜家玻璃房、宜家大楼广告等新媒介极大地加速了宜家的扩散。

五、结论

全球背景下宜家的空间扩散,既表现为点－轴扩散模式,又兼有以市场门槛、交通节点、社会文化为等级的扩散特征,而邻近接触扩散随着媒介的变化而不断地演进。此三种空间扩散模式并非齐头并进,而是在不同的发展阶段,以某种单一扩散模式为主。宜家原始扩散时期接触模式为主导,由北欧逐渐向中欧、西欧、南欧、东欧侵入;进入稳定期后,其国际化进程表现出兼有以经济实力、交通节点及文化背景为等级扩散的特征,等级扩散为主导;点－轴扩散模式贯穿于宜家的整个国际扩散过程。理论上,尽管对空间扩散模式有类型上和阶段性的概括,但对于扩散的载体和受体却往往不是遵循单一的扩散模式,而是两种或多种模式的混合。模式的选择不仅取决于创新本身的特性,而且与社会背景、市场环境、发展阶段等外部因素有关。可以说,宜家早期的成功,在一定程度上源于它正确地选择了适合自己发展的扩张模式。而后期的成功,归结于宜家全球化、在地化战略的调整。创新扩散并没有统一的模式,但不管选择哪一种扩散模式,既要坚持全球化,也要兼顾在地化,应遵循在全球化的框架下,以适应本土文化为前提。

全球化已成趋势,而文化差异引起的空间摩擦却不可避免。创新在全球空间扩张之际,须顺应地方的特殊文化,加入在地化的精神,否则其空间扩散将难以继续。"引进来""走出去"战略是改革开放以来中国经济的发展趋势,也是全球化发展的必然选择,但经过30多年的发展,"引进来"战略成果颇丰,外国家具家居跨国公司在中国遍地开花,如伊森艾伦(Ethan Allen)、爱室丽(Ashley)、凯蒂(KD)等世界知名家具品牌在中国各大一线城市陆续开设了专卖店或旗舰店;而 8 600 多家中国家具跨国企业在"走出去"的过程中大多数却是水土不服。原因之一是区位布局不尽合理,目标城市选择相对集中,出现"扎堆"现象。二是缺乏自身的品牌文化,未形成自己独特的发展模式。三是跨国经营目标不明确,缺乏跨国管理人员。因此,中国家具跨国企业要想走出去、走得长远,首先要根据跨国产品的特征有针对性地选择目的地城市,建立自己的品牌文化,寻求适合自身的发展模式,明确跨国经营的目标,培养跨国管理人才,谋求在地化发展策略,才能在未来发展中立于不败之地。这对宜家的未来之路和中国家具跨国企业"走出去"不无借鉴意义。

参考文献

[1] Tuna Tasan–Kok, Jan van Weesep. Global–local interaction and its impact on cities. Journal of Housing and the Built Environment, 2007, 22(1):1–11.

[2] Herod A. Scale: the Local and the Global. In: Holloway S, Rice S, Valentine G. Key Concepts in Geography. London: Stage, 2003. 234–255.

[3] Waters M. Globalization. London: Routedge, 2001. 35–65.

[4] Roberton R. The Three Waves of Globalization. London: Zed Books, 2003. 6–17.

[5] 简博秀.《观点的中国都市与区域研究》.地理学报,2004 年,第 59 卷,第 10 期,第 93–100 页。

[6] 顾朝林,陈璐,丁睿.《全球化与重建国家城市体系的设想》.地理科学,2005 年,第 25 卷,第 6 期,第 641–653 页。

[7] 徐海英.《当代西方人文地理学全球化概念与研究进展》.人文地理,2010 年,第 25 卷,第 5 期,第 16–21 页。

[8] 薛凤旋,蔡建明.《经济全球化、跨国公司及其有关理论研究》.经济地理,1998 年,第 18 卷,第 1 期,第 1–7 页,2003 年,第 22 卷,第 6 期,第 0627–0639 页。

[9] Bartlett, C. A. 1990. Ingvar Kamprad and IKEA, Harvard Business School case 9–390–132. Revised 22 July 1996.

[10] Inter IKEA Systems BV. IKEA Stories 2. Delft: Inter IKEA Systems BV. 2006.

[11] Kling, K., Goteman I. IKEA CEO Anders Dahlvig on international growth and IKEA's unique corporate culture and brand identity: Interview by Katarina Kling and Ingela Goteman. Academy of Management Executive, 2003, 17(1):31–37.

[12] Salzer, M. Identity across border: A study in the "IKEA world", Linköping Studies in Management and Economics 27. Linköping: Linköping University. 1994.

[13] 程君凤,张林娜,牛芳明.《宜家的成功之道》,商场现代化,2009 年,第 5 卷。

[14] Joseph Pine, James H, Gilmore. The Experience Economy. New York: Harvard Business School Press, Boslon, Massachusells,1999.

[15] 张杰,葛孟.《家居用品零售行业竞争与对策分析——以宜家(IKEA)的发展策略为例》,商场现代化 2009 年,第 3 卷。

[16] Johanson, J., & Wiedersheim–Paul, F. The internationalization of the firm: Four Swedish cases. Journal of Management Studies, 1975, 12(3):305–323.

[17] Bartlett, C. A. Ingvar Kamprad and IKEA, Harvard Business School case 9–390–132. Revised 22 July 1996.

[18] 张欣,王茂军,柴箐,苏海威.《全球化浸入中国城市的时空演化过程及影响因素分析——以 8 家大

型跨国零售企业为例》. 人文地理, 2012 年, 第 125 卷, 第 4 期, 第 63 – 72 页.

[19] Brown, Lawrence A. Innovation Diffusion: A New Perspective, New York, NY, Methuen. 1981.

[20] Hagerstrand T. Regional Forecasting and Social Engineering in Mchisholmet. Regional forecasting. London. 1971.

[21] Hagerstrand T. The Propagation of Innovation Waves Lund Studies in Geography, B. Human Geography, 1952, (4): 3 – 19.

[22] Hagerstrand T. Innovation Diffusion as a Spatial Process. University of Chicago Press, Chicago. Hazell, P. B. R., Norton, R. D., 1986.

[23] Bass FMA. New Product Growth Model for Consumer Durables. Management Science, 1969, 15(5): 215 – 227.

[24] Morrill R. Waves of Spatial Diffusion. Journal of Regional Science, 1968 (8): 1 – 19.

[25] Jones P. The Location Policies and Geographical Expansion of Multiple retail Companies: A Case Study of M. F. I. Geoforum, 1982, 13(1): 38 – 43.

[26] Laulajainen, R., Chain Store Expansion in National Space Geografiska Annaler, Series B Human Geography, 1988, 70(2): 293 – 299.

[27] Holmes T J. The diffusion of Wal – Mart and economies of density. No. 13783. NBER Working Papers from National Bureau of Economic Research, Inc., 2006.

[28] 贺灿飞, 李燕, 尹薇.《跨国零售企业在华区位研究——以沃尔玛和家乐福为例》. 世界地理研究 2011 年, 第 20 卷, 第 1 期, 第 12 – 26 页.

[29] Jun Li, Maja Frydrychowska. The international expansion of a multinational company—a case study of H&M. Malardalen University, 2008.

[30] 乔治·里茨尔.《社会的麦当劳化》. 顾建光, 译. 上海: 上海译文出版社, 1999 年, 第 194 页.

[31] 李飞.《中国经济型连锁酒店空间扩散类型及其规律——接触扩散与等级扩散的理论视角》. 旅游学刊, 2010 年, 第 8 卷, 第 25 期, 第 53 – 58 页.

[32] Hudson J. Diffusion in a Central Place System. Geographical Analysis, 1969 (1): 45 – 58.

[33] 李金昌, 程开明.《等级扩散抑或传染扩散——国美连锁店的扩张之路兼与沃尔玛比较》. 财贸经济, 2008 年, 第 28 卷, 第 3 期, 第 104 – 109 页.

[34] 李小健, 王惠.《大公司投资区位的扩张演变规律 地域研究与开发》. 2000 年, 第 19 卷, 第 1 期, 第 1 – 4 页.

[35] 陆大道.《关于"点 – 轴"空间结构系统的形成机理分析》. 地理科学, 2002 年, 第 22 卷, 第 1 期, 第 1 – 6 页.

[36] Anna Jonsson, A. 2007. Knowledge sharing across borders: A study in the IKEA world, Lund Studies in Economics and Management, 97. Lund: Lund University Press.

[37] Anna Jonson, Nicolai J Foss. International expansion through flexible replication: Learning from the internationalization experience of IKEA. Journal of International Business Studies (2011) 42, 1079 – 1102.

论海洋生态损害国家索赔主体资格[①]

蔡先凤,刘 娜

(宁波大学)

摘要:随着海洋经济的发展及海洋环境资源开发利用的增加,海洋环境污染事故也日益增多,给海洋生态环境的保护构成了巨大的挑战。我国在处理发生在我国海域的海洋污染事故时,较多关注的是直接的经济损失,包括船只破坏、养殖渔业损失、野生渔业资源损失等。而对于海洋生态损害,即海洋生态服务功能、海洋生物资源和生物多样性等方面损害的索赔问题,一直未得到很好的法律解决。因此,海洋生态损害的内涵、海洋生态损害国家索赔主体资格、海洋生态损害赔偿责任主体、海洋生态损害赔偿范围、海洋生态损害评估、海洋生态损害国家索赔法律制度的构建等问题值得研究。

关键词:海洋生态损害;国家索赔;主体资格

随着科学技术的进步和海洋经济的发展,人类开发利用海洋环境资源的活动越来越频繁,海洋空间在人类生产生活中的重要作用越来越凸显。然而,面对陆地资源约束趋紧、海洋环境污染严重和海洋生态系统退化等严峻形势,我们必须树立尊重自然、顺应自然和保护自然的生态文明理念,走可持续发展道路。在海洋生态损害方面,传统意义上的特定的人身及财产损害已经远远不能涵盖海洋生态损害后果的范围。为了更好地保护海洋生态环境,人们开始将传统意义上的经济损失与海洋生态损害进行区分。在法律上引入了"海洋生态损害"这一概念,并将其定义为损害了关乎人类生存和发展的海洋生态利益,为海洋生态损害被纳入法律调整领域奠定了理论基础。2011年6月,康菲漏油事件发生后,海洋生态环境污染和海洋生态环境保护问题一度引起全中国人民的高度关注,海洋生态损害及其索赔也一度成为学术研究的焦点。

人类在发展经济的过程中,不断地向海洋排放废气、废水、废渣、油污,过度地开发利用海洋资源,极大地破坏了海洋生态系统。大量氮磷营养盐的积累致使海水富营养化,赤潮的

[①] 基金项目:浙江省哲学社会科学重点研究基地——浙江省海洋文化与经济研究中心重大招标课题"海洋生态文明建设的政策与法律研究"(14HYJDYY06)。
作者简介:蔡先凤(1965—),男,安徽金寨人,宁波大学法学院教授、博士生导师,浙江省哲学社会科学重点研究基地——浙江省海洋文化与经济研究中心专家组成员,宁波市法治与和谐社会建设研究中心执行主任,研究方向为环境法、海洋经济发展与海洋环境保护政策与法律、海洋生态文明建设的政策与法律等;
刘娜(1990—),女,安徽芜湖人,宁波大学法学院2013级经济法学专业硕士研究生,研究方向为环境资源法。

频繁发生严重破坏了海域的生态结构,海洋养殖业和天然渔业资源也受到严重影响。海洋生态损害侵害的是海洋生态系统或生态要素,海洋生态损害杂糅了"海洋生态"和"损害",融合了生态学和法学。因此,分析海洋生态系统的构成、内涵、特征,可为海洋生态损害的索赔奠定扎实的理论基础。

一、海洋生态损害含义

海洋生态损害从字面意思来看,包括三个词:"海洋"、"生态"、"损害"。"海洋"突出了海洋特有的空间区域,是一个地理概念;"生态"强调了生物与环境的关系,应该是息息相关,万物和谐的状态,是一个生物学概念;"损害"代表着对这一区域内利益链条的损坏与伤害,是一个法学概念。由此可以看出,"海洋生态损害"融合了地理学、生物学和法学等多门学科的知识,但着重强调生态学和法学含义。

(一)海洋生态损害的生态要素

"生态"源于生物学中的生态学。"生态"一词分解来看,"生"有"生物"或"生活"的含义;"态"可以理解为"状态"或"形象",体现了环境中万事万物的状态。[①] 生物循环不息强调了万物共生、和谐相处、环境美好的局面,故"生态"一词一般是良好的动态关系。生物与环境的关系中包括两类要素:一是物理环境,包括空气、水、土壤、温度、湿度、风雨、日光、压力、营养物、污染质;二是生物因子,包括植物、动物、微生物、人类。生态系统是包含两类要素在内并且相互作用、相互影响而形成的平衡状态,包括生物和非生物环境。

根据生态要素(或因子)构成分析,海洋生态系统是指包括海洋生物群体、海洋环境以及两者相互作用过程所组成的一个体系。有学者尝试从生态学的角度对海洋生态损害下定义,将海洋生态范围限定在海岸带和海域范围内,损害对象分为生物体、生态系统、自然环境;损害的原因归结为自然变化或人类活动两类,后果则考虑了对海洋生物、人类以及海洋生态系统带来的不利影响,包括对自然属性的损害以及价值上的衰减。[②] 该定义采用了生态要素分析法,突出了生物体、自然环境以及由此组成的海洋生态系统的损害,但生态系统已然包括自然环境和生物体,是包涵而非并列的关系,故有语义重复的问题。同时,人是生物圈中的一分子,突出强调了人的作用和影响,并非单纯意义上的生态学,而是运用了社会学科的观点。当然,从生态学角度阐释的海洋生态损害并不完全排除人的因素,而是将生态系统看成一个整体,运用生态要素的观点来阐述问题。

根据生态系统的要素分析,可以看出海洋生态损害会对海洋环境(非生物环境)、海洋生物以及两者相互关系的作用机制产生损害。因而可以将海洋生态损害后果分为三类:海洋环境功能的损失,强调了生态系统中海洋环境这一因子的损害,属于海洋的物理性状与属

[①] 郝道猛.《生态科学概论》.徐氏基金出版,1977年,第7页。
[②] 刘家沂.《海洋生态损害的国家索赔法律机制与国际溢油案例研究》.北京:海洋出版社,2010年,第22页。

性;海洋生物种群、群落、生境损失,①主要强调了海洋中生物因子的损失;两者结合作用的机制可以表述为海洋生态系统服务功能的损失。海洋生态损害的生态要素分析法可以为海洋生态损害赔偿范围的确定提供基础依据。由此可以看出,对海洋生态系统的破坏,会影响海洋维持平衡的环境容量,损害海洋生物及其生存环境,导致海洋生物死亡甚至面临灭绝,影响海洋生态服务功能作用的发挥,并最终影响人类生存和发展。

(二)法学意义上的海洋生态损害

法学中的"环境"和"生态"已经不完全局限于环境科学上的概念,而是融合了人文学科的分析方法。"生态损害"在法学上多诠释为"对环境本身的损害"。人类与自然环境的关系自古以来就是一个重要的哲学问题,并对政治、经济、文化、宗教等领域产生深刻的影响。人类进入近代工业社会以后,西方文明体现的"天人对立"观念成为人与自然关系的主流,人将自身视为万物的中心,是大自然的统治者。工业文明在产生丰硕科技成果的同时,也对环境造成了很大的破坏。这时,人们对环境污染损害的关注也仅限于其造成的人身和财产方面的损害。随着环境问题的日益严重恶化,人类开始重新思考和定位人与自然的关系,逐步开始关注环境损害产生的清除污染、恢复环境等费用以及美学价值的损失。这在一定程度上反映出人类对环境本身价值的重视,但是清污、复原并不能完全涵盖环境损害带来的所有影响,环境自身的损失更加巨大。生态系统观不断修正人类中心主义,承认自然界是一个协同的整体,每一存在物都有内在价值。生态系统具有其内在联系性,也成为当今的环境思想主流。② 这一思想的发展历程在各国法律文件中的体现过程表现为,从排除"对环境的损害"界定,到将范围限定为合理恢复措施,再到承认环境本身的损害,并进行一定的阐释。

在国际公约中,1969年《国际油污损害民事责任公约》(CLC)与1971年《关于设立油污损害赔偿国际基金的国际公约》(FUND)都对"污染损害"进行了界定,但并没有明确界定"环境"与"环境损害"两个术语,也未明确油污损害是针对环境本身的损害。③ 1984年CLC和1984年FUND第2条第3款对"污染损害"概念进行了限制,缩小了其外延,将对"环境的污染损害"限定为合理恢复措施,遗憾的是仍然没有对"环境损害"进行定义。CLC和FUND在1992年的议定书中吸纳了这一定义并已生效。

1989年《国际救助公约》第1条(d)款中,对"环境损害"进行了定义,其含义包括了对人身健康、海洋生物、海洋资源的有形损害。④ 1990年的美国《油污法》(OPA)第2702条第

---

① 生境(habitat)一词是由美国Grinnell(1917)首先提出,其定义是生物出现的环境空间范围,一般指生物居住的地方,或是生物生活的生态地理环境。

② 刘大椿.《环境思想研究》. 北京:中国人民大学出版社,1998年,第37-40页。

③ CLC和FUND是原政府间海事协商组织(后更名为国际海事组织)为解决沿岸国是否有权对公海上发生的油污事件进行干预以及如何保障油污受害人得到充分或完全赔偿的问题而制定的。CLC是1969年制定的,FUND是1971年制定的。后经过发展,国际海事组织又分别制定CLC和FUND的1976年、1984年、1992年议定书和2000年修正案,其中1984年议定书未生效。我国于1986年9月29日加入《国际油污损害民事责任公约》的1976年议定书,该议定于1986年12月28日对我国生效,2000年的修正案于2003年11月1日对我国生效。我国是《设立国际油污损害赔偿基金公约》1992年议定书的缔约方,但1992年议定书目前仅适用于我国香港特别行政区,"1992年基金议定书"2000年的修正案也于2003年11月1日在我国香港特别行政区生效。

④ 黄彬,周颖.《船舶污染海洋环境的损害赔偿》. 载《水运管理》,2008年,第4期。

(b)款第(2)项规定的船舶油污损害赔偿的范围包括"自然资源损害"(natural resource damage)。[①] 1994年联合国环境规划署"对环境的损害"作出的定义中已包括对环境的"非使用价值及其支持和维持可接受的生活质量以及合理的生态平衡的能力"的"重要不利影响"。2000年欧洲委员会发布的《环境民事责任白皮书》对损害的定义,既包括对人、财产和场所污染的损害,还包括对自然资源、环境区域的损害。由此可见,该白皮书已经强调了"生态环境损害"与传统的以环境为媒介的人身、财产损害的不同。[②] 2004年欧盟《预防和补救环境损害的环境责任指令》则明确地将"自然资源服务功能的损伤"纳入"损害"的范围。我国《海洋环境保护法》第九十五条第(一)款参照了1982年《联合国海洋法公约》的定义,规定"海洋环境污染损害"包含对人、海洋生物、海洋资源的损害。

我国环境保护部在其《环境污染损害数额计算推荐办法》(第Ⅰ版)中指出,环境污染损害是指环境污染事故和事件造成的各类损害,包括环境污染行为直接造成的区域生态环境功能和自然资源破坏、人身伤亡和财产损毁及其减少的实际价值,也包括为防止污染扩大、污染修复和/或恢复受损生态环境而采取的必要的、合理的措施而发生的费用,在正常情况下可以获得利益的丧失,污染环境部分或完全恢复前生态环境服务功能的期间损害。[③]

从一开始排除对"环境"的损害,只注重以"环境"为媒介导致人类人身、财产的损失,到后来将"环境"纳入"损害的"客体,环境涵盖的范围在不断扩大。"环境"一词已经不再是单指自然条件或自然资源等单个环境要素,而是将多个环境要素融合,甚至涵盖生态系统平衡能力,成为了"大环境"的概念。[④] 然而,"环境"与"生态"的语义不同,两者并不是等同的关系。从环境思想的发展来看,"对环境本身的损害"实际上并没有突出"生态"这一概念,而是强调与传统的环境思想相区别,主张排除对人的损失,这里的损失究竟指直接损失还是包括间接损失,学者们并未达成共识。"生态"一词还需追根溯源,从生态学上界定。人也是生态系统中生物圈的一部分,既不能在生物圈之上,也不能在生物圈之外。从生态系统要素出发,将海洋生态损害界定为,由于人类的各种行为和活动给海洋生态系统本身造成损害,影响海洋的生态服务功能及海洋维持平衡的环境容量,损害海洋生物资源及海洋生物的生存环境等各种有害影响。将范围限定为人类的行为和活动造成的损害,以人为归责主体,并不否认自然变化也会引起对生态系统的破坏。

从生态学角度出发,海洋生态损害实际上是对海洋生态系统构成要素的损害,与海洋生态损害赔偿的范围直接相关。从法学角度来看,海洋生态损害是对环境本身所承载的公共生态利益的损害,是区别于传统损害的新型损害,对其内容进行科学性和实质性阐述可以更好地为海洋生态损害索赔提供法理支持。

(三)海洋生态损害涵义的扩展

经生态含义框定,海洋生态损害具体包括海洋生态服务功能、海洋环境容量、生境、种群

[①] 王玫黎.《中国船舶油污损害赔偿法律制度研究》.北京:中国法制出版社,2008年,第107页。
[②] 马骧聪.《俄罗斯联邦环境保护法和土地法典》,北京:中国法制出版社,2003年,第2-3页。
[③] 参见环境保护部文件《关于开展环境污染损害鉴定评估工作的若干意见》(环发[2011]60号)及《环境污染损害数额计算推荐办法(第Ⅰ版)》,2011年5月25日发布。
[④] 梅宏.《生态损害预防的法理》.中国海洋大学,2008年博士学位论文,第20页。

等方面的损害。何谓海洋生态服务功能？有学者将生态系统价值分为两部分：生态系统贮存的价值及其潜在的服务功能价值。其中生态服务功能是指生态系统为人类提供服务的能力。[①]我国环境保护部编制的《环境污染损害数额计算推荐方法》（第Ⅰ版）指出，生态服务功能是指某种生态环境和自然资源对其他生态环境、自然资源和公众利益等发挥的作用。目前，占主流的是Daily，Constanza DeGroot对生态服务作出的定义。Daily认为，生态系统服务是生态系统及其中的物种为人类提供服务的一种条件和过程，发挥了维持和实现人类生活的作用。[②] DeGroot大致持有相同观点，认为生态系统为人类提供了产品和服务，这种服务是动态的自然过程和组成。[③] Constanza等有不同的理解，认为生态系统服务是对人类生存和生活质量有贡献的生态系统产品和生态系统功能的统一。[④]可以看出，在以上的定义中，有些将生态系统拆分为生态系统产品和系统功能，有些突出其中的物种功效，有些强调其为人类提供产品和服务的过程。总之，海洋生态服务功能离不开生态系统对人类的功效和价值评价。

关于海洋生态系统服务功能的具体分类，目前较新、较权威的是联合国千年生态系统评估框架工作组提出的分类方法。[⑤]该工作组将海洋生态系统服务功能分为供给、调节、文化和支持等4个功能组共14类功能。[⑥]供给功能，主要是从海洋生态系统中物种出发提供产品的功能，包括海洋动植物的食品生产功能、原料生产功能、氧气生产功能以及基因资源功能；调节功能，是从海洋生态循环的过程出发，为人类提供生态环境的功能，包括调节气候功能、净化废弃物功能、抑制赤潮生物的生物控制功能、减轻风暴海浪影响的干扰调节功能；文化功能，是指海洋生态系统为人类提供精神利益、休闲娱乐、创作文化、科研价值的功能；支持功能，是指保证上述生态系统服务功能的基础性功能，即初级生产功能、营养物质循环功能、物种多样性维持功能。

环境容量，也称最大纳污量，体现为某一环境区域对人类污染活动的容忍力，对污染损坏力的最大容纳量。在人体健康、人类生存和生态系统不受损害的前提下，一定地域环境都有一个能容纳环境有害物质的最大负荷量。污染物存在的数量若仍处在环境承受范围之内，环境会发挥自我净化功能；若超过其最高限值，环境的生态平衡就会遭到破坏，环境正常功能将无法发挥。海洋环境容量可定义为，在充分利用海洋的自净能力前提下，为维持生态环境功能所要求的海水质量标准，在一定时间内某一特定海域所能允许和容纳的污染物质的最大负荷量。环境容量的大小即为特定海域自净能力强弱的指标，它与海水的自净能力

[①] 于遵波．草地生态系统价值评估及其动态模拟．中国农业大学，2005年草叶科学专业博士论文，第30页．

[②] Daily G C, Soderquist T, Aniyar S, et al. The Value of Nature and the Nature of Value. Science, no. 289, 2000, 395 – 396.

[③] De Groot R S, Wilson M A, Boumans R M J. A Typology for the Classification, Description, and Valuation of Ecosystem Function, Goods, and Services. Ecological Economics, no. 41, 2002, 393 – 408.

[④] Constanza R, Folke C. Valuing Ecosystem Service with Efficiency, Fairness, and Sustainability as Goals // G. C. Daily. Nature's Services, Washington, D. C., Island Press, 1997, 49 – 68.

[⑤] 千年生态系统评估（The Millennium Ecosystem Assessment）旨在为推动生态系统的保护和可持续利用、促进生态系统对满足人类需求所做的贡献而采取后续行动奠定科学基础。这是联合国于2001年6月5日世界环境日之际由世界卫生组织、联合国环境规划署和世界银行等机构等组织开展的国际合作项目，是首次对全球生态系统进行的多层次综合评估。

[⑥] 陈尚，张朝晖，马艳，等．《我国海洋生态系统服务功能及其价值评估研究计划》．载《地球科学进展》，2006年，第11期．

有关,采用的是定量指标评价自净综合能力的描述。海域本身空间的位置封闭特性、大小、潮流、自净力、生物的种群特征、污染物的理化特性客观条件的差异以及人们对特定海域环境功能的规定,确定某一区域的环境质量标准的环境目标是决定某一海洋环境容量的两种因素。

海洋溢油事故频发,石油进入海洋后,对海洋生态环境危害严重。因此需在掌握海洋生态受损害的基础上,依据受损程度对受污染的海洋生态进行修复。海洋生态损害修复技术根据海洋生态的因子构成,包括了海洋生境的修复以及对受到损害的生物物种的恢复两个方面。

当石油污染海洋时,石油虽然可以通过多种方式降解,但其有毒性强、残留时间长、难降解的特点。如加拿大1970—1972年的一次溢油事故发生25年后,在海洋沉积物中检查到石油芳烃的含量依然很高。由此可见,溢油事故降低了沉积物的环境功能,并且在短期内不可能真正恢复,且将会对海洋有长期损害。当海洋生态环境无法在短时间内自然恢复时,就需要采用一些技术方法消除沉积物或滩涂中石油烃成分的危害,对生境进行功能性恢复。

在一定的海域中生物种群之间具有繁殖、生长、食物链的依赖关系,组成一个循环系统,不同层次个体、群体或种群在不同的位置上发挥着自身的价值和意义。在自然环境条件下,海洋生物自我恢复的功能差,某一种群被破坏后,生态系统中其他生物往往填补其生态缺位,这使得原有的生物结构被破坏,生态系统就会失去平衡。因而在环境自我恢复的同时,需要人为地采取措施对受损物种进行补充,以尽快恢复原有的生物结构。

生态损害在法学上常被解释为是对环境本身的损害与破坏,被谓之"纯生态损害",注重与传统环境法学"将环境看做是致人私益受损之媒介,狭隘视野中只重视对人本身救济,而对生态损害置若罔闻,忽略对之弥补的观念"相区别,以一种"新型的损害"纳入学者的研究视野。

"利之所生,损之所归",传统的损害客体主要指财产损失后损害的范围不断扩大,人身伤害、精神利益损害也被纳入损害客体,但这主要是从私益角度来说的,表现在传统侵权法上是对原告资格直接利害关系的限定。随着人类对环境保护的重视,人们开始思考对环境自身功能的损害进行规制。环境不属于任何私益,也无法准确阐明与任何人的直接利害关系。因而如何突破传统侵权法的桎梏,为其纳入法律保护范围提供立法支持,成为人们所要攻克的难题。现代侵权法将权利、法益的范围作了扩大解释,不再局限于直接的利益关系。相应地,在诉讼制度上作了"诉的利益"理论扩展,从而使原告资格得以扩大,对环境上承载的利益由私益扩大到了公益,公益诉讼制度也由此产生。随着"生态"概念的提出,对生态文明的不断重视,人们开始思考如何对生态保护获得法理上的支撑,公益因而在生态语境下被赋之以生态利益的含义。生态利益是指关乎人类生存和发展的根本利益,是整个人类的共同利益。这其实是对公共利益含义的延伸与扩展,属于现代侵权法的范畴。

目前,对生态利益的诠释仍然是在人与环境的主客体关系框架下进行,人为主体,环境为客体。因而人也一直被认为是法律关系的唯一主体。毫无疑问,生态损害所产生的影响会牵连所有人遭受生态安全的威胁,影响人类的生存与发展,侵害了人类的共同利益。

从"生态损害"的法学定义上来看,目前的"生态利益"实际上主要强调的是人类整体公共利益中的一种类型,强调全人类利益的重要性,这在一定程度上与生态系统的平等性、协同性特征相背离。"生态利益"应该定义为生态系统本身能提供给包括当代人和后代人在内的所有人的客观利益。这里的利益仍然是人类的共同利益,也并不否认生态利益对于人类生存和发展的重要性和根本性,但强调的重点转变为生态系统本身产生的价值,对人产生的利益是评价这一价值的工具。这也在一定程度上突破了环境主客体二元论的框架限制,赋予"生态利益"新的含义和理解,真正体现对生态的关注。

虽然生态利益仍然是环境主客体思想在生态领域中的运用,但在目前的法律体系中,也仅有利益受损才能得到法律的支持,无论这种利益是私益还是公益。犹如生态服务功能一样,唯有对功能的评价才能进行损害的度量。没有价值损害的评价标准工具,对生态损害的索赔目的也无法实现。生态利益的法学理论基础与生态系统公益价值的损害评估是相对应、相配套的。生态利益是实体权,是赋予人们诉权的基础,也为国家作为索赔主体奠定了坚实的基础。

(四)海洋生态损害的特征

海洋生态损害侵害利益具有根本性,致害主体具有广泛性,损害对象具有普遍性,价值量化具有不确定性,这一系列特征也导致了构成了海洋生态索赔的重重障碍。

海洋生态损害侵害利益具有根本性。海洋生态侵害的是海洋生态系统,生态利益的价值维度关注生态系统本身产生的损害。生态上承载的生态利益关乎全人类,具有源泉和根基的作用。与特定人的损失相比,生态利益的分量不可等量齐观。海洋生态损害对人类整体的生存和发展构成威胁,侵害的是全人类的生态利益。毫无疑问,人类是生态利益的拥有者,或者说生态利益是人创造出来以保护生态的工具。究竟由谁来保护这种生态利益,谁具有生态损害的索赔权,这些问题具有重要的理论和实践意义。因此,确定海洋生态损害的索赔主体需要理论和实践支持。

海洋生态损害的致害主体具有广泛性。人类在开发和利用海洋环境资源的过程中,排放陆源污染物、漏油事故、船舶碰撞等海洋油类污染,筑堤建坝、围垦、港口及水利工程建设、过度捕捞鱼类等人类的需求及活动都有可能超越海洋生态承受的极限,造成海洋生态损害的发生。致害的主体层次上具有广泛性,有可能是个人、群体、集体、国家。类型上具有多样性,不仅有自然人、私法人、公法人,还有各种类型的非法人组织。地球上存在的每一个人都可能成为侵害海洋生态的主体。当海洋生态损害发生时,首先要确定相应的责任者,避免发生部分行为人转嫁责任的不公平现象。

海洋生态损害的对象具有普遍性,危害性极大。海洋生态损害不仅会使海水质量、海洋沉积物环境、潮滩(湿地)环境、特殊海洋生物栖息受到影响和损害,还会改变海洋生物群落的原有结构。当海面漂浮着大量油膜时,海水就会因阻隔降低阳光吸收量,浮游植物依靠光合作用生长,其生存的数量就会因此而减少。而浮游植物数量的减少,会引起整个食物链的断裂,导致更高环节上生物的减少,产生整个海洋生物群落衰退的严重后果。另一方面,厌氧的种群不断繁殖,好氧的生物衰减,海洋生态系统就会平衡失调。海洋生态损害不仅会引起海洋自然性状与功能损害,还会导致海洋多方面的价值衰减。人类与生态的整体性与不可分性的特点使我们不可能置身事外,尤其是全球性环境危机使我们认识到,每一个人都将成为生态损害的受害人。

海洋生态损害的价值具有评估的不确定性。人们从法学角度用"生态利益"这一抽象概念,揭示生态的重要性。然而,无法用金钱去衡量这种利益的价值。人类创造出了海洋生态系统服务价值损害、环境功能损害、生物生境损害等生态学概念,试图用人类仅有的知识和能力去衡量这种利益。尽管这种概念远远不足以涵盖生态损害造成的后果,但在实践中却仍然引起广泛质疑,因为生态损失的价值评价标准是人类抽象出来的海洋环境所具有的特性和功能,而非实际存在的具有财产价值的物。运用理论中的数据模型计算出来的损失,具有极大的不确定性,在海洋生态损害索赔诉求中遇到了仅部分承认或完全否认的尴尬境地。生态利益虽然是抽象概念,无法用货币衡量,但是人类仍然需用创造评估的标准来量化,这在海洋生态损害索赔实践中尤为重要,因为任何责任的承担都要有证据支持。

二、国家作为海洋生态损害索赔主体的法理基础

目前,海洋生态损害的索赔主体多为国家。这是人类面对海洋生态损害带来危害的复杂性和严重性而做出的现实选择。国家作为自然资源的所有者,受公民委托对其进行管理,并承担保护生态环境的法定职责。生态环境承载的生态利益属于公共利益,诉的利益的拓展使国家具有与生态环境的利害关系的程序权。特定环境行政主管部门是国家行政权力的二次分配,代表国家行使环境管理权、承担维护环境利益的责任,当发生生态损害事件,特定的环境行政主管部门当然被认定有权代表国家进行海洋生态损害索赔。

(一)海洋生态损害国家索赔权的理论支撑

国家生态损害索赔权背后不仅需要实体法支持,更需要有理论基础支撑。现行法律的规定为国家索赔主体提供了法律依据,背后承载的国家所有权理论、公共信托理论、公益诉讼理论为其提供了坚实的理论基础。国家具备海洋生态损害的索赔主体资格,具有要求破坏海洋生态的行为者承担赔偿责任的权利。

目前,支撑海洋生态损害国家索赔权的主要有两种理论选择:公共信托理论和海域所有权理论,这两种理论基于的实体利益,也即实体权。公益诉讼理论为国家索赔提供了程序权、诉权的支撑。

公共信托理论源于罗马的文化殿堂,[①]在罗马的自然法中,公民拥有空气、水、海洋的所有权,这些资源是所有人的共有财产。该理论认为,水道体现的公共利益高于任何私人诉求,后来这一理论传入英国,英国的普通法确认了海洋及其底土等甚至国王的财产都是置于公共信托制度中,国家作为公产守护人仅能享有信托中的公共用途。英国的殖民统治将普通法传入美国后,美国普通法拓展了这一理论,认为公众对国家自然资源具有明确、合法的利益。因此,市民可以对那些威胁自然资源所体现的公共利益的私人行为或政府行为提起诉讼。政府也可依据同样的理论通过行政行为保护自然资源。自然资源被认为是由公众托管给联邦或州政府的。[②]20世纪60年代末,美国的萨克斯(Joseph L. Sax)教授对公共信托理论(Public Trust Doctrine)进行了详细的论述。他认为,公民享有环境权,享有对阳光、水、

---

① 学者们对此有争议:一种认为是罗马法上的遗产信托;一种认为是日耳曼法的受托人。从历史的角度看,英国先后受罗马人和日耳曼人的长期统治。第一种是通说。

② 白佳玉.《美国自然资源损害赔偿法律制度初探——以油污治理为视角》.载《西部法学评论》,2009年第5期。

野生动植物的共有财产权,为了更好地管理这些财产,并且出于对政府的信任,而将其委托给政府,与政府建立了信托关系,要求其开发、使用自然资源必须是为了社会公益,且公共信托财产不得转让。① 萨克斯从美国的司法实践中提炼出公共信托理论,从而成为提出公共信托理论的第一人。之后,公共信托原则被陆续写入美国各州的宪法和环境法中。依据公共信托理论,美国联邦法授权政府机构为自然资源托管人,对有关自然资源损害问题由托管人遵循信托的原则履行管理责任,包括对委托的自然资源财产损害的追偿,并以委托人利益的原则,使用赔偿款对资源进行恢复和其他功能性复原活动。

公共信托理论在英美法系国家盛行的同时,公产理论也开始在大陆法系国家发展。法国的公产理论经行政法理论改造,不同于民法的私有所有权,主要目的是在公产范围内排除私法的适用,以区别民法的私有所有权。德国采用的是修正的公产所有权学说理论,公产所有权具有民法私权相同的属性,同时公产又有公法支配性。私法与公法交叉,双轨并行。除此之外,还有管理义务人的概念。根据公产理论,法国将领海范围以内的海域视为公有财产,并将其划分为海洋地产,也称海洋国有地产。从现行法律上看,我国采用的是国家和集体所有权理论。由于我国国家所有即全民所有的公有制特点,使得该理论既有公产理论的根基,又有中国特色。具体到海域管理方面,我国法律确认海域为国家所有。这种国家所有权具有特殊性,明显区别于普通的私人所有权,是一种法律创设。② 海域被确认为国家所有,是因为海域资源对国家的发展具有非常重要的作用,同时海域资源还具有稀缺性的特征。海域资源的战略位置决定了其产权特性。如同军事、核能等涉及国家重要公共利益的资源一样,不能由私人拥有、支配和控制。国家所有权一直被误认为是社会主义国家的专有特性,然而事实并非如此,任何国家都有实现国家公权力的政治目的,经济基础决定上层建筑,国家财产可以为国家权力的实现提供物质基础。例如,在意大利、韩国等国家,水流、海域属于国家所有。根据环境污染损害赔偿的基本原则,只有法律认可的权利和利益受到损害并遭受经济损失的人才有权提出索赔。国家作为国有自然资源的唯一法律确权所有人,对国有海洋环境资源享有完整的所有权,所有者的权利和利益扎根于所有权理论,得到法律的认可,因而国家要求海洋环境侵权责任主体赔偿损失,符合法律规定的要件。

无论是推崇公共信托理论的英、美法系国家还是奉行公产所有权的大陆法系国家,都没有否认环境的公益性,两种法系在思想的碰撞下不断融合,也为公益诉讼理论提供了深厚的土壤。公益诉讼制度的开展首先得益于"诉的利益"的理论拓展。传统的当事人适格理论认为,当事人需要有直接的利益受损才能得到救济。传统理论对当事人条件的种种限制,其弊端日益显见,既难以成为形成之诉和确认之诉,也不能合理解释诉讼担当和群体诉讼等情形中当事人适格的问题,③从而被以"诉的利益"为基础的新理论所取代,扩大了当事人适格的范围。该理论不再局限于当事人对诉讼标的的直接利害关系,而只要诉讼标的争执双方法律上有利害关系,当事人对该诉讼就有"诉的利益"。"诉的利益"理论为起诉人基于

---

① Joseph L Sax. Defending the Environment:A Strategy for Citizen Action,1970.
② 刘斐斐.《我国海洋生态损害索赔主体法律问题研究》.大连海事大学,2008年硕士学位论文,第30页.
③ 所谓诉讼担当,是指法律明确规定第三人(非系争实体法律关系主体)为他人并以自己名义作为诉讼当事人提起诉讼和进行诉讼的制度。

环境承载的公共利益提起环境公益诉讼提供了诉权基础。

公益诉讼在理论界被普遍认为起源于罗马法,是与私益诉讼相对应的概念。当时的公益诉讼赋予了私人不同于私益诉讼中的诉权,拥有对危害社会公共利益行为提起诉讼的权利。原告既可以是无利害关系人,也可以是利害关系人。[①]在公益诉讼理论的直接影响下,法国、德国及日本等大陆法系国家的民事诉讼法规定,国家机关可以运用起诉或者采取其他方式介入公共利益的诉讼,范围主要涉及税收、环境公害、商业垄断等方面。政府部门还在船舶油污损害事件中积极进行海洋生态环境损害索赔。英、美、法系国家随后也建立了国家机关参与民事诉讼的制度。我国学者一直在积极倡导环境公益诉讼制度,理论土壤已经基本形成,国家也日益重视,但目前学术研究探讨较多,实务中在零星的法律文件中可见,还没有形成公益诉讼的体系。

当海洋遭到生态破坏,公众利益受到损害时,政府既可以依据公共信托理论,以环境管理者的身份要求责任人赔偿,还可以依据海域所有权理论,以海域所有者身份提出赔偿要求,我国的国家所有与公民所有一体化机制,使两种理论交相辉映,相得益彰。海洋公产的所有权因而与私人所有权相区别,承载了公共利益,属于公法支配。国家据此可以作为海洋生态环境公益的保护者,具有海洋生态损害索赔主体资格,对海洋生态损害提出索赔请求。

(二)海洋生态损害国家索赔权的法律依据

美国1980年《综合环境应对、赔偿和责任法》(CERCLA)、1990年《油污法》(OPA)都将自然资源等环境要素作为法律保护的对象。自然资源的托管人为总统、州、印第安部落、外国政府的授权代表,他们分别代表公众、印第安部落、外国,他们承担着"自然资源受托管理人"的责任,在环境受到损害时代表委托人向责任人提出自然资源损害赔偿。具体的资源托管人为联邦官员、州和当地官员、印第安部落官员、外国元首任命的托管人。自然资源托管人在托管范围内主要履行两项职责:一是依法评估自然资源的损害情况,并对受损的自然资源,开展和执行恢复、复原、替代或获得等价物的计划;[②]二是代表国家向责任人主张恢复或更新被损害的自然资源的费用,并就这些费用以及自然资源的其他损失向责任人提起索赔的职责。这一法律实施的结果是尽量弥补人为活动对环境造成的损害。实际上是把生态而不仅只是某种资源当成了保护对象,是对遭受破坏的生态的恢复和对生态破坏更有效的预防。[③] 依据以上法律规定,美国建立了国家财产托管制度。

虽然1969年《国际油污损害民事责任公约》没有对索赔主体具体定义,但在《国际海事委员会油污损害指南》明确规定,拥有自然资源所有权的权利主体以及自然资源的管理者是油污损害的索赔主体。[④]在法国,《国有财产法典》[⑤]、《关于海洋国有地产的法律》及其实

[①] 韩志红,阮大强.《新型诉讼——经济公益诉讼的理论与实践》,北京:法律出版社,1999年,第240页。
[②] 李艳芳,李斌.《浅析我国环境民事公益诉讼制度的构建与创新》.载《法学家》,2006年,第5期。
[③] 梅宏.《生态损害:生态文明视野下环境法研究不容忽视的问题》.载《法学论坛》,2007年,第1期。
[④] 张春昌.《我国船舶污染事故国家损失赔偿机制的探讨》. http://www.ccmt.org.cn/showexplore.php?id=315, 2011年12月3日访问。
[⑤] 《国有财产法典》第L.2条规定:"国有财产中,由于本身性质或由于政府特定用途而不能作为享有私所有权的属于公产。其他的财产属于私产。"

施细则、《关于海滨的保护、开发和治理的法律》,都有关于海洋地域所有权的具体规定。①在我国,《宪法》第九条明确规定,矿藏、水流等自然资源属于国家所有;《物权法》第四十六条关于国家自然资源所有权的规定与《宪法》的规定相一致;《海域使用管理法》第三条规定,海域属于国家所有。由此可见,国内外法律一般都对海域的国家所有权加以确认。

公益诉讼起源于罗马法,当时称为"民众诉讼",规定任何市民均可对为维护公共利益而设置的罚金诉讼提出权利。该制度在当时还针对起诉人优先资格的问题做出了规定,受到非法的行为损害(即便只是私人利益受损)的人或被公众认为适宜起诉的人在起诉权上被赋予优先的权利。② 由此可以看出当时私人可以针对公共利益提起诉讼。美国是现代公益诉讼的创始国,《清洁水法》第505条对公益诉讼作出了规定,公民和各州都被赋予了起诉权,只要行为人违反《清洁水法》,侵害了环境公益,均可被起诉。此外,在《有毒物品控制法》、《固体废弃物处置法》等环境法规中都有类似的规定,公民可以据此对非法排污者提起诉讼。英国《污染控制法》规定,任何人对于实施公害的行为者可诉诸法院,同时公共卫生监察员被赋予公众利益的代表权,由机关人员进行群体诉讼,从而建立了国家对环境公害诉讼的干预制度。法国1806年《民事诉讼法》规定,国家机关可以介入诸如"官之土地、邑并公舍"等诉讼。

我国最高人民法院《关于海事审判工作发展的若干意见》(法发〔2006〕27号)提出:"要充分发挥海事法院跨行政区域设置的优势,充分利用专业特长,积极支持环保公益诉讼,有选择性地管辖一批此类案件。当前,要重点管辖陆源污染渤海水域案件和陆源污染长江水域的案件。"2014年4月24日修订通过的《环境保护法》(自2015年1月1日起施行)第十条、第三十四条分别规定:"国务院环境保护主管部门,对全国环境保护工作实施统一监督管理;县级以上地方人民政府环境保护主管部门,对本行政区域环境保护工作实施统一监督管理。""国务院和沿海地方各级人民政府应当加强对海洋环境的保护。"2012年8月,全国人大常委会通过了《民事诉讼法》修正案。新《民事诉讼法》第十五条、第五十五条分别规定:"机关、社会团体、企业事业单位对损害国家、集体或者个人民事权益的行为,可以支持受损害的单位或者个人向人民法院起诉。""对污染环境、侵害众多消费者合法权益等损害社会公共利益的行为,法律规定的机关和有关组织可以向人民法院提起诉讼。"这一规定赋予了"法律规定的机关和有关组织"对污染环境这一损害社会公共利益的行为,向法院提起诉讼的权利。"法律规定的机关"应该是特指"政府机关",如环境行政主管部门、海洋环境行政主管部门等。③ 新《环境保护法》第五十七条规定:"公民、法人和其他组织发现地方各级人民政府、县级以上人民政府环境保护主管部门和其他负有环境保护监督管理职责的部门不依法履行职责的,有权向其上级机关或者监察机关举报。"第五十八条规定,对污染环境、破坏生态,损害社会公共利益的行为,符合条件的社会组织可以向人民法院提起诉讼。

---

① 尹田.《中国海域物权制度研究》.北京:中国法制出版社,2001年,第13页。
② [意]彼得罗·彭梵得.《罗马法教科书》.黄风译,北京:中国政法大学出版社,1992年,第92页。
③ 也有学者建议,环境民事诉讼应该由检察院担当,即由检察机关作为环境民事诉讼的提起者,以检察机关的名义提起环境民事公益诉讼,以期通过民事诉讼机制制止和制裁环境损害行为,消除环境危害,维护社会公益。环境民事诉讼的检察担当具有法理依据及可资借鉴的域外经验。参见蔡彦敏:"中国环境民事公益诉讼的检察担当",载《中外法学》2011年,第1期。

这些规定可以"倒逼"政府环境保护行政主管部门等机关切实依法履行其职责。我国环境公益诉讼制度至此迈出了关键性的一步。

三、海洋生态损害国家索赔权的具体行使

行政机关是国家具体事务的执行机关,代表国家进行海洋生态索赔,既有行政法上的理论基础,同时也有相关的法律依据。同时我国的海洋环境监管体制存在着多头执法的问题,需要进一步完善和统一。

(一)行政机关代表国家行使海洋生态损害索赔权的理论基础

虽然国家作为海洋生态损害索赔主体,拥有坚实的法理基础,并有较充分的法律依据,但国家是一个抽象的概念,在具体的实践运作上存在问题。国家要实现其政治、经济、社会、生态等治理目标,必须组成适当的组织政权形式,根据国家的意志,由设立的国家机关来具体执行国家的权力和权利。[1]行政机关被赋予了行政法上的含义:依照宪法和有关组织法的规定,遵照国家统治意志,获得国家权力机关授权,依法享有并运用国家行政权力,负责对国家事务进行组织、管理、监督和指挥的国家机关。[2] 由此可知,行政机关依据法律和国家权力机关的授权设立,与国家意志相统一。具体到海洋生态损害索赔,行政机关实施索赔的行为实际是在履行国家授予的代表权,被视同为国家行为。在这一法律关系中行政机关和国家的人格完全统一。在诉讼中,国家机关以自己的名义进入法律程序索赔生态损害,与国家本身提起索赔诉讼具有等同的效力和效果。

国家通过立法和授权将自然资源的监督管理权授予相关的行政机关,同时亦赋予行政机关享有代表国家处理自然资源损害赔偿事务的权利。因而,行政机关就有了双重身份和属性。当行政机关进行行政管理时,与责任人是管理者与被管理者的身份,为从属关系,因而可以运用国家赋予的行政权力直接地强制实施。[3] 当行政机关对责任者索赔时,主张的是国家所有权。此时,它与责任者都是民事主体,是平等的民事法律关系,只能通过平等协商或法院诉讼途径来解决纠纷。行政机关作为行政和民事双重主体,既可以通过行政职权来管理,主要表现为行政罚款、责令改正、吊销执照等方式,也可以通过民事索赔诉讼要求责任人赔偿时,是权利所有者的代表。行政机构作为国家意志的具体实施者,基于行政法理和国家立法授权,获得具体实施的索赔资格。

同时,行政机关作为民事主体时,虽然依据的是国家所有权制度,但我国的国家所有即为全体公民所有,因而索赔具有公益的性质,提起的生态损害索赔诉讼属于环境公益诉讼。

因而可以用公益诉讼的相关理论为行政机关索赔权提供理论基础。

(二)行政机关实施海洋生态损害索赔的法律依据

考虑我国现行法律,很多法律原则与规范可以为立法授权特定部门进行生态损害索赔

---

[1] 刘斐斐.《我国海洋生态损害索赔主体法律问题研究》. 大连海事大学,2008年硕士学位论文,第35页.
[2] 罗豪才.《行政法学》. 北京:北京大学出版社,1996年,第63页.
[3] 傅悦.《论船舶污染海洋的国家索赔》. 大连海事大学,2007年硕士学位论文,第40页.

提供支持,如《宪法》第十二条、《民法通则》第七条、《环境保护法》第六条、《民事诉讼法》第十五条和第五十五条等规定。这些原则性的规定可以为行政机关实施海洋生态损害索赔提供基础性的法律支持。

《环境保护法》第三十四条规定:"国务院和沿海地方各级人民政府应当加强对海洋环境的保护。向海洋排放污染物、倾倒废弃物,进行海岸工程和海洋工程建设,应当符合法律法规规定和有关标准,防止和减少对海洋环境的污染损害。"《海洋环境保护法》第五条对海洋环境监督管理部门进行了细化规定,具体包括国家环境保护部门、国家海洋部门、国家海事部门、国家渔业部门和军队环境保护部门。管理的职责范围依次从全国环境、海洋环境、非渔业和非军事船舶污染事故、渔业污染事故、军事船舶污染事故的层次进行划分。国家环境保护部门起统一监管作用,国家海洋部门突出了海洋这一区位,其他三个部门主要按照不同用途的船舶功能来划分职责。

《海洋环境保护法》第九十条第二款规定:"对破坏海洋生态、海洋水产资源、海洋保护区,给国家造成重大损失的,由依照本法规定行使海洋环境监督管理权的部门代表国家对责任者提出损害赔偿要求。"这一款明确了海洋环境监督管理部门的海洋生态损害索赔权,是我国现有环境法律规范中对"海洋生态损害索赔"做出的唯一明确的法律规定。"塔斯曼海"案是2000年4月修订后的《海洋环境保护法》实施以来,[①]我国海洋行政主管部门第一次作为原告代表国家对油污事故中的生态损害提起了民事诉讼。在审理过程中,天津市海洋局的主体地位多次受到被告的质疑。正是根据《海洋环境保护法》该条款的规定,法庭认为国家海洋局作为诉讼主体的地位成立,而天津市海洋局是受国家海洋局的委托行使诉权,因此具备索赔诉讼主体的资格。该案开创了我国环境公益诉讼主体资格的先例,是对以往法律规定的一大突破,这为法院今后受理和审理此类案件,充分保护国家的海洋资源提供了一个司法实践样本。

从上述法律规定可以看出,我国行政机关受国家委托管理海洋环境的权利已不容置疑,但是仍然存在着较多问题。首先,我国大多数法律条文中只有行政机关环境管理权的原则规定,未明确具体的行政机关主体及其职权范围。新《民事诉讼法》对提起环境公益诉讼的机关也没有做出具体明确的规定,只简单笼统地称为"法律规定的机关",尚需要进一步细化;其次,我国的多头海洋环境监管机制,使得《海洋环境法》第九十条规定的海洋环境监管部门仍然处于蒙面的面纱中,同时由于职责划分不清,特别是在某些事项上几个部门存在监管权的重叠,实践中遇到利益时容易互相争抢"权力",遇到责任和义务承担时又会互相推诿。尤其是当海洋生态损害波及相邻的多个区域时,是由源发地有管辖权的机关还是几个不同区域内有管辖权的机关分别起诉索赔,相关规定没有明确,实践中更容易引发各种争议;[②]军事船舶污染、渔业船舶污染、海洋污染都会破坏海洋生态环境。海洋生态系统具有

---

① 2002年11月23日凌晨4时8分,一艘马耳他籍8万吨油轮"塔斯曼海"轮与一艘中国大连7 000多吨的"顺凯一号"轮在天津大沽口东部海域约23海里处发生碰撞。"塔斯曼海"轮右舷第三舱破损,所载205.924吨文莱轻质原油大量泄漏。天津海事局接报后,立即采取措施,在对两轮进行事故处理的同时,启动溢油应急程序,控制海域污染。经搜救船现场勘查发现,事发海域有长约2.5海里、宽1.4海里的溢油漂流带。经7艘船舶携带清污器械与消油剂进行现场控制和清理后,仍对事发海域造成严重的污染,给海域海洋生态环境带来巨大破坏。

② 王硕.《海洋生态损害索赔考验重重》.载《人民政协报》,2011年8月25日第C01版。

整体性,人为地划分海洋管理格局,会造成一定的管理重叠、索赔重复的局面,浪费人力、财力、物力,可以说是成本大,效率低,因而具体应由哪一个行政部门获得授权来实施海洋生态损害索赔,法律应该做出明确而统一的规定。

(三)我国海洋生态损害国家索赔的实践尝试

2011年6月发生的渤海湾漏油事故亦即康菲公司蓬莱19-3油田溢油事故,是我国有史以来最严重的海上油田溢油事故,造成了严重的海洋生态灾难。按照《中华人民共和国海洋环境保护法》和国务院赋予的"三定"职能,海洋行政主管部门的职责是:"国家海洋行政主管部门负责海洋环境的监督管理,组织海洋环境的调查、监测、监视、评价和科学研究,负责全国防治海洋工程建设项目和海洋倾倒废弃物对海洋污染损害的环境保护工作","负责海洋生态和生物多样性的监督管理"。国家海洋局负责海洋石油勘探开发工程的环境影响评价报告书的核准、环境保护设施"三同时"检查和竣工验收、溢油应急计划的审批等海洋环境保护监管基本职责,具体负责海上溢油污染的监视监测、预测预警以及溢油造成的海洋生态环境的损害评估、生态修复和相关国家索赔工作,并负责海洋油气勘探开发对海洋环境污染损害的防治和应急处置有关工作。[①] 国家海洋局依法对蓬莱19-3油田溢油应急处置实施监督监管和监视监测。

康菲漏油事件对渤海造成的直接经济损失比较容易估算,漏油应急清理也并不困难,但其间接性生态危害将要持续多年,危害范围会逐渐蔓延。渤海海域即将发生的生态问题将可能会表现为以下几个方面:

(1)渤海海域内的鸟类、鱼虾类动植物大量死亡,大部分海水养殖场将会相继减产,海产品滞销,部分海水养殖场将会倒闭破产;

(2)渤海海域内的一些物种可能会加速灭绝,尤其是珍稀濒危物种,植被退化,渔业品种将会更加单一;

(3)食物链将受到污染,各类污染物进入食物链后,直接影响到周边居民的健康;

(4)渤海海洋功能明显减弱,包括海水养殖、海洋生物保护区、旅游度假、休闲娱乐、海水浴场、滨海食品加工、晒盐、海水淡化等,如生态继续恶化,鱼虾类产卵场、索饵场等区域的生态系统将会严重失去平衡,病毒变异类疫病将会随时出现。[②]

根据我国《海洋环境保护法》第九十条第二款关于海洋生态损害索赔的规定,由国家海洋行政主管部门即国家海洋局代表国家对其提出海洋生态损害索赔。此次溢油事故发生以后,国家海洋局即明确了生态索赔工作的组织领导、主要内容和工作方案,并按照有关规定聘请律师,准备海洋生态损害评估报告,开展进一步的证据收集工作。国家海洋局北海分局也随即开展了法律援助机构的公开选聘工作,计划组织国内法律和海洋专家组评审,产生我国官方律师服务团队,为即将启动的法律诉讼提供服务。国家海洋局于2011年8月4日召

[①] 时任国务院副总理的曾培炎在2006年8月国务院渤海环境保护工作现场会上的讲话中,明确当时海洋环境保护重点工作的五点要求中强调要加强"海上溢油的环境管理"、"抓紧渤海海域原油污染事件的善后工作","要抓紧完善与《海洋环境保护法》相应的各项配套法规,制定标准体系,增强海洋环境保护法律法规的可操作性"。

[②] 赵章元.《康菲漏油后渤海生态面临哪些灾难》. 载《新京报》,2011年9月20日第A02版。

开专题会议,邀请全国人大法工委、国务院法制办等5个部门的代表,针对海洋石油勘探开发活动造成海洋环境污染的行政处罚和索赔工作涉及的法律问题进行专题研究。

2011年8月30日,国家海洋局方面称,蓬莱19-3油田溢油事故对我国渤海海域造成了严重污染,根据《中华人民共和国海洋环境保护法》等相关法律、法规,各有关方都有权利向责任方提出损害索赔。沿海16个省市政府和当地的养殖业户、渔民个人都有权利索赔。国家海洋局局长刘赐贵曾指出:"任何企业损害我国海洋环境都必将付出代价。国家海洋局将代表国家依法依规向事故责任方提起海洋生态损害索赔诉讼。"此外,由国家海洋局牵头组成的七部委联合调查组抓紧取证,为鉴定事故级别做准备。

但是鉴于我国的法律法规的完善程度及证据收集等多方面的因素,蓬莱19-3油田溢油事故最终以行政调解的方式解决。2012年1月25日,农业部网站发布信息称"蓬莱19-3油田溢油事故渔业索赔行政调解达成一致"。这次海洋生态损害国家索赔的夭折,使我国丧失了一次前进的良机。

因此,我国应尽快出台《海洋生态损害国家索赔条例》,对海洋生态损害国家索赔的范围、海洋生态损害评估鉴定、损失金额和索赔金额的确定、海洋生态损害赔偿基金设立的责任方、保管方、受益方以及运作模式等内容做出明确规定。其中,海洋生态损害国家索赔范围的确定应当考虑但不限于下列因素:①治理污染和受损海洋生态的恢复、修复等费用;②清除污染和减轻损害等而采取预防措施的费用以及由此而造成的海洋生态进一步损害及其恢复所需费用;③海洋环境容量损失;④修复受损海洋生态以及由此产生的调查研究、制订修复技术方案等合理费用;⑤如受损海洋生态无法修复,则重建替代有关生态功能所产生的合理费用;⑥为确定海洋生态损害的性质、程度而支出的监测、评估以及专业咨询、法律服务等方面的合理费用。

海洋文化视野中的莎士比亚研究述评

虞佳佳,王松林

(宁波大学)

摘要:300多年来,莎士比亚十四行诗一直笼罩着一层神秘的面纱。自18世纪以来,莎士比亚十四行诗引起了人们的巨大兴趣和种种争论,对十四行诗的研究也逐步深入,但对十四行诗中"海洋"意象的研究却鲜有涉及。本文试图从西方海洋文化的视角出发,对目前西方有关莎士比亚研究,尤其是莎士比亚十四行诗中的"海洋"意象研究的历史和现状做一番梳理。

关键词:综述;莎士比亚;十四行诗;海洋

屠岸在《英国文学中最大的谜:莎士比亚十四行诗》一文中写道,莎学家夏洛特·斯托普斯女士在1904年评价莎翁的诗时说:"到了19世纪,读者开始发现这些十四行诗的超绝的美,承认莎士比亚在发展抒情诗方面,同他在发展戏剧方面处于同样重要的地位。……莎士比亚的艺术的完美,哲理的深邃,感情的强烈,意象的丰富多样,诉诸听觉的音乐的美妙,只有在他的十四行诗中才表现得最为充分。"[2]

众所周知,西方文明是海洋文明,海洋作为意象反复出现在西方文学作品中,在莎士比亚的十四行诗中也是频繁涉及。要全面分析十四行诗中的海洋,就必须先从文化、历史、文本等多方面解读莎士比亚与海洋之间的关系。海洋伴随着文学的发展,被作家不断赋予新的精神内涵和高度。海洋的不同形式,折射出不同的精神文化以及海洋民族对未来生活的向往与追求。浪漫而富有激情的海洋,与贸易、武力、海洋征战等密切相关,又与生态环境、人同自然的关系不可分离。

一、回归海洋

海洋如同一个舞台,承载了波澜壮阔的海上征战、浪漫激情的航海史诗和扣人心弦的海上灾难。海洋的广袤是早期欧洲航海家和制图师的主要体悟。海洋文学所表达的内涵,既

---

[1] 作者简介:王松林(1965—),男,江西省南康市,博士、教授,主要从事英美文学研究,E-mail:wangsonglin@nbu.edu.cn。

虞佳佳(1990—),女,浙江省瑞安市,硕士在读,主要从事英美文学的学习与研究,E-mail::murphy0068@163.com。

[2] 屠岸.《英国文学中最大的谜:莎士比亚十四行诗》.《外国文学》,1998年,第六期,第70页。

表现了人在大自然力量面前的无所畏惧与顽强的英雄意识，又表达出面对海洋威力的恐惧以及面对海洋灾难而产生的忧患意识。海洋与西方文化在价值观、审美观和生存发展方式上的关系也可见一斑。

（一）西方海洋文化的起源

莎士比亚在著作《亨利六世》中曾富有诗意地指出："Were our tears wanting to this funeral, /These tidings would call forth their flowing tides."[①]这两行诗将人类血液、汗水以及泪水中的盐分与海水中的盐分归为一致，形象表示了人类与海洋之间的化学关系，也表明海洋在当时对作者的生活和写作的影响。追根溯源，这种影响力源自西方海洋文化和英国自身的地理环境和历史环境。

欧洲的海洋文化发源于地中海，而地中海是处于欧、亚、非大陆之间的陆间海，海洋陆地交错、港湾纵横，直布罗陀海峡又将地中海与大西洋相隔，使大西洋汹涌的波涛无法传递过来，因此地中海海面大多是波平浪静，为海上航行和从事海外商贸活动创造了得天独厚的地理条件。在这种条件下，地中海地区的航海业和海上贸易十分发达，并且形成了一种向外拓展的文化形式。地中海也因此成为了西方海洋文明的摇篮。

欧洲文化的一个重要特征便是希腊文化和希伯来文化中的宇宙起源论。希腊为半岛国家，岛屿分散，贫瘠的土地造成了农业的落后，使得许多必需品必须依赖于从别国进口。但是希腊拥有曲折的海岸线以及风平浪静的港口，具备海上运输业发展的先天优势。这些因素综合起来推动了希腊海洋文化的形成以及繁荣发展。在英汉字典中，词条"希腊的"或是"希腊人"除了"Greek"，还可以表示为"Hellenic"。该词原形为"Hellen"，正是引发特洛伊战争的著名美人海伦。由此可知，海是古希腊人强大凶恶又具有诱惑力的伙伴。许多神社就靠海而设，如海神波塞冬建造特洛伊城又是雅典的守护神，海神武提斯是阿喀琉斯生母，阿波罗生母也曾以海岛栖身，希腊城邦可谓是与海洋崇拜共同发展起来的。古希腊人将海洋人格化，表现出海洋时发狂暴、却通达人情又具有独立人格的特点。经过漫长的中世纪，地理发现与航海冒险促进了西方人关照大海的科学与理性精神。海洋的意义已不仅仅是战争、欲望以及领土扩张的承载体。

《圣经》第二版中有如下一段话："and the earth was without form, and void; and darkness was upon the face of the deep. And the Spirit of God moved upon the face of the waters"，这似乎表明原始水生环境是上帝创造万物的源泉，海洋是"深沉的"，虽在万物之下却是永恒莫测的，如表示"下海去"意思时，英语中用"go down to the sea"短语，"down"和上述引文中的"deep"一词，正反映了这一点且深深影响了英语文学作品的创作。柯尔律治《古舟子咏》中"Below the kirk, below the Hill, Below the light-house top"，[②]连用三个"Below"深切地表达了人类在海洋面前的卑微。希腊文化中，海洋具有为净化、易变的特性，往往与人类精神世界休戚相关。而在希伯来文化中，海洋则更多的是一种标志和工具，传达着神的愤怒和天道。两种文化包含了这一意蕴：海洋的存在超越了人类的认识水平和控制能力，人在变化莫

---

① Shakespeare, William: Henry VI, Heinemann, 2000:16.
② [英]塞缪尔·泰勒·柯尔律治.《老水手行——柯尔律治诗选》.南京：译林出版社,2012年,第13页.

测的海洋面前显得渺小无力。这种海洋观对之后的文学创作具有深远的影响。

(二)英国的地理环境和历史环境(15世纪到17世纪)

在《十九世纪文学主流》一书中,勃兰兑斯评价英国自然主义时指出,"在这个国家里一切最优秀的诗歌里,都洋溢着大海那新鲜和自由的气息"。[①] 英国的地理环境和社会历史为其享誉世界的诗歌贴上了海洋的标签。英伦三岛被北海、英吉利海峡、凯尔特海、爱尔兰海和大西洋包围,隔北海、多佛尔海峡、英吉利海峡与欧洲大陆相望,海岸线绵长。对英国人而言,大海一向是自由的象征。

15世纪末至16世纪初,西欧的冒险家们偶然地闯到了他们以为是"印度"的美洲。由此,西方人称之为"地理大发现"和"新航路开辟"逐渐展开,西欧国家的海上贸易航线始发于欧洲大陆西海岸,引起了欧洲经济中心的转移,成就了荷兰和英国等的崛起,世界历史上的"近代"历程由此开始。海上无永恒的霸权,至16世纪上半叶,在海上居绝对优势的是葡萄牙;16世纪之后,西班牙舰队战斗力提高,形成了葡萄牙与西班牙共享霸权的局面。随着荷兰和英国的相继崛起,也逐渐取代葡萄牙和西班牙,17世纪下半叶,荷兰和英国主宰了海洋世界。

而对17世纪的清教徒而言,海洋更是"罪恶"的象征。对他们而言,海洋是一个私人的、与历史无关的空间,更是危险的空间。而地中海地区的谷物生产状况恶化,又因城市人口增长,几乎整个欧洲地区粮食和生活必需品短缺。由此,西方海盗式的海洋文化开始走向极端,Herman Melville将之定义为"混沌"——"a chaos"。16世纪末到17世纪初的伦敦是近代早期的海运中心。海洋不仅充斥着文艺复兴末期的生活中,而且在经济上提高了英国在世界的地位。英国通过纺织工业和实业的新兴发展,在全球经济中掌握话语权。而莎士比亚所生活的时空,发生了一场长达8年的海洋战争,英国打败了荷兰,称雄于欧洲。贸易、捕鱼业乃至战争等活动的频繁,使得海之于西方人有着远为实用性的重要意义。因而,在莎士比亚一生中,对海军和海洋的浓厚兴趣影响了他的创作。当时英国的对手在他作品中,往往作为一个主要海上霸权国家出现。

工业文明时代,海洋又开始成为人们渴望回归自然的象征。海洋在当时的文学中逐渐被赋予了人类精神家园的原型含义,包含了基督教重要的彼岸主义精神。纵观西方文明,人类对大海充满矛盾:一方面是畏惧,另一方面是渴望征服。人类从对大海的畏惧到不断征服的过程中,也在认知、完善自我。海洋以博大的胸怀接纳了人类,以其壮阔为人类提供了去开拓外部世界的大舞台;同时大海的神秘莫测、汹涌澎湃也令人类感觉不可逾越,困苦万分。正如希腊文化和希伯来文化中人类对海洋情感态度的矛盾,对英国人而言,海洋不仅是他们所要征服的,还是一片自由的乐土。对许多作家而言,海洋更是一片田园净土,这在弥尔顿的 Lycidas 就有所暗示。但是,在莎士比亚的作品中,海洋更多的是一种"崇高"的存在。它关乎人类社会,更是人类社会与自然环境之间的重要媒介。

---

① 勃兰兑斯.《十九世纪文学主流》.第4分册,徐式谷等译,北京:人民文学出版社,1984年,第10页。

二、莎士比亚的海洋

莎士比亚在其作品中直接用"ocean"一词就多达35次,如在《安东尼与克利欧佩特拉》中为"angered ocean",在《尤利乌斯·恺撒》中为"ambitious ocean",在《十四行诗64》中描绘了"hungry ocean"等。除此之外,莎士比亚更是多次用"the sea",《李尔王》中的"the roaring sea"和"the vexed sea",《亨利五世》中的"the deep-mouthed sea"等,赋予了海洋人格化的特点。在《哈姆雷特》中,莎士比亚更是将人生描绘成"支配潮汐"的过程——"Neptune's empire"。因此,莎士比亚的"海洋"不仅仅存在于表面意义上,还间接阐释了抽象的生活和死亡,影射了人类的存在以及个人和社会生活的变化。

(一)莎士比亚戏剧中的海洋

若对莎士比亚的戏剧进行数据统计,读者可以发现这些作品中经常涉及生态灾难、气候异常、粮食短缺、饥荒、洪灾和人们的应对措施等情节。这些情节归根结底都与人类文化的永续性密切相关,反映了人类与海洋环境的相互关系。如Jonathan Raban所言,莎士比亚在其作品中多次采用理想化的手法,为未知的海洋环境塑造了丰富多彩的形象:

Shakespeare's sea—the silver sea; the triumphant sea; the hungry sea; the sea of glory; the boundless sea; the multitudinous seas incarnadined by Macbeth's bloody hands—has a quality of brilliant irrealism.[①]

莎士比亚笔下的海洋呈现出以下特色:

富饶却陌生的海洋。《暴风雨》中直接表明"the sea is rich and strange"。[②] 人类因为海洋的广漠和性情不定而感到困扰和陌生,然后海洋在艺术和生命的创造方面却是潜力无穷。也正是因为如此,莎士比亚在这部作品创造了"sea-change"一词,这种"变化"不仅体现在海水改变万物的物质力量上,也体现在对海洋现象的理解以及这些现象与陆地生物之间的关系认识上。《威尼斯商人》中,安东尼奥宣言他的所有财产都在海上。[③]海洋尽管令人恐惧,但在莎士比亚作品中却是象征着肥沃而多产的领域,为人提供救赎和解脱。

1. 欲望和杀戮之海

欧洲历史是一部海洋史,而海洋史又是一部征服史、掠夺史,更以征服、掠夺为荣。欧洲的海洋文化是一种掠夺其他民族而发展自己的利己文化。海洋的永恒性与霸权主义文化相结合,使得海洋作为一个独立的空间出现于莎士比亚戏剧中的海岛故事之中,如《暴风雨》、《奥赛罗》等,不仅是帝国主义和殖民主义斗争的预演,在某种程度上,也是对后殖民主义和后工业化的排练。随着剧情一步步发展,海洋的变化也预示着海洋与人类政治活动之间的密切关系。然而,透过这些海岛故事,莎士比亚却是在思考物质世界和人类自身生理环境之间的关系,传递着他对海洋深切的爱。

---

① Raban, Jonathan. The Oxford Book of the Sea, Oxford University Press, 2002:3-7.
② Shakespeare, William. The Tempest, Signet Classics, 1998. I:2. 405.
③ Shakespeare, William. The Merchant of Venice. Wordsworth Editions Ltd,2000. I. I. I 177.

2. 人文关怀之海

莎士比亚戏剧中出现的海洋以及人海关系,似乎都在启示读者,人类活动是危险的,那些为了征服世界的武力更是用心险恶、令人费解。然而莎士比亚的海洋更象征着一种缺失,一种英国人在过度进行海洋开发过程中逐渐丧失的精神。这种精神承载着两希文化,在文艺复兴时期又发扬壮大。因而,莎士比亚的海洋更趋向于崇高,散发着人文主义关怀。

上述观点主要来源于 Steve Mentz 的 At the Bottom of Shakespeare's Ocean(2010)、W. H Auden 的 The Sea and the Mirror: A Commentary on Shakespeare's The Tempest(2003)、Barry Cunliffe 的 Facing the Ocean: The Atlantic and Its Peoples, 8000 BC – AD 1500(2001)、Alexander Falconer 的 Shakespeare and the Sea(1964)、Jonathan Raban 的 The Oxford Book of the Sea(2002)以及 Peter Womack 的 Shakespeare and the Sea of Stories(1999)等文献。相对国外学者的深入研究,国内学者对于莎士比亚作品中的海洋研究相对较少,主要都是针对《暴风雨》一文论述观点。这些外文文献几乎是比较新的资料,而且观点令人信服并发人深省,对国内学者在这一领域的研究有一定的启发作用。

(二)莎士比亚十四行诗中的海洋

国内外学术界以十四行诗为研究对象的论文数量颇多,主要集中在主题、意象、文体、伦理等方面的研究。而这部诗中所大量运用的海洋描写、揭示海洋和人以及海洋与命运之间的问题,国内目前几乎没有相关文章,而国外也只有零星几篇文章有所涉及。笔者认为其154首十四行诗中,海洋的描写同样也值得关注,这对于探究莎士比亚的海洋观,有一定的理论价值与审美旨趣。

1. 当前有关莎士比亚十四行诗的研究

目前,对莎士比亚十四行诗的研究主要是从主题研究、诗歌意象研究、伦理学研究、十四行诗的戏剧观等角度入手剖析。

1)主题角度

从20世纪80年代以来,国内学术界大量的学者专家对莎士比亚十四行诗进行研究,其中对其主题及主题相关研究层出不穷。

(1)神话研究主题。胡艳(2007)叙述莎士比亚十四行诗中所运用的神话故事,追踪其起源,发展和变化,总结神话故事在叙事,抒情和文体结构中的功能。

(2)爱情、伦理主题。罗益民(2005)在分析第66首中揭示了莎士比亚十四行诗的三个主题是:及时行乐、莫负青春和人生无常。爱情主题成为莎士比亚十四行诗的主旋律。田俊武、陈梅(2006)通过对从古希腊到文艺复兴时期的欧洲同性恋风尚以及十四行诗的内容和措辞的分析,来揭示莎士比亚十四行诗中的同性恋主题。邱燕(2010)认为,莎士比亚的十四行诗突出的贡献在于:它不仅反映了文艺复兴时期的伦理概貌,而且包含了对伦理道德的思索和探寻。莎士比亚以诗的形式极力歌颂忠诚、无私、忘我的爱情和友谊,充分挖掘人性中善的一面。Williams,Rhian(2010)一文旨在阐明19世纪人们对莎士比亚十四行诗集的反应,形成了维多利亚时期关于十四行诗形式本身复杂而又有趣的观点,尤其是在自传或情感抒发方面的感知。Mead,Stephen X. (2012)从第24首十四行诗、《哈姆雷特》、《李尔王》入手,探讨了莎士比亚十四行诗与其戏剧之间的关系,指出莎士比亚在试图使其作品中海洋深度的虚幻表象视觉化,来发展其角色的内在魅力。

(3)时间主题。陈脑冲(1992)分析了莎士比亚在十四行诗中一再表达的一个思想:时间是人的敌人,从人出生到进入坟墓,时间始终在吞噬着人的生命。然而,人是伟大的,他能战胜时间,征服时间。陈脑冲还在分析中指出,莎士比亚告诉人们用爱和艺术去征服时间。莎翁这里所指的爱是两颗真心结合之后的产物(the marriage of true minds,第116首)。它是真诚的、永恒的。这种爱就是对人类这个整体的爱。人类战胜时间的另一途径是艺术,因为艺术能够长久、永恒。莎士比亚认为,艺术有足够的力量阻挡时间急速移动的脚步。吴笛(2002)分析了莎士比亚对待时间的另一面。他指出,莎士比亚的十四行诗集创作于16世纪末和17世纪初,正是他的戏剧创作从喜剧向悲剧过渡的时期。而十四行诗集所反映的情绪恰恰是从乐观向悲观乃至失望的转变。导致这种情绪转变的一个重要因素,是时间这一概念。因此,在莎士比亚这部十四行诗集中,无论是美,还是友谊和爱情,都因受到时间的无情吞噬而弥漫着强烈的悲观情调。在这部作品中,始终贯穿着与时间抗衡和妥协的思想以及面对时间而表现出的茫然和困惑。这种困惑正是16世纪末和17世纪初人文主义者对时代感到困惑的一个反映。刘静(2009)认为,莎士比亚对"不朽的精神追求"是十四行诗中的一个重要主题,这也说明了研究莎士比亚十四行诗的永恒意义,分析了诗人的柏拉图主义情结,进一步升华其"不朽"诗学。莎士比亚通过"不朽"情节和"不朽"意象体现了对"不朽"的精神朝圣。如何实现"不朽",莎士比亚提出了三种具体的方式:后代、爱情和诗歌,而柏拉图主义正是十四行诗中这种主题的思想渊源。

2)十四行诗意象研究

莎士比亚十四行诗中充满了各种意象,抒发了诗人深沉的情感。范岩炎(2009)认为,哭泣是诗人真情的自然流露和表达。在哭泣背后隐含着眼泪意象,体现着诗人对爱的深刻思索。在隐藏的眼泪意象中,诗人对爱的有限性和无限性的思考,对和谐之爱的求索全部展现出来。他指出,十四行诗是诗人内心世界的折射和生命情感的体验,是诗人对和谐之爱的追求。和谐之爱包含了世间所有的真、善、美,是诗人对他所希冀的社会与人生的高度概括,是诗人在生活和创作中追求的最高标准,是文艺复兴时期人文主义者的最高追求,是对这154首十四行诗的最简洁的概括。田俊武、程宝乐(2005)主要分析了其中的自然意象和时间的意象。这些意象不仅增添了诗歌的美感而且深化了诗歌的内涵。透过这些意象,我们能够洞察诗人复杂细腻的内心世界。李娟、程宝乐、徐昀(2008)通过对莎士比亚十四行诗中的太阳意象的分析,寻找太阳意象的神话原型,帮助读者进一步理解诗的深刻内涵、诗歌中体现出的矛盾冲突及诗人在创作时的复杂情怀。王改娣(2006)认为,莎士比亚十四行诗中的意象来自不同领域,呈现出各种特点。有些意象折射出诗人所处时代的特征,有些则源于谚语,具有警醒的智慧。尤为重要的是,莎士比亚十四行诗中的意象还具有中心性、系列性和矛盾性等特点。对这些特点的把握对理解莎士比亚十四行诗的结构和意境有很大帮助。此外,针对眼睛、玫瑰、镜子、四季等意象,也有大量文章涉及研究探讨。

3)伦理主题研究

罗益民(2007)称,莎士比亚十四行诗涉及性的主题,也触及到了伦理。在世俗的世界里,性作为文学的话题,主要分两种情形:一是升华为崇高境界的精神的爱情;一是展现感官、肉欲和物欲的身体之爱,即感性的性。除此之外,还有相互间杂或相互矛盾的。但是,从现今多元的思想方法来看,人们开始变得宽容,也接受这些曾经被认为是异端的学说、理念、传统和行为。关于性别和性的学理增添了莎士比亚十四行诗除了传统的美学演绎以外的美学样式和内容。虽然伦理无法接受,却在文学艺术作品中存在,成为文学审美和文学批评的重要养分。由于文学作为人类文化的成果,不仅仅局限于道德这一种单纯的目的,文学批评也在考虑把反伦理和反道德的现象纳入审美的范围。林玉鹏(2005)分析了莎士比亚十四行诗中的伦理思想,揭示出诗中占主导地位的是以人文主义为主的世俗伦理观,如幸福观、德性观、爱情观和正义观。此外,诗中也交织着基督教伦理观,主要表现为对灵魂的关注。本文作者指出这两种伦理思想的交织反映了诗人的伦理思想的困惑和矛盾,并试图探讨这种伦理矛盾产生的原因。颜红菲(2005)从三个方面分析了伦理冲突中的审美现代性,指出他作品中人物在伦理冲突的矛盾斗争中,既充分体现了人的主体性精神,又深刻地表达了现代性内部两种对立所形成的危机感和虚无感。正是这种超越时代的审美现代性,使莎士比亚悲剧获得了不朽的艺术生命。邱燕(2010)认为,莎士比亚通过十四行诗表达了对旧社会道德伦理秩序的摒弃和对人的价值的肯定,通过对友谊与爱情的反复抒叹,颂扬了人与人之间真诚和谐的关系。渴望建立一种反叛于旧的神性教会伦理道德秩序的新型伦理观,他的伦理观是以"善"为核心观念的。

4) 十四行诗中的戏剧观

屠岸(1994)表示,莎士比亚十四行诗每首的四个诗节在内容上依照起、承、转、合的规律展开、变化、收拢,很像一部四幕剧的发展程序。这种构架富于戏剧性:矛盾的提出、发展、纠葛直到解决,都带有戏剧色彩。莎翁十四行诗共有154首,每首独立成篇,总起来又是一部完整的十四行系列组诗。它通过四个人物的矛盾、纠葛,体现了情节的生动性和丰富性,也有一个起、承、转、合的发展程序。它像一部戏剧,是因为它反映了人的矛盾冲突、人与人的关系、人与自然的关系、人与时空的关系,并从对这些关系的思考中总结出深邃的哲理。张霞(2004)认为,莎士比亚十四行诗的永恒魅力和独特风格在于它以精湛的语言和精巧的结构,巧妙地将诗歌的艺术和戏剧的魅力结合起来,从而创作了154首主题连贯、诗歌语言和结构都具有戏剧性特征的不朽作品。它的主题围绕着至少两个人的情感纠葛展开,并且经历了酝酿、发展、冲突、高潮和结尾等几个明显的戏剧环节。其次,它的结构起伏跌宕,有张有弛,即使不是作者具有使之戏剧化的本能或下意识,至少它也在读者的阅读中产生了戏剧的效应。最后,语言风格的戏剧性更凸显了诗集的戏剧化特征。

综上所述,国内外学者十分重视莎士比亚及其十四行诗组,国内外学界对其作品研究更取得了丰富的发展和进步,可谓硕果累累。但是在研究过程中还有不少潜在的问题,这些问题从某种程度上制约了研究的进一步深入和拓展。无论是国内还是国外的学者,对莎士比亚十四行诗中的海洋研究都鲜有涉及。即使一些文献有谈及的,都是针对十四行诗中相对著名的诗篇,如第64首。因此,莎士比亚十四行诗中蕴藏丰富的海洋精神正亟待挖掘。

2. 莎士比亚十四行诗与海洋

笔者对莎士比亚154首十四行诗进行粗略的统计,其中实写海洋意象就有12首,与海洋相关的意象有9首,涉及航海术语的诗篇4首左右,与海洋神话相关的也有4首,可见海洋在其十四行诗中的重要地位。

若对这些海洋意象进行分类,笔者得出了如下三个类型:体现人类情感、体现时间不可控制、体现命运反复无常。而这三个类别又可以细化成多个角度,所体现的内涵与上述戏剧中海洋所表现的内蕴不谋而合。除此之外,十四行诗中的典故与海洋神话,既表现海洋的神秘莫测,力量强大,又展现出爱的力量。足见莎士比亚十四行诗中的海洋与两希文化不可分割。

伊丽莎白一世采取的一系列政治活动、推行的宗教改革政策以及"海上掠夺"和"贩奴"政策,满足了新兴资产阶级的利益,为英国资本的原始积累创造了条件,同时也巩固了英国的君主专制政权,使得英国君主专制主义政权得以加强,英国资本主义的生产关系得以迅速发展,经济迅速发展,伦敦成了工商业和金融的重要中心,对整个世界历史的发展产生了深远的影响。而莎士比亚这样的文化伟人会在此时出现,也绝非偶然。如第 86 首十四行诗,"Was it the proud full sail of his great verse,/bound for the prize of all too precious you"。[①] 其中 bound for 意为 aiming to take,是对航海远征的比喻。再如第 116 首,"O no, it is an ever-fixed mark"、"it is the star to every wand'ring bark",[②]出现了灯塔、北极星等航海术语,可见当时航海风气之盛。除了莎士比亚十四行诗中的航海术语,其诗中还出现了不少外来农作物等名称,对于研究伊丽莎白时期的海外扩张和当时的人海关系都具有一定的意义。伊丽莎白时期的航海史在展现英国重要贸易地位的同时,也间接指出,在追求金钱利益和霸权地位中人性的堕落和泯灭。这正是莎士比亚在十四行诗中所极力摒弃和蔑视的。

由此可知,莎士比亚十四行诗中的海洋与其戏剧中的海洋相辅相成,相互应和。研究十四行诗中的海洋,可以为进一步研究莎士比亚十四行诗乃至其他作品提供较为新颖的角度。

参考文献

[1] 勃兰克斯.《十九世纪文学主流》. 张道真等译. 北京:人民文学出版社,1997 年,第 10 页。

[2] 曹晓青.《论莎士比亚对古希腊戏剧的传承与超越》. 河北师范大学学报(哲学社会科学版),2004 年,第 27 期,第 90 - 95 页。

[3] 陈脑冲.《莎士比亚十四行诗中的时间主题》. 外国语(上海外国语学院学报)1992 年,第 4 期。

[4] 段汉武.《〈暴风雨〉后的沉思:海洋文学概念探究》. 宁波大学学报(人文科学版),2009 年,第 1 期。

[5] 范岩炎.《被泪水灌溉的爱——莎士比亚十四行诗中的眼泪意象》. 安徽文学,2009 年,第 8 期,第 35 - 36 页。

[6] 胡艳.《莎士比亚十四行诗的神话主题研究》. 西南大学,2007 年。

[7] 李娟,程宝乐,徐昀.《莎士比亚〈十四行诗〉中太阳意象的神话原型分析》. 时代文学,2008 年,第 10 期,第 114 - 115 页。

[8] 刘继华.《欢乐中的深刻——莎士比亚喜剧〈爱的徒劳〉、〈仲夏夜之梦〉、〈第十二夜〉研究》. 上海:上海外国语大学,2012 年。

[9] 刘静. 莎士比亚《〈十四行诗集〉中对"不朽"的精神朝圣》. 安徽文学,2009 年,第 11 期,第 150 - 151 页。

---

① Shakespeare, William. *Shakespeare's Sonnets*, Washington Square Press, 2004.
② 同上.

［10］ 刘卫英,周小倩.《英美诗歌中的海意象及其文化精神》.盐城师专学报(哲学社会科学版),1999年,第1期.

［11］ 罗益民.《时间的镰刀:莎士比亚十四行诗主题研究》.世界文学评论,2007年,第1期,第283－284页.

［12］ 罗益民.《性别伦理美学——莎士比亚十四行诗批评的新方向》.西南大学学报(人文社会科学版),2007年,第1期,第160－165页.

［13］ 邱燕.《善的境界:莎士比亚十四行诗的伦理观》.外国文学,2010年,第7期,第94－96页.

［14］ 田俊武,程宝乐.《浅析莎士比亚十四行诗中的意象》.外语与外语教学,2005年,第12期,第23－25页.

［15］ 屠岸.《英国文学中最大的谜:莎士比亚十四行诗》.外国文学,1998年,第6期,第70页.

［16］ 王立.《大海与中西文学——中西方民族文化精神比较》.青海社会科学,1989年,第5期,第70－75页.

［17］ 王立.《海意象与中西方民族文化精神略论》.大连理工大学学报(社会科学版),2000年,第21期,第60－64页.

［18］ 王改娣.《莎士比亚十四行诗意象特征探微》.外国文学,2006年,第2期,第65－69页.

［19］ 吴笛.《论莎士比亚十四行诗的时间主题》.外国文学评论,2002年,第3期,第88－93页.

［20］ ［英］塞缪尔·泰勒·柯尔律治.《老水手行——柯尔律治诗选》.上海:译林出版社,2012年.

［21］ 张霞.《莎士比亚十四行诗的戏剧性特征》.华中师范大学,2004年.

［22］ 赵君尧.《海洋文学研究综述》,职大学报,2007年,第1期,第62－64页.

［23］ Auden, W. H. The Sea and the Mirror：A Commentary on Shakespeare's The Tempest. Princeton：Princeton University Press, 2003(5).

［24］ Carlson, Patricia Ann. Literature and Lore of the Sea. Atlantic：Humanities Press, 1986.

［25］ Cunliffe Barry. Facing the Ocean：The Atlantic and Its Peoples, 8000 BC – AD 1500. Oxford：Oxford University Press, 2001.

［26］ Falconer Alexander. Shakespeare and the Sea. New York：Frederick Ungar, 1964.

［27］ Finamore Daniel. Maritime History as World History. Gainesville：University of Florida Press, 2004.

［28］ Klein Bernhard. Fictions of the Sea：Critical Perspectives on the Ocean in British Literature and Culture ［M］. Aldershot：Ashgate, 2002.

［29］ Mead, Stephen X. Shakespeare's Play with Perspective：Sonnet 24, Hamlet, Lear. Studies in Philology The University of North Carolina Press, 2012：225－257.

［30］ Melville Herman. Moby Dick［M］. Signet Classics, 2001.

［31］ Mentz, Steve. At the Bottom of Shakespeare's Ocean. London：Continuum International Publishing Group, 2009.

［32］ Mentz, Steve. Shakespeare's Beach House, or The Green and the Blue in Macbeth. Shakespeare Studies, 2011, Vol. 39：84.

［33］ Raban, Jonathan. The Oxford Book of the Sea. USA：Oxford University Press, 2002：3－7.

［34］ Rosengren, Karl Erik. Toward a Blue Cultural Studies：The Sea, Maritime Culture, and Early Modern English Literature. Literature Compass, Blackwell Publishing Ltd. 2009：997－1013.

［35］ Rozwadowski Helen. Fathoming the Ocean：The Discovery and Exploration of the Deep Sea. Cambridge：Belknap Press, 2005.

［36］ Shakespeare, William. Hamlet. Penguin Classics；2001.

［37］ Shakespeare, William. Henry VI. Heinemann, 2000：16.

[38] Shakespeare, William. Shakespeare's Sonnets. Washington Square Press, 2004.
[39] Shakespeare, William. The Merchant of Venice. Wordsworth Editions Ltd, 2000.
[40] Shakespeare, William. The Tempest. Signet Classics, 1998.
[41] Shakespeare, William. Twelfth Night. Signet Classics, 1998.
[42] Sobecki, Sebasdan I. The Sea and Medieval English Literature. NY: Boydell & Brewer, 2008.
[43] Womack, Peter. Shakespeare and the Sea of Stories. Journal of Medieval and Early Modern Studies, Duke University Press, 1999, 29(1).

20世纪初萧绍海塘的管理[①]

——以西湖底闸为中心

蔡 彦

(浙江省绍兴市图书馆)

摘要：萧绍海塘西起萧山临浦麻溪坝，经绍兴至上虞嵩坝清水闸，建于明末，分西江、北海、东江三塘，"基阔七丈、身高二丈有余、收顶三丈"，沿塘之闸有十。本文以西湖底闸为中心，讨论了20世纪初萧绍海塘的水利形势和"官准绅办"的管理模式。

关键词：水利；萧绍海塘；西湖底闸；历史

萧绍海塘是浙江地区一项重要水利工程。据《绍兴县资料第二辑·地理》载："绍兴东西临江，北面负海，藉西江、北海、东江三塘以资捍卫。……全段塘长一百十八余公里，分第一、第二、第三。……险塘地点为临浦、闻堰、南塘头、镇塘殿、车家浦、贺盘六处。沿塘之闸有十，宣泄灵畅时启用者为三江闸、刷沙闸、宜桥闸、陈树闸、西湖底闸。泄水以三江闸为主，刷沙、宜桥、陈树、西湖底四小闸为辅。"[②]它以规模宏伟、工程艰巨和建造年代久远，同长城、运河一起被誉为我国古代三项伟大工程。现以西湖底闸为例加以说明。

一、西湖底闸概说

西湖底闸在曹娥江左岸，萧绍海塘上，今上虞经济开发区内，距104国道和杭甬铁路、浙东运河都不足3千米。据民国二十七年《绍兴县志资料第一辑·山川》中《会稽陆路道里计》："西湖底闸，自星沙村曲北行，过塘角，又西少南行至此，八里一分。闸长七丈，高一丈七尺，计三洞。"[③]1983年上虞县地名委员会编《上虞县地名志》收录"西湖底"地名由来：东汉时有人定居于此，西部有湖，村处湖水尽头，故名西湖底。据《绍兴县志资料第二辑·地理》："西湖底闸，在县东北七十里白沙港，东江塘从字号，三洞。光绪十六年(1890年)知府霍顺武建。同治四年(1865年)五月，东江、北海、西江三塘相继决口，山会萧三邑均成巨浸。

[①] 作者简介：蔡彦(1975—)，男，江苏苏州人，副研究馆员，主要研究方向：浙江文化史。E-mail：caiy2006@163.com。
[②] 《各塘概说》，《绍兴县志资料第二辑·地理》，绍兴县修志委员会民国稿本[出版时间不详]。
[③] 《会稽陆路道里计》，《绍兴县志资料第一辑·山川》，绍兴县修志委员会民国二十七年铅印本。

适三江闸港淤塞,无从宣泄。邑绅鲁月峰时董理东江塘,遂决白沙港之从字号塘堤,以泄内水。后光绪十五年(1889年)七月大水又值三江淤塞,郡绅徐树兰遂建议于是处筑闸,以裨应宿闸之不足。大吏准之。是闸之设计及典工者为邑绅袁文纬,督其役者为邑绅章廷蔽、杜用康。有碑记(在闸旁汤霍二公祠)。"①西湖底闸的修筑方法与三江闸相同,采用锡铸焊固定。闸成,以地名命之。时由徐树兰撰《西湖底造闸记》(下简称《闸记》):

明嘉靖十五年,三江应宿闸成,而山阴、会稽、萧山潮海之水得其槽,关钥湖海数百年矣。特湖田连曼,鉴湖潴水之区失其疆半,而三江潮来常挟泥沙,闸道易淤,淫潦交至,宣泄不灵,即三县为泽国。先民有作于姚家步、宜桥、陈树下开三闸以永之。比年来,姚家步闸、宜桥闸夭淤不畅,而陈树一闸不能立。夔足之功至乃破塘堤、决亭川,权宜应变难可典常。窃尝相土水地,议为裨闸于西湖底,以泄上游之水,而未果也。光绪十五年,浙江濒海各州县大水,绍兴八县皆与焉。大吏用树兰议,敬录令甲,兴土工之法,庸饥民以治水利,一时塘堰弟堧,百废俱举,而郡守富察公霍顺武遂举行西湖裨闸之议。薵土斤石兀兀桥桥。十六年四月毕成。为洞三,广四丈,高二丈有奇,沟其前百丈,以导于江。庙于西隅,以祀其神,以申古者祭防祭水庸之谊。以屋启闭者,而时其禀功坚而虑远,用以云仍应宿左右,陈树钟泄相当,而横决之祸以息。于以见公之子谅闳圜,造福广远,而官吏董成,都人士典功作者,皆与有嘉焉。既题名于闸,复碑于庙以论其始末,冀后之君子览其前后中失,造作之所由有举莫废,相与讲切而会裨之也。②

二、修筑过程

萧绍平原位于钱塘江南岸,东濒曹娥江,西临浦阳江,南屏会稽山,流域面积1 515平方千米,是浙江省主要平原。东汉永和五年(140年)会稽太守马臻筑鉴湖,从此解除了山洪对萧绍平原的威胁。鉴湖湖堤以会稽郡城为中心,分为东西两段,东段自五云门至曹娥江,长36千米,西段自常禧门自钱清江,长27.5千米。湖的南界和西界是稽北丘陵的山麓线,由于东部地形略高于西部,实际上就把湖分为东、西两部分,以郡城东南从稽山门到禹陵全长3千米的驿路作为分湖堤:东部称东湖,面积约107平方千米;西部称西湖,面积为99平方千米。东晋时,由于人口聚集,这里逐渐形成村落。北宋以后,随着鉴湖埋废,开始了对内河的整治,通过修筑闸、塘、堰来节泄水流。"西湖底"的地名反映了这一时期河湖交错的自然实际。嘉靖十五年(1536年),绍兴知府汤绍恩经过实地踏勘,在曹娥江、钱塘江、钱清江汇合的三江口新建三江闸,通过封闭萧绍海塘,杜绝潮洪影响,实现保护内陆平原作用。但是随着闸外淤沙日积,逐步出现阻滞宣泄情况。为增加平原排泄能力,清后期陆续在萧绍海塘沿线添建水闸(见表1)。《闸记》中说:"三江潮来常挟泥沙,闸道易淤,淫潦交至,宣泄不灵",因此"议为裨闸于西湖底,以泄上游之水","十六年(1890年)四月"闸"毕成",说的就是这回事。

---

① 《西湖底闸》,《绍兴县志资料第二辑·地理》,绍兴县修志委员会民国稿本[出版时间不详]。
② 徐树兰.《西湖底造闸记》,《绍兴县志资料第一辑·塘闸汇记》,绍兴县修志委员会民国二十八年铅印本。

表1　清末萧绍海塘沿线新建水闸

	时间	闸名	修　筑
1	同治五年(1866年)	山西闸	知府高贡龄　署绍兴府李寿臻
2	同治五年(1866年)	姚家埠闸	知府高贡龄　邑绅沈元泰
3	同治五年(1866年)	陈树下闸	知府高贡龄　邑绅沈元泰
4	同治光绪年间	宜桥闸	
5	光绪十六年(1890年)	刷沙闸	知府霍顺武
6	光绪十六年(1890年)	西湖底闸	知府霍顺武　邑绅徐树兰、袁文纬、章廷蔽、杜用康
7	光绪二十五年(1901年)	清水闸	邑绅钟厚堂

三、蔡元培代撰《西湖底造闸记》

《西湖底造闸记》是反映该闸建造经过的重要历史文献,斯碑仍存。碑高1.75米,宽0.7米,碑名《西湖底造闸记》,碑末署"光绪二十二年(1896年)岁在柔兆君滩八月,邑人徐树兰记,阳湖汪洵篆"。撰者徐树兰(1838—1902年),据民国二十七年《绍兴县志资料第一辑·人物》:"徐树兰,字仲凡,号检庵。山阴人。光绪二年(1876年)举人,授兵部郎中,改知府,以母病归,不出,任地方公益,如筑捍海塘,建西湖闸,创设豫仓。每筹本省及各省赈款至数十万金,以及设救疫局,置赡族田,建清节堂,集相验费,皆有案牍可稽。尤留意三江口水利,著有《引清涮淤议》。议上,官厅难其事而止。捐千金开办中西学堂,其后改为绍兴中学堂,归官办,树兰垫费至四千余金,未偿。复捐资建越中藏书楼,延慈溪冯孝廉一梅编纂书目。又至昆山新阳购地开荒以兴农业。"[①]他较早地接受了资产阶级改良派的变法主张,成为"绍兴头一个提倡维新的人",尤其热心于地方公益事业,捐资抢修捍海塘、建西湖底闸等水利设施。书者汪洵(？—1915年),字子渊,号渊若,原名学瀚,字渊若,阳湖(今江苏常州)人。光绪十八年(1892年)进士,授编修。书法摹颜真卿,得其神骨,又参以他帖而变化之,工力甚深,被称为海上书法的"四大家"。我国第一家公共图书馆"古越藏书楼"的匾额就由其题写。

查《蔡元培全集》中亦收有《西湖底造闸记》,系编者根据蔡元培手稿整理。蔡元培与徐树兰之间的关系,蔡自己多有记录。据《蔡元培自写年谱》:光绪十二年(1886年),蔡元培因自己老师田春农的介绍,开始往徐氏为徐君以孙(维则)做伴读,并为校勘所刻《绍兴先正遗书》(光绪十三年)、《铸史斋丛书》(光绪十六年)等,其中就有不少绍兴地区水利文献。"田氏、徐氏,藏书都很多。蔡元培到徐氏后,不但有读书之乐,亦且有求友的方便。……以孙之伯父仲凡先生(徐树兰)搜罗碑版甚富。……那时候,年辈相同的朋友,如薛君朗轩、马君湄莼、何君阆仙等,都时来徐氏,看书谈天。"

"清光绪十三年(1887年)丁亥。是年留徐氏"。

[①] 薛炳.《徐树兰》,《绍兴县志资料第一辑·人物》,绍兴县修志委员会民国二十七年铅印本。

"清光绪十四年(1888年)戊子。是年留徐氏"。

"清光绪十五年(1889年)己丑。是年留徐氏。是年有恩科。秋,复往杭州应乡试,与王君寄、徐君以孙同中式,主试为李仲约(讳文田)、陈伯商(讳鼎)两先生"。

"清光绪十六年(1890年)庚寅。是年春,往北京应会试,偕徐君以孙行"。

"清光绪十七年(1891年)辛卯。是年仍馆徐氏"。①

光绪十八年(1892年)蔡元培在保和殿应殿试,被取为第二甲第三十四名进士。两年后蔡元培被光绪帝授为翰林院编修,自此离开徐氏,开始自己京官生涯。

光绪二十二年(1896年)初,蔡元培回绍兴。据其《丙申知服堂日记》所记:正月二十九日"访显民(徐尔谷)、谊臣。"三月十三日"至显民处。晚秋浓招饮于徐氏铸学斋"。三月二十一日"显民来,属复勘前数年代撰《西湖底造闸记》"。四月六日"致显民简,还徐评《叶氏临证指南》"。七月十一日"看显民、以孙。"②两人互有来往。十月十八日蔡元培准备回京,徐尔谷、徐维则等好友邀他游石佛寺,举行饯别。他们在石佛寺的墙壁上题名,并由蔡元培记述这一经过。

从蔡元培日记的记载来看,《西湖底造闸记》应是蔡元培替徐树兰撰写的,其时间约在光绪十六年(1890年)初。蔡元培撰《西湖底造闸记》全文如下:

"明嘉靖十五年,三江应宿闸成,而山阴、会稽、萧山潮海之水得其槽,关钥湖海既数百年。秋滴沈陵,水泉超涌,越潭度堰,万流一闸,需时旷日,以迟其康,而经由井里,皆水处矣。湖田连曼,鉴湖三百,受田之区,失其强半,旬雨破决,偶违故常,近水民居,已离其祸,诚有由也。先民有作,于其上游建三闸以派之。比年来,姚家步闸、宜桥闸夭阏不畅,而陈树一闸不能立。夔足之功至乃破塘泄水,以杀其势,权宜应变,难可典常。窃尝相度水地,议立碑闸于西湖底,而未果也。光绪十五年,浙江濒海各州县大水,绍兴八县皆与焉。大吏用树兰议,敬录《会典》兴土功之法,佣饥民而食之,以治八县水利,塘堰碑坝,百废具举。富察太守遂举行西湖裨闸之议,藁土斤石,基基桥桥。十六年□月毕成。为洞三,广四丈,高二丈有奇,沟其前百丈,以道于江。庙于西隅,以祀其神,以申古者祭防祭水庸之义。以屋启闭者,而时其禀,功坚而虑远,用以云祁应宿左右,陈树钟泄相当,而夺门横决之祸以息。于以见太守之子民阎怿,造福广远。而官吏之董成,都人士典功作者,皆与有嘉焉。既为题名于闸,复碑于庙,以论其始末,冀后之君子,览其前后中失,造作之所由,有举莫废,相与讲切而增婢之也。"③

对照两文,不同点主要有三处:

(1)首句后蔡文增加"秋滴沈陵,水泉超涌,越潭度堰,万流一闸,需时旷日,以迟其康,而经田井里,皆水处矣。"比徐文更有气势。

(2)蔡文中"先民有作,于其上游建三闸以派之。"和"富察太守,遂举行西湖裨闸之

---

① 蔡元培.《蔡元培自写年谱》,中国蔡元培研究会:《蔡元培全集》第17卷,杭州:浙江教育出版社,1998年,第428—429页。

② 蔡元培.《蔡元培日记》,中国蔡元培研究会:《蔡元培全集》第15卷,杭州:浙江教育出版社,1998年,第135—141页。

③ 蔡元培.《西湖底造闸记》,中国蔡元培研究会:《蔡元培全集》第1卷,杭州:浙江教育出版社,1998年,第162—163页。

议"。徐文均直呼其名。三闸,即"姚家埠、宣桥、陈树下三闸"。富察太守即"郡守富察公霍顺武"。

(3)蔡文中"大吏用树兰议,敬录《会典》兴土功之法,佣饥民而食之,以治八县水利"。徐文写作:"大吏用树兰议,敬录,令甲兴土功之法,佣饥民以治水利。"

蔡元培的《西湖底造闸记》是我国水利史上一篇重要文献。《闸记》中提到的其他三座闸今分别在绍兴县孙端和越城区马山境内。《绍兴县志资料第二辑·地理》中有记录,兹录如下:

陈树下闸,在县东北三十里,位于东江塘归字号,三洞。清同治五年(1866)知府高贡龄建。因三江闸港屡塞,是年夏浮沙拥积,且越闸入内河,浙抚马新贻檄委按察使王凯泰诣勘。旧港既不可循,与知府高、邑绅沈元泰等议,别建一港以通,并加建陈树下、姚家埠两新闸,而与正闸相辅。马有碑记(在三江汤公祠)。

姚家埠闸,在县西北四十里许姚家埠。清同治五年(1866),知府高贡龄建。位于北海塘善字号,三洞(今淤塞)。

宜桥闸,在应宿闸东三里许,位于北海塘监字号,三洞。建于何时待查。①

四、"官准绅办"的形式

徐树兰还撰有《西湖闸闸栏碑记》(光绪十六年),交代建闸经过,可以补《闸记》不足:

光绪十五年,秋霖连月,水潦害稼,太守用树兰议,决西湖底塘泄之,水退,请于上官,佣饥民修八县水利以代振赡,而是塘地形卑利钟泄,因建闸焉。十六年(1890)七月成。太守长白霍顺武、长史武进薛赞襄、会稽令广丰俞凤冈临造,太守宁乡杨鼎勋勘工,邑子章廷蔽、杜用康、袁文纬典功作,邑子徐树兰记。②

《碑记》明确,西湖底闸的修筑形式是官准绅办,经费采用"以工代赈"。清末水利窘于财力,一直未能预事绸缪。绍兴县志资料中对塘闸经费来源的记录很说明问题:

绍萧塘闸经费,旧山会两县向有小塘捐、曹蒿捐。计山阴效、才、良、知、过、必、改、得、能、莫、忘、芒、谈、彼、短、靡、恃、已、长、信二十号,合计田九万二千二百三亩,每亩海塘捐四厘三毫七丝八忽(民国元年县议会议定每亩五厘)。又长、宿二号,下田共一万六千三百二十七亩,每亩小塘捐二文两,共每年额钱四百九十三千六百六十九文。会稽荒字至汤字三十四号,合计四十五万三千五百二十九亩七分二厘,每亩小塘捐四文,计钱六百十四千一百十九文。又果、珍、汤、菜、殷五号,合计田一万四千九百三十七亩七分七厘生亩。曹蒿捐,钱五文,计钱七十四千六百八十九文。统计三项捐钱额数仅千串有奇,创自何年殊难详考。检查清代档案知此类塘捐专为东江北海两塘几修之用。

嘉道以后,每遇出险,例由山会萧三县临时就受益田亩摊派,民捐民办。同治四年(1865),东西两塘同时决口,倒坍八九百丈,浙抚马端民(名新贻)公拨借厘金十二万串,兴

---

① 《陈树下闸》、《姚家埠闸》、《宜桥闸》.《绍兴县志资料第二辑·地理》,绍兴县修志委员会民国稿本[出版时间不详]。

② 《西湖闸闸栏碑记》.《绍兴县志资料第一辑·塘闸汇记》,绍兴县修志委员会民国二十八年铅印本。

工修筑。奏明由三县于得沾水利田内,按亩摊捐,分年归款。至光绪五年,亩捐截止计,山会两县除归还厘金及添办工程外尚有盈余。萧邑则因中间停办两年,遂无余矣。厥后西塘屡出险工,萧邑应派工费无出,陆续借支山会亩捐一万八千余串,于是山会公款为之一空。

正是由于经费无着,才采取了"以工代赈"的临时形式,毋假胥吏之手,以期事易举而功易成,避免了挪用的情况。地方官对士绅的提议往往都"从之"。据民国元年(1912年)《绍兴萧山两县县议会咨浙江省议会为塘工经费应由省库补助文》:"绍萧两县,江海环错,所赖塘闸为之保障。一偶出险,两色皆鱼所系。近来西塘受上游金衢严及诸义浦来水之冲,已出险,要巨工。东塘因上虞改筑石塘,对岸沙淤,水势逼激,虽未坍卸,已极危险。北塘又近接洪潮。此虽由于沧桑之变,更人事之不济,实则窘于财力,未能预事绸缪之所致也"。民国元年(1912年),绍兴县议会议决每地丁银一两附收塘闸费七分。民国七年(1918年)起举办绍萧塘工有奖义券,每月一期,每期售出券款除给中签奖金外指定作为绍萧塘工专款。至十五年经省议会议决改办塘工有奖债券,以是年夏,北海塘萧属楼下陈弯头徐车盘头郭家埠等处决口,先以债券向中国银行抵借绍萧两县各借银5万元,以应急需。综观民国时期萧绍海塘的管理始终未能摆脱经费的困扰。

五、塘闸管理

(一)塘闸机关沿革

清代对塘闸的管理采用绅董制,由绍兴府聘士绅一人为塘闸董事,下雇司事数人,督率塘闸夫役管理巡视。遇有险工,设临时工程处,名称不一。办工人员或由省委或由董事邀集就地绅衿,公同主持。如同治四年(1865年)五月,东江、北海、西江三塘相继决口,邑绅鲁月峰时董理东江塘,遂议决白沙港之从字号塘堤,以泄内水。民国元年(1912年),县议会议决组织绍兴塘闸局。公举正副理事各一人,任期三年。民国七年(1918年),浙江省令改组绍萧塘闸工程局,委派局长。民国十三年(1924年)复理事制,仍由县议会公推理事一人。民国十五年(1926年)秋,省令设立绍萧塘闸工程局,委派局长。是年秋,取消理事,划分东西两区,各设主任一人,隶属于局。民国十六年(1927年)秋,省令塘闸事宜直隶省水利局。设绍萧段塘闸工程处,委工程师一人负责管理。

(二)西湖底四闸管理

民元以后,西湖底、陈树下、姚家埠、宜桥四闸皆由绍萧塘闸工程处负责管理。据《民国十七年度至二十五年底绍兴塘闸工程月修统计表》:"民国二十一年(1932年),贺盘流至面字号,修理土塘;七月十二日开工,九月六日完工;金额642.22元。贺盘流至渊字号,修理土塘;三月二十三日开工,四月十四日完工;金额600元。民国二十三年(1934年),陈树闸,修闸;民国二十四年(1935年)六月二十一日开工,六月三十日完工;金额211.70元。除了日常维护,还有突击抢修。据《民国十八至二十五年绍兴塘闸工程抢修统计表》:民国十八年(1929年),贺盘至西湖底后桑盘,抢修。民国十九年,宜桥闸,抢修;民国二十年(1930年)三月二十五日开工,六月五日完工;金额538.52元。民国二十二年(1933年),三江闸西湖底闸刷沙坝,挖掘闸港;九月十九日开工,九月二十五日完工。金额 256.43 元。宜桥闸,抢修;九月六日开工,九月二十日完工。金额 23 元。"

民国十七年至二十六年(1928—1937 年),西湖底、贺盘段海塘改石塘,修建挑水坝。挑水坝的作用是挑开水流,它的方向、长度都依实际需要而定,因之较护岸工程更为坚固:

曹娥江流域多崇山峻岭,每逢秋汛,暴雨山水湍急,奔腾而下。贺盘适当曹娥江凹岸,受山洪冲激损坏特重。自民国五年至二十年间,塘外沙地渐次坍进,竟连六百公尺之巨。若不设法补救,则势必坍及塘根,故于慎辞,雨字号坍损最甚处各筑块石挑水坝一座,一号坝长七十六公尺,二号坝长七十七公尺,并于坝根各筑块石护岸六十公尺,坝身与来水成一百零五度之角,顶宽二公尺,上水坡度为一比一点五,下水坡度为一比三。块石护岸顶宽一公尺,其高度与塘外沙地相同,向外坡度为一比一点五。

挑水坝施工之前按照坝身地位方向,先于江之两岸树立标杆,嗣后所到运石船即依此直线排列,抛放块石。工程进行时,每经过朔望潮汛或山水稍大,河床即有变化,须随时测量断面,以定各处块石应抛数量。在水位较低时并饬包商雇工下水,依照计划坡度加以整理至坝根。护岸块石必须于朔望大潮时施抛,因水小时石船不能靠岸。块石采自上流篙坝,规定大小。挑水坝自二十五公斤至七十五公斤,护岸自十公斤至五十公斤。于二十一年(1932 年)一月十九日兴工,同年五月十九日完工。计挑水坝抛块石二六九七点三公方,护岸抛块石一一六二点二九公方。此项工程完工迄今已及两年,江岸坍势业已停止,且两坝上下浮沙亦见涨高,对于护岸护塘已有相当效果。不过该处坍岸之范围甚大,于上下游尚须增筑挑水坝。工程且已成之,挑水坝日受山水潮浪之冲击,亦应随时补抛块石,以策安全。[①]

新中国成立后,西湖底闸继续使用。1956—1981 年,曹娥江道迫向西湖底、贺盘一带,于是在西湖底外增建挑水坝 13 座,用石 6.63 万立方米。1962 年,改装钢筋混凝土闸门座,用螺杆电动启闭,3 孔,每孔高 5 米,宽 2.7 米,排水 5.4 万立方米。2010 年,西湖底闸所在的曹娥街道和上虞经济开发区合并,而新建的曹娥江大闸彻底改变了这里水利形势,西湖底一带已经成为杭州湾南岸绍兴和上虞未来发展的工业新区。

---

① 浙江省水利局.《浙江省水利局总报告(民国二十一年二月至二十四年六月)》,浙江省水利局民国二十四年铅印本,第 54－60 页。

规范使用海岛概念研究

邹日强

(宁波大学 法学院)

摘要：目前,我国使用海岛概念还很不规范,存在着各表一是的现象。海岛及其概念对于一个国家的政治、经济、生态环境和国防安全等具有极为重要的意义。法定海岛概念有着权威性、与国际接轨和内涵清晰、严谨、规范的优越性。规范使用海岛概念有利于保护我国海洋权益。

关键词：规范使用;海岛概念;海洋权益

我国在外延涉及领海、领土、法律、外交、政治等领域上使用海岛概念应当而且必须使用《中华人民共和国海岛保护法》中所称的海岛(即法定概念),在其他领域中使用海岛概念也提倡使用法定概念。

一、我国使用海岛概念的现状及其原因

海岛,英文是 island(in the sea),在现代汉语中的意思是指海洋里被水环绕、面积比大陆小的陆地。[1]在地质学上的定义,根据我国的国家标准《海洋学术语 海洋地质学 GB/T 18190—2000》记载,海岛是散布于海洋中面积不小于500平方米的小块陆地。《中华人民共和国海岛保护法》所称"海岛,是指四面环海水并在高潮时高于水面的自然形成的陆地区域"。[2]海岛的政治学定义一直以来在国际上存在争议,现在通常引用的是《联合国海洋法公约》第121条的规定:"岛屿是四面环水并在高潮时高于水面的自然形成的陆地区域。"[3]目前,我国使用海岛概念还很不规范,存在着各表一是的现象,采用地质学上的概念还很多,不少统计数据的海岛仍然以是否大于500平方米为标准,散见于部分文件、领导讲话、报刊文章、学术论文等。究其原因,《中华人民共和国海岛保护法》颁布于2009年,实施于2010年,使用法定海岛概念的时间较短;此前地质学上的海岛概念《海洋学术语 海洋地质学 GB/T 18190—2000》2000年公布使用,因此一般词语意义上的海岛概念的使用更是源远流长。

二、海岛及其概念的重要性

海岛是海陆兼备的重要海上疆土,与其周围的海域组成海岛生态系统,蕴藏着丰富的水

资源、生物资源、矿物资源、港口资源、旅游资源等,又是划分大陆架及其经济专属区的标志。目前的主要优势在于开发渔业、旅游业、大宗商品的物流业和海上交通业,对一个国家的政治、经济、生态环境和国防安全具有极为重要的意义。然而,人们对海岛重要性的认识有一个漫长的过程。一般而言,在一个国家或地区人均GDP 3 000美元以下的时候,由于交通不便,淡水短缺,基础设施相对落后,建设成本及其维护费用较高,人们一提到海岛,往往与贫困联想在一起,海岛的重要价值尤其是经济价值不被看重甚至被忽视。在古代,岛屿人口稀少,交通不便,往往成为流放、囚禁、屠杀犯人的天然场所,如法国圣赫勒拿岛曾是囚禁拿破仑的眠床;俄罗斯第一流放地萨哈林岛则曾记录下作家契诃夫的足迹;海南岛是我国一代名士苏轼谪居三年之地;崇明岛则是北宋时期著名的盐场,无数晒盐工人均为朝廷重刑犯。[4]在人均GDP超过3 000美元以后,人们才把海岛看作财富。而21世纪是海洋世纪,在现代商品经济冲击之下,过去人类发泄暴力、遮蔽阴暗面的岛屿,则转变为被人类过剩欲望追逐的宝地了。岛上一草一木,一沙一鸟都成为可利用的资源。

简言之,随着时间的推移,人们对海岛重要性的认识越来越深刻。根据《联合国海洋法公约》规定,从领海基线算起沿海国有权宣布12海里领海、24海里毗连区、200海里专属经济区以及最多可以延伸至350海里的大陆架,并且岛屿拥有与大陆一样的权利。根据一些国外学者的统计,一个直径仅为1英里,面积约0.8平方英里的小岛,从围绕该小岛的领海基线算起划定宽度为12海里的领海,则该小岛可以拥有面积190倍于其陆地的面积,多达155平方英里的领海海域。若再考虑还可以围绕该小岛划定宽度为24海里的毗连区和200海里的领海以及可多至350海里的大陆架,同时考虑到这样大的海域附带的海洋资源,其利益更是惊人。[5]由此可见,海岛具有不可或缺的领土、政治、法律、经济、生态意义,其重要性不言自明。

海岛在国家经济建设中的作用举足轻重,《国家海洋事业发展"十二五"规划》明确指出,着力提升海岛保护与开发、统筹海洋事业全面发展,对于促进沿海地区经济社会发展、国民经济发展方式转变、实现全面建设小康社会目标,具有重大的战略意义。法定海岛概念的规范使用体现在海岛作用发挥的多个方面:①资源方面。海岛是海洋国土的组成部分。根据《国家海洋事业发展"十二五"规划》公布的数据,按照地质学上概念统计我国面积500平方米以上的海岛达6 900多个,如果依据法定海岛概念开展统计应该远远大于这个数目。海岛及其周围丰富的海域资源是发展海岛经济的前提条件。②国防方面。海岛的军事价值缘于其控制海上交通线及其附近海域,在军事上是大陆的屏障。③政治方面。海域划界的分歧常常与岛屿的归属争议相关,海岛已然成为海域划界维护国家海洋权益的标志。从已经公布的我国领海基点,绝大多数的领海基点位于海岛之上。在东海钓鱼岛和南海诸岛有关岛礁与周边邻国权益之争的问题上,法定岛屿概念的使用将有助于维护我国的国家利益。

三、法定海岛概念的优越性

《中华人民共和国海岛保护法》所称海岛概念具有权威性。《中华人民共和国海岛保护法》于2009年12月26日由全国人大常委会审议通过,2010年3月1日开始实施,是国家的法律。该法所称的海岛概念是我国国家意志的体现,是国家法律的规定,任何国家机关、企事业单位、法人和非法人组织以及全体公民应当自觉遵守,在外延涉及领海、领土、法律、外交、政治等领域上应当而且必须使用这一海岛概念,否则就是违法使用概念。虽然,《中华人民共和国海岛保护法》所称海岛并没有排除其他领域特别是地质学等学术领域中使用约定俗成的海岛概念,但是这些领域如果使用法定概念没有与学术上的概念发生冲突的情况下,应提倡使用法定海岛概念,逐步达到学术上的海岛概念与法定概念相一致,避免不必要的词语冲突。

法定海岛概念与国际接轨。2009年制定的《中华人民共和国海岛保护法》所称"海岛,是指四面环海水并在高潮时高于水面的自然形成的陆地区域"。1982年12月10日在牙买加的蒙特哥湾召开的第三次联合国海洋会议通过的《联合国海洋法公约》,于1994年生效,已获得150多个国家批准,另有26个国家虽未批准但也已签署了该公约。我国是第一批签署并于1996年5月批准该公约的国家。该公约第121条规定:"岛屿是四面环水并在高潮时高于水面的自然形成的陆地区域。"这是国际法上关于岛屿的定义,其主要意义在于特定国家海域的确定和国家间海洋界线的划分。从表述上而言,两相比较:前者制定在后,后者制定在前;前者称海岛,后者指岛屿;前者有四面环海水,后者包含四面环水,其余的内涵完全一致。毫无疑问,地理学上的岛屿包括海岛、湖岛、河岛、江岛等,海岛是岛屿中的一个种类。相较于地理学上的岛屿,国际法上的岛屿最突出的特点是其属权国可在岛屿上享有领海和毗连区、专属经济区、大陆架等海域管辖权,湖岛、河岛、江岛属于国家领土的内水部分,不在《联合国海洋法公约》确定的岛屿范围之内。从这个意义上而言,《联合国海洋法公约》中的岛屿概念与我国《海岛保护法》中的海岛概念实则内涵相同。所以说,我国法定的海岛概念与《联合国海洋法公约》界定的岛屿概念内涵基本一致,与国际法有着渊源关系,也就是与世界上绝大多数国家公认的概念接轨。

法定海岛概念内涵清晰、严谨、规范。法定概念所称"海岛,是指四面环海水并在高潮时高于水面的自然形成的陆地区域"。其内涵有四个特征:①"四面环海水",这是海岛的最基本、最本质的特征,与其他地理地质上的地貌相区别,不是四面环海水的就不是海岛。"环海水"使海岛又与其他岛屿如湖岛、河岛、江岛等区别开来。②"高潮时高于水面",这是借鉴大陆中一般陆地区域边界确定的方法认定海岛及其测定面积标准的特征,因海岛四周的海水有潮起潮落的自然规律,同一个海岛的面积随之有大有小,具有不确定性。"高潮时高于水面"的特征使海岛的认定及其面积的测定有了统一、科学、规范的标准,操作性强,没有歧义,特别有利于解决领土、领海的权属之争,也使海岛的概念区别于"低潮高地""高潮洼地""暗礁""明礁""屿"之类地质学上的概念。③"自然形成",这是海岛的天然属性,相对于"人工建造"而言。由于旅游、海上船舶停靠、货物存放等原因,人工建造"海岛"无可厚非,人们也司空见惯,但是由于海岛在领土、领海上存在着众所周知的巨大权益,别有用心的个别国家故意人工建造"海岛",试图扩张领海、领土,制造国际争端,这是国际法不允许、不承认的,因此"自然形成"的特征显得十分重要而有意义。④"陆地区域",这是海岛的地貌特征,当然包括陆地中的河流、湖泊、山川、高原、平地等地理地貌,但海岛不涵盖与之紧密相连的海水海域,使之明确了范围及其面积。"陆地区域"究竟可以有多大? 这是个未知数,小可以是几个平方米、几十个平方米,我国成千上万的无居民海岛绝大多数在1平方千米以下。陆地区域大的可以到几万平方千米、几十万平方千米,甚至更大,我国的海南岛有3.5

万平方千米,格陵兰岛面积约为200万平方千米。从海岛的定义上理解,澳大利亚大陆、非洲大陆、美洲大陆甚至欧亚大陆都可以称为海岛,但这与传统的理解相悖,国际地理上通常把大于格陵兰岛面积的陆地区域定义为大陆,不再称为岛屿。因此说海岛的法定概念是当今人们普遍接受的法学理论界认识水平的反映和结果,它必将随着社会文明的进步而得到不断的完善。

相比之下,《现代汉语词典》对海岛的定义虽然明确了基本性质,但过于笼统,词义不够清晰。而地质学上的海岛概念较《现代汉语词典》丰富了内涵,且仍然模糊其词,不够精准,特别是"面积不小于500平方米的小块陆地"的界定,一方面会因为随着海洋潮汐高低的影响而存在不确定性;另一方面更为严重的后果在于将自己画地为牢,把世界上普遍认定的面积较小的海岛不认为岛屿,在国际海洋权益争端的环境中带来不利影响。为此建议尽早修订我国的国家标准《海洋学术语 海洋地质学 GB/T 18190—2000》关于海岛的定义,使之与法定海岛概念相一致,并据此开展海岛资源普查,摸清家底。

四、规范使用海岛概念有利于保护我国海洋权益

《中华人民共和国领海及毗连区法》规定:"中国大陆及其沿海岛屿的领海以连接大陆岸上和沿海岸外缘岛屿上各基点之间的各直线为基线。"从这条基线垂直向海外延伸12海里的海域就是我国的领海。岛屿的存在是确定基线的前提,而根据地质学上的概念,若只有不小于500平方米的小块陆地才能被称之为岛屿,那么包括黄岩岛在内的海岛都将被排除在外,直接导致的影响就是领海基线向内移动,进一步使得毗连区、专属经济区等海域位置都相应往大陆内缩,势必授人以柄,引起不必要的海权之争。

纵观当下国际形势,我国几乎与所有的海上邻国都存在海洋权益之争,这些国家之间尽管相互存有矛盾和戒心,但在海洋权益的争夺上则是联合起来"一致对华"。在东海大陆架划界问题上,我国主张自然延伸原则,东海大陆架是中国大陆的自然延伸,钓鱼岛等岛屿是中国大陆架上的岛屿,而日方则主张"中间线",连同美国一起,致使中日尚未划界的东海问题不断升温。大陆架是围绕大陆和岛屿的浅海区,海岛的准确概念也有助于确定我国大陆架的总体面积。南海诸岛的争议则更为久远,且随着东盟国家重新构建与美国的军事合作关系,使南海问题国际化趋势日益明显。从历史上看,南海九段线是我国在南海的传统疆界线,它不仅是南海诸岛的"岛屿归属线",而且是中国南海管辖海域的"范围线"。这客观地反映了中国人民最早发现南海诸岛,最先开发南海资源,并实施有效控制的准确空间。新中国成立以后,九段线也有了明确的法律依据。早在1958年,我国政府宣布的领海声明就强调指出,12海里领海宽度适用于我国的一切领土,包括中国大陆及其沿海岛屿和同大陆及其沿海岛屿隔有公海的台湾及其周围各岛、澎湖列岛、东沙群岛、西沙群岛、中沙群岛、南沙群岛以及其他属于中国的岛屿。领海是沿岸国领土的组成部分,法定海岛概念的应用直接关系我国领海的范围。东海、南海之争关乎国家的经济利益和地缘战略利益,在东海中日大陆架和钓鱼岛、南海岛礁侵占等问题上,必须寸土必争,保护我国海洋国土、资源安全。

可以说,我国所面临的海洋权益保护的局面十分严峻。众所周知,海中无弹丸之地,一个海岛按邻海范围12海里计算,其海域面积有1 550平方千米,按200海里专属经济区计

算,则有 43 万平方千米海域。[6]因此,我国依据法定海岛概念确定的海岸线及其所划定的领海及毗连区的范围,更能获得较大的海上利益,其海洋权益的价值极高。规范使用法定海岛概念有利于厘清海洋权属争端,有利于维护国家领海、领土安全。

参考文献

[1] 中国社会科学院语言研究所词典编辑室.《现代汉语词典》.北京:商务印书馆,1978 年,第 218 页。

[2] 全国人民代表大会常务委员会.《中华人民共和国海岛保护法》(第 2 条第 2 款)(2009 - 12 - 16)[2014 - 02 - 01]. http:// www. npc. gov. cn /huiyi/ cwh/1112/2009 - 12/26/ content_1533219. htm.

[3] 《联合国海洋法公约:中英文版》.北京:法律出版社,1996 年。

[4] 曾进.《海岛正成为人们逐利的宝地》.中国国家地理,2010 年,第 10 期,第 402 - 403 页。

[5] 孔志国.《中国争议海域背后:一个〈公约〉引发的中国海权危机》.21 世纪经济报道,2011 年 1 月 24 日。

[6] 张耀光.《中国海岛开发与保护——地理学视角》.北京:海洋出版社,2012 年,第 6 页。

从舟山古民居看海岛民俗文化的现世观[①]

翁源昌

(浙江国际海运职业技术学院)

摘要: 传统儒家文化、道家文化对民俗文化影响深远,民居是这一文化的物质表现。舟山海岛地域的特殊性,使得传统古民居建筑文化中的现世观尤为明显。传统古民居儒佛道交融于一体,"吉祥"装饰图案,空间对立统一以及民居"厍头"的特殊形式,都反映了海岛民俗文化的现世观。

关键词: 传统民居;民俗文化;现世观

民居是一种具有色彩和形态的文化的物质载体,是一定区域文化理念的重要组成部分。19世纪新西兰著名的建筑师芒福德认为:城市建筑是凝固着的文化和思想。不同的文化和思想透过城市建筑群落淋漓尽致地表达。舟山海岛传统古民居作为浙东区域重要的一种传统文化遗迹,保存了大量的海岛民俗文化信息,这是海洋文化不可或缺的一个组成部分。本文主要从舟山传统古民居来探索海岛民俗文化中的现世观。

一、海岛民俗文化现世观产生的社会及地域背景

民俗文化是民间中传承的文化事物和现象的总称,是依附人民的生活、习惯、情感与信仰而产生的文化。《礼记·王制篇》这样写道:"五方之民皆有性也,不可推移",中国现代民俗学最重要的组织者和经营者钟敬文先生在《民俗学》一文中认为民俗文化其特征"首先是社会的、集体的,它不是个人意义的创作,即使有的原来是个人或少数人创立和发起的,但是它们也必须经过集体的同意和反复的履行,才能成为民俗。其次跟集体性密切相关,这种现象的存在,不是个性的,而是类型的或模式的。再次,它们在时间上是传承的,在空间上是播布的。"我国不同地域的民俗文化既有相同之处,也有各自的地域特点,所谓"百里不同风,千里不同俗"(《汉书·王吉传》)。

在中国民俗文化现象中,现世观是极为主要的一个方面,现世观的根本内涵即乐天知命,人们的理想、幸福大多寄托于现实生命之中。台湾著名建筑学者汉宝德在《中国建筑文化讲座》中指出:"我国自先秦时代就否定了宗教,因此以今生今世为生命修为的目标,已经是儒家

[①] 作者简介:翁源昌(1962—),汉族,浙江定海人,浙江国际海运职业技术学院科研处副处长,从事民俗文化研究。

教导的人生原则。"①林语堂先生曾说:"人生真正的目的存在于乐天知命以享受朴素的生活"②。这种被广泛认同的现世观对我国传统民居建筑影响极大,从民居的空间布局、装饰、甚至民居的名字、摆设等都有特定的讲究,都带有某种象征意义,体现着乐天知命的现世观。

民俗文化中的知天乐命的现世观,是中国传统儒家文化、道家文化与农耕文化结合的必然。无论是孔孟的"知天乐命"、"听天由命"等儒家文化,还是道家的道法自然的主张,都深深地扎根于古代中国农业文明之中,立足于宗法社会和家族血缘关系之中。人们聚族而居,人际交往基于礼仪,其所表现的生活特质就是安天乐命、达观恬淡的和谐状态。民俗文化的现世观就是儒家文化、道家文化与农耕文化有机整合起来的产物。

舟山历史上地处偏僻海岛,明清时期曾几次为朝廷强迁于浙东内地,尤其是清顺治十三年(1656年),清政府发布"迁海令",严令"午前徙者为民,午后徙者为军",境内居民被驱遣所剩无几。直到康熙二十三年(1683年)十月颁"展海令",开海禁,召原住民回乡开垦,后来陆续有来自镇海、慈溪、宁波以及福建等地民众来此定居生息,这种不同地域文化的相互渗透,使得海岛民俗文化与大陆内地尤其是浙东地区有着千丝万缕的关系。"海岛人的生活礼仪与大陆内地类同化现象,不仅表现在海岛的婚礼和葬礼中,而且十分广泛地渗透和大量凸现在生活方式、时令节俗等各个层面。"③但现世观在舟山海岛民俗文化中表现如此突出,这主要是由于舟山特殊的海岛地域环境使然。

舟山海岛历史上一直以渔盐生产为主,在生产力极为低下的自然经济时代,面对凶险的大海,个体生命显得多么脆弱,正因为这种恶劣的生活环境与自然环境使得海岛众生的现世观特别明显,如海岛民众特别期望有一种超自然的力量来战胜自然、维系生命。海岛民间信仰的显著特点就是"现实性",与传统佛教中的"来生超度"说、传统道教中的"修炼成仙"说以及儒家宗旨有着根本的区别,因而海岛民众信仰的重头在于"观音"和"天后",就不足为奇。《华严经》说观世音菩萨在此婆婆世界中随机方便,应现种种身相,"游诸国土,度脱众生";《请观世音菩萨消伏毒害陀罗尼经》云:"观世音大悲熏心,说破恶业障消伏毒害。"观世音就是要度一切烦恼,解一切苦厄,以"慈悲"为己任。在海岛民众的心里,观世音菩萨就是一个救世主,它的职能就是把人从现实的苦难中解救出来。这对于长年以海为生活来源,始终伴随凶险的海岛民众来说无疑是最可值得信仰的形象。"舟山群岛渔业生产中的观音信仰渗透着避凶祈福的海洋文化心理情结。"④这种现世观直接表现在海岛民众生活中,海岛传统古民居就是一个很好的例证。

二、海岛传统古民居中现世观的表现

(一)海岛传统古民居儒佛道交融于一体

舟山海岛传统古民居中有一个很特别的现象,那就是儒、佛、道文化交融于一体。舟山

---

① 汉宝德.《中国建筑文化讲座》,北京:生活·读书·新知三联书店,2008年,第219页。
② 汉宝德.《中国建筑文化讲座》,北京:生活·读书·新知三联书店,2008年,第198页。
③ 姜彬.《东海岛屿文化与民俗》,上海:上海文艺出版社,2005年,第326页。
④ 柳和勇.《舟山群岛海洋文化论》,北京:海洋出版社,2006年,第147页。

海岛传统民居规制、装饰深受儒家文化影响,儒家的"仁、义、礼"核心文化深刻地反映在建筑规格、布局、装饰等方面。特别是海岛传统民居宅门门额文字很多直接表达了儒家的文化思想,如定海岑港俞家大院、大鹏岛胡家大院、涨次227号等民居宅门门额上都是"居仁由义"四字。"居仁由义"出自《孟子·尽心上》,原文是"居恶在?仁是也。路恶在?义是也。居仁由义,大人之事备矣。""居仁由义"表达了儒家内怀仁爱之心,行事遵循义理的思想。

海岛普陀山作为观音道场已有近2000年的历史,影响甚广。据有关史料记载,西晋太康年间(280—289年),普陀山已有观音信仰,明崇祯年间高僧木陈道所撰《普陀山梵音庵释迦佛舍利塔碑》载:"去明州(宁波)薄海五百里,复有补陀洛迦山者,则普门大士化迹所显,以佛菩萨慈悲喜舍因缘故,自晋之太康、唐之大中,以及今上千龄,逾溟渤,犯惊涛,扶老携幼而至者不衰"。说明当时已有不少人去普陀山朝拜。而历史上位于定海北门外的普慈寺,东晋时就已有专供观音的小庵院,元大德《昌国(今舟山)州图志》有此记载。至于五代后梁贞明二年(916年),日本僧人慧锷礼五台山,得观音菩萨像,后经观音亲定,置观音像于普陀山,这可为一个标志性的事件。几千年来观音信仰及文化渗透于海岛民众的生活、习惯、情感之中。民居作为一种物质的载体,观音信仰及文化因子在传统古民居中处处都有印证。其中佛教"八宝"中的莲花、盘长等以及"卍"字形纹饰是海岛传统古民居中常被用来作为装饰的一种纹饰。莲花图案,它是佛教中最常见的持物与纹饰之一。观音菩萨,脚踏莲花;普度众生的佛,也总是坐于莲座之上,参悟人生的真谛,莲花在佛教中具有特殊的地位。舟山传统古民居中的墙门、厅堂门扇和屋脊等醒目部位使用莲花纹饰的比比皆是,定海环城南路89号许家大院和定海古民居吴家大院的厅堂门扇,就是用莲花图案来装饰的。定海城东右城根11号民居门楼上除了梅兰竹菊图案,还雕饰了莲花图样。"卍"字形是释迦牟尼胸部所现的瑞相,有吉祥、万福和万寿之意。用"卍"字四端向外延伸,又可演化成各种锦纹,舟山海岛传统民居常用来作为装饰纹样,如定海石礁南山后房夏家随墙门门框上方一整排斜形"卍"字形纹饰灰塑,格外夺目。

然而受民俗文化的现世观影响,中国民众的宗教信仰并非像西方人那么如此严谨,我们中的许多人既依照儒家的教诲,也信仰佛教,同时生活态度、方式又有很显现的道家思想,儒佛道和谐一身。在海岛古民居上,常会看到阴阳两仪的道教标志图案,如前面所列举的吴家大院,其厅堂门扇用了佛教莲花图案装饰,而后进的朝北方向的大门上端却有一个道家的阴阳两仪图案。定海岑港俞家大院、涨次152号民居等宅门门楣都有太极八卦图纹饰。道家的阴阳结合的哲学思想,"万物负阴而抱阳,充气以为和"(《老子》四十二章)以及道家重生、贵生、养生的思想,对民居建筑的朝向等空间布局极有影响,海岛传统古民居朝向基本都以"纳气"为上。

这种表面上的宗教信仰的模糊性,其实就是民俗文化现世观在生活中的反应。汉宝德在《中国建筑文化讲座》中说道:"中国对文化的吸纳力事实上是这样产生的,没有单一的理想,没有内外一致的宗教性压力,就自然展布出雍容大度的气象。……事实上我们是彻底的泛宗教的民族。在这里,不但每一种宗教都可以发展、生存,而且每一个中国人都有同时接纳各种宗教的度量。……'有奶就是娘'的现世作风表达在宗教上,就是'有灵就是神'"[①]。

---

① 汉宝德.《中国建筑文化讲座》,北京:生活·读书·新知三联书店,2008年,第225页。

而作为中国传统思想儒家文化在民居中的到处表现,那就不足为奇了,可以说是源于天然。

(二)海岛传统古民居"吉祥"装饰图案

民居装饰是民居与当地传统文化对话的一种重要语言,海岛舟山传统古民居特别喜爱"吉祥"图案。"吉祥"图案是中国特有的文化现象,《庄子·人世间》上写道:"虚室生白,吉祥止止。"唐代成玄英疏:"吉者,福善之事;祥者,喜庆之征。"而且"以今生今世为生命修为的目标,已经是儒家教导的人生原则。"[①]过"吉祥"生活是民间百姓世代关注的主题,祈吉文化就自然渗透于民俗事象的方方面面。而更主要的是海岛芸芸众生历史上是搏命于风尖浪口,祈福纳吉、驱邪禳灾更为人之常情。故而"福、禄、寿、喜、财、吉"这六大主题的吉祥图像在海岛传统古民居装饰中占据了很大比重。例如,海岛传统古民居屋脊正中间的字碑上,常塑有福禄寿、太极八卦、和盒如意、仙鹤仙松等各种避邪祈吉祥图案,如曾任上海商会会长的刘鸿生故居其屋脊脊首就是福禄寿三仙图像;东管庙弄17号建于清代的刘坤记大院屋脊,整条脊身是由镂空的元宝形状和古钱币图案组成;海岛古民居宅门上有"福在眼前"、"鹿鹤同春"、"麻姑献寿"等图形,如定海东管庙弄51号的王家大宅,砖雕门楼上中枋是篆体的四个大字"紫气东来",左右两边是"麻姑献寿"和"寿星送桃",门楼下枋两边雕刻着两条腾云驾雾,神采飞扬的龙图形,下枋还有"福在眼前"图案,为蝙蝠与一枚古钱。以一种非常朴素而直白的艺术语言,充分表达了海岛民众对生命的关注,对美满生活的向往。

(三)海岛传统古民居空间的对立统一

根植于本土的道教的阴阳两仪、对立统一的这种处世之道,反映出华夏民族某些文化特质和心理需求,因而也直接渗透于民俗文化之中,民俗文化的现世观表现在中国人的性格上,就是对立与统一。"林语堂先生曾说,中国人都兼修儒道,能做官就是儒者,不能做官就是道者。"[②]这种对立统一的人生哲学表现在民居建筑上,就是建筑空间形式的对立统一。

中国传统民居院落布局,直接反映了中国人两面性的性格。前院是严谨的、刻板的、是按部就班符合规矩的,而"后花园"则不需要对称、均衡、礼典,传达出心灵不受约束的状态,《西厢记》《红楼梦》中的"后花园"里的故事就说明了这一点。在海岛传统古民居的布局上,也同样反映出这种对立统一的民俗文化的现世观。如定海城关东大街127—131号的"许毅老宅",院落四面是高大的围墙,有五六米高,把院内与院外环境严密隔绝,围墙颜色是灰白的;而院落内是相对的开放,宽大的天井用来通风采光,廊檐宽敞,上下四周连通,正屋中间大堂敞对着天井。而且海岛传统古民居厅堂两边的卧室也表现出"疏""密"的对立,卧室窗户常是内外两ң窗,外扇窗用木格扇窗,或是实木板窗,合起外窗,室内就是一个封闭的世界。海岛古民居这种密处不能通风,稀处可以走马的对立统一特征就是海岛民俗文化现世观的很好例证。

---

① 汉宝德.《中国建筑文化讲座》,北京:生活·读书·新知三联书店,2008年,第219页。
② 汉宝德.《中国建筑文化讲座》,北京:生活·读书·新知三联书店,2008年,第222页。

（四）海岛传统古民居的特殊形式"厍头"

中国传统院落式民居横向一般为正屋三间或五间，居中一间称为堂，左右两旁为室，常用作居室，所谓"登堂入室"。舟山海岛的渔农村对这种传统建筑形式却有一个形式上的大胆突破，即正屋居室靠山墙东西两边再搭建一个大间，海岛人称为"厍头"，面积比居室宽大，作为伙房或堆放渔具、农具等之用。"厍头"间接厢房，与墙头形成了一个完整的院落。舟山海岛的"厍头"纯粹是海岛民俗文化现世观在居住上的有效应用，很明白地体现了为人服务的理念。"厍头"一头与正屋居室共用一堵墙，另一头又与厢房相接，省材料；"厍头"位置处在东西两边，远离堂室，就没有那么多规矩，面积又大，使用广泛。如岱山县级文物保护单位——厉家五房，整个建筑为四合院落，正中堂为堂前，厍头间接厢房；普陀区桃花镇茅山村茅港路271—281号陈顺泰民居，为三合院式，明堂通面阔三间，东、西面各一厍头间，厢房各三间。

三、结语

舟山海岛传统古民居中所透露出来的这种民俗文化的现世观，是人们对自身意愿的表达，对美好生活的祈求。建筑是文化的载体，文化是建筑的灵魂；深入研究挖掘传统民居文化内涵，将会更有助于保护、继承、开发民族文化遗产。

会馆文化与大运河文化研究
——流徙与汇聚中的点、线、面

曹 琼

(浙江省宁波市江北区文物管理所)

摘要：会馆文化既有点的个性，又有面的星罗密布；既有变迁的流动性，又有汇聚的凝聚性。大运河文化也是一样，两者有着很多的相似性。大运河由宁波连接海上丝绸之路，这既是运河通向世界的通道，也是运河文化和意义的延伸。面对如此血脉流动的运河文化与会馆文化，我们应该以世界的眼光来延续文化遗产的综合性、多元化的文化特征，使之在当下的开发利用中更好地得到保护，并历久弥新，更彰显其生命力。

关键词：流徙；汇聚；点线面

会馆作为自律、自卫、自治、自助的民间组织形式与活动场所，自明初开始登上历史舞台，至今仍在传承、衍化。它既是社会经济发展的必然产物，又是各地地域文化展示基点和物化标志。

大运河作为典型的线性文化遗产廊道，具有功能持久、生命力强的特点。大运河是世界上最长的人工河流，它连接了海河、黄河、淮河、长江、钱塘江五大水系，汨汨而下，推动了沿线及周边地区经济文化的发展，促进了不同地区文化的相互交融与渗透。

2008年12月，大运河(宁波段)正式加入中国大运河申遗。大运河由宁波连接海上丝绸之路，这既是运河通向世界的通道，也是运河文化和意义的延伸，而列入第五批全国重点文物保护单位的宁波庆安会馆，在这次申遗中也有相当重要的意义，它见证和拓展了古代交通贸易历史。

一、点：京城会馆与甬城会馆文化概述

（一）"首善之区"京城的会馆文化

会馆最早出现在明代前期的北京。据民国《芜湖县志》记载：京都芜湖会馆，在前门外

---

[1] 作者简介：曹琼(1974—)，女，浙江宁波人，助理研究员，主要研究方向：宁波文化保护与发掘。E-mail：121971387@qq.com。

长巷上三条胡同。明永乐年前(1403年),邑人俞谟捐资购屋数椽,并基地一块创建。明正统年间(1436—1449年)谟子日升复为清理馆内旧有明泰昌土地位,东西院有大椿树各一株,正厅西厢房墙外,有鲍姓捐免江夫碑一座。

文献记载,清乾隆、嘉庆年间(1736—1820年)是各省州府郡县兴建会馆发展最快的时期,出现了两县合建、三县合建、七邑合建、一县多建等现象。到光绪年间,在京兴建的各省会馆达500多个。据光绪三十二年(1906年)京师外城巡警总厅右厅调查,从其所辖的前门大街右侧以及西至宣武门、广安门一带,共有会馆318个。

会馆中,工商会馆、行业会馆也占了很大的比例,浙江宁波药材商人在京城建立有鄞县会馆、四明会馆;山西临汾纸张、干果、颜料、杂货、茶叶等五行商人建立的临汾东馆。谋取仕途发展发达与经商利市,成为京师会馆互补共进的主要发展态势。

明清会馆文化以其精到的管理制度、唯美的建筑艺术、深郁的文艺气息、扶危济困的人文精神和丰富的社会文化气象深深吸引着人们。"手障百川回学海、胸陶万类入洪钧"是左宗棠在北京的湖广会馆内撰写的对联;而胡林翼撰写的"逸势瑰声模山范水,清谈高论虚枯拉声"形象地再现了当时京城会馆的热闹景象。

(二)位于大运河"末梢"的甬城会馆文化

宁波是个具有悠久文化历史传统的商帮城市,历史上有不少重要的会馆建筑,至今犹存的有庆安会馆、钱业会馆等。

宁波城是三江交汇出海之处,地理位置便利,东门口是"万里之船,五方之贾云集"之地,中山路、药行街、江厦街、开明街一带形成宁波最热闹的商圈。位于江东北路的庆安会馆建于清咸丰三年(1853年),内供奉"天后宫",既是一座祀神的宫殿,也是甬埠行驶北洋的船舶航行聚会场所。庆安会馆是妈祖文化的物证,是浙江省现存规模最大的天后宫,是我国八大天后宫之一。此外,与庆安会馆相距不远处的安澜会馆,也是同业航海之人聚会和祭祀妈祖的场所。

另又有钱业会馆位于东门口战船街10号,内外环境幽静,水陆交通方便,是昔日宁波金融业交易、聚会的场所。

这些会馆都是历史的产物,是商贸繁荣的历史佐证,是我们保存城市记忆的不可再生的文化资源。这些文化遗产都超过原来的实用功能和地方局限,逐渐形成了具有国际性价值的珍贵遗产。

二、线:南北贯通构成了集包容性、开放性和独具性于一体的大运河文化

(一)推进了沿线区域经济的加速发展

千百年来,大运河一直是我国重要的水利工程,从历史上的"南粮北运""盐运"通道到现在的"北煤南运"干线以及防洪灌溉干流,这条古老的大运河在我国的经济社会发展中发挥了巨大的作用。大运河的千年流淌,给沿线的人们带来了便畅的交流和丰裕的生活,有水

就是鱼米之乡,既无灌溉之忧,时而还有鱼虾捕获,大运河就是这样造福了一方百姓。

目前,大运河部分段落还是发挥着作用,被专家们称作是"活态遗产"古老大运河至今还有着航运功能、输水功能、生态功能及旅游功能等。

(二)促进了市镇与市镇文化的兴起与繁荣

千年大运河犹如一条绿色通道,穿越了我国的多个自然地理区域,有着独特的标本价值。犹如一个剖面,清晰地展示中国大地景观的南北分异。流淌千年的大运河见证了沿河城市的历史与变迁,奠定了城市格局,拓展了城市空间,繁荣了城乡经济。大运河沿岸的城市和乡镇,因傍依水系而充满了变化和生机,凭托大运河这条水道,经济得以流通,商品得以交换,文化得以传播,市镇和市镇文化逐渐得以涌现。

(三)开拓了南北文化交流和融合的途径

大运河的流动,推动了运河城市的兴盛和两岸百姓的富足生活,运河文化的产生是民间传播发展的结果。关于运河上船只众多的盛况,明人席书在《漕船志》一书中说:"长江、大河,一气流通,漕舟南来,远自岭北,辐辏于都下。"大运河不仅仅作为河道及其附属的水工设施,还有曾经的人类的迁移和交换过程中所产生的文化融合。

(四)催生了"义利既得、商民两利"价值观的产生

倡导新的"义利观"打破了过去传统的"君子不屑言利"的保守观念,对促进商品经济的正常发展、良好社会道德的树立都有所裨益,是人们观念革新的标志之一,对整个社会进步发展有正面的推动作用。同时,运河的迁徙流淌也克服了工商业的地域垄断,推动着区域市场的形成和繁荣。

三、面:会馆文化与运河文化的保护、传承、开发、引用的整体性策略

(一)延续运河文化与会馆文化的综合性、多元化,以世界的眼光来吐陈纳新

1. 重视寻找和保护会馆文化和运河文化的历史性元素、地域文化元素

会馆文化和运河文化在数百年间默默地向外界交流着其所在城市的文化品格和文化特色,具有很强的地域风格,又有包容性。会馆文化还有很强的流传性,至今还在发挥作用的东南亚客属会馆是客籍华侨在居住国为维护自身利益而自发组织的民间社团,它的出现,使得会馆文化更加具有国际性和深入性。

由于每个人的家乡风俗各异,所以会馆或者运河沿岸民众各自信仰的神灵和乡贤就不同,祭祀的偶像不同。通过千百年来的文化撞击、沟通、交融,据资料记载,起源于福建传播于浙江的天妃(妈祖)信仰,便是南北俱有。至清代,山东京津的运河乡镇大都建有天妃宫,台儿庄虽然只是个小城镇,但也建有两座天妃宫。而北方的金龙四大王庙从山东济宁传至

南京、苏州、无锡及杭州等地。①

明朝至清中叶,北京公开演戏的场所很少,大部分的演出是在会馆的戏楼里,再加上运河文化的传播,促成了"四大徽班"进京,使得各种戏曲得以传演、杂糅、创新,南韵北依,我们才能听到那么美的昆曲、京戏。这些都是可以发掘的会馆文化和运河文化的历史性元素、地域文化元素。

2. 开放与融汇的精神即是走向世界,而不仅仅将之当做遗产看待

在传承历史中吸纳先进文化、实现本土化与世界化的结合,新要素的切入使会馆文化和运河文化的自然资源、人文资源和社会资源更加兼蓄并容。我们在学术研究的时候,更加重视文化遗产当下的价值,比如会馆文化在历史上意义非凡,是汇聚智慧和交换信息的场所,而流传至今,对研究现代会所、西方的校友会和俱乐部都有十分重要的意义。

我们在进一步做好会馆文化和运河文化集中展示的同时,应该更深层次发掘其开放与融汇的文化精神和人文品格。"崇乡谊、敦信义"精神的温情;"情谊深而风俗厚,侨居他籍不忘其乡"的本源之情;"程朱遗范,渐摩熏染"的胶着性,都在被传承着。

(二)保护与合理开发相结合,致力于文化产业发展与文化名城开发

在利益导向和缺乏区域生态概念的双重作用下,会馆文化和运河文化呈现出文化功能衰落、文化产业开发落后的局面。会馆遗址及运河两岸,曾经有过灿烂的漕运文化、商业文化、民俗文化、景观文化,而如今正在慢慢被消失,被淡忘,被散落。环境保护意识、文化保护意识淡薄,还体现在对会馆城市、运河城市缺乏总体战略规划。要重视对会馆文化、运河文化的基础研究,对历史资料、历史遗存进行挖掘、整理。依托政府和民间研究机构,进行跨学科、多学科的综合研究,才能有效地规划未来。

现下,有很多文化遗产正在尝试立足历史文化资源,摸索文化产业发展之路。2008年,庆安会馆与宁海民营企业合作,在馆内举办以古代船模为主要展品的"中国·宁波船史展"。涉及船型广泛,制作工艺精良,展厅配备了文字说明和多媒体演示,展现了宁波历史悠久的造船史和海上贸易活动。大运河杭州段求解治理方略,以深厚的运河文化为背景,以本土文化为基础,大力开发运河文化资源,在传统、古朴上做文章,于2010年推出"一带一馆一园两寺两址三居七路八街"运河景观项目,以河、路等设施带动运河城市的有机更新。

保护与开放中,宣传有力也是重要的手段,这名山名泉、古遗址古建筑、桥梁公园、甚至于现代的闹市街区莫不是文化产业开发的卖点之一,只要宣传到位,同样可以成为游憩之所,当然游憩开发只是其中之一,还有很多多元化的开发手段等待我们的探索尝试。把握好会馆文化、运河文化的"价值性"和"唯一性"特点,掌握其核心资源,可以尝试开辟网络虚拟会馆,向社会出版发行名人名记的文字影像作品,举办主题活动和会展等,甚至可以尝试拍摄以文化遗产为题材的影视剧,达到口口相传、民众关注的效果。

---

① 李泉.《中国运河文化及其特点》.聊城大学学报 社科版,2008年,第8期。

四、结语

会馆文化既有点的个性,又有面的星罗密布;既有变迁的流动性,又有汇聚的凝聚性。大运河文化也是一样,两者有着很多的相似性。会馆文化和运河文化同样作为一个遗产体系中血脉流动,既是生发于这片土地,此种文化必然浸染了这片热土的激情、集聚了民众的智慧,蕴含着浓厚的文化气息和多层次的文化意味,一定会继续向前发展、演变,推动社会与历史进步。我们能做的,只有更好地盘活这些文化资源,使之在开发利用中历久弥新,更彰显其生命力。

参考文献

[1] 王熹,杨帆.《会馆》.北京:北京出版社,2006年。

[2] 黄定福.《宁波会馆文化形成的原因及特色初探》.宁波经济(三江论坛),2012年,第10期,第42-47页。

[3] 黄浙苏,丁洁雯.《论庆安会馆的当代利用》.中国名城,2011年,第6期,第48-52页。

[4] 刘杨,卫美华,李冲等.《大运河治理与文化传承之杭州方略》.环境保护,2011年,第15期,第61-62页。

[5] 李泉.《中国运河文化及其特点》.聊城大学学报(社会科学版),2008年,第4期,第8-13页。

近代英国谋取舟山为自由港始末[①]

王文洪

(浙江省舟山市委党校)

摘要:英国人在明朝末年来到中国,揭开了中英关系的序幕,同时也开始了英国人对舟山长达两个世纪的自由港计划。先是通过舟山这个良港与中国贸易,来打开中国的市场;然后派遣使团来华,试图通过谈判来开放舟山;最后是通过军事手段占领舟山,强行把舟山划为自由贸易港。

关键词:鸦片战争;英国;舟山;自由港

舟山历来是中国东海的重要门户,历史上通过海上交通与许多海外国家有过密切往来。西方殖民势力东来后,也较早关注到舟山群岛,明代中期,葡萄牙商人侵占舟山的六横岛,建立了当时世界上最早的自由港——双屿港。继葡萄牙人之后,英国人也开始对舟山产生兴趣。明末年,英国人第一次到达中国时,一开始的目标是澳门,但在与葡萄牙争夺中国市场中遭到失败,于是他们将目光投向了市场更为广阔的长江三角洲区域,而战略地位十分突出的舟山首先进入英国人的视野。本文通过对中外档案文献以及相关著作中舟山史料的解读,梳理鸦片战争前后英国谋取舟山为自由港的历史,并揭示舟山在中英早期关系史中的重要地位。

一、英国与舟山的最初贸易往来

英国人很早就想和中国这个富有的东方大国进行贸易,但直至17世纪中期英国才开始与中国进行直接的接触。1637年(明崇祯十年)6月,英王查理一世派遣东印度公司主任威得尔(John Weddell)率领5艘船舰去中国,并命令"如果发现任何机会就把他们可能发现的和认为对我们有利益、有荣誉,值得据为己有的一切地方占据下来"[②]。接到指令后,英国人便四处活动,选择地点之一就是舟山群岛。[③] 威得尔船队经印度果阿中转然后到达了中国

[①] 基金项目:2012年浙江省社会科学界联合会社科普及立项课题《西方人眼中的近代舟山》(12ZC38)阶段性研究成果。
　　作者简介:王文洪(1967—),男,汉族,浙江省岱山县人,浙江省舟山市委党校(舟山行政学院)副教授,主要从事舟山海洋文化研究。

[②] [美]马士.《东印度公司对华贸易编年史》. 区宗华译. 广州:中山大学出版社,1991年,第15页。

[③] 王和平.《英国侵占舟山与香港的缘由》,中国边疆史地研究,1997年,第4期,第67页。

的澳门。8月,英国船队强行要求进入广州城贸易,但遭到拒绝。于是他们烧毁了虎门的官府衙门,占领炮台并抢走大炮,抢劫附近乡村的财物。9月,英国船队进入广州城,购买一批中国商品后离开。广州政府随后声明:"红夷今日误入,姑从宽政,日后不许再来。"①英国人第一次进入中国通商贸易表现出的暴力掠夺和海盗行径,当然使明政府无法容忍,因此威得尔欲北上舟山自然无法成行。

清初,朝廷为了对付郑成功等海外势力,下令禁海。从1655年(顺治十三年)至1684年(康熙二十三年),清政府颁布了五次"禁海令"。直到清朝收复台湾、统一中国后,才于1684年下令开海禁。同时,放开沿海贸易,准许沿海船只出海贸易。随着禁海令的解除,沉寂多年的舟山贸易又重新兴盛起来。

1683年,在东印度公司成立80多年之后,英国人开始涉足舟山了。就在这一年,舟山洋面上开始出现英国商船。1685年,清政府取消市舶司制度,设立粤海关(驻广州)、闽海关(驻厦门)、浙海关(驻宁波)、江海关(驻云台山,今江苏连云港)4个海关,海关正式成为清政府管理对外贸易的官方机构。其中,浙海关的主要职责是管理浙江沿海地区的对外贸易,征收往来商船的税款。然而,当时外国商船只被允许在舟山定海停泊贸易,而浙海关的驻地设在宁波府城,这就使双方开展贸易非常不便。由此,浙江当地官员上书朝廷请求在舟山设立海关,"定海岙门宽广,水势平缓,堪容外国大船,可通各省贸易,海关要区莫过于此。"②1698年(康熙三十七年),清政府批准浙海关监督张圣诏的奏请,将浙海关迁移到定海(称榷关公署),并在定海钞关弄建起海关监督衙署。自此,外国商船就在定海交税了。同年,清政府在定海城外道头街西建了一所西洋楼,俗称"红毛馆"(因当时国人把黄种人以外的有色人种统称为"红毛",所以把这所西洋楼叫做"红毛馆"),专门接待来舟山的欧洲商人(主要是英国商人)。此后,来宁波、舟山口岸贸易的商船日益增多,定海成了中西交往的主要通商口岸,引起英国政府的关注。

在与舟山贸易的过程中,英国东印度公司扮演着极其重要的角色。自从明末首次来中国贸易遭到失败,英国东印度公司始终没有放弃对中国沿海的觊觎之心,一直强烈渴望寻找机会打开中国市场。当时的英国商人为了填补对华贸易产生的巨额逆差,不断派船到宁波、定海一带活动,企图就近购买丝、茶。而且,到浙江贸易的英国商人发现,浙海关关税比粤海关低,各种杂费也比广州方面少很多。1699年11月,东印度公司派出"麦士里菲尔德"号前往中国进行贸易,驶往宁波、舟山口岸。东印度公司向舟山贸易管理会第一任主任卡奇普尔(Allen Catchpoole)下达命令:"前往宁波群岛,宁波在中国的北部,我们指令你如有可能就居留该处——或者你可以得到政府许可在它的附近口岸贸易,假如不能建立商馆,则可根据形势的可能进行贸易,坚持要找到适合北方气候的口岸,以便大量出售我们的毛织品。"③卡奇普尔乘"伊顿"号商船前往宁波,于1700年10月抵达舟山,当时在港口上靠泊了英国"特林鲍尔"号、"麦士里菲尔德"号、"孟买商人"号3艘商船。卡奇普尔一行的到来受到当地官吏的热情接待,并让英国人获得了满意的商品。英国东印度公司开始在舟山建立管理会,派

---

① 高鸿志.《近代中英关系史》,成都:四川人民出版社,2001年,第7页。
② 任与孝.《宁波海关志》,杭州:浙江科学技术出版社,2000年,第330页。
③ [美]马士.《东印度公司对华贸易编年史》.区宗华译.广州:中山大学出版社,1991年,第107页。

遣商务监督驻居定海,设立事务所,负责管理英国商人来浙江贸易事务,把舟山作为对华贸易的重要基地。

1700年,英国东印度公司派出多艘商船前往宁波、舟山口岸。具体见表1。

表1 1700年驶往中国的英国部分商船情况①

商船名称	吨位	资金(镑)	去往地
萨拉	275	50 611	宁波和舟山
中国商人	170	20 923	宁波和舟山
麦士里菲尔德	250	35 936	舟山
联合	208	29 744	舟山
罗伯特与纳撒尼尔	230	35 640	舟山
海王星	275	36 486	厦门
海津	240	31 203	广州
日出	140	15 673	广州

从表1中我们可以发现,东印度公司在1700年派出的商船中大部分是前往宁波和舟山的,并且携带了大量资金作为投资,远远高于前往厦门和广州的。值得一提的是,在卡奇普尔一行来舟山以前,担任"萨拉"号大班的高夫(Goff)曾被东印度公司派遣到舟山,他向公司汇报,他不怀疑可以在该处得到贸易的自由,但恐怕中国人不会准许居留。正是由于在舟山贸易有利可图,英国方面派出大量的商船前往舟山,在1710年曾有10艘英国商船到达舟山,可见当时贸易之繁盛。因此,自设关后,定海关占浙海关总收入的1/8强。② 1755年,东印度公司派大班喀喇生(Samuel Harrisorl)和汉语翻译洪仁辉(西名詹姆士·弗立特,James Flint)到舟山贸易获得巨大成功。在随后几年里,东印度公司派出了几艘商船到宁波,试图进一步扩大在宁波、舟山口岸的贸易。

然而,这段舟山历史上罕见的对外开放和中外贸易的历史,非常短暂,只持续了半个世纪。1756年,清政府明令拒绝外国商人来定海、宁波通商,禁止外国商船入港,并于次年关闭定海关及"红毛馆"。1759年5月,当洪仁辉不顾清政府的禁令到达舟山海域,试图再次进港贸易时,遭到了当地官员的拒绝。随后抵达舟山的另一艘英国商船也同样遭到拒绝。至此,一口通商成为定局,英国等西方商船只允许在广州贸易,而被迫退出了浙江沿海各口岸。

从康熙开海禁到乾隆时期的一口通商,我们可明显看出,清朝政府的对外限制趋于严厉,这就导致英国扩大在舟山贸易的目的没能达到。西方列强的汹涌东来,使清政府在一定程度上认识到了这其中背后的掠夺性。因此,清政府采取一口通商政策,限制英国等西方国家前往其他沿海口岸。

---

① [美]马士.《东印度公司对华贸易编年史》.区宗华译.广州:中山大学出版社,1991年,第114页。
② 贝逸文.《定海"红毛馆"与十八世纪舟山对外贸易》,浙江海洋学院学报(社会科学版),1999年第3期,第30页。

二、英国两次来华使团对开放舟山的要求

1757年(清乾隆二十二年),清朝实行一口通商政策后,英国商船的贸易受到了很大的限制,为了打破清朝的贸易壁垒,扩大对华贸易,英国政府决定派遣外交使团出访中国。1787年,英国政府经过长期认真考虑和讨论,决定派遣卡思卡特(Charles Cathcart)中校出使中华帝国。英王乔治三世下达给卡思卡特的主要任务是开展对华商务,并希望从中国获取一块地方或一个岛屿作为货栈以及中英互派使臣等。①这是英国首次通过政府官方向中国提出"租地"的要求。后因卡思卡特在来华途中病死,使团与船队只能返回英国,此行无果而终。

1792年(清乾隆五十七年),英国政府为了达到开放贸易等一系列目的,以庆祝乾隆皇帝八十大寿为名,派遣以马戛尔尼(George Macartney)伯爵为全权特使的政府代表团对中国进行访问。1793年,当时世界上两大顶尖强国大清帝国和大英帝国之间有了第一次正式国家级官方交往。这次访问,舟山是英使团访华的第一站,这无疑与40多年前英国商人蜂拥来这里进行商品交易有关。而英使团此行,名义上是祝寿,真正目的却是想打通对中国的通商之路。

英国对这次访华寄予了极大的期望,它是英国向中国展开殖民与贸易扩张的一次尝试。在使团临行前,英国内务大臣敦达斯(Dundas)给马戛尔尼下达任务,其中有七点建议:

(1)为英国贸易在中国开辟新的港口;

(2)尽可能在靠近生产茶叶与丝绸的地区获得一块租界地或一个小岛,让英国商人可以长年居住,并由英国行驶司法权;

(3)废除广州现有体制中的滥用权力;

(4)在中国特别是在北京开辟新的市场;

(5)通过双边条约为英国贸易打开远东的其他地区;

(6)要求向北京派常驻使节;

(7)情报工作,在不引起中国任何怀疑的前提下,使团应该什么都看看,并对中国的实力做出准确的估计。②

其中以第二项最为重要,因此敦达斯在训令中又特别指出:"如果皇帝允准此事,必须小心择定地点,该地应既安全又便于吾人航业,即易于发散吾人人口货物;该地应靠近中国好茶产地,并被指定在北纬27°—30°之间。"③根据这个训令,马戛尔尼不仅携带了各种有关资料,其中包括英国商船前往舟山贸易的航海日记和舟山群岛图;而且使团乘船路过舟山时,"克拉伦斯"号船上的全体人员参观了六横岛,调查了当地的商业和人口,测量了定海港,拜访了当地军政长官,游览了定海县城。

---

① 余绳武,刘存宽.《十九世纪的香港》,香港麒麟书业有限公司,1994年,第21页。
② [法]佩雷菲特.《停滞的帝国——两个世界的撞击》.王国卿等译.北京:生活·读书·新知三联书店,1993年,第36页。
③ [美]马士.《东印度公司对华贸易编年史》.区宗华译,广州:中山大学出版社,1991年,第238-239页。

马戛尔尼使团在华期间,船队的所有船只、大部分人员主要时间都是停留在舟山。马戛尔尼使团1793年7月到达舟山,停留7天后北上天津。8月,船队5艘船只从天津返回舟山。10月,"狮子"号等4艘船只驶往澳门,留下"印度斯坦"号船继续在舟山了解情况,直至11月下旬才离开。马戛尔尼要求浙江地方官员"指给空地一块,俾伊等支立账房。将船内患病之人送至岸上,暂行栖息。"①并请求允许"印度斯坦"号船在该地免税出售英货和收购丝、茶等土产,俱获乾隆皇帝的允准。

英使团经北京抵达承德,在避暑山庄得到了乾隆皇帝的接见。从承德返回北京后,清政府认为英使团祝寿的使命已经完成,应返回英国,而马戛尔尼则迫不及待地以书面形式向乾隆皇帝提出包括在舟山建立居留地的六项要求:

(1)开放舟山、宁波和天津为通商口岸;
(2)英国在北京设立货栈,买卖货物;
(3)将舟山附近一个不设防的岛屿让给英国,以便英人居住和存放货物;
(4)将广州附近"一块类似的地方"让给英国;
(5)英商在澳门、广州之间运载货物免纳过境税;
(6)英商只按清廷公布的税则纳税,不另纳税。②

第一条固然有开放舟山正常贸易的要求,但第三条租借舟山一处海岛的要求则有明显的殖民主义侵略色彩。在当时,英国人的最大利益诉求是通商,"最重要的目标,即获取在广州以北各埠贸易之特许"。③但在乾隆皇朝的观念中,是没有国与国之间互惠交易之说的。于是,清政府将英国的六项要求全部斥为"非分要求"。对于开放贸易的要求,乾隆帝说:"天朝物产丰盈,无所不有,原不藉外夷货物以通有无。"对于割舟山岛屿一项,乾隆明确声明:"天朝尺土俱归版籍,疆址森然,即岛屿沙洲,办必画界分疆,各有专属。"乾隆皇帝鉴于"英吉利在西洋各国中较为强悍",多次下令"各省海疆,最关紧要",下令各省"相度形势,先事图维,毋任英吉利夷人潜行占据"沿海岛屿,如遇到英船到达广州以外的口岸,"即行驱逐出洋"。④

1816年(嘉庆二十一年),英国政府向清朝又派遣访问团,访问团的负责人是阿美士德(W. P. Amherst),又一次从舟山经过,进而到达大沽口以及进京,这明显带有与马戛尔尼一样的熟悉"中国东北海岸的地理"目的。在出使之前,英国外交大臣罗加士里(Lord Castlereagh)指示阿美士德向清政府提出:要求开放包括舟山在内的广州以北港口。⑤ 由于清嘉庆皇帝多次听闻近年来英国人在华的许多不法活动,因此一开始就对阿美士德使团的访问非常抵触,他给直隶总督训示:"一闻贡船抵津之信,即行驰往照料,如该贡使向该督言及有恳请赏给口岸贸易,如上次请于宁波互市等等,该督即先行正词驳斥,以天朝法度森严不敢冒

---

① [法]佩雷菲特.《停滞的帝国——两个世界的撞击》.王国卿等译.北京:生活·读书·新知三联书店,1993年,第192页。
② [美]马士.《东印度公司对华贸易编年史》.区宗华译.广州:中山大学出版社,1991年,第238-239页。
③ 朱杰勤译.《中外关系史译丛》.北京:海洋出版社,1984年,第198页。
④ 《乾隆五十八年八月己卯》.《清高宗实录》电子版,卷1435。
⑤ 郭卫东.《1840年代:英国与舟山》.杭州师范学院学报(社会科学版),2006年第4期,第33页。

昧奏请,绝其妄念。"①4 艘来华贡船在舟山的五奎山洋面停泊好几个月,再次要求清政府开放舟山。后来由于礼仪之争,英国使团拒绝行三跪九叩之礼。嘉庆皇帝十分恼怒,没有接见英国使团。阿美士德这次来华连皇帝的面也没见到,就被遣送回国。

英国两次来华使团开放舟山为通商口岸的要求都以失败而告终。英国原本希望通过外交谈判的方式取得在华的贸易特权,然而,他们提出的"非分要求"不但没起到改善两国关系的作用,反而增加了彼此之间的误会,使清朝统治者加深了对英国人的抵制情绪和戒备心态。在英国方面,则随着阿美士德出使中国的失败,舆论开始"妖魔化"中国,那些来华使团成员不断出书诉说在华期间的观察和评价,也加剧了这种趋势,而英国政府也逐渐改变了对华政策,放弃了外交谈判的方式,而逐步形成了用军事手段侵占舟山的决策。

三、英国当局对武力侵占舟山的讨论

19 世纪 30 年代以后,随着中英关系的日渐恶化,武力占领舟山群岛的问题被提到议事日程上来。1830 年 12 月,47 名主要与鸦片贸易有关的英商共同向英国议会上书,建议英国政府:"要求政府能采取一项和国家地位相称的决定,取得临近中国沿海的一处岛屿,使世界上这个僻远地区的英国商业不再受虐待和压迫。"②英国政府接受了这项建议,但在具体的侵占目标上出现了较大分歧,锁定范围大致有香港、舟山、福州、厦门、台湾等。

在选择中,舟山的地位与优势凸显。曾任广州英国商馆负责人的厄姆斯顿（J. B. Urmston）、传教士郭士立（Gützlaff）等都极力鼓吹或者上书英国外交部,建议占领舟山。③"东印度与中国协会"上书英国外相巴麦尊（Palmerston）,要求中国开放更多的口岸对英通商,如果这一要求不能得到满足,则应在东海岸占据一岛,在岛上建立商馆并执行英国法律④。1837 年 11 月 9 日,英国驻中国商务监督、海军上校义律（Charles Elliot）寄给巴麦尊一份备忘录,建议英国派出武装部队"不是在广州,而是在舟山和舟山以北建立根据地"⑤。1839 年 4 月 3 日,当中英关系趋于紧张之际,义律又一次向巴麦尊写信道:"我用非常忠诚的心情向政府建议,需要立即利用武力将舟山岛占领,……政府会从这一决策中获得很多的利益。"⑥1840 年 2 月 21 日,义律致信海军少将梅特兰（Maitland）,在谈及舟山岛的"有利条件"时说:"舟山群岛拥有很多好的港口,与世界上最富裕的地区靠近,而且拥有一条大河以及连接整个国家的内陆航行网。……假如英国将舟山群岛的一个岛屿占领,同时清朝皇帝允许人民与我国商人进行贸易,我认为伟大的女王会高兴看到这一点,英国将会得到巨大的利益。首先要宣布我们占领的这个岛屿为自由港,并且开征适当的关税。我认为,舟山岛能够满足我们的这一需求,而且我觉得舟山将会成为亚洲最早的贸易基地,也许是世界上最

---

① 《清代外交史料》嘉庆朝卷五,转引自纪宗安、汤开建:《暨南史学》（第三辑）,厦门:暨南大学出版社,2004 年,第 471 页。
② [英]格林堡.《鸦片战争前中英通商史》. 康成译. 北京:商务印书馆,1961 年,第 178 页。
③ 刘存宽.《香港、舟山与第一次鸦片战争中英国的对华战略》. 中国边疆史地研究,1998 年第 2 期,第 74 页。
④ 王和平.《英国侵占舟山与香港的缘由》,中国边疆史地研究,1997 年第 4 期,第 68 页。
⑤ 中国第一历史档案馆等.《鸦片战争在舟山史料选编》,杭州:浙江人民出版社,1992 年,第 480 页。
⑥ 《义律致巴麦尊函》,1839 年 4 月 3 日,见《英国外交部档案》,(F.O.),17/31。

早的商业基地之一。"①

义律的建议得到英国各方的普遍认同。舟山位于长江入海口,背靠长三角经济发达地区,面朝东海,水深浪平,良港众多,地理优势较好。当将舟山这个岛屿占领之后,英国就可以在中国建立一个军事指挥部。巴麦尊认为英国政府"选择的岛屿应当是:能提供良好而安全的船舶锚地,能防御中国方面的进攻,能根据形势需要加以永久占领,英国政府认为舟山群岛的某个岛屿比较适合这一用途。舟山群岛的位置处于广州与北京的中段,接近几条通航的大河河口,从许多方面来看,能给远征军设立司令部提供一个合适的据点。"② 1839年10月18日,巴麦尊在给义律的密信中提出初步的行动方案,命令他立刻率军队占领舟山群岛中的一个岛,作为侵华英军的供应中心与行动基地,并且将来也可作为英国商务的安全根据地,巴麦尊还特别指出:"英国政府希望能占领舟山,这一决定直至中国政府的行动让英国政府满意。从舟山撤退的一个条件大致是这样的:在舟山的岛屿中,能够给英国人像澳门这样的居留地,用约来保证允许英国人到中国东部沿海所有港口或某些主要港口去进行贸易。"③ 1840年2月20日,巴麦尊在给义律的最后训令中,除全面安排了英军的行动步骤外,再次重申了在舟山成立殖民地的意图。但此时,巴麦尊不仅仅想获取居留地,其目的是逼迫清政府割让领土。但是与此同时,巴麦尊也认为,割让岛屿并不是对华战争的唯一目的,并不是在任何情况下都必须坚持不变的"赔偿"要求。"如果中国政府表示不愿意作这类岛屿的割让,而愿意以条约的方式给女王陛下的侨华臣民以安全和商业自由,英国政府将不反对这样一种措施,并将在这种情况下,放弃中国沿海任何岛屿的永久占有。"④ 但即使放弃对中国沿海任何岛屿的永久占有,英军也将继续占领舟山,以使中国政府履行和实施其所"应承担"的各项义务。1840年2月,英国详细地设计了作战计划,使用全部武装进攻舟山,并且将它当作英国的军事基地。

英国政府把定海选为首个占据的目标,定海的战略位置和优越的自然环境是最吸引他们的地方。一篇刊登于1840年6月27日《澳门新闻纸》(也称《澳门月报》)上的文章提出了这样观点:"因为发现舟山这块宝地是在中国的中部,四周临近许多富饶丰厚的省份,甚至临近生产茶叶、丝绸的省份。实在是可以做外国贸易的大市镇。我们如果能从中国人的手中抢夺到了这块宝地,肯定使舟山岛的重要性比广东省更大。尽管其路程相对较远,同时会经过台湾海峡,半年中会遇到海上风暴,只有舟山这个岛屿天气很好,而且土地非常肥沃,居民人口也很多。在舟山岛上有座定海城,可以作为一个重要的贸易地区。这个岛屿和新加坡一样,都属于贸易宝岛,但其面积又比新加坡大。"⑤《澳门新闻纸》代表西方各国在中国贸易的商人们的观点。他们平时都是在华贸易的竞争者,常常为贸易利益相互摩擦。现在都围聚在英国军队的旗下,盼望英国舰队能北上,能够一举攻克中国的这座理想中的城池,用作通商贸易。

---

① 胡载仁,何扬鸣.《鸦片战争中的舟山》(英国档案选摘),浙江档案,1997年,第7期,第13-14页。
② 中国第一历史档案馆等.《鸦片战争在舟山史料选编》,杭州:浙江人民出版社,1992年,第470页。
③ 严中平辑译.《英国鸦片贩子策划鸦片战争的幕后活动》,近代史资料,1958年,第4期。
④ [美]马士.《中华帝国对外关系史》第1卷,张汇文等译,上海:上海书店出版社,2000年,第712-713页。
⑤ [英]阿罗姆绘画,李天纲编著.《大清帝国城市印象——19世纪英国铜版画》,上海:上海古籍出版社、上海科技文献出版社,2002年,第96页。

从诸多史料可以看出，英国政府最终把舟山群岛作为攻占的第一个中国岛屿，是综合了各方面的因素：①将舟山作为军事大本营，来威慑北京的清朝政府。如能占领区位优势明显的舟山，那等于拥有了一个极佳的军事指挥部。鸦片战争一打响，英国侵略军迅速对舟山群岛实行了军事占领，正如他们先前设想的，英国占领舟山后极大威胁到中国的经济核心地带江南地区，这给北京的清朝政府带来极大的压力，使得英国在与清政府的较量中取得较大的主动权和话语权。②将舟山变为英国人的贸易据点，成为对中国经济侵略的桥头堡。在英国人看来，舟山一直是"中外通商的要津"，临近中华帝国第二大城市——杭州，为当时最大对外贸易港——宁波的外泊港。英国侵占舟山的最终目的还是经济利益，英国人看中的是舟山的港口和贸易功能，希望把它变为对华贸易的通商口岸，当用和平的方式不能得到时，英国政府就使用战争来获取。

四、英国宣布舟山为自由贸易港

1840年7月4日，英国军队在广州、厦门尝试攻击以后，避开了备战充分的南中国防线，挥师北上，攻击他们心目中的既定目标——浙江舟山群岛。7月6日，英军第一次攻占定海，这是第一次鸦片战争时期中英军队首次正式交战。在英国，伦敦《泰晤士报》即时以兴奋语调发布消息："舟山落入英国人手中，英国国旗第一次在中华帝国的一部分土地上飘扬，英国政府在远东又增加了一块殖民地。"①英国占领舟山后即在岛上实行占领区统治，专门成立了殖民当局——巡理府，宣布岛上的所有民政、财政和司法管理均由英方执行，岛上居民需向英国殖民者纳税，接受英国法律管辖，英国官员有权"驱逐任何人员"，并开始把定海规划成国际自由贸易港。在第二任香港总督戴维斯（Davis）于1841年出版的《中国散记》第二卷第273页中，有"舟山港计划"（Plan of Chusan harbour）一图，图1中"PORT TING-HAE"意为定海港，"GREAT CHUSAN"意为舟山本岛，图中的数字代表水深数值。

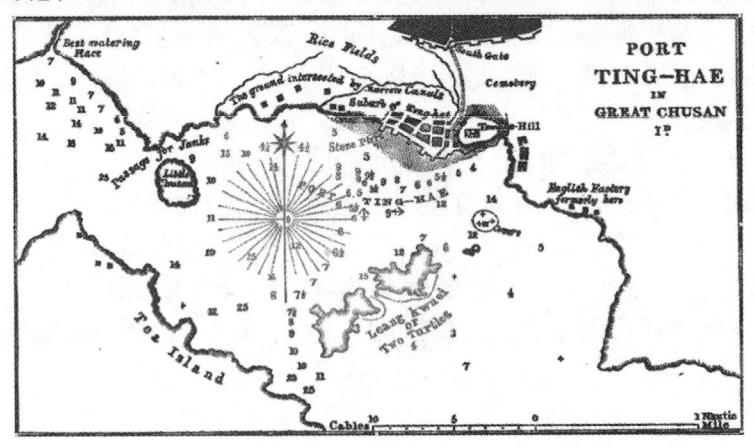

图1 Plan of Chusan harbour（舟山港计划）②

---

① 张馨保.《林钦差与鸦片战争》，福州：福建人民出版社，1989年，第204页。
② 参见维基共享资源 http://commons.wikimedia.org/wiki/File:Plan_of_Chusan_harbour.png。

但是,事情的发展并不像英国外相巴麦尊想象的那样顺利,英军在定海遇到了许多困难。定海人民坚壁清野,使英军给养严重不足。由于定海人民的打击,英军无法"得到新鲜食物",暴发严重的流行疾病。在这种情况下,义律的态度也开始变化,而当时负责浙江抗战事宜的清朝钦差大臣伊里布提出,只要交还定海,即可释放俘虏等条件,就更使义律动摇不定。为此,1840年9月29日,他向巴麦尊请示,主张撤出舟山,条件是中国政府赔偿烟费,英国在广州附近取得一个岛屿,并在此开辟一种扩张、健全和改良基础上的贸易。巴麦尊在次年2月3日给他的训令中明确表示反对,并指出:据女王陛下政府看来,在东海岸一带选择一处岛屿进行占领,或是在舟山群岛中,或是离它不远,为了一切商业目的计将是最好的。"因为它将会提供给英国贸易向中国东海岸中部物产丰富、人口稠密的乡村和城市一个发展的机会,并且可以凭借着运河以及在那一带地方入海的一些大河,使英国商品贸易进入中华帝国的内地。因此,在粤江口也据几处安全的据点,虽然也是方便的,但所要取得的主要点,却是东海岸外的一处,这一点在交涉中不得放弃,除非是基于下述条件,也就是和那一带沿海某些主要商埠,得自由通商并在那里建立房舍和商馆。"①他告诫义律:除非经过深入调查,发现舟山气候中确有某种东西对欧洲人的体质有不可救药的毒害,则不得随意地或草率地另行择定其他岛屿来作为永久保留的据点。可这份训令尚未到达义律手中,义律已擅自于1840年11月6日与伊里布在镇江举行和谈。11月6日,双方又正式宣布在舟山群岛上停战。随后又南下广州,与刚上任的两广总督琦善进行谈判,在得到琦善的口头允诺之后,便私造出所谓的《穿鼻草约》,并于1841年1月26日占领香港,2月25日退出舟山。

对义律的这个举动,在当时驻在澳门等处的英商看来是"不得人心"的,就在侵华的英军中也颇有微词,士官宾汉(Bingham)接到从舟山撤退的命令时就很不情愿,他认为:"舟山一岛资源蕴藏丰富,假如有一个好政府,抽适当的商税,很快就能支付本岛一切费用而尚有余。该岛位于中国海岸线中部的外边,成为南北间的商业枢纽,又因此地近扬子江和黄河,如要设立一支军队,迫使中国遵守最后所可能订立的条约条款,这里是最合适的地点。因为只凭信用是再也不能作到的。更因该岛位于中央,也能成为一个商业中心市场,不久以后,就会与亚洲的任何一个海港城市抗衡。舟山不久将成为英王王冕上的一颗明珠了。"②英军占领香港而撤离舟山的消息传到伦敦后,巴麦尊更是暴跳如雷。1840年11月14日,他在禀告女王中提到:"义律大佐不再服从相关训令,另外在舰队的行动上打赢了战争,他能随意制定条例的时候,却同意了非常不够的条件……之前多次嘱咐他要保留到还清所有赔款为止,目前却已全面撤出了舟山群岛。同时,割让香港还和相关上缴捐税的条例有密切联系,这样香港就不是英国的殖民地,而只是和澳门一样,是一个必须得到大清皇帝的同意才可以保住的居留地。"③1841年4月20日,他在给义律的私函中对其交涉的方法及结果表示不满,认为义律离开舟山预示着对中国方面的屈从。同时,英国内阁会议明确提出:舟山必须重新占领;召回义律,派璞鼎查(Pottinger)前往接替。

---

① [美]马士.《中华帝国对外关系史》第1卷.张汇文等译.上海:上海书店出版社,2000年,第723页.
② [英]宾汉.《英军在华作战记》,中国史学会主编:《中国近代史资料丛刊·鸦片战争:五》,上海:神州国光社1954年,第126页、第265－266页.
③ [美]马士.《中华帝国对外关系史》第1卷.张汇文等译,上海:上海书店出版社,2000年,第306－307页.

1841年5月31日,璞鼎查临行之际,巴麦尊特别训令他,到达中国之后马上重新占领舟山群岛,在此之后和中国政府进行谈判。他告诫璞鼎查:"英国政府担心,香港在一定阶段都不会为商人提供与北方各口岸的贸易便利,基于此,获得中国东海岸的另一岛屿,以及得到英国臣民居住在该海岸各主要城邑的许可是十分重要的,而这仅仅由香港的占有予以代替是远远不够的。"①在此训令发表之后,1841年10月1日,以璞鼎查为首的英军又一次占领定海,并设立军政府,发布告示称:"斯地或许连年久为据守,不归(中国)皇帝权下。"②与此同时,英军在城内祖印寺及城外道头一带建造新屋,作长住久驻的打算。

　　恰在此时,英国国内政局出现引人注目的变动。1841年9月,阿伯丁(Aberdeen)入主外交部,在外交上开始了一个调整时代,对华政策"作一些重要修改",其中最重要的修改内容是以通商贸易政策取代占领领土政策,即注重在中国东部地区开放四至五个口岸而放弃对中国领土的"永久征服"。关于舟山,阿伯丁出于高昂的占领费用、影响中英长期贸易或可能卷入中国政局等因素的考虑,不主张长期占领,而主张只作为逼迫中国人让步的"手段"和监督中方执行不平等条约的"担保"③。

　　按照新内阁的既定政策,1842年2月16日,璞鼎查公然宣布:"照得粤之香港,浙之定海等处,地属海港,为洋船来往之区,应准各船在彼任便贸易。缘此示仰诸人知悉,凡各国船只,俱得出入买卖。迨奉君主降命之先,所有船钞货税及一律规费等项,不论何国之船,俱可毋庸输纳。"④美国历史学家马士(Morse)将它翻译为:"香港与定海将要作为自由港,对于任何国家的任何船只,不收任何种的关税、港口税和其他捐税。"⑤1842年8月29日,中英两国签署了《南京条约》。该条约明确提到,当清政府开放5个通商口岸同时于1846年1月付清所有赔款之后,英国必须将舟山还给中方。"唯有定海县之舟山海岛、厦门厅之古浪屿小岛,仍归英兵暂为驻守;迨及所议洋银(指中国对英赔款2 100万银元)全数交清,而前议各海口均已开辟,俾英人通商后,即将驻守二处军士退出,不复占据。"⑥

五、结语

　　英国图谋侵占舟山,把它规划成自由港的愿望由来已久。自1637年英王查理一世派遣威得尔去中国,就已经将舟山作为占据的目标。此后近200年间,占领舟山这个贸易良港一直是英国梦寐以求的计划,他们也试图用多种手段来得到舟山。

　　鸦片战争爆发及其后的日子里,英军占领定海达5年零6个月,舟山实际上成了自由贸易港。比起上海、宁波等城市,英国人似乎对舟山更感兴趣,把它看作最好的货物堆栈与商品中转基地。一则舟山为其军事占领区,可以得到有效庇护,不必理睬清政府禁令,对于移民与商贸具有十分明显的好处;二则由于上海、宁波的开埠进度缓慢,舟山正好填补这一空

---

① [美]马士.《中华帝国对外关系史》第1卷. 张汇文等译. 上海:上海书店出版社,2000年,第749页.
② 中国第一历史档案馆等.《鸦片战争在舟山史料选编》. 杭州:浙江人民出版社,1992年,第530页.
③ 胡滨.《英国档案有关鸦片战争资料选译》下册. 北京:中华书局,1993年,第1019－1021页.
④ 中国第一历史档案馆等.《鸦片战争在舟山史料选编》. 杭州:浙江人民出版社,1992年,第535页.
⑤ [美]马士.《中华帝国对外关系史》第1卷. 张汇文等译. 上海:上海书店出版社,2000年版,第329页.
⑥ 参见《南京条约》,龚鹏程.《改变中国历史的文献》下册. 北京:中国工人出版社,2010年,第699页.

缺,成为最理想的商品交易地点。一直到1846年7月,英军虽然被迫从舟山全部撤出,但仍把舟山划入其势力范围和保护地。

鸦片战争前后,英国谋取舟山作为自由港的这段历史,从某种角度来看,是西方自由贸易体系与中国朝贡贸易体系不断撞击的历史,舟山也因此成为东西方两个世界碰撞、两种文明冲突的前沿阵地。

参考文献

[1] [英]斯当东著,叶笃义译.《英使谒见乾隆纪实》.上海:上海书店,2005年。
[2] 萧致治.《西风拂夕阳:鸦片战争前夕中西关系》.武汉:湖北人民出版社,2005年。
[3] 王宏斌.《清代前期海防:思想与制度》.北京:社会科学文献出版社,2002年。
[4] 高鸿志.《近代中英关系史》.成都:四川人民出版社,2001年。
[5] [美]马士.《中华帝国对外关系史》.张汇文译.上海:上海书店,2000年。
[6] 中国第一历史档案馆.《英使马戛尔尼来华档案史料汇编》.北京:国际文化出版公司,1996年。
[7] 茅海建.《天朝的崩溃:鸦片战争再研究》.北京:三联书店,1995年。
[8] 余绳武,刘存宽.《十九世纪的香港》.香港:香港麒麟书业有限公司,1994年。
[9] [法]佩雷菲特著,王国卿等译,《停滞的帝国——两个世界的撞击》.北京:三联出版社,1993年。
[10] [英]格林堡著,康成译.《鸦片战争前中英通商史》.北京:商务印书馆,1961年。
[11] 中国第一历史档案馆.《鸦片战争在舟山史料选编》.杭州:浙江人民出版社,1992年。
[12] 舟山市地方志编纂委员会.《舟山市志》.杭州:浙江人民出版社,1992年。
[13] [美]马士.《东印度公司对华贸易编年史》.区宗华译.广州:中山大学出版社,1991年。

文化强国战略下的青岛蓝色文化遗产研究

梁晓宇[1]，任成金[2]

(1. 中共重庆市委党校涪陵分校；2. 山东科技大学 马克思主义学院)

摘要：青岛蓝色文化是传承海洋文化，与蓝色经济互为表里的文化形态，是滨海现代文化名城的核心内容。蓝色文化遗产对于建设文化强市、文化强国有重要意义。通过对青岛市蓝色文化遗产现状的分析，提出在新时期如何开发青岛蓝色文化遗产，推动文化大发展大繁荣的建议。

关键词：文化强国；蓝色文化遗产；对策建议

在新的历史时期，党和政府大力推动文化大发展大繁荣，这为全国各地旅游资源的开发提供了机遇，也为地方发展特色文化提供了机遇。青岛要实现区域性的文化发展，必须抓住历史机遇，以蓝色文化遗产的开发为依托，进行资源的有效整合，实现青岛旅游文化产业的大发展大繁荣。蓝色文化遗产的开发与文化强市是一体两面的关系，是互相促进和互相发展的，具有天然的融合性。任何一种新的文化形态的产生、发展与完善，都是社会生产力和社会文化发展到一定水平的结果。随着文化强国战略的实施和青岛旅游业的发展，最具有青岛地方特色的蓝色文化正成为一种备受青睐、生机盎然的新的旅游文化形式。青岛蓝色文化遗产是青岛人民无形的精神财富和物质资源，其本身对青岛现代旅游活动和文化强市的影响将会越来越深远。

一、蓝色文化遗产对于建设文化强市、文化强国的重要意义

"城市文化是城市人类在城市发展过程中所创造的以及从外界吸收的思想、准则、艺术等思想价值观念及其表现形式。"[1]文化的现代化与城市的现代化是同步发展的，因此，城市文化建设在城市发展中起着至关重要的作用。当然，青岛城市文化建设和其他城市相比有着许多共性之处，当然也有自己的个性。

---

① 基金项目：青岛市双百调研工程2013年度调研立项课题"文化强国战略下的青岛蓝色文化遗产研究"(No. 2013 - B - 36)。

作者简介：梁晓宇(1984—)陕西蒲城人，中共重庆市委党校涪陵分校讲师，四川大学马克思主义学院博士研究生，主要研究方向：统战理论与执政党建设 derby_lxy@126.com；

任成金(1979—)，山东青岛人，山东科技大学马克思主义学院讲师，主要研究方向为马克思主义基本理论。

(一)蓝色文化遗产是青岛人民特有的文化基因和文化空间

一个没有文化特色和个性的现代城市就没有差异竞争的优势,也就没有内涵、没有前途。蓝色文化遗产是青岛文化魅力和国民形象最好的展示力,是彰显青岛城市文化魅力的当然之举。

蓝色文化遗产是青岛人最具本土性质的文化,是对青岛地域文化最为合适的概括。"青岛地区各个历史时期的文化遗址考古证明,海洋文化始终是贯穿青岛地域文化发展的主线。"[2]青岛蓝色文化遗产的形成也是由青岛独特的地理位置决定的。青岛偎依崂山、位于黄海海岸,有730千米的海岸线,蓝色的海洋成为青岛最为显著的地理标志。蓝色文化遗产主要包括历史遗址、历史事件、历史文物、宗教文化、民间传说、建筑文化、书画文化、影视音乐、海军文化等要素。蓝色文化遗址首先包括历史遗址,青岛的历史遗址丰富,有齐国长城遗址,规模宏大的齐长城反映出了当时齐国的强大。此外,还有秦朝丞相李斯所书的碑文。由此可见,青岛蓝色文化遗产的形成有其历史和现实的丰厚基础,构成青岛蓝色文化遗产的主要要素有历史角色、文化底蕴、人文风情、地理特征和发展前景等。总之,蓝色文化遗产彰显了青岛人民独具特色的在发展中的创造精神,具有浓厚的青岛地域特色,而且已经深深地融入到了青岛的文化体系之中,也影响着青岛经济文化的发展。

(二)蓝色文化遗产对于建设先进、优秀、特色蓝色文化有重要意义

蓝色文化是以农业文化和海洋文化为主要源头的原生态性的地域文化,属于青岛的独特性文化。蓝色文化在发展的过程中也受到了海外文化和中原文化的影响,因此蓝色文化具有"海纳百川"的特性,它本身符合青岛人民的生活习惯,又与青岛的历史与文化相契合,是青岛的地域性文化。蓝色文化遗产作为蓝色文化的重要组成部分,对于建设和培育蓝色文化有着积极的作用。我们应该看到,蓝色文化遗产是具有历史性的概念,它的特征随着城市的发展在不同的社会、经济、文化和政体的发展中变化不大。蓝色文化遗产是青岛独具特色的蓝色文化的反应,它维系着青岛城市发展的过去和将来两个维度,体现着青岛蓝色文化一脉相承的人文底蕴和文化精神。

(三)蓝色文化遗产是促进经济又快又好发展的积极力量

随着现代社会的飞速发展,文化旅游和文化遗产开发必然越来越受到人们的青睐。特别是进入21世纪以后,随着人们生活水平和知识结构的不断提升,人们对新生事物的关注度会越来越高,而蓝色文化遗产的开发和利用必然会满足人们更深层次的需求。我们不难发现,21世纪的竞争最主要的表现为城市的竞争,当这个物化了的、已经具有"烙印"的特色文化遗产品牌在城市的各个领域都能发挥作用时候,那么抓住其带来的机遇,就能极大地促进创新成果及时地转化为现实的生产力。把蓝色文化遗产融化在青岛城市精神中,就会形成特色的创新成果,而地方特色的蓝色海洋文化遗产就会成为青岛的城市品牌,就会永远充满活力向前发展。同时站在文化角度和市场角度来看,抓住了青岛的特色产业就抓住了一个巨大的市场,而青岛蓝色文化遗产无疑就是一个最大的市场。蓝色文化遗产是经济性强的文化事业,也是文化性很强的经济事业。

据统计,最近几年来青岛海洋文化产业的增加值约占到全部文化产业增加值的60%。历史发展表明,蓝色经济的发展与蓝色文化关系密不可分,二者是互相促进的关联体,蓝色经济催生了蓝色文化,为蓝色文化提供了物质保障和实体基础,蓝色文化激发了蓝色经济发展的活力,为蓝色经济的发展提供了智力支持,能够持续带动蓝色经济发展。没有蓝色经济,就不会有蓝色文化;同样,没有蓝色文化的繁荣,也就没有蓝色经济的进一步发展。由此可见,蓝色文化遗产的开发必然会为社会增加许多就业机会,成为促进经济发展的积极力量。只有大力地弘扬蓝色文化,挖掘蓝色文化遗产,才能更好地促进蓝色经济的进一步发展繁荣。作为蓝色文化的主体力量之一,我们要充分认识到蓝色文化遗产的价值所在,积极开发利用蓝色文化遗产资源,发挥好蓝色文化遗产对经济发展的思想保障与智力支持作用,进一步促进海洋文化事业的繁荣和经济健康持续稳定与可持续发展。

(四)蓝色文化遗产开发和利用是实现文化强市的精神支撑

特色是一个城市内在和持久的生命力,特色品牌更有助于推动一个城市形象的塑造。一个城市的文化品牌是一个城市的文化支撑,蓝色文化遗产的开发是打造文化品牌的重要力量,更是实现文化强市的精神支撑。"青岛以美丽的海滨风光,宜人的气候和城市海派建筑风格,被人们称为'东方瑞士'、'东方威尼斯',这样的称号固然可以提升青岛的国际影响力和知名度,但对于众多未亲自到过瑞士和威尼斯的游客来说,并不了解青岛与这些国家及城市的相似之处。"[3]塑造青岛城市精神不但要注重历史文化的传承、还要突出地域特色,在发展蓝色经济的同时,要以争创一流蓝色文化精神为基础,凝聚集体智慧,不断充实和凝聚能够展示现代城市文明素质的城市精神。

二、青岛市蓝色文化遗产现状分析

(一)青岛市海洋文化遗产资源的现状特征

青岛市的海洋文化遗产资源主要有两个特征。

1. 欧洲文化遗产形态丰富

青岛沦为德国的殖民地之后,德国出于殖民统治的需要,用西方城市规划的思想来对青岛进行了大规模的城市建设,修建了具有典型西方特色兵营、炮台等军事设施。了解了殖民文化,一部青岛殖民史,其实同时也是一部青岛城市化开拓史,一部现代司法文明的孕育、冲突和裂变史。近现代欧洲建筑成为青岛重要的海洋物质文化遗产,这也就是青岛的殖民文化,殖民文化渗透在青岛的海洋文化遗产资源中,已经成为青岛海洋非物质文化遗产的重要组成部分。

2. 以渔业文化为主题和以贸易文化为主体的遗产形态相对较少

5 000多年前的青岛居民就开始喜食鱼类,并且具有一定的捕鱼功能,经过千百年的发展,到了清朝末期,青岛的滨海渔村已经形成了一个规模行业,青岛也成为渔船集中的港口。青岛的田横祭海节被列入第二批国家级非物质文化遗产名录。就目前青岛非物质文化遗产发展的趋势来看,以渔业文化为主题的遗产开发和利用还有很大的提升空间。

(二)青岛市海洋文化遗产保护开发存在的问题

1. 政府重视程度不够

"青岛市缺乏促进蓝色文化产业发展的政策导向,财政投入不足问题还较突出,海洋文化产业增加值在同类城市中比较低,有影响力的海洋文化产业基地显得过少。"[4]青岛市政府制定的《青岛市蓝色经济区建设发展总体规划框架》中,涉及海洋文化产业的内容比较少,市政府也没有具体的规划和研究,更缺乏相应的统计数据。专家学者们对青岛海洋文化遗产研究的范围比较窄,研究的成果少,深度不够,很多学者泛泛地认为蓝色文化就是传统的海洋文化。

2. 相关研究氛围不够浓厚

青岛市的28家海洋科研与教育机构中,涉及海洋文化研究的特别少,其本身的研究侧重点并没有在海洋文化遗产方面。这些研究机构的研究内容很少涉及海洋文化的研究,也没有像蓝色文化大讲堂、海洋论坛和相应的宣传活动。这些因素都影响到了蓝色文化在普通群众中的传播,使得研究者对蓝色文化研究的热情度不高,也使得普通群众对海洋文化遗产的关注度不够。

3. 青岛海洋文化遗产地域文化特色不突出

"青岛一些区市的蓝色文化项目中也都设有规模不等的渔人码头、国际游艇、海上嘉年华、影视基地、海洋主题公园、海滨度假、海洋文化馆、海滨艺术中心等游览项目。"[5]青岛市的海洋文化遗产开发与其他滨海城市有重复,在项目上雷同现象比较严重,这主要是因为政府部门缺乏统一规划造成的。海洋文化遗产也属于蓝色文化的组成部分,青岛市的海洋文化遗产缺乏比较明显的地域特色,历史背景和文化特色不够突出。

三、加强蓝色文化遗产保护开发的对策建议

(一)加大资金投入力度,发挥好政府的主导作用,做好海洋文化遗产的分类清理与深度发掘工作

文化遗产作为中国传统文化的重要载体,其本身的存在有着重要的文化价值、艺术价值和研究价值。政府的引导和支持是蓝色文化遗产保护开发的根本保障。各级政府应该加大对文化遗产的资金投入力度,设立文化遗产保护的专项资金,进一步加大对海洋文化遗产以及蓝色文化的整理、研究、开发的力度,健全和完善相关保障和激励机制,确保海洋文化遗产的扶持和资助资金稳定增长,在经费保障上能够让更多的人参与到海洋文化遗产的开发与研究队伍中来。建议地方财政成为海洋文化遗产和蓝色文化发展经费的主要来源,将青岛市蓝色文化遗产的研究纳入财政预算,设立专项资金,形成稳定的经费保障。

对青岛市的海洋文化遗产的保护、传承与发展,首先要做的就是弄清楚到底要保护传承什么。所以,建议相关部门一定要做好海洋文化遗产的普查与统计工作,做好清理分类工

作,抓紧制定保护与开发规划,组织相关专家学者、相关单位人员深入开展青岛市海洋文化遗产和蓝色文化资源普查,对各类蓝色文化资源进行详细的调查摸底、登记和存档。在全面调查和统计的基础之上确定青岛市海洋文化遗产的进一步挖掘、保护和开发的短期、中期和长期发展目标,根据轻重缓急确定保护发展的重点,制定出相关方案。

(二)加强研究,以多元主体参与青岛海洋文化遗产保护

首先要做好青岛海洋文化遗产的普查与研究工作。建立相关普查机构,组织相关研究队伍,登记造册。"在此基础上开展系统研究,加大投入力度,挖掘、阐释其历史价值与当代价值,并为政府决策提供发挥其价值的实施运作方案。"[6]每个文化资源都会呈现出焕发出新的再生活力,创造出活水长流般的状况。举一个例子,丽江电视台推出了"可喜可乐秀"节目,旨在用纳西语来说新闻,展示纳西语的独特魅力,现场观众可以与主持人深入地互动,该节目在2012年7月以来深受丽江全市观众的喜欢和好评。青岛海洋文化遗产的保护也可以参考丽江电视台宣传的形式,通过电视文化本土化的尝试来推动青岛海洋文化遗产的传承与传播,在寓教于乐中唤醒人们参与青岛海洋文化遗产的保护意识。

(三)整合海洋文化遗产资源,打造蓝色文化旅游品牌

目前,青岛海洋文化遗产资源缺乏强而有效的组织形式,需要在资源融合上突破。文化遗产开发的一个重要战术就是打出最具特色的品牌,只有主题独特,个性鲜明的旅游品牌才会对人们产生很大的吸引力。可以考虑"充分利用青岛海洋军事历史事件多、遗址多、舰船多,特别是体现人民海军在青岛成长壮大的史料与实物丰富、我国唯一综合性海军博物馆在青岛等优势,发掘、保护、利用好上述资源"[7]。海洋文化遗产资源的开发,应该是集旅游、餐饮、商业于一体,实现产业联动,多元发展的一个综合体。同时,也要看到一个好的旅游品牌必然是进行了有效的策划和精心的包装。

(四)加快发展海洋文化遗产创意产业,提升青岛蓝色文化竞争力

海洋文化遗产产业要想获得持续发展的竞争优势,就必须不断强化创新意识,突出文化遗产的独特性,发展好海洋文化遗产的创意产业,获得海洋文化产品发展的独特优势。注重对海洋文化遗产创意产业的培育和保护,增强海洋文化遗产发展的驱动力。要结合海洋文化遗产人才政策,要在创意人才的引进、借用、奖励和培养方面制定出相关的扶持政策。"在现有知识产权保护制度的基础上,增加对创意权的关注和保护,对创意权的内涵和外延作出界定,对创意权的取得方式、权利内容、保护期限等方面进行合理的制度设计,使文化创意更好地纳入知识产权保护体系。"[8]此外,还要在青岛市范围内营造良好的城市创意氛围,扩大青岛市的融入度和包容度。

(五)加强蓝色文化遗产的宣传力度,提高人们的保护意识

文化本身不能独立存在,只有借助合适的载体才能发扬光大。在市场经济的作用下,每个文化产品的生产与传播都离不开市场的作用,市场也越来越成为扩大文化消费、满足文化需求的一个重要途径。但是,市场对文化发展的推动作用也不是万能的,蓝色文化遗产的发

展也不能紧紧依靠市场,其本身的开发需要社会成员的认同与保护。

对于青岛蓝色文化遗产,应加大对历史文化遗产的宣传力度,让人们了解其价值,从而提高人们的保护意识。积极组织不同形式的宣传教育活动,依托学校、社区、行业协会等组织,适时地深入市民和公共场所散发各种宣传材料,以保护文化遗产、创建文明城市为主题,开展文化遗产保护宣传月、宣传周活动。同时,在各类新闻媒体常年开设专题栏目,宣传普及遗产保护的理念和知识,把文化遗产保护教育作为思想道德建设的一个重要内容,从根本上提高广大市民的综合素质和遗产保护意识、文明市民意识。此外,加强蓝色特色文化的对外宣传力度,特色文化是一个城市的品牌,如谈起北京就会想到故宫、天坛,而杭州就是西湖、灵隐寺等,这些"历史地段"是城市的别名,它们是文化与价值的符号和城市人的心理归宿。因此,要张扬地方特色海洋文化,就要尊重文化、尊重历史,要形成文化自觉和文化敬畏感,保护文化遗产。

(六)抓好蓝色文化遗产人才队伍建设,为发展蓝色文化遗产提供人才支持

抓好青岛蓝色文化遗产研究人才队伍建设,需要充实专业人才队伍结构,壮大可持续性人才后备力量。青岛在促进蓝色文化遗产研究和开发上面需要拥有一批优秀的相关文化遗产研究方面的人才,特别是那些急需或者面临断层的优秀人才。人才的获得可以通过项目立项来引进和培养,也要重视蓝色文化领域人才的引进和培养,要建立健全全市优秀蓝色文化遗产精品创作生产的扶持和奖励制度,为蓝色文化遗产开发和研究提供有力的政策支撑。为了保证蓝色文化遗产精品创作的积极性和主动性,青岛市应当建立优秀蓝色文化遗产扶持和奖励制度,落实好蓝色文化遗产发展研究的专项基金,出台有关优惠政策,吸引社会资本参与蓝色文化遗产的开发、研究与保护,加大对相关领域的资金支持力度。

2006年,"第二届欧亚世界遗产城市国际会议"提出了文化遗产是需要年轻人来传承的理念。同理,青岛蓝色文化遗产的生命力与魅力的延续,也与年轻一代的文化自觉和文化创造力紧密相连。所以,我们要充分调动年轻人参与蓝色文化遗产保护、传承与再创造的积极性与主动性,大力培养年轻的后备人才队伍。总之,青岛市海洋文化遗产和蓝色文化当前面临着各种挑战和机遇,机遇远远大于挑战,我们一定要抓住千载难逢的机会,为青岛乃至山东经济发展做出应有的贡献是青岛海洋文化遗产和蓝色文化发展的历史使命。

参考文献

[1] 杨章贤,刘继生.《城市文化与我国城市文化建设的思考》,人文地理,2002年,第4期,第26页.

[2] 赵高潮.《"蓝色文化"——青岛本土文化的标志》,民主.2002年,第9期,第38页.

[3] 高莲莲.《发展蓝色文化建设文化强市》.中共青岛市委党校青岛行政学院学报.2010年,第6期,第127-128页.

[4] 潘娜娜.《青岛蓝色文化建设研究》.中国石油大学学报学报(社会科学版),2011年,第3期,第74页.

[5] 孟爱霞.《围绕地域特色,打造山东半岛蓝色文化产业》.四川文化产业职业学院(四川省干部函授学院)学报,2012年,第3期,第7页.

[6] 曲金良.《我国海洋文化遗产保护的现状与对策》.中共青岛市委党校青岛行政学院学报,2011年,

第 5 期,第 99 页.

[7] 赵立波.《关于青岛蓝色文化品牌建设的思考》.中国海洋大学学报(社会科学版),2013 年,第 2 期,第 95 页.

[8] 方东华,张英,郑海江.《推动宁波文化产业跨越式发展研究》.中共宁波市委党校学报,2013 年,第 4 期,第 123 页.

茅元仪与明代中西文化交流

周运中

(厦门大学)

摘要：本文通过发掘前人未注意的文集，指出明末湖州人茅元仪曾有根据《郑和航海图》、《星槎胜览》、《瀛涯胜览》三书作《大明西使志》的设想，他还曾经抄录洪武四年渤泥国书一份。茅元仪在西洋火炮技术引进上起了关键作用，他关于千里镜（望远镜）的诗歌还告诉我们，李之藻的科技宣传对于明朝引进西洋技术起了重要作用。但是茅元仪在信任徐光启改革历法时，又怀疑欧洲天文学的先进性，这说明他对西学的折中态度。茅元仪还认为天主教本质上和佛教、道教没有太大差别，但是其"格物"之学"可以辅翼圣教"，即用西方科技辅佐儒学，这是"中学为体、西学为用"思想的先声。

关键词：茅元仪；西洋；西学

茅元仪（1594—1640年），字止生，号石民，明末浙江湖州府归安县（今湖州市）人。茅元仪祖父茅坤从胡宗宪平倭寇，胡氏撰《筹海图编》之序即茅坤所作，坤享年90，元仪得从其学。任道斌先生对茅元仪的生平和著作有详细考证，任著列有茅氏著作多达61种。[②] 虽然这些著作不可避免有所重复，但是茅元仪还编订有多种著作，所以茅元仪可以说是著作等身。但是因为他是抗清名臣，所以他的很多著作被女真统治者禁毁，长期得不到重视。所幸今有数种得以存世和影印出版，使我们能了解茅元仪的宝贵思想。

一、《大明西使志》和渤泥国书

研究郑和下西洋，必看《郑和航海图》。过去我们看这个图，完全是靠了明末茅元仪所编的军事百科全书《武备志》卷二百四十《航海》，原题"自宝船厂开船从龙江关出水直抵外国诸番图"。长期以来，学界只知《郑和航海图》的一种版本，即向达整理本。[③] 此前我曾撰文，指出《武备志》的《郑和航海图》本身就有多种版本，加上本人新发现的《南枢志》中同源的《航海图》，则此图至少有三个版本。如此，茅元仪的地位似乎有所下降，但是《南枢志》署

[①] 作者简介：周运中（1984— ），男，江苏省滨海县人，厦门大学历史系助理教授，博士，E - mail：chowtao@163.com。
[②] 任道斌.《方以智茅元仪著述知见录》，北京：书目文献出版社，1985年，第79-80页。
[③] 向达整理《郑和航海图》. 北京：中华书局，1961年。

名为南京兵部尚书范景文,实际作者是南京人张可仕(字文寺),他和茅元仪是莫逆之交,所以《南枢志》的《郑和航海图》可能也和茅元仪有关。① 二者具体关系虽然现在还不能考明,但是茅元仪和张可仕论及此图是完全有可能的。茅元仪有一首《登州变寄张文寺》,②他寄信给张可仕讨论登州兵变,可见二人经常讨论军事问题。

以往我们只知晓茅元仪看过《郑和航海图》,不清楚他还经常翻阅郑和下西洋随员费信所写的《星槎胜览》和马欢所写的《瀛涯胜览》,茅元仪《掌记》卷三说:

成祖声教远被,太监郑和出使海外,几数万里,历涉诸国,或降或贡,或虏或复。其道里之详,余尝载之《武备志》矣。此外有《星槎胜览》,太仓戍卒费信撰;《瀛涯胜览集》张昇所撰,其序曰:"永乐中,有人随太监郑和出使西洋,偏历诸国,随所至辄记其乡土、风俗、冠服、物产,日久成卷,题曰《瀛涯胜览》,余得之繙阅数过,喜其详赡,足以广异闻,第其文鄙朴不文,亦牵强难辨,读之数叶,觉厌而思睡,暇日乃为易之,词亦敷浅,贵易晓也。"此张昇不知即论内阁刘吉之翰林张昇否。三书大同小异,余尝欲冠其地图于首,而总核三书,删繁补阙,作《大明西使志》未暇也。③

这里所说的张昇《瀛涯胜览集》实为明代张昇对马欢《瀛涯胜览》的改编本,这是《瀛涯胜览》第一个刻本,广为流传。④ 张昇论刘吉之一事,见于《掌记》卷二。据《明史》卷一八四的本传,此张昇即论刘吉之张昇。茅元仪如果真的综合三书,详细研究,补足缺漏,无疑是第一部郑和研究专著了。他真的只是没有时间吗?茅元仪作《掌记》时正在江村闲居,应该有不少时间,关于这个问题,下文再说。

茅元仪还留意收录明初其他中西交流史料,他的《暇老斋杂记》卷十四记载:

洪武三年,使御史张敬之、福建行省都事沈秩谕渤泥国,其王遣使亦思麻逸等四人入朝。自宋元丰后,不复来贡矣,至是始通。其表云:"渤泥国王、臣马合谟沙,为这几年天下不宁静的上头,俺在番邦住地呵,没主的一般!今有皇帝使臣来,开读了皇帝的诏书,知道皇帝登了宝位,与天下做主,俺心里欢喜。本国地面是阇婆管下的小去处,怎消得皇帝记心?只几日全被苏禄家没道理,使国将歹人来把房子烧了,百姓每都吃害了。托着皇帝诏书来得福荫,喜得一家人儿没事。如今国前无好的东西,有些不中用的土物,使将头目,替我身子,跟着来的使臣,去见皇帝。愿皇帝万万岁,皇太子千千岁!可怜见,体怪,洪武四年五月渤泥国王臣马合谟沙表。"此表文大足资谈柄,可与"日出东方"表为联璧也。⑤

《明实录》对于洪武四年(1371年)渤泥来使记载很简略,《明史》卷三二五的记载稍微详细,二者都没有记载渤泥国书的全书,宋濂《宋学士文集》(《四部丛刊》本)卷五十五《勃尼国入贡记》附录了渤泥国书:

勃尼国王、臣马合某沙,为这几年天下不宁静的上头,俺在番邦里住地呵!没至的一般,

---

① 周运中.《论〈武备志〉和〈南枢志〉的〈郑和航海图〉》.中国历史地理论丛,2007年,第2期。
② (明)茅元仪.《石民横塘集》卷四,《四库禁毁书丛刊》编委会编《四库禁毁书丛刊》集部第110册.北京:北京出版社,1997年。
③ (明)茅元仪.《掌记》,《四库禁毁书丛刊》集部第110册。
④ 万明.《明钞本〈瀛涯胜览〉校注》.北京:海洋出版社,2005年,第16-17页。
⑤ (明)茅元仪.《暇老斋杂记》,《续修四库全书》编纂委员会编《续修四库全书》第1133册.上海,上海古籍出版社,2002年。

今有皇帝的使臣来,开读了皇帝的诏书,知道皇帝登了宝位,与天下做主,俺心里好生喜欢。本国地面是阇婆管下的小去处,乍消得皇帝记心?这几日前被苏禄家没道理,使将歹人来把房子烧了,百姓每都吃害了。记着皇帝诏书来的福荫,喜得一家儿人没事。如今本国别无好的东西,有些不中的土物,使将头目每替着我的身子,根随着皇帝跟的来的使臣,去见皇帝。愿皇帝万万岁,皇太子千千岁!可怜见,休怪,洪武四年五月勃尼国王臣马合某表。

夏维中先生曾经著录宋濂全文后,又引用康熙时陆次云所编《八纮绎史》(《丛书集成初编》本)卷二《渤泥》和道光时郑光祖《一斑录·杂述四》(《海王村古籍丛刊》本)外国表文部分所录洪武四年渤泥国书,但是没有比较三者。① 今对比宋濂、茅元仪二者记载,茅元仪抄录的渤泥国书更近原貌,《宋学士文集》里的"主"字误为"至","怎"字误为"乍","托着"误为"记着","人儿"误为"儿人",最后漏掉渤泥国王名字中的一个沙字,欢喜作喜欢,国前作本国,显然不是南方官话。乍字容易使人误以为是北方话的咋,怎字是南方方言用字,其实朱元璋的诏书无疑使用南京方言为基础的南方官话。

过去我们推测茅元仪得到《郑和航海图》的途径都是从他本人或者祖父茅坤着眼,②其实茅坤另有一孙茅瑞徵,曾经在兵部任职方司主事,后又任南京光禄寺卿,这几个部门和地图、外交有关,茅瑞徵著有《万历三大征考》、《东夷考略》、《东事答问》、《皇明象胥录》等,后者是中外交通史名著,所以茅元仪是很可能通过他的堂兄茅瑞徵得到《郑和航海图》,茅元仪和茅瑞徵一直有交往,《石民横塘集》卷九有诗《光禄勋伯符兄同群从醉含德堂牡丹》说:"兄弟看花亦偶然。"

茅元仪之所以关注郑和下西洋,可能有两个重要原因,一是明末的衰败与明初的强盛形成鲜明对比,明末的士大夫非常怀念明初的盛世,也希望借此鼓励国人积极抗清,恢复永乐盛世。二是欧洲人来华,刺激晚明的士大夫探索明初中西交流的历史。明代人并不熟悉大西洋和小西洋的巨大差别,他们有时会把二者混淆。而欧洲传教士为了在华传教,会冒称是天竺僧人。欧洲商人为了在华经商,会冒充是东南亚的藩国人,给明代人造成很大的错觉。不管明代人是否能够区分小西洋与大西洋,西方人用坚船利炮撞开中国的海疆大门是史无前例。所以这就促使明代人思考为何国初还能有七下西洋的壮举,而季世居然颠倒过来,由西洋人来侵门踏户了!

二、茅元仪与西洋科技

茅元仪《督师纪略》卷十二说:

先是太仆少卿李之藻以西洋炮可用,请调澳夷教习,上从之。以数万金调澳夷,垂至,而之藻以拾遗去矣。茅元仪被召来,之藻遇而属之元仪。至长安,澳夷已至,而其主调将张焘畏关不欲往。遂得旨,练习于京营,元仪亲叩夷,得其法。至关,请公调之关。公檄去,而夷人已陛辞赐宴去,乃调京营所习者彭簪古于关,而卒不能用。元仪曰:"用洋炮,必用其炮车。"乃如式为之,欲载以取盖,及不果,乃置于宁远,元仪从公归。满桂泣曰:"公等去矣,我

---

① 夏维中.《宋濂〈勃尼国入贡记〉和渤泥国王马合谟沙入贡表文》. 郑和研究,1999年,第2期。
② 周运中.《论〈武备志〉和〈南枢志〉的〈郑和航海图〉》. 中国历史地理论丛,2007年,第2期。

独留此,虏知撤兵,必来,公何以教我?"元仪曰:"向遗洋炮于宁远,是天以佐公守也。"桂以不能放,元仪乃以所造车试之,平发十五里。桂大喜,遂制十车,桂欲用于城外,恐震以圮城也,元仪曰:"不然,是可用于身,而不可用于城乎?"后崇焕用于城,遂一炮歼虏数百,及论功,忠贤不欲及去位者,公竟止改吏部尚书,荫一子锦衣千户亦允其辞,而崇焕亦暂用而旋逐之,几死。元仪为梁梦环所连毙,其奴以崇焕欲用之,遂削籍。①

黄一农先生曾经说到茅元仪在明末引进西洋军器对抗后金一事中的作用,但是没有展开。② 通过这段文字,我们可以看到茅元仪实际上起了关键作用,因为澳门的葡萄牙人(即澳夷)入京时,李之藻被贬,得亏军事专家茅元仪亲自操练,才把西洋军事技术传给明军。张焘胆小,茅元仪亲自出关,又仿造西洋炮车。如果不是茅元仪亲自告诉满桂如何运用西洋火炮,明军是不可能顺利取得宁远大捷的。黄一农先生还曾经提到茅元仪少时跟随父亲茅国缙在京任职期间,就曾经向利玛窦请教西学。③

茅元仪《石民横塘集》卷四《千里镜歌贻吴今生(有序)》:

序:千里镜,泰西国人所制,以玻琍为之,转缩以收其锐之光,可远视,视蝇头书如掌大,用以准道里,发铳,不纤毫舛,予久企而得之,乃为作歌。

至人挥手昆仑巅,四海分明九点烟。
然非至小若至大,孰穷目力秋毫间?
西人秉金金质明,幻此西镜何晶莹?
岂特准以穷铳力,不容微渺能遯情。
我爱其意殊廓落,千山万山秋气晶。
李公昔尝贻在庭(自注:太仆李公之藻尝以贻兵垣),因而天子召西宾。
至今西铳雄天下,雹飞电击疑有神。
虽然未值江海战,亦未遇敌利器均。
一朝两者或一遭,悔无此镜空逡巡。
当时李镜竟何在? 六军于此犹莽榛。
近闻西铳授齐寇(自注:西铳二百在登州为孔有德所得),戍楼旧将颇忏忏。
吴生贻我良有以,十袭珍藏待若人。

千里镜即望远镜,此诗可见茅元仪对于西方新发明器具十分向往,并且十分关注其军事价值。从中也可以知道李之藻在宣传西方器具方面起了先导作用,对于明朝引进西洋火器作了铺垫。有学者认为苏州人薄钰在崇祯八年(1635年)将望远镜用于安庆对李自成军的炮战,所以是第一个把望远镜用于作战的人。④⑤ 其实茅元仪的《石民横塘集》作于崇祯四年到六年间(见上任道斌之著),茅元仪早已提出望远镜在作战中的运用,而且李之藻早已将望远镜赠给兵垣,即兵部,目的当然是作战。

---

① (明)茅元仪.《督师纪略》,《四库禁毁书丛刊》史部第36册。
② 黄一农.《天主教徒孙元化与明末传华的西洋火炮》,中央研究院历史语言研究所集刊,第六十七本,第四分,1996年。
③ 黄一农.《欧洲沉船与明末传华的西洋大炮》. 中央研究院历史语言研究所集刊,第七十五本,第三分,2004年。
④ 王锦光.《中国光学史》. 长沙:湖南教育出版社,1986年,第160页。
⑤ 王志平等.《薄钰及其"千里镜"》. 中国科技史料,1997年,第3期。

茅元仪不仅学习西洋军事,而且想到西洋器具的弱点及攻破之策,《石民横塘集》卷七《与褚将军论海》提到:

红夷良劲敌,舟巨碍港浦。

轻舫绕其背,凭风付一炬。

他说的红夷实为占领澎湖、台湾的荷兰人。茅元仪曾经被贬福建,所以有机会熟悉荷兰人的情况,他说荷兰人的船只过于巨大,在小港中调转不灵,可以用小船火攻。

三、茅元仪看西洋天学

通过上文,我们可以看出茅元仪对于西学十分向往,实际并非如此。茅元仪的《野航史话》卷四说:

今当事者坚言西域历法精,愚未敢尽信也。观元时西域历人有奏五月望月当蚀者,楚材曰否,卒不蚀。明年十月楚材言月当蚀,西域人言不蚀,卒蚀八分。可以验矣![1]

按此事见于《元史》卷一四六《耶律楚材传》:

西域历人奏五月望夜月当蚀,楚材曰否。卒不蚀。明年十月,楚材言月当蚀,西域人曰不蚀,至期果蚀八分。壬午八月长星见西方,楚材曰女直将易主矣,明年金宣宗果死。

此事发生在金宣宗去世(1243年)前,距离茅元仪的时间已有近400年,西域指中亚、西亚一带。茅元仪说明末当事者用西域历法,这里的当事者即以徐光启等为核心的明末西化的士大夫,西域即欧洲,实指徐光启崇祯改历一事。明末的欧洲天文学比金元时期的中亚天文学不知要发达多少。茅元仪对此缺乏了解,可见他对于西学虽然早有接触,也致力学习西洋军事技术,但是对西学仍然持怀疑态度。

茅元仪《三戍丛谭》卷五:

近流寇一事,蔓祸九年,延及七省,犹无扑灭之期。古今寇变,亦一异矣。后人纪载,患不详。今上用徐相国之议,令泰西人正历法事,虽未竟,亦自倡见,不可不纪其详……今术之不能通于古,犹古术之不能通于今,何必古人之信,而今人之疑乎?[2]

这里对徐光启主持的历法改革持肯定态度,但是也有保留,他认为西学和中国传统历法不是一个体系。据自序,《野航史话》作于癸酉之次年,即崇祯七年(1634年),《三戍丛谭》作于崇祯十年(1637年)作者第三次被贬时,则其观点后来稍有进步。

茅元仪《三戍丛谭》卷十一说:

西学方盛行于世,其大端以格物为宗,颇有细心,可以辅翼圣教。至其本论,则粗浅甚矣!至所奉事者,为天主,犹婆罗门奉天之说。至曰天主,初造天地,并造无数天神,置之天上,以为侍卫,共享永福,其间有一神,首傲叛主,从之者几半,主遂尽贬为魔,驱之幽狱,嗣是制生万民约期升之天国,以备补神之缺,仍令享神福也。如此则魔苟不叛民,亦不生矣。何不生神,而又生民待其自补耶?天可贬叛者,魔亦安敢叛之耶?又谓天主有三,第一位罢德肋,第二位费略,第三位斯多利三多。此三世、三清之躧习也。又谓教主为耶苏,以钉钉死街

---

[1] (明)茅元仪.《野航史话》,《续修四库全书》第1133册。
[2] (明)茅元仪.《三戍丛谭》,《续修四库全书》第1133册。

市,此犹谓世难,不足论也。尊其母玛利雅为圣母,而谓欲祷求者,必假母以通之,此九际祈梦必先白鸡祭灵官之说也。更悠缪甚矣!及谓死而复生,生而尸空,此踵道家尸解之说耳!

茅元仪"其大端以格物为宗,颇有细心,可以辅翼圣教。至其本论,则粗浅甚矣!"一句曾经为任道斌先生在1984年一篇论文中引过,当时茅元仪的著作还没有影印,亦未引起学界重视。任先生说,方以智、茅元仪等对西学既不盲目崇拜,又不绝对否定,他们在学习和介绍西方科学知识的同时,又指出其不足,并竭力搜罗中土先进科技文化进行费大成的总结,著书立说,与"西学"争胜,或用《易经》象数说去矫正"西学"。[①] 后一句主要指方以智,而茅元仪的这段话还未被学界全面解读。

茅元仪说西学"以格物为宗",实际是因为明末来华传教士以西方自然科学为传教诱导,致使茅元仪把"格物"当作西学的根本目的。《石民横塘集》卷七《扫王父鹿门先生墓示弟子》自注:"王父九十时,仪时八龄,犹及传经。"茅元仪的祖父茅坤是著名学者,茅元仪从小受了极其严格的儒学家训,他在《石民赏心集》序言自称"生七年,学为诗,尝有句:'斗酒犹不醉,兴来嘘天风。'大人赏之为一引。"[②]张怡的《玉光剑气集》说:"茅国缙生平不信佛。"[③]张怡的叔父就是茅元仪的好友张可仕,此说一定可信。因为祖父两代的影响,所以茅元仪一向把儒教的地位放在佛教、道教之上,对于天主教的态度也差不多。茅元仪的这种思想实际上对他探索海外世界有一定阻碍,不知这对郑和下西洋的研究是否也有阻碍。

过去我们经常提到明末的西化者和反西化者,对茅元仪这样的中间派发掘不多。其实茅元仪的西学细心格致、可以辅翼圣教的思想无疑是"中学为体、西学为用"思想的先声。茅元仪长年研究中国传统军事,又积极引进西方军事技术,还设计与荷兰舰队作战的方略。由于明朝不久灭亡,而茅元仪又不得高寿,所以我们无法预料,如果西方先进的科学技术在相对稳定的社会环境下不断传入中国,而茅元仪一类士人的思想又会有多少改变。

江南自宋代以来的千余年一直是中国经济与文化中心,江南士大夫不仅饱读儒书,而且视野开阔。由于江南文风鼎盛,所以明朝在岭南为官的江南士绅很多,使得当时的江南与中西交流的前哨之地岭南地区联系紧密。晚明的江南士绅群体积极推动中西文化交融,茅元仪只是其中的一个典型。

---

① 任道斌.《"西学东渐"与袁崇焕》.桂苑书林丛书编委会编:《袁崇焕研究论文集》,南宁:广西民族出版社,1984年。

② (明)茅元仪.《石民横塘集》卷四.《四库禁毁书丛刊》子部第110册,

③ (明)张怡撰,魏连科点校.《玉光剑气集》.北京:中华书局,2006年,第695页。

浅析明州在唐代国内贸易中的地位[①]

钱彦惠

(南京大学 历史系)

摘要：通过对前人就唐代明州研究成果的梳理，笔者认识到学界对唐代明州国内贸易情况及其相关问题尚缺乏整体性认识。由此，笔者试图从唐代明州对内贸易的具体情况、明州在唐代国内贸易中的作用及明州港地位上升原因等三方面进行分析，并以此窥探出唐代明州在国内贸易中处于交通中枢、物产汇聚中心的地位。

关键词：明州；唐代；国内贸易

近年来，随着考古资料和研究成果地大量涌现，史学界对唐代明州研究有了更进一步地认识。笔者认为，这些成果在研究内容上主要可分为以下两类。

其一，是对唐代明州港城建设的综合研究。著作类：如林士民先后成书的《海上丝绸之路的著名港口——明州》[1]和《再现昔日的文明：东方大港宁波考古研究》[2]；论文类：如袁元龙、洪可尧的《宁波港考略》[3]及林士民的《唐代明州港与日本博多港对比研究》[4]、《浙江宁波唐宋子城遗址》[5]等。这些研究成果多通过文献资料解读与考古资料、文物遗迹考证相结合的方法，就古代宁波港口建设问题进行细化研究，并由此对宁波在政治、经济和中外文化交流中的地位进行分析。

其二，是对唐代明州海外贸易及其对外文化交流的研究。从隋代起，日本便开始全面学习中国文化。8世纪初，新罗的崛起威胁日本入唐的黄海航线，迫使其改走东海航线，正如《新唐书》中所言，"新罗梗海道，更(由)明、越州朝贡"。更随着明州私商的日渐活跃和瓷器、丝绸输出的不断增加，唐代明州港"不但成为和交州、广州、扬州齐名的四大港口之一，而且逐渐确立了中日交往的首要港地位"[6]。明州在唐代对外贸易中处于突出的地位已基本得到学界认同。这类成果主要包括著作类（多出现于通史性研究中）：刘恒武的《宁波古代对外文化交流：以历史文化遗存为中心》[7]、王慕民等的《宁波与日本经济文化交流史》[6]、林士民的《万里丝路——宁波与海上丝绸之路》[8]等，在其中部分章节中诸位前辈即对唐代明州海外贸易状况进行过概括性研究；文章类：如李小红、谢兴志的《海外贸易与唐宋明州社会经济的发展》[9]、林浩的《唐代四大海港之一"Djanfou"不是泉州是明州(越府)》[10]、李蔚、董滇红的《从考古发现看唐宋时期博多地区与明州间的贸易往来》[11]、虞浩旭的《论唐宋时期往来中日间的"明州商帮"》[12]及王勇的《唐代明州与中日交流》[13]、丁正

[①] 作者简介：钱彦惠(1985—)，女，山东聊城人，博士研究生在读，研究方向：汉唐考古与历史研究。

华的《论唐代明州在中日航海史上的地位》[14]、傅亦民的《唐代明州与西亚波斯地区的交往——从出土波斯陶谈起》[15]等,这些研究成果对唐代明州地区海外贸易,特别是中日贸易与文化交流进行了系统地探讨。

通过对上述研究成果的分析与解读,笔者认识到经过宁波诸位学者前辈的努力,史学界对历史上宁波港的认识已经渐趋完善。但笔者还认为,史界在取得这些成就的同时,尚存一些小的不足,诸如对唐代明州国内贸易情况及其在整个国内贸易网络中所处经济地位的认识尚缺乏整体性认识。

基于上述认识,笔者在本文中将试图从唐代时明州在国内贸易中的具体情况、明州在唐代国内贸易中的作用及明州港地位上升的原因等三方面进行分析,以窥探唐朝时明州在国内贸易中的地位。

一

傅璇琮曾提出明州贸易主要可分为"近距离的州、县、镇集市贸易及乡村贸易"[16](240)和"为了扩大市场和提高地域消费而进行的远距离的商业交往"[16](242)。但笔者认为此种分法尚存很大的模糊性,因其所讲的"远距离"具体定位不明,它既可能是国内远地区的贸易,又可能是与其他国家进行的国际贸易。另肖建乐曾把唐代的商业"分为国内商业活动、民族商业活动与国际商业活动"。笔者赞同这一观点,并进一步认为明州贸易可被分成内向型的国内贸易和外向型的国际贸易。

通过对文献资料与相关考古资料的搜集、研究,笔者认为明州地区内向型的国内贸易在唐代也有较大发展,具体表现在明州内部贸易活动的繁盛和明州与国内其他州道地区贸易活动的频繁。

明州国内贸易的兴盛主要表现在州内部贸易的频繁。虽然其无论是在交易规模上,还是在交易广度上都相对有限,但它的繁盛程度却是不容忽视的。这种贸易一般是通过城市中的市场进行,如当时的慈溪县城(今慈城镇)、宁海县城即可证明。有资料记载,当时慈溪县城大街阔七丈,两边设有店肆铺;宁海在唐永昌元年(689年)迁县志至广度里后,也是"人烟辐辏,商贾贸迁,店肆遂兴"[16](241)。又如黄宗羲讲到晚唐时昆山人王可交时说"唐王可交,昆山人,以耕钓为业。咸通十年,棹渔舟入江。忽遇花舫,招之入内——可交自是携妻子住四明山二十余年,复出明州卖药酤酒"[17](第723册第192页),其药酒非常畅销,以至于"明州里巷皆言王仙人药酒,世间不及"[17](第723册第192页)。沈蛟门在《咏王可交》中写道"余杭母酒壹公药,卖药买酒自斟酌"[18](22)。由此可以看到,本以耕钓为业的江苏人王可交到四明后,或因当风俗影响,在住四明山20年后,又开始了简单的商业活动。这也直接反映出明州与历史上的今江苏等地往来的频繁,甚至出现了一些由外迁入此地而定居的商人。

另还有史料提到,唐代四明地区已出现了纺织品出售的现象,如据《崇祯宁海县志》卷八《人物志·节妇汪氏》所讲,宁海一汪氏妇女,丈夫死后,依靠"纺织以养其亲"。为了检查商旅,便于征商制度的实行,德宗建中三年(782年),规定"诸道津要都会之所",一律由官吏检查商旅,计物征税。鄞县光溪镇即为津要之一,《鄞县通志·権税·光溪镇》指出它设立目的就是"以监酒税"。这些都正面或侧面地表明了明州当时地方性贸易的兴盛和商贸活动的频繁。

明州国内贸易的兴盛,还表现在明州与国内其他州府地区贸易活动的发展。这一贸易活动付诸实施的前提条件就是交通的便利,而有文献指出唐代州际之间贸易主要靠水运。如王孝通对此有深入地研究,他指出"大抵当时各地货物全恃水运,水道运输不便则货物流通亦难,天宝中韦坚为水陆转运使,开运渠以通渭水,因使诸舟各揭其郡名,陈其本土所产宝物货诸奇物于袱上"[19](104);宋人王说也说"凡东南郡邑,无不通水,故天下货利,舟楫居多"[20](726)。而又有文献记载,此地贡品有"会稽郡船,即铜器、罗、吴绫、绛纱"[21](第10册第3222页),另在全国多地都出土了越窑(越窑的窑址在今浙江省绍兴、慈溪、上虞、余姚一带,慈溪上林湖遗址中至今还存在着大量的越窑青瓷的遗存)[22](46—62)的青瓷,如1987年陕西法门寺地宫中,出土了越窑青瓷,经吕维新考证后认为是典籍中所说的秘色瓷[23](44—46)),也有力地说明了通过便利的交通运输条件,使得明州与外州的往来更加便利了。

在便利水路运输条件下,明州各地的私人贸易更加活跃起来。这时明州人可顺着浙东大运河,渡过钱塘江与京杭大运河相连①。然后再顺着大运河北上,又可进行长途贩运。如晚唐时就有明州人杨宁、孙得言结伴经商,足迹达太湖流域[16](242);又如陆龟蒙到四明山时,作诗云"云南更有溪,丹砾尽无泥。药有巴賨卖,枝多越鸟啼。夜清先月午,秋近少岚迷。若得山颜住,芝薹手自携"[24](第1083册第317页)。其中巴賨即为巴蜀之称,也就是说巴蜀地区的药在四明山已小有名气,在侧面也说明了明州与巴蜀进行了贸易活动。另外,在今和义路一代的考古发掘中,还发掘出了一批精美的长沙窑瓷[2],这也可说明明州和长江流域各地区交流频繁。总而言之,便利的海运、河运条件使唐代明州对内贸易得到了迅速发展。

二

大运河开凿后,明州经过浙甬运河与杭州大运河相连,进而成为大运河的另一点,这使得它在国内贸易中所处地位更加显著。具体而言,它使得明州地理中枢与物产汇集中心的地位更趋明显。

(一)在地理位置上,明州中枢地位凸显出来

司马迁《史记》中记载,"浙江南则越。夫吴自阖庐、春申、王濞三人招致天下之喜游子弟,东有海盐之饶,章山之铜,三江、五湖之利,亦江东一都会也"。张津引虞翻(164—233年,会稽余姚人)所说,"会稽上应牵牛之宿,下当少阳之位,东渐巨海,西通五湖,南畅无垠,北堵浙江。明之为州,实越之东部。观舆地图,则避在一隅,虽非都会,乃河道辐射之地,故南则闽、广,东则倭人,北则高句丽,商贾往来,物货丰衍,东出定海有蛟门、虎尊天设之险,亦东南之要会也"[25](2880)。他还提到"东渐巨海,西通五湖,南畅无垠,北堵浙江。明之为州,

---

① 施存龙:《浙东运河应划作中国大运河东段》. 水运科学研究,2008年,第4期,第40页;乐承耀《宁波古代史纲》中亦指出"船只从明州州治三江口出发,经鄞县、慈溪、余姚,至余姚江上游的通明堰,再经梁湖堰、风堰、太平堰、曹娥堰、西兴堰和钱清堰,抵曹娥江、钱塘江,到达杭州,与大运河相连"。

85

实越之东部"[25](2880),"京口东通吴、会,南接江、湖,西连都邑等"[25](2881)。

由这些资料我们可以得出以下几点:

(1)明州地区位于浙江东部沿海,海运、水运交通都很便利,其辐射地亦很广阔。

(2)明州地区借助其鱼盐之利使得其商品特色化,进而能够凭借其天然的交通优势使海盐等成为对内贸易中的重要产品。

(3)当时明州对内贸易很为繁盛,无论在交易的范围、广度和深度上都较前代有了很大的进步。河道的畅通使得明州港口汇集了各地船只,国内国外的商人都汇集于此。

(4)我们还可以看出:早在西汉时,明州就依托其便利的地理条件,发展对内贸易。随着时间的推移,明州港作为港口进一步发展起来,在北面,有吴淞、海门与之相接,并通于吴、会;在南面,紧接江、湖,令其畅通无阻。另它背靠浙江腹地,东出镇海又有广阔的海洋腹地,这都使得明州作为一个中枢港口城市迅速发展起来。

总之,明州在具有海运、河运都很便利条件的同时,还拥有着很大的国内市场,这些为它进行内向型的陆上贸易创造了便利条件。

(二)在商品交易上,明州是物产汇聚中心

笔者认为,明州对内贸易一般以生活用品为主,这不同于它对外贸易时以丝绸、瓷器等为主。

明州有着天然的优势资源——海产品充盈。《隋·地理志》提道,"会稽数郡,川泽沃衍,有海陆之饶,珍异所聚,贾商贾并凑"[26](第七册第3105页)。又如在《乾道〈四明图经〉》中所记:

土产已见郡志,布帛之品,惟此邑之绨,轻细而密,非他邑所能及。若星屿之江瑶,鲇埼之蟳蚌,双屿之班虾,袁村之鱼蚱,里港之鲈鱼,霍鼠之香螺,衡山之吹沙鱼,雪窦之榧子,城西之杨梅,泉西之燕笋,公棠之柿栗,杖锡之山茶,沙堰之薯药,皆其特异者也[26](第八册第3425页)。

陈国灿在《浙江城镇发展史》中也总结说"鄞县是海货交易中心"[27](32)。

据史籍记载,元和四年(809年)朝廷令明州纳贡,除岁贡吴绫、交梭绫丝织品外,还要增贡"淡菜蚶蛤之属"[28](第16册第5009页)。到元和九年(814年),明州刺史孔戣"以为自海抵京师,道路役凡四十三万人,奏罢之"[28](第16册第5009页),次年停贡。但到元和十五年(820年)政府复令明州岁贡海味。长庆四年(824年)浙东观察使元稹以岁贡海味须役夫万名,复奏罢。而钱大昕"以《新唐书》、《通鉴》及昌黎撰戣墓志参互推之",提出明州岁贡海味"(首)罢于元和九年,即复于十五年,长庆二年(822年)因微之奏而复罢"[29](310)无论所罢时间到底何时,总之由此可以说明,明州之地的海产品在当时已经远近闻名了。

笔者认为,明州多以这些海产品作为特色商品进行贸易活动,这些海产品在国内贸易中所占比重不小,但在国际贸易中所占比重有限。据史书记载,明州在唐朝时的国际贸易对象主要是日本、新罗等国,而这些国家都多为临海国家,这些国家自己也会主动地开发海洋资源,海产品亦是很充盈的,所以从国外进口的海产品数量不会很多。又如木宫泰彦说,日中贸易运销的主要物品"似乎以当时人们所信仰的经卷、佛像、佛画以至文集、诗集、药品、香料之类为主"[30](122)。林士民认为,自唐代开始,特别是晚唐时期,越窑青瓷、丝织品,被列为主要的外销商品[1](23)。所以作为唐日贸易的主要港口之一,从明州输出、贩运的也多是受日本各阶层欢迎的唐物。而这种以海产品为主要商品的贸易,想必也只能进行对内贸易。

明州可能还应存在粮食交易活动。在《唐会要》中记载"长庆二年十月诏:江淮诸州,旱损颇多,所在米价,不免踊贵。委淮南浙西浙东、宣歙、江西、福建等道观察使,各于本道有水旱处,取常平义仓斛㪷。据时估减半价出粜,以惠贫民。"[31](第607册第321—322页)我们可以推知,浙东地区的商品贸易频繁,尤其是在旱年,为了有效地施惠于民,政府开始控制粮价,以此避免了一些粮商趁机哄抬物价牟暴利危害人民。

茶叶也是明州的重要商品。陆羽《茶经》中提到浙东茶叶时说,"越州上,明州、婺州次。台州下"。明州的优质茶一直为官家、民家喜爱[32](98)。越州名茶之一的余姚瀑布茶名播中外,陆羽曾称其为"瀑布仙茗"载入《茶经》。不仅如此,那时余姚茶还得到了大规模种植,时人孟郊在《越州山水》中就曾提到"茭湖有余翠,名圃无荒畴",而这里的茭湖是指今天的余姚市梁弄区茭湖乡。有这种名品效应,对于茶叶已成为人们日常生活中消费品和嗜好品的唐代来说,应该是很好的推销手段。所以可以说,茶叶亦是明州重要商品之一。

综前文所述,明州在唐代已经成为一个重要的港口,其本身又是一个拥有丰富海洋资源与茶叶、丝织品等资源的物产汇集中心。

三

唐代明州港中枢地位的凸显与它在国内贸易中作用的提升,主要得益于明州进行国内贸易多个便利条件的出现。这些条件主要包括以下几方面。

(一)政治因素

1. 政府政策转变使得官员生活所需物品更加依赖于市场

唐代前期城市内的居民主要为军队、官僚及其家人,他们的日常生活所需主要由政府按级别进行配给。唐中期后,随着均田制的破坏尤其是两税法的实行,城内官员的日常生活所需则开始依赖于市场[33](68)。在《旧唐书·阳城》中曾载,德宗时谏议大臣阳城曾讲到,"吾所得月俸,汝可度吾家有几口,月食米当几何,买薪、菜、盐凡用几钱,先具之,其余悉以送酒媪,无留也"[21](第16册第5132页)。这说明唐中期以后,人们的生活与市场联系越来越紧密,这种变化也推动了国内市场的发展。

2. 商人地位有所提升

庶族商人家庭出身的武则天即位后,在政策上打击士族,又通过科举制,提拔了大量新兴庶族士人,这些庶族多是由农夫、工匠、商人等组成的。可以说,武则天的上台使得商人的地位得到很大改善,也使得原本严密的士庶界限渐趋模糊。虽后来玄宗对商业实行了压制措施,但在国家大势上商人地位上升则是不可避免的,社会中民众趋利经商的现象也屡见不鲜。

唐玄宗虽曾严厉指出,"工商杂色之流,假令术逾侪类,止可厚给财物,必不可超授官秩,与朝贤君子比肩而立,同坐而食。"[21](第14册第4607页)《旧唐书·食货上》亦讲"士农工商,四人各业。食禄之家,不得与下人争利。工商杂类,不得预于士伍。"[21](第6册第2089页)在表面上看,商人地位依然很低,也不能从事其他职业受到政府的压制。但这些政策上的"抑商"并没有达到实际效果,而是导致了后来由于商品经济的发展,商人地位逐渐上升,大量农民、地主甚至官员等从事商业的现象。《唐会要》中,就有唐初官俸里补"料钱"的记载,而又有记载唐玄宗开元十六年(728年)"文武百官俸料钱所给物,宜依时价给"[31](第607册第348页),这也从侧面说明一些官吏的某些生活所需依赖市场。另外,料钱的发放以官员品级为依据,如一品官"月俸八千,食料一千八百,防阁二十千,杂用一千二百文"[31](第607册第349页),其后逐级减少。而到德宗年间又不得不给京官"加给料钱"[21](第1册第354页)。唐后期,甚至出现了有些官员,为获得足够的金钱购买更多的物品而去经商的情况,诸如这时涌现出了如吴仲儒这样"家财巨万"的官员[21](第11册3717页)。此外,《旧唐书·列传第一三三·外戚》中亦记载在德宗贞元十四年"宫中选内官买物于市,倚势强贾,物不充价,人畏而避之,呼为'宫市'"[21](第14册第4748页)。由此也可看出,宫廷很多物品也要依赖于市场。这些都说明了,唐后期商业活动很发达。

明州港就是在这一大的社会背景下发展起来,并逐渐发展成为一个拥有稳定经济腹地和便利航运条件的港口城市。明州港是一个因商发展的城市,在当时政府对商业限制减弱的社会背景下,惯于经商的明州人更借助其拥有的特色化商品,进一步扩大对内贸易,使它在国内贸易中的优势地位更加凸显出来。

(二)交通因素

据《隋书·高祖纪下》中记载,隋文帝在十八年诏书中提到,"吴、越之人,往承弊俗,所在之处,私造大船,因相聚结,致有侵害。其江南诸州,人间有船长三丈已上,悉括入官"[34](第1册第43页)。另据《资治通鉴》载,贞观二十二年(648年),唐太宗"敕越州(此时余姚亦属于越州)都督府及婺、洪等州,造海船及双舫千一百艘"[35](第308册第425页),可以看出,浙江造船业的发达[27](35)。近年来,还在宁波市区和义路遗址第2发掘区唐第3文化层,出土了大批木渣、木板残片,木质遗物上大多留有金属工具削凿痕迹,有些木板上还残存油灰及铁钉锈迹,明显属于船舶构件。经研究表明,此地在唐代设有维修、建造船舶的棚舍[7](64)。这也可说明,作为浙江出海口的明州造船业也很发达。

"至贞元中,洞玄自浙东抵扬州,至篾亭埭,维舟于逆旅主人。于时舳舻万艘,隘与河次。堰开争路,上下众船,相轧者移时,舟人尽力挤之。见一人船顿,蟇其右臂且折,观者为之寒栗。"[36](第1册第225页)此句既反映了当时浙东之地的大量船只进入扬州,又从侧面反映了唐代浙东地区造船业的发达与内河航运的发达。

隋炀帝兴修的大运河,大大便利了南北两地交流。而此时明州依托姚江同浙东大运河相连,使得河道更为畅通,贸易范围进一步扩大。有研究表明,明州是浙江地区通往外地最主要的交通枢纽之一,"就整个地区(浙江地区)的对外交通而言,主要有五条干线:一是连接明州、越州、杭州等城,并与浙江水系贯通的浙东运河和浙西运河,这是浙江地区往中原地区最主要的交通航线,也是官方漕运的主要孔道。"[27](42)当然,此官道除了用于漕运外,还会成为商人北上经商的要道。陈国灿还指出,除这些官道以外,还有不少"私路"。这种私路的出现多是由商人为偷税而开辟的[27](43),这也从侧面证明了当时浙江地区商人数量不少,而明州商人亦包含其中。

刘恒武、王力军也曾指出,就唐代浙东海上交通而言,首先可以肯定,汉以来以宁波为中心的南北近海航线得到延续,这时宁波北上的目的地是海陵(江苏泰州)和扬州,南下的目的地是台州、温州。三江地区由小溪—三江口—甬江河口三个地点连接起来的内河航运,已与外海航线一起构成了该地区与其他地区的联系网络。他们还指出,这种网络的维持在很大程度上是依靠经济因素,因为它关系到越窑青瓷等本地产品的外销[37]。

(三)民俗因素

作为沿海之民,明州人很多选择经商为业,上文王可交"入乡随俗"的例子即可说明。另有学者说,唐代从事商业者,可分两类:一为坐贾,在市廛内住居,以经营商业;一为行商,即致四方之产物,或巡历各地之周市(定期市)以贩卖,或历访各地域之各户以呼卖。巡历商人之内,其最著者有由扬子江沿岸运茶而入北方者[19](105)。以此可知,明州除了有本地坐贾外,还有向国内进行远途贸易的行贾。如书中记载"鄞之为县,介在山海之间,农产不甚丰富,民性通悦,多向外发展。其上者,初而为商,足迹遍国;中下者远,捕海常穷南北洋面,至如制作工事业,此者故属不少。"[38](第17册第39页)由此可推知,为了生存所需,唐时明州人应已开始把自己的生存空间扩大到了内陆、海外地区。

《隋书》曾记载,"江南之俗,火耕水耨,食鱼与稻,以渔业为业,虽无蓄积之资,然亦无饥馁之患。信鬼神,好淫祀——。小人多商贩,君子资于官禄,市廛列肆,埒于二京,人杂五方,故俗颇相类。京口东通吴、会,南接江、湖,西连都邑,亦一都会也"。[34]《宝庆四明志》中亦提到,"明得会稽郡之三县①,三面际海,带江汇湖,土地沃衍,视昔有加。古鄞县乃取贸易之义,居民喜游贩鱼盐。故颇易抵冒,而镇之以静,亦易为治。南通闽广,东接倭人,北距高丽,商舶往来,物货丰溢,出定海有蛟门、虎尊天设之险,实一要会也。"[26](第八册第3105页)可见,作为大运河重要港口的明州应也会和京口一样,借助其天然的地理优势,积极地从事贸易活动。

有考古资料表明,唐代明州城已经拥有了固定的码头泊位,其地点在罗城鱼浦门附近。1973年,在宁波市和义路东门口首次发现了唐、五代、宋明州鱼浦城门遗址、城址与城外造船(场)遗址,出土唐代青瓷、漆器、陶器及建筑材料构件和一艘龙舟等遗物[39]。

可以推知,明州之地的商人不乏那些善于"巡历各地之周市(定期市)以贩卖"的行商和"在市廛内住居"以经商为业的坐贾,这些人成为明州重要的商业因素。当然,其他地方的行商也会有进入明州者,这样为明州商业氛围增加了新的动力。其中最为著名的是渤海商人李延孝,他主要以明州为中转港进行与日本值嘉岛的转运贸易[8](56-58),而从国内贸易上讲,他还在一定程度上沟通了唐代明州与山东地区的联系。

明州地区经商的习性在历史上得到延续发展。如两晋时期,句章成为濒海要津[7](31),此地已出现了"泛船长驱,一举千里,北接青徐,东洞交广,海物惟错,不可称名"[40](第1063册456页)的景况;南朝时,"浙江地区基本形成了以山阴为代表的大规模的商贸都

---

① 《隋书》卷三十一《地理志》"句章"注,隋文帝平陈之后,将余姚、鄞和鄮三县并入句章;《新唐书》卷四十一《地理志》"鄮"注,唐武德四年(621年)析句章县置鄞州,八年(625年)又废鄞州,更置鄮县,隶属越州;《旧唐书》卷四十《地理志》"江南道",开元二十六年(738年)分越州在鄮县境内置明州。

会,以各郡为代表的地区性商贸中心,以钱唐、鄞、永嘉、章安为代表的港口型贸易中心和包括大多数县城在内小规模商业中心等,不同等级和层次的城市经济形态。由此一定程度上奠定了随后唐宋时期浙江城市经济发展的基本格局"[27](32);到了隋唐时期,浙江经济迅速发展,此地丝绸业、瓷器业等也日趋发达,明州成为当时中国东南沿海有名的贸易港之一。

综上所述,通过对明州在唐代国内贸易的概况、从事国内贸易的条件和明州在国内贸易中所处地位等三方面简单地梳理,笔者认为,对于唐后期逐渐兴起的港口城市——明州,不仅在国外贸易中逐渐确立了"中国对日本交通的唯一港口"[6](3)的地位,在国内贸易中也逐渐完成了交通中枢与物资汇流中心地位的确立。

参考文献

[1] 林士民.《海上丝绸之路的著名港口——明州》,北京:海洋出版社,1990年。
[2] 林士民.《再现昔日的文明——东方大港宁波考古研究》,上海:上海三联书店,2005年。
[3] 袁元龙,洪可尧.《宁波港考略》,海交史研究,1981年,第3期。
[4] 林士民.《唐代明州港与日本博多港对比研究》,三江论坛,2009年,第6期。
[5] 林士民.《浙江宁波市唐宋子城遗址》,考古,2002年,第3期。
[6] 王慕民,张伟,何灿浩.《宁波与日本经济文化交流史》,北京:海洋出版社,2006年。
[7] 刘恒武.《宁波古代对外文化交流——以历史文化遗存为中心》,北京:海洋出版社,2009年。
[8] 林士民,沈建国.《万里丝路——宁波与海上丝绸之路》,宁波:宁波出版社,2002年。
[9] 李小红,谢兴志.《海外贸易与唐宋明州社会经济的发展》,宁波大学学报(人文科学版),2004年,第5期。
[10] 林浩.《唐代四大海港之一"Djanfou"不是泉州是明州(越府)》,三江论坛,2007年,第5期。
[11] 李蔚,董滇红.《从考古发现看唐宋时期博多地区与明州间的贸易往来》,宁波大学学报(人文科学版),2007年,第3期。
[12] 虞浩旭.《论唐宋时期往来中日间的"明州商帮"》,浙江学刊,1998年,第1期。
[13] 王勇.《唐代明州与中日交流》,《宁波与海上丝绸之路》,北京:科学出版社,2006年。
[14] 丁正华.《论唐代明州在中日航海史上的地位》,中国航海,1982年,第2期。
[15] 傅亦民.《唐代明州与西亚波斯地区的交往——从出土波斯陶谈起》,海交史研究,2000年,第2期。
[16] 傅璇琮.《宁波通史·史前至唐五代卷》,宁波:宁波出版社,2009年。
[17] (清)黄宗羲.《四明山志·卷三·灵迹》,续修四库全书本,上海:上海古籍出版社,2002年。
[18] (清)徐兆昺著,桂心怡,周冠明,卢学恕,何敏求点注.《四明谈助》,宁波:宁波出版社,2000年。
[19] 王孝通撰.《中国商业史》,北京:商务印书馆,1998年。
[20] (宋)王谠撰,周勋初校正.《唐语林·卷八》,北京:中华书局出版社,2008年。
[21] (后晋)刘昫等撰.《旧唐书》,北京:中华书局,1975年。
[22] 宁波市文物考古研究所.《浙江宁波市唐宋子城遗址》,考古,2002年,第3期。
[23] 吕维新.《陕西法门寺唐代宫廷茶具综述》,中国茶叶加工,1994年,第3期。
[24] (唐)陆龟蒙.《甫里集·四明山九诗·云南》,文渊阁四库全书本,台北:台湾商务印书馆,1987年。
[25] (宋)张津.《乾道〈四明图经〉》,宋元浙江方志集成本,杭州:杭州出版社,2009年。
[26] (宋)罗濬等撰.《宝庆四明志》,宋元浙江方志集成本,杭州:杭州出版社,2009年。
[27] 陈国灿.《浙江城镇发展史》,杭州:杭州出版社,2008年。
[28] (宋)欧阳修,宋祁撰.《新唐书》,北京:中华书局,1975年。

[29] （清）钱大昕撰,吕友人校注.《潜研堂集》,上海:上海古籍出版社,2009 年。
[30] （日）木宫泰彦,胡赐年译.《日中文化交流史》,北京:商务印书馆,1980 年。
[31] （宋）王溥.《唐会要》.文渊阁四库全书本,台北:台湾商务印书馆,1987 年。
[32] 乐承耀.《宁波古代史纲》.宁波:宁波出版社,1995 年。
[33] 肖建乐.《唐代城市经济研究》.北京:人民出版社,2009 年。
[34] （唐）魏征等撰.《隋书》.北京:中华书局,1975 年。
[35] （宋）司马光撰,（元）胡三省音注.《资治通鉴·卷第一百九十九》,文渊阁四库全书本,台北:台湾商务印书馆,1987 年。
[36] （宋）李昉等.《太平广记·卷四四》,上海:上海古籍出版社,1990 年。
[37] 刘恒武,王力军.《试论宁波港城的形成与浙东对外海上航路的开辟》//《宁波与海上丝绸之路》,北京:科学出版社,2006 年。
[38] （民国）张传保修,陈训正、马瀛纂.《民国鄞县通志第三·博物馆志乙编》//《中国地方志集成本·浙江府县志辑》,上海:上海书店出版社,1993 年。
[39] 《浙江宁波东门口罗城遗址发掘收获》,东方博物,1981 年创刊号。
[40] （晋）陆云.《陆士龙集·附车茂安书》,文渊阁四库全书本,台北:台湾商务印书馆,1987 年。

试论郑若曾《筹海图编》的编撰

——中国古代海防著述的典范之作

童 杰

(宁波大学)

摘要:郑若曾《筹海图编》是明代海防著述的典范之作。该书在编撰过程中参考了大量官方文牍,同时也吸收了众多有识之士及民间亲历者的意见。作者郑若曾对相关素材更是旁搜远索,务求有体有用。是书内容详核,见解精到,具有极高的经世价值。《筹海图编》在明嘉靖以后至清鸦片战争之前,影响广泛,不少海防图籍以及日本相关之论著,皆不同程度地受其影响。至于今日,《筹海图编》的史学价值益加彰显,其中包含丰富的明代海防史、中日交通史、历史地理学、科技史等宝贵资料,郑若曾的海防战略思想也蕴在其中,值得予以深入研究。

关键词:《筹海图编》;倭寇;海防战略思想

《筹海图编》是研究明代倭寇、中日交通、海防军事等诸多历史问题的重要典籍,自成书之初即颇获誉于时人。但是迄今为止,研究《筹海图编》者很少,涉及于此的论著,也大多侧重于对其版本和作者的叙述,极少谈及体例、内容、思想、价值等诸方面问题。有鉴于《筹海图编》是一部篇帙颇大、内涵丰富、影响深远的典籍,因此亟待学界同仁予以关注,对该书作进一步的探讨。

一、《筹海图编》编撰缘起及成书年代

《筹海图编》十三卷,撰著者郑若曾(1503—1570年),字伯鲁,号开阳,江苏昆山人,早年师事魏校(1483—1543年)[②],后相继游学于湛若水(1466—1560年)、王守仁(1472—1529年)门下,其间与吕柟(1479—1542年)、王畿(1498—1583年)、唐顺之(1507—1561年)、茅坤(1512—1561年)等才俊之士"阐明理奥,务为有体有用之学,不欲专以文章名世。凡天

---

① 基金项目:浙江省海洋文化与经济研究中心年度规划课题(13JDHY01YB)。
作者简介:童杰(1982—),男,浙江慈溪人,南开大学历史学博士,宁波大学人文与传媒学院讲师,研究方向为史学理论及史学史,E-mail:t8250101@126.com。
② 魏校,嘉靖初曾任太常少卿、国子监祭酒,与郑若曾同为昆山人氏。

文、地志、赋额、兵机、政治得失,毕志蒐讨"①。嘉靖十五年(1536年),时年34岁的郑若曾以贡生身份"覃恩贡入京师"②,并于嘉靖十六年(1537年)、十九年(1540年)两次参加会试,"一以对策切直,一以主司争执"③,均名落孙山,从此无意仕进,讲学于家乡清嘉里,四方学者宗之。之后郑若曾受到不少在朝要员的举荐,皆以严嵩专权而坚谢不起。

嘉靖三十一年(1552年),倭寇大肆侵扰,江浙骚动,郑若曾家乡昆山受害尤深。当时国人对日本了解甚少,可资阅读的书籍仅有薛俊《日本考略》,记事简略且讹误甚多,对于时局缺乏参考价值。郑若曾"有志匡时而陁于命,亲在围城,窃观当世举措,有慨于中,念欲记载论著,贻之方来"④,恰好彼时唐顺之(沿海主事官员之一)造访,建议其宜有所著述,裨益时政。于是郑若曾竭尽所能,"凡兵兴以来公私牍牒,旁搜远索,手自抄写"⑤。嘉靖三十四年⑥(1555年)完成《沿海图本》12幅(此后汇辑成《万里海防图论》一书),每幅海图均附以考论。时任苏州知府的王道行为郑若曾在当地刊行,不久苏州府将《沿海图本》递送至总督胡宗宪(1512—1565年)处,胡宗宪极为欣赏,将郑若曾招罗于幕下,并且举用郑若曾参赞浙江、福建两省的军机事宜。此后,郑若曾于参赞军务之暇"搜括往昔、裒彙时事"⑦,在原有12幅海图的基础上,增订汇补,编成《筹海图编》十三卷。十多年间,郑若曾出谋划策,辅佐官兵平定了倭乱。寇平,朝廷叙功,授予郑氏锦衣世袭,郑若曾坚辞不受,径归故里,另撰有《江南经略》、《郑开阳杂著》等书。

《筹海图编》确切成书年代无明确记述,但通过对书中若干序言的落款时间的比较,可推知其梗概。该书所附明人、清人之序、跋,多达20余篇,其中作于嘉靖年间的5篇序跋及撰者自序,是推考其成书年代的第一手资料。郑若曾自序落款时间为"嘉靖辛酉冬十有二月朏日",其他胡松、胡宗宪、卢镗、范惟一、茅坤诸人所作序、跋落款时间分别为"嘉靖辛酉秋八月既望","嘉靖壬戌春王正月","嘉靖岁壬戌春正月","嘉靖壬戌三月朔日","时嘉靖壬戌春三月既望",嘉靖辛酉、壬戌分为嘉靖四十年(1561年)、四十一年(1562年)。上述序言中,胡松之序同郑若曾自序所署日期皆为嘉靖四十年,另外4个序所署日期皆为嘉靖四十一年,均为书成一段时间之后得以阅读,因而撰写序、跋。因此《筹海图编》之成书不在嘉靖四十一年,而在嘉靖四十年。

至于嘉靖四十年则存在一个疑窦,即缘何胡松之序落款时间为该年八月,而郑若曾《自序》落款日期却为该年十二月?笔者以为,胡序中胡松自署"钦差巡抚江西等地方、兼理军务、都察院右副都御史",可知胡松和胡宗宪同为封疆大吏,当时倭寇横行,浙江与江西毗邻,双方对之或多或少会交换彼此的政见。郑若曾是为胡宗宪幕僚,在《筹海图编》成书之前,胡松或由此获知郑若曾其人及《筹海图编》大部分稿件,出于极端重视,因此提前写序相

---

① (明)郑若曾撰,李致忠点校.《筹海图编》,北京:中华书局2007年6月版(下同),卷末郑定远《先六世贞孝先生事述》,第986页。
② 《筹海图编》卷末,郑定远《先六世祖贞孝先生事述》,第986页。
③ 《筹海图编》卷末,郑定远《先六世祖贞孝先生事述》,第986页。
④ 《筹海图编》卷末,胡松《筹海图编序》,第990页。
⑤ 《筹海图编》卷末,胡松《筹海图编序》,第990页。
⑥ (明)郑若曾.《万里海防图论》卷首,王道行《序》,转引自王守稼、顾承甫:《研究明代中日关系的珍贵文献——兼评复旦藏嘉靖本〈筹海图编〉》,《史林》1986年第1期。
⑦ 《筹海图编》卷末,范惟一《筹海图编序》,第992页。

赠。胡宗宪为郑若曾幕主,自以修书者自居,待全稿完成审读后,方撰序言,反在胡松之后。因此《筹海图编》成书的日期,应以郑若曾《自序》为准,是在嘉靖四十年(1561年)十二月朏日即初三日。

二、《筹海图编》的见识

郑若曾为当时江、浙、闽诸省军务总督胡宗宪之幕僚,因此该书在编撰过程中得以参考大量官方文牍,同时亦听取了胡幕中众多智囊之士及民间亲历者的意见,加之撰者本人博学广识,且专注于经世之学,对相关素材更是旁搜远索,攒积年之功夫,务求有体有用。所以《筹海图编》之编撰可谓众谋独断、详虑力行,凡此种种亦保证了是书内容详核,见解精到,在当时具有极高的经世致用价值。

"《筹海图编》者,筹东南之海,以靖倭寇也"①,全书十三卷,图文并茂,叙说详尽。卷一为舆地全图与沿海各省山沙图;卷二记载日本(倭寇)相关的内容,另附日本国图一幅;卷三至卷七,分为广东、福建、浙江、直隶(今江苏、安徽部分区域)、山东、辽阳六省的抗倭剿寇事宜,内容包括各省沿海总图、下辖各府县图、各省兵防军制情况及各该注意事宜,其中山东、辽阳两省合述于卷七;卷八包括《嘉靖以来倭夷入寇总编年表》、《寇踪分合始末图谱》,卷九为明初至嘉靖时期历次抗倭大捷考,卷十为抗倭战争中的遇难殉节考,通过这三卷可对倭寇始末有个宏观的了解;卷十一至卷十三是为《经略》,其中卷十一、十二辑录当时朝野有关倭患的各类奏疏、策论,内容包括倭寇成因的探讨、针对倭寇进犯的海防军事战略、战术、如何选兵择将、练兵守城以及内政、外交双管齐下疏导倭寇等,卷十三则绘录了各类当时使用的火器、军械、海船图。综观全书,无论是书名之寓意,抑或各卷之内容,无不透露出郑若曾强烈的经世意图,而其对日本的考述、海禁政策与嘉靖倭乱的看法及海船、火器的图录的绘制最具见识。

(一)《筹海图编》对于日本的认识

《筹海图编》对日本的考述主要集中于卷二,该卷是对日本的专题研究,上编《王官使倭事略》与《倭国朝贡事略》两部分记载,算得当时最为详尽的中日交通史,其内容多取自于各朝正史之《倭人传》或《日本传》;下编开篇的《日本国论》,从宏观认识的角度对日本作了简短论述,《日本纪略》则较为详尽地介绍了日本的地理沿革、民情风俗以及与军事相关的倭船、倭刀、倭寇战术。另有《寄语岛名》同《寄语杂项》两个子栏,则是以中文谐音的方式来译注日文相关词条的发音。郑若曾这种做法参考了薛俊《日本考略》,但是《筹海图编》收录的词条较《日本考略》丰富,两书就这一研究而言,是继承与发展的关系②。该卷卷末还附有《倭国图》与《入寇图》,其中《倭国图》是当时中国人绘制的最为准确完整的日本全图,配合《入寇图》,其用意在于让海防前线的将士能够"知所由入,则知所由御矣"③。

---

① 《筹海图编》卷末,卢镗《筹海图编跋》,第997页。
② 由于《筹海图编》在后世的影响很大,因此这种中文注音的方式被其后不少日本相关的著述所袭用。
③ 《筹海图编》卷首,《筹海图编凡例》,第11页。

《筹海图编》卷二之上编多取材于旧史与官方的档案奏疏,但下编许多内容则是郑若曾实际调查所得。该卷内容与郑若曾另一部著述《日本图纂》基本相仿,在《日本图纂》自序中,郑若曾谈到了他对日本国情考察的一些细节:

> 日本地方甚大……其国无典籍流于中国……今所据者,《日本考略》也而已……询诸有识,皆哗《考略》为未真……有鄞州弟子员蒋洲、陈可愿,志士也,宣谕日本,能道其山川远近、风俗强弱之详,其言不诬……奉化人宋文复持南岙倭商秘图,参互考订,默有所得,乃命工重绘,而缀以所闻众说。绘成一编,名曰《日本图纂》……①

据上可知,郑若曾关于日本当年的一些民情风俗如"倭好"、"倭术"、"倭刀"等内容,主要来源于蒋洲、陈可愿,此二人曾受胡宗宪委托,出使过日本。日本的地图信息则参考了奉化商人宋文赠献的南岙倭商秘图。因此《筹海图编》卷二下编关于日本的考述,有别于其他典籍之"转相抄引",在当年具有很大的可信度。例如:嘉靖中期以后倭寇横行,当时不少朝野人士认为"倭寇犯顺,乃群小之僭窃,其君不知也。诚遣士谕之,彼王必能禁其下海,境安矣。百万之师,何如一介之任耶"②,因此明廷数次派出了使者去"宣谕"日本国王,故有陈可愿、蒋洲、郑舜功等人之出使,结果却是收效甚微。对此郑若曾明确认为是行不通的,在《日本纪略》中断言:"山城君号令不行,徒寄空名于上,非若中国礼乐征伐自天子出,大一统之治也。山口、丰后、出云开三军门,各以大权相吞噬……欲望彼国之约束诸倭,断断乎不能也"。③ 由此可见,《筹海图编》当年对日本的研究远在时人之上。范惟一在《筹海图编序》中曾载录了时人对郑若曾关于日本考述的评价,其语:

> 夫海道踔远,非章步所及。倭之情伪,测之则难。今自扶桑、若木之外,定针舶,究向往,识其岛屿,辨其种落,探其崖窟,使茹囚腒虫,狡谋犷忐,了然在睹。此博望凿空之智也。

该评语将郑若曾对日本的考述这一智识成果比附为张骞开通西域的壮举,或有其过誉之处,但就疏通知远这层意义来讲,还是合理的。

(二)郑若曾关于海禁政策与嘉靖倭乱的看法

关于明代海禁政策的评述,是当代历史研究中颇为热门的一个议题,有一派学者认为明代嘉靖时期倭寇之所以猖獗,主要系由当时的海禁政策所造成,如戴裔煊《倭寇与中国》一文认为:"十六世纪前半期,在东南沿海地区农业和手工业发展的基础上,中国对东南亚、南海诸国和日本等东亚各国的贸易进一步发展,为资本主义萌芽创造了前提条件……但明朝政府实行海禁政策,规定'寸板不许下海,寸货不许入番'。人民违禁出海从事走私贸易,明政府实行严禁和镇压,人民不甘心束手待毙,进行武装反抗,就演成嘉靖年间的倭寇运动。"④

其实,这种观点的雏形在明代嘉靖时期就早已有之,如时任都御史的唐顺之认为:

> 国初,浙、福、广三省设三市舶司。在浙江者,专为日本入贡,带有货物,许其交易……舶

---

① (明)郑若曾.《日本图纂》自序,转引自汪向荣《中日关系文献考论》,长沙:岳麓书社,1985年2月版,第183页。
② 《筹海图编》卷12之下编,"降宣谕"条,第842页。
③ 《筹海图编》卷2之下编,《日本纪略》,第179页。
④ 戴裔煊.《倭寇与中国》.学术研究,1987年第1期,第67页。

之为利也,譬之矿然。封闭矿洞,驱斥矿徒,是为上策。度不能闭,则国收其利权而自操之,是为中策。不闭不收,利孔泄漏,以资奸萌,啸聚其人,斯无策矣……宜查国初设立市舶之意,无泄利孔,使奸人得乘其便。①

当时的刑部尚书郑晓亦认为:

江南海彝有市舶,所以通华、彝之情,迁有无之货,收征税之利,减戍守之费,又以就禁海贾而抑奸商也。市舶不复,利归豪强,而国家坐受其害……不复市舶,倭人必欲售货,奸民必欲牟利,为盗必不已……非复市舶,无以塞日后之乱源。②

对于上述观点,郑若曾予以了非常详尽的考析与辩正:

今之论御寇者,一则曰市舶当开,一则曰市舶不当开,愚以为皆未也。何也? 贡舶与市舶,一事也。分而言之,则非矣。市舶与商舶,二事也。合而言之,则非矣。商舶与寇舶,初本二事,中变为一,今复分为二事,混而严之,亦非矣。

何言乎一也? 凡外裔入贡者,我朝皆设市舶司以领之……在浙江者,专为日本而设。其来也,许带方物,官设牙行,与民贸易,谓之互市。是有贡舶,既有互市,非入贡,即不许其互市,明矣。……今若单言市舶当开,而不论其是期非期,是贡非贡,则厘贡与互市为二,不必俟贡,而常可以来互市矣。紊祖宗之典章,可乎哉?

何言乎二也? 贡舶者,王法之所许,市舶之所司,乃贸易之公也。海商者,王法之所不许,市舶之所不经,乃贸易之私也。日本原无商舶,商舶乃西洋原贡诸番载货泊广东之私澳,官税而贸易之。既而欲避抽税,省陆运,福人导之,改泊海沧、月港。浙人又导之,改泊双屿港。每岁夏季而来,望冬而去。可与贡舶相混乎?

何言乎二而一,一而二也……自甲申岁凶,双屿货壅,而日本贡使适至,海商遂贩货以随售,倩倭以自防,官司禁之弗得。西洋船原归私澳,东洋船遍布海洋,而向之商舶,悉变为寇舶矣……故不知者谓倭寇之患起于市舶不开,市舶不开,由于入贡不许。许其入贡,通其市舶,中外得利,寇志泯矣,其知者哂之,以为不然。夫贡者,国王之所遣,有定期,有金页勘合表文为验,使其来也以时,其验也无伪,我国家未尝不许也。贡未尝不许,则市舶未尝不通,何开之有? 使其来无定时,验无左证,乃假入贡之名,为入寇之计,虽欲许,得乎? 贡既不可许,市舶独可开乎③

后来,清人赵翼也对"嘉靖倭乱系由海禁所致"这种观点予以了驳斥,其云:

案郑晓《今言》谓国初设官市舶,正以通华夷之情,行者获倍蓰之利,居者得牙僧之息,故常相安。后因禁绝海市,遂使势豪得专其利。始则欺官府而通海贼,继又藉官府而欺海贼,并其货价干没之,以至于乱。郎瑛《七修类稿》亦谓汪直私通番舶,往来宁波有日矣,自朱纨严海禁,直不得逞,招日本倭叩关索负,突入定海劫掠云。郑晓、郎瑛皆嘉靖时人,其所记势家私与市易,负直不偿,致启寇乱,实属酿祸之由。然明祖初制片板不许入海,而晓谓国初设官市舶,相安已久,迨禁绝海市,而势豪得射利致变。瑛并谓纨严海禁,汪直遂使入寇,是竟谓倭乱由海禁所致矣,此犹是闽浙人腾谤之语,晓等亦随而附和,众口一词,不复加查

---

① 《筹海图编》卷12之下编,"开互市"栏,第850页。
② 《筹海图编》卷12之下编,"开互市"栏,第854页。
③ 《筹海图编》卷12之下编,"开互市"栏,第852页。

也。海番互市固不禁绝,然当定一贸易之所,若闽浙各海口俱听其交易,则沿海州县处处为所熟悉,一旦有事,岂能尽防焉。[①]

赵翼认为,郑晓、郎瑛所谓"势家私与市易,负直不偿,致启寇乱,实属酿祸之由",但他们进而判定"倭乱由海禁所致矣",是人云亦云,似是而非地轻信了当时闽浙人的腾谤之语。因为明廷禁绝海市,只是断绝了官方的沿海贸易,却没有禁绝私市贸易,朱纨上台后一度将海禁的执行力度扩及官、私两个层面,却遭闽浙沿海既得利益者的构陷,因此对沿海私市贸易的整治功亏一篑。简言之,恰恰是因为当年海禁政策的执行力度不够,使得沿海势豪为所欲为,最终引发寇乱。而上述引文中郑若曾的解释则更接近历史的真相,海禁政策在明代是"祖宗之典章",当时所谓的通贡与互市,必须以海禁为前提,即只许"国王之所遣,有定期,有金页勘合表文为验"的外国官方贡船贸易,而不接受其他商船做任意形式的贸易。海禁是明代一贯执行的基本国策,若此为倭乱之导因,则在嘉靖之前就应爆发了。嘉靖时期倭乱之缘起,乃由于福建沿海居民引导在广东贸易的西洋私商规避明朝抽税,由广东沿海的港口迁往福建海沧、月港,后来又在浙江沿海海民的引导下,迁往浙江双屿港,其后与日本武装商人合流,而"官司禁之弗得",最终酿成倭乱。观照当今学界关于嘉靖倭乱成因的各种解释,郑若曾的论析实有巨大参考价值,其中关键处在于考虑到西洋商船"走私"行为的导发作用。

(三)《筹海图编》绘录的海船与火器

《筹海图编》卷十三上编《经略五》与下编《经略六》分别绘录了当时的各类舰船样式和火器样式,不少图式还附以释评,这在当年是极具实际指导意义的。明代以前,中国历朝均不曾将海防视为国之要政,因此之前的兵学典籍基本只研究陆战的战略战术,其所关注的装备一般只限于刀、剑、戈、戟、矛等冷兵器以及战车、战马这些陆战辎重。迨至明代,由于造船术的进步,海洋航行知识的积累、指南针的应用及相关历史动因的促发,从洪武时期至嘉靖年间,断续有大股、小股的倭寇侵扰沿海,由此海防成为当时学者亟待研究的一门学问,郑若曾《筹海图编》是为顺应此一时代潮流的扛鼎之作,就装备的研究而言,其目光所及,自然是与海战战略战术相匹配的军械。

在海船研究方面,李昭祥《龙江船厂志》成书于嘉靖三十二年(1553年),比《筹海图编》早上若干年,但前者的关注点在于航船,后者则着力于战船。由《筹海图编》绘录的各式船图可知,当时战舰有大有小、有快有慢、有适于远海航行的,亦有适于近洋航行的。如其中介绍的广船是当时最大型号的战船,该船用铁栗木所造,能撞碎那时任何类型的战船,由于船势高壮,居于其间的兵卒能够居高临下用火器击打、抛射敌船。但其缺点也至为明显,如制造周期长、成本高、维护费用大,船体运转不灵活,速度较慢,不适于江苏、浙江沿海洋面航行等;福船是仅次于广船的大型船,一般船上可容数百人,配备佛朗机、鸟铳等轻重火器,其优缺点同广船相仿;中型舰船则有海沧船、开浪船等,相较广船、福船而言,这类舰船的优点在于机动性强;小型战船有沙船、鹰船,主要用于突击敌船,短兵相接;其他尚有网梭船、渔船,

---

① (清)赵翼著. 王树民校证.《廿二史札记》卷34,"嘉靖中倭寇之乱"条,北京:中华书局,1984年1月第1版,第788-789页。

这些船只战斗力较弱,但机动灵活、速度快,一般用于侦察敌情;据《筹海图编》解释,上述众多类型舰船是需要组合使用的,以使功能各异的战船相互配合,达到互补的效果,这种思维颇具近代"海军舰队"之精髓。

《筹海图编》编录的火器图说,在当时则更为新颖。热兵器的出现,使中国古代的水战战法发生了重大变化,在冷兵器时代,水战中虽可用箭弩射杀敌方将卒,但威力有限,并不能决定战局。最有效的水战方式还是撞翻、犁沉敌船或接舷而战。到了嘉靖年间的海战,由于舰船上配备了佛朗机大炮、鸟铳,因此可以采取远距离攻击的作战方式来决定胜负。郑若曾在此卷中绘制了当时各个类型的火器,包括炮、枪、抛射性炸药、触发式炸药、燃烧性火器等,另外还分析了这些火器各自的射程、威力、操作及适用性,这些知识在当时不是一般人所能获取的。当倭寇入侵之初,前线的将士普遍不适应倭寇的战技、战法,郑若曾认为固有的冷兵器与陈旧的火药制法是不切于御倭的,新式的佛朗机、鸟铳却是克敌制胜的良器,但是"中国有长技,而制之不精,与无技同"[①],郑若曾专设一编介绍分析当时的各类火器。由此可知,郑若曾体现在《筹海图编》之中的经世致用观念,是十分具体,带有知识性、技术性,因而是先进的、讲究实效的。

三、《筹海图编》的创树与影响

在鸦片战争以前,中国社会的发展是相对缓慢的,因此很多前朝的治世经验可为下一朝所沿用,而这些治世之道则往往载录于经史著述。《筹海图编》在明代即以其经世价值而名世,收录其中的沿海海防图及日本国图、倭寇事略、救时策论、火器图与兵船图,皆不同程度地为此后相关典籍所征引。时至今日,《筹海图编》中不少极具经世意义的内容业已陈朽,但将这些内容置于学术发展史这一宏观视野之下,其学术意义则是历久而弥新,以下试从《筹海图编》的创树与影响两部分析论之。

(一)《筹海图编》的创树

1.《筹海图编》的海图绘制

《筹海图编》卷一绘录《舆地全图》1幅,广东、福建、浙江、直隶(今江苏,包括安徽部分区域)、山东、辽阳七省《沿海山沙图》72幅,其中广东11幅、福建9幅、浙江21幅、南直隶8幅、山东18幅,辽东5幅。由于浙江是嘉靖时期受倭寇侵扰最严重的省份,且胡宗宪的督署就在浙江,官方资料的获取较为便利,因此浙江所占海图比例最大,辽东受袭最轻,所占海图比例亦最小。透过这些沿海山沙图"海中的岛屿礁石、岸上的山情水势,沿岸的港口海湾,沿海的卫、所、墩、台,跃然纸上"[②],将这些分图合起来,则南北贯穿,沿海六省军情、地势历历在目,至为详备。当年,胡宗宪在看过这些图录后,赞许道:"余展卷三复,而叹郑子之用心良苦矣。图以志形胜,编以纪经略。东南半壁,按籍瞭然,讵不足以备国家掌故,而为经世

---

① 《筹海图编》卷13之下编,"御倭火器附录"条,第970页。
② 范中义.《筹海图编浅说》,北京:解放军出版社,1987年12月版,第26页。

之硕画乎。"①

据郑若曾《筹海图编凡例》概括"总图载府州卫所者,举大以该小也。若山沙图,则又详外而略内。各有所重,亦互见也"②,这些海防图的定向是上东下西,左北右南,"画者犹如站在与海岸线等距离的海岸上,挥动画笔,由陆及海,陆上海下,从南到北,连绵不绝,勾画出几乎与海岸线等距离的从广东到鸭绿江口的沿海画面"③。郑若曾之所以如此绘制海防图,《郑开阳杂著》有自我说明:

若曾曰:有图画家,原有二种。有海上而地下者,有地上而海下者,其是非莫辨。若曾以义断之,中国在内近也,四裔在外远也。古今画法皆以远景为上,近景为下;外境为上,内境为下。内上外下,万古不易之大分也。……昔大司马默斋徐公(伦)图画九边于屏,亦以北狄居上,天下不以为非也。……天地定向以北为上,以南为下。……故海一也,或面南而视,或面东而视,若必欲尊北而卑南,亦将尊西而卑东乎。④

在明代之前,中国的边患基本来自北方游牧民族,因此在边防图的绘制上基本以"北狄居上,中国居下",但是就海防图绘制而言,广东部分沿岸海域是面南而视(暹罗、真腊等国),其他福建、浙江等省沿岸海域则面东而视(日本、琉球等国),因此郑若曾将沿海图绘制为上东下西,左北右南,陆上海下,避免海图绘制中的东西与南北定向的矛盾,使其符合"内中华而外夷狄"的绘图理念。《筹海图编》的这种海图绘制方法为其后产生的诸种海防图籍所承袭,英国科技史专家李约瑟就曾赞誉郑若曾为中国"海岸地理学权威"。⑤

2.《筹海图编》的海防战略思想

近代以降,随着欧人东来,海战的胜负往往成为战争成败的关键,诸如两次鸦片战争、中法战争、中日甲午战争等,海战无不成为胜负的关键。因此,从晚清到民国,海防始终是国人关注的焦点。海防相关的学术研究,亦随着时代的浪潮成为一门显学,其中海防战略思想的研究尤为热门。若论中国传统之海防战略思想,则必溯源于明代,而《筹海图编》是为明代海防著述之代表,理应得到充分的重视。

《筹海图编》关于海防战略思想的论述,主要集中于卷十二之《经略三》。嘉靖中期以后,倭寇连年肆虐沿海,海防成为朝野上下关注的议题。从《经略三》辑录的策论中,可以了解到当时将帅关于海防战略的主张大致分为两派。以总督胡宗宪为首的"御外洋"派,主张将舰船主力设在离大陆较远的陈钱、马迹、大衢、洋山四岛,其战略核心是主动出击,拒倭寇于国门之外。以谭纶等将官为代表的"御近洋"派则认为:设防于外洋四岛,在实战中有诸多不利与不便,如从内陆到外洋远岛,后勤运输困难,战事紧急之时、四岛相隔,各岛舰船、兵卒声援不及等。将水军的主力设于舟山群岛的定海与沈家门这样的近海岛屿,便于策应,又可御敌于海中。对此,郑若曾通过研究,得出了自己的看法:

按御海洋之策,有言其可行者,有言其不可行者,将以何者为定乎?若曾尝亲至海上而

---

① 《筹海图编》卷末,胡宗宪《筹海图编序》,第991页。
② 《筹海图编》卷首,《筹海图编凡例》,第11页。
③ 范中义.《筹海图编浅说》,北京:解放军出版社,1987年12月版,第26页。
④ (明)郑若曾撰.《郑开阳杂著》卷8,《海防一览·图式辨》,收录于《四库全书》。
⑤ [英]李约瑟.《中国科学技术史》第五卷《地学》,北京:科学出版社,1976年10月版,第167页。

知之。……每岁倭舶入寇、五岛开洋，东北风，五六昼夜至陈钱、下八山，分舶以犯闽、浙、直隶……因此诸山旷远萧条，无居民守御，贼寇得以深入。总制胡公与赵甬江之议所由建也。……然事理虽长，而未经试练。嗣后，将官遵而行之，始觉其间有不便者。何也？离内地太远，声援不及，接济不便。风潮有顺逆，桅舶有便否。……然自海洋之法立，而倭至必预知，为备亦甚易。……苟因将官之不欲，而遂已之，是因噎而废食也，乌可哉？如愚见，哨贼于远洋而不常厥居，击贼于近洋而勿使近岸，是之谓善体二公立法之意，而悠久可行矣。①

郑若曾的主要观点是：在陈钱、马迹等外洋海岛设置哨探，因为倭寇来去皆有定时（主要是根据海上季风风向），所以也不用长期驻军，以免耗费兵力、财粮。将水军主力分布于近洋海岛与海岸，待得到确切的敌情哨报，主动出击，歼敌于近洋。这种办法，在当时是折中妥善之举，而从长远来看，则预示了以哨探远洋为前锋，逐步扩大防御外围的海军发展思路。

纵观《筹海图编》中关于海防战略的策论，其分歧在于御"近洋"还是"外洋"，郑若曾吸收两派意见之优长，主张"哨远洋、御近洋"。总的来说，这种海防战略思想是主动积极、切实可行的，对比清代魏源《海国图志》所谓"守外洋不如守海口，守海口不如守内海。守远不若守近，守多不若守约，守正不若守奇，守阔不若守狭，守深不若守浅"的思想，实在要高明和先进得多。清代直至李鸿章担任北洋大臣时期，其海防战略的重点仍旧是以防御沿海海岸为主，而彼时日本在仿照欧美海军军制的同时，在海防战略层面则贯彻"制海权"这一理念，其核心是由近海向远洋发展，中日甲午战争的结果是为海防策略得失之明证。因此，梳理郑若曾之后海防思想的发展状况，实有发人深省之处。

（二）《筹海图编》的影响

明初即有外寇滋扰沿海，洪武二十年（1387年），朱元璋分别委任江夏侯周德兴、兴国公汤和往赴浙、闽设置沿海卫所，此为中国设置海防之开端。永乐年间，辽东总兵刘江在望海埚战役中击毙倭寇千余人，此后百余年间倭寇得以稍息。迨至嘉靖中期，倭寇再次肆虐，时人将之与长城以北蒙古人寇边相并举，称"南倭北虏"，海防成为朝野关注的焦点。"海之有防自本朝始也，海之严于防自肃庙时始也"②，茅元仪此语扼要的概括了这段历史。正是在此背景下，嘉靖中期以后海防相关的著述趋于极盛，其所涵盖者，除去专门的著述③，于各种类书、政书、方志、文集、边防总著等亦多有涉及，《筹海图编》是其中最值得注意的一部。

《筹海图编》按其内容结构，概况而言大致可分为沿海图论（卷一、三至七）、日本研究（卷二）、倭寇始末（卷八至十）、御倭经略（卷十一至十三）四部分。据《筹海图编》书末所附"参过图籍"可知，郑若曾在当时参考过的文献，包括二十一史、《资治通鉴》、《通典》、《文献通考》及各类舆地图、奏疏、策论、海道针经、方志等，总数接近200种。经过郑若曾甄别、采择、编辑、释评，皆有机地融入了本书四部分内容之中。因此，《筹海图编》虽然在明末海防类著述中成书较早，但其内容却很完善，而其后产生的相关著述，基本是沿着上述四部分内

---

① 《筹海图编》卷12，《经略三》"御海洋"条，第772页。
② （明）茅元仪：《武备志》卷290"海防篇"篇首。
③ 民国时期曾有学者对此类图籍做过专门的搜罗及概述，笔者见及有王庸：《中国地理图籍》之《明代海防图籍录》，吴玉年：《明代倭寇史籍志目》，缪凤林：《明人著与日本有关史籍提要》。

容,不同程度地借鉴了《筹海图编》。如《日本风土记》、李言恭、郝杰《日本考》、郑舜功《日本一鉴》等书,主要参考了《筹海图编》"日本研究"部分的内容。王士骐《皇明驭倭录》、采九德《倭变事略》、万表《海寇议》、谢杰《虔台倭纂》等书,参考了《筹海图编》"倭寇始末"的记载。邓钟《筹海重编》、范涞《两浙海防类考续编》、王在晋《海防纂要》等书,则系统参考了《筹海图编》四部分内容。茅元仪《武备志》是明代军事著作之集大成者,关于海防部分的论述与火器图说、海船图说,亦较多地取材于《筹海图编》"沿海图论"与"御倭经略"两部分内容。清康熙年间产生的两部海防著述《海防述略》、《海防总论》,主要参照了《筹海图编》"沿海图论"的内容。连《明史》关于倭寇作乱苏、浙部分以及对明代海船的介绍,亦引自于《筹海图编》"倭寇始末"与"御倭经略"两部分内容。

　　《筹海图编》是明代海防类著述的典范之作,自成书之初,其价值业已为时人所肯定,后世之褒扬亦数不胜数,但多是从经世致用的角度来评论的。至于今日,《筹海图编》的史学价值益加彰显,如卷二关于日本状况的叙述,是研究古代中日交通、中日关系的重要资料。卷八至卷十关于嘉靖年间倭寇始末的记载,亦为当前研究明代倭寇问题的可贵史料。而其卷十三的海船图、火器图也早已为科技史家所关注,李约瑟《中国科学技术史》卷四之第三分册《土木工程与航海技术》,与卷五之第七分册《军事技术:火药的史诗》,皆有较大篇幅论及于此。明代的边防图主要有九边图与海防图两种,《筹海图编》以海图闻名,是明代海防图的经典之作,其卷一及卷四至卷七部分的沿海图论,在历史地理学的研究上有非常高的价值。《筹海图编》作为明季海防著述中的典范,是中国史学史上的独具特色之作,其内容包括中日两国,而且特别关注于考述对方的国情,其编纂形式为有图有文,相互配合,运用恰当,生动形象,体现出学术价值的多样性。从学术角度整体性研究《筹海图编》,可以发掘丰富的明代历史内容、技术知识与思想资料,许多方面还具备进一步研讨的空间。

渔业组织与海洋秩序[①]

——以民国时期浙江海洋渔业组织为中心的考察

白 斌

（宁波大学）

摘要：晚清时期影响中国海洋秩序的因素到民国时期发生了巨大变化，除海盗活动更加猖獗外，外国侵渔成为这一时期新的特点，再加上世界范围内海洋秩序的重组，中国海洋渔业组织的变革在此大环境下展开。海军的转型、海洋渔业政府组织的设立及新型海洋渔业民间组织的组建皆围绕着如何更好地保障海洋渔业秩序。以1927年南京国民政府的建立为分界点，之前为海洋渔业民间组织蓬勃发展时期，之后则是海洋渔业政府组织强势与完善时期，而海军在地方海洋渔业组织的联合抵制下沦为海洋护渔体系中的配角。作为经受历史考验的选择，这一趋势一直维持至今。

关键词：民国时期；中国浙江；海洋渔业组织；海洋秩序

一、绪论

沿海居民对海洋的开发最早是从沿海生物的采集开始，其后逐渐扩展到对其他海洋资源的利用。就海洋生物资源的利用而言，亦经历了从沿海捕捞到深海捕捞的拓展，而这一切都紧随人类向海洋移民的活动。通过对中国海洋渔业发展的考察，我们可以非常翔实地看到中国海洋社会的扩展轨迹。而在传统以农业为中心的视野下，我们很难找到有关海洋渔业发展的详细资料。因此，通过对海洋渔业组织发展的分析，可以让我们从一个侧面把握其轮廓，进而在严谨的论证基础上掌握中国海洋社会扩张的轨迹。这就是本文研究的目的所在。

由于早期海洋渔业组织的行帮性质及其人员组成，在相当长一段时间内，没有留下任何文献记载。直到晚清，随着中国沿海经济的发展及开放，一些有识之士逐渐认识到海洋渔业

[①] 基金项目：浙江省哲学社会科学重点研究基地——浙江省海洋文化与经济研究中心项目（12JDHY01YB）。
作者简介：白斌（1984— ）男，陕西商洛人，博士，宁波大学人文与传媒学院讲师，主要研究方向：中国海洋经济史与世界海洋制度比较研究。E - mail：baibin@ nbu. edu. cn。

对海洋权益的重要性。其中沈同芳在张謇的资助下出版了《中国渔业历史》[①]等一书可算是目前第一本涉及海洋渔业组织的著作,其后陈训正[②]、李士豪等[③]、张震东等[④]、韩兴勇[⑤]、王文洪[⑥]对此问题都有所涉及。但总体而言,关于中国海洋渔业组织的起源与发展的研究仍处于起始阶段。笔者自2009年开始研究海洋渔业问题,先后撰写了《清代浙江海洋渔业行帮组织研究》[⑦]和《Marine Security and Fishery Production: Transition of Marine Fishery Protection Institution(MFPI) of Zhejiang Province in Modern Era》[⑧]。这两篇文章分别就晚清浙江海洋渔业组织的演变、近代浙江海洋渔业组织在海洋安全中的作用做了研究,本文承接上述两篇文章,着重讨论民国时期浙江海洋渔业组织内部结构演变及其影响因素。而要达到此目的就需要针对以下三个问题展开:

(1)民国时期浙江海洋渔业组织发展状况。
(2)影响浙江海洋渔业组织发展的因素。
(3)渔业组织内部各主体之间的关系。

本文讨论即围绕这三个问题展开。这里要注意的是,本文讨论的海洋渔业组织既包括中央及地方政府相关组织,也包括行帮、公司、渔会等非政府组织。而对于海洋秩序,胡启生认为其是"人类历史上不同利益集团,15世纪以后主要是各民族国家为争夺海权或维护自身的海洋权益而形成的相互间的政治、经济和法律关系。海洋秩序的基础建基于规范和利益制衡机制之上,从利益制衡机制出发肯定民族国家个体的价值和权利,从而构造出相应的政治、法律制度;……"[⑨]张鼎则在此基础上认为海洋秩序是"一种动态的、相对而言较为稳定的调整机制,在一定时期内调整相关国家或行为体在海洋领域的权利义务,自然或者人为形成的一整套的调整体系,并能被相关国家或者行为体接受的一种机制"[⑩]。这一机制不仅包括各国海洋行为主体之间的权利义务,也涵盖了国与国之间的海洋权益范围。

二、民国时期浙江海洋秩序

世界范围的海洋秩序起始于1919年第一次世界大战后的凡尔赛-华盛顿体系。而就国家个体而言,其海洋秩序的形成与发展则与各个国家海洋群体的扩张紧密相连。中国作为沿海大陆国家,内部海洋群体的涉海活动可以追溯到上古时期。但国家层面对于海洋秩

[①] 沈同芳.《中国渔业历史》,上海:中国图书公司,1911年。
[②] 陈训正,马瀛.《定海县志》,台北:成文出版社有限公司,1970年。
[③] 李士豪,屈若搴.《中国渔业史》,上海:商务印书馆,1937年。
[④] 张震东,杨金森.《中国海洋渔业简史》,北京:海洋出版社,1983年。
[⑤] 韩兴勇,于洋.《张謇与近代海洋渔业》,《太平洋学报》,2008年,第7期。
[⑥] 王文洪.《东沙历史上的渔业公所》,《中国海洋报》,2008年,1月15日,第4版。
[⑦] 白斌.《清代浙江海洋渔业行帮组织研究》,宁波大学学报(社科版),2011年,第6期。
[⑧] Bai Bin, "Maritime Security and Fishery Production: Transition of Marine Fishery Protection Institution (MFPI) of Zhejiang Province in Modern Era", International Conference on the History of Waters Exchange in Macao, Guangdong and the Asia-Pacific Region, Macao, China, 2012-12-3.
[⑨] 胡启生.《海洋秩序与民族国家:海洋政治地理视角中的民族国家构建分析》,哈尔滨:黑龙江人民出版社,2003年,第26-27页。
[⑩] 张鼎.《战后中国参与和构建全球海洋秩序研究》,华中师范大学硕士学位论文,2012年,第5页。

序的重视则始于明代中期的"倭寇"侵扰。1840年后,随着西方殖民者从海上打开古老中国的大门,中国传统的海洋秩序在此冲击下开始缓慢地转型,并努力参与全球海洋秩序的建立。在这里就浙江沿海的海洋秩序而言,我们不打算(事实上也无法)对其做宏观的描述,而是侧重对影响海洋秩序的内外部因素进行重点的讨论。这些因素包括海洋灾害、海上船难、海盗侵扰与渔业纠纷。

自人类向海洋扩张起,就需要应对各种海洋气候。海洋气候变化对人类海洋活动的影响随着人类活动区域向远洋的扩展而逐渐愈加剧烈。传统海上活动都是在近海,偶遇风暴及海啸,船只人员自救与获救的可能性远远超过后来远洋的海上活动。随着西方近代科学体系的建立,人类对海洋的认知也逐渐加深,海洋科学日渐繁荣,各种针对海洋灾害的技术和装备被开发与运用,对海洋灾害的预报成为其中一项重要内容。浙江沿海的海洋预报体系起始于定海测候所的建立。在国民政府的支持下,当时的中央研究院于1935年3月前往浙江定海勘察,打算与定海地方政府合办测候所及无线电机构,其管理属于地方政府,仪器则由中央负担,中央研究院进行技术支持,经费预算为三百元(中央承担一百元,地方政府承担二百元)①。其后,定海县政府认识到测候所对于应对舟山海洋气候突变、减少海洋灾害经济损失的重要价值,将地方预算增加到4 000元,并由当地渔业界承担每年的运营费用。②而浙江沿海的船难除了部分是由于自然灾害与触礁造成之外,相当大一部分归因于海上船只的碰撞事故。在传统海洋活动中,船只的动力为人力或风力,其船只的尺寸及船速都不大。但随着上海、宁波的开埠,往来船只的种类发生变化,在甬沪航线上不仅有很多中国传统的商渔船只,还有大量机械动力船只,而这些船只相当一部分属于不同国家。不同的航行规则与船只速度,使船只在迎面行驶过程中很容易发生船只碰撞。而就《申报》创刊后的1872—1875年所报道的9次海难事故中,有6次为船只碰撞造成,而这6次皆为机帆船与传统帆船的海难事故。为此《申报》还专门登载了中西各国船只在海上相逢的各种规定,以便来往船只参考。③

另外,值得我们关注的还有浙江沿海的海盗问题。海盗活动一直伴随着人类在海洋的扩张,对中国而言,在没有面对近代海洋国家入侵之前,海盗问题是影响海洋秩序的首要因素。清代海盗经过康熙末年的一段沉寂之后,于自清乾隆末期再次大规模爆发,并借助鸦片战争之后中国政府对海洋控制力的减弱而呈愈演愈烈的趋势。在大多数时期,海盗都是威胁国家政权与地方海洋社会稳定的重要因素。民国时期,由于中央政府权威的下降及地方割据,为海盗的扩张提供了极为有利的外部环境,此时的海盗不仅包括破产的农民、渔民以及部分知识分子,还能看到各地方政府与外部势力的影子。相比清代前期而言,由于海防的崩溃,晚清民国时期浙江海盗劫掠的成本大大降低,许多护渔组织的武器装备还赶不上海盗。如1918年10月25日的《申报》报道的《军帽山(青浜)捕盗之剧战》就说:"渔船内水警

---

① 《中央研究院将在定海设测候所,函请建设厅会同组织由水利局与定县府会商办理》. 时事公报,1935年3月1日,第2张第1版。
② 《定海设立测候所为航轮渔船预报海面安危,定海县政府呈建厅报告办理情形,将来办有成效可由渔业资助扩充》,时事公报,1935年3月25日,第2张第1版。
③ 《中西泛海各项船只海中相逢各规条》,申报,同治癸酉闰六月初五日。

之枪械,不如盗械之利,几为所窘。"①在这种情况下,相当部分渔民花钱买平安。如 1926 年 7 月 19 日的《申报》载:"近闻该盗等在定属六横山,征收渔船照费,每秋渔船收照费六元,每秋冰鲜船收照费五元,以六个月为限,如不纳照费,即将其船掳去。各处渔民无奈,闻多向该盗领照。"②海盗频繁活动的结果就是浙江海洋经济发展的缓慢,其突出表现在,没有海警的保护,一般渔船都不敢出海捕鱼③。与此同时,民国时期的海盗不仅抢劫沿海过往船只,还经常上岸掠夺人口,充实自身实力。我们在当时的报纸中经常能看到海盗上岸血洗沿海村落而政府却没有有效防范的大量报道④,而这在清代是极为少见的。1933 年的《定海舟报》上就有这样一段评论:"吾邑海盗陆匪之披猖,可谓至矣极矣,无以复加矣,仅就本报问世以后之所载,加以概括之统计,已达五十余起之多,而自认晦气隐匿不报者不与焉。"⑤海盗的猖獗导致沿海社会经济的衰败与动荡,这就促使更多的沿海居民迫于生计加入到海盗的行列⑥。

  影响海洋秩序的除了海盗问题之外,民国时期又出现了新的因素,即外国渔船的侵渔。进入 20 世纪,中国海疆危机进一步加深,法国、英国、日本、俄国分别入侵中国沿海,掠夺海洋渔业资源。由于海关的低税率,大量国外海产品纷纷涌入中国,占领了相当一部分市场。进入民国后,中国海洋安全形势不仅未加改善,反有恶化趋势。就国际形势而言,1911 年日本国内规定禁渔区,不准渔轮拽网捕鱼后,日本沿海渔船不得不向远洋探索渔场。1914 年日本又扩大禁渔区,渔船不得在"东经 130°以东朝鲜沿岸禁止区域以内"捕鱼⑦,这就将日本大量渔船的捕鱼区域推向中国沿海。其后,日本渔船在中国海域的捕捞由零星行为上升为群体侵渔。如 1913 年 11 月,渔民在浙江定海洋面就发现"外国捕鱼舰六七艘,船身蓝色,烟囱黑色,并不张挂旗帜,船上渔人皆系日本国人"⑧。到 1930 年代,日本渔轮的侵渔行为更是得到日本政府的支持。为保护日本渔轮的作业安全,日本政府往往派出军舰随行保护。日本政府的保护、中国海关的低税率及渔业资源的易腐性,成为日本渔轮渔获物在中国市场大量倾销的主要原因。据 1932 年 7 月《民国日报》初步统计:"兹以日本手操网渔轮一项,至上海侵渔情形而论,则以民国十七年至二十年七月最为猖獗,计有渔轮三十八艘。……以最少数计每年每艘鱼值三万元计,则每年被侵损失八十四万元"⑨。而到 1934 年 9 月,来华侵渔船只上升到 260 余艘,其渔船品的倾销点有上海、青岛和天津⑩。由于日本在中国的侵

---

① 《军帽山(青浜)捕盗之剧战》,申报,1918 年 10 月 25 日。
② 《盗征收照费骇闻》. 申报,1926 年 7 月 19 日。
③ 《岱山渔场危机四伏,水无兵舰,陆无军警》. 宁波民国日报,1927 年 6 月 1 日。
④ 《沥港全镇被匪洗劫》,申报. 1930 年 11 月 5 日;《沥港被劫再志》,申报,1930 年 11 月 6 日;《海盗二次临沥港》. 申报,1930 年 11 月 10 日。
⑤ 《筹设稽查队》,定海舟报,1933 年 3 月 8 日。
⑥ 《水警队长柯云,注意象山港防务,本年鄞奉帮渔汛 不佳,渔民难免被匪诱入伙》. 宁波民国日报,1935 年 8 月 6 日,第 2 张第 4 版。
⑦ 欧阳宗书:《海上人家:海洋渔业经济与渔民社会》,南昌:江西高校出版社,1998 年,第 198 页。
⑧ 《外人侵越领海渔业》. 申报,1913 年 11 月 9 日。
⑨ 转引自李士豪、屈若搴.《中国渔业史》,上海:商务印书馆,1937 年,第 201 - 202 页。
⑩ 《日人积极侵夺我渔业》. 宁波民国日报. 1934 年 9 月 1 日,第 1 张第 3 版;《秋季渔汛已届,日渔轮二百余艘来华,日内即抵我国沿海各地捕鱼,渔业岌岌可危亟应设法救济》,宁波民国日报. 1934 年 9 月 10 日,第 2 张第 3 版。

渔与倾销,不仅导致中国大量渔民破产,鱼商也"多半耗折",遭到沉重打击①。抗日战争期间,日本更是直接占领中国沿海大量渔业基地,建立侵渔机构,如华北地区的山东渔业株式会社,华中地区的华中水产公司以及在华南地区的大西洋渔业株式会社等等。而且,日本人每侵略一个地区,就毁坏渔船渔具,据不完全统计,整个抗日战争期间,我国沿海共损失渔船近5万艘。

三、浙江海洋渔业组织的变革

面对影响海洋秩序的自然与人为因素,政府涉海管理部门及海洋组织也随之建立与发展起来。传统中国在维护海洋秩序的进程中,一直没有专门的涉海管理部门出现。在清代前期,国家对于海洋秩序的管理主要是由沿海水师与近海府县政府维护(特殊时期则增加陆军、地方团练),前者主要保障的是海洋秩序,而后者则侧重于对近海陆地居民的管制。与此同时,海洋经济组织与海洋行帮组织也随之建立并发展起来,成为政府与海洋居民沟通的一个重要纽带及维护海洋秩序的重要组成部分。在此,我们以海洋渔业组织为例来看中国海洋组织的萌芽及发展状况,就海洋组织的功能,我们侧重其应对影响海洋秩序的人为因素(即抵御海盗侵扰及应对渔业纠纷),就其种类而言则由海洋正式组织与海洋非正式组织组成,前者包含中央及地方政府相应的管理与军事组织,后者则主要是民间的海洋经济与行帮组织。

清朝在近代政府机构改革之前,并没有专门的管理海洋的组织,其具体职责被中央六部所分割。而最接近的政府组织则是当时中央政府控制的海洋军事力量,清代我们称之为水师,而随着中国的近代官制改革,则逐渐演变为近代海军,其领导机构也由兵部转为海军部。中国的水师(海军)不仅承担着保障海洋安全的职责,还有另一项非常重要的职责,就是保障正常的海洋生产秩序,剿灭沿海海盗。如清乾隆年间,每到渔汛期,政府都要派出水师"弹压商渔等船,遇抢夺情事,严拏解究。"等到渔汛结束,"渔船进口,官兵一并彻[撤]回"。②而到民国时期,海军派出军舰保证正常的海上秩序以及围剿沿海海盗成为惯例。1921年,为了加强对浙省海盗的清剿力度,海军部在浙江定海沈家门成立清海局③。不过由于海军与地方的矛盾,在地方各渔业团体的抵制下,清海局于1922年停办④。1925年4月25日,海军部成立"保卫沿海各省渔业宁波分区",刘征瑞、陈在种任正副区长。随着1927年南京国民政府的成立,该机构被撤销。其后,虽然在浙江没有海军部的护渔机构,但由于象山港为海军重要港口,每到渔汛期,在地方政府的要求下,海军部仍然派出军舰参与护渔。如1935年2月,海军部就派出"江宁"舰与"咸宁"舰从上海出发,分别前往定海沈家门洋

---

① 《宁台鱼商之呼吁声》. 申报,1930年2月28日.
② 《清实录·高宗实录》卷247,乾隆十年乙丑八月己巳条,北京:中华书局,1986年,第189—190页.
③ 《海局存撤之问题》. 时事公报,1922年6月4日.
④ 《恢复海军办事处之反对声》. 时事公报,1922年11月9日.

面、嵊山洋面护渔①。而在1936年,我们还能看到有关海军部派舰护渔的报道。②

与海盗相比,海军可谓是兵强马壮,但民国时期的海军在围剿地方海盗时是需要地方政府支付费用的,而这些费用又是由沿海各渔商团体支付。因此,在权衡利益损失之后,相当长一段时间内,地方政府在当地渔商团体的压力下是不愿海军长期驻扎在当地的,这就导致海盗势力的周期性反弹。那么在没有海军驻扎的时候,地方政府又是如何维护海洋秩序的呢?这就要从晚清成立的另一支准军事力量——渔团说起。晚清中法战争时期,为加强国家对沿海社会的控制力,同时也是为了防止沿海居民勾结国家敌对势力,清政府在沿海各省都设立了渔团组织。就浙江而言,其渔团组织的最终设立是在中日甲午战争之后,因此我们无法去考证渔团在海上军事防御中的作用。但从晚清官员的日记中③,我们还是能看到其在维护地方海洋渔业安全中的积极作用。其后,浙江渔团局维护海洋秩序的责任被1904年成立的江浙渔业公司所分担④。辛亥革命后,渔政归农商部渔牧局管理。为维护海洋秩序,渔牧局于1914年4月28日公布《渔轮护洋缉盗奖励条例十二条》,江浙渔业公司、辽宁渔业商船保护局等,均据此向渔民收取各种护洋捐费,并承担海上护渔的责任⑤。同时,民国政府于1915年在内务部下设水上警察厅(局),由地方巡按使指挥监督,以维护海洋秩序。⑥第二年,浙江渔团局的职能被浙江水上警察厅取代。1926年7月,在五省联军司令孙传芳的支持下,江浙渔业事务局在上海成立,开始负责江浙渔民的保护事宜。⑦ 1929年,国民政府公布《渔业法》与《渔会法》,将对海洋渔业的管理以法律的形式明确到实业部,其后,财政部下设的江浙渔业事务局撤销。1931年6月16日,实业部在上海成立江浙渔业管理局,全权承担海洋渔业的管理与护渔职责。6月25日,实业部公布渔业警察规程,组建渔业警察保护外海捕鱼船只。1932年6月11日,江浙渔业管理局改组为江浙区海洋渔业管理局。1933年,时任实业部长的陈公博为加快渔业改进力度,在上海又成立了江浙区渔业改进委员会,但因种种原因,其成立不到一年就停办,江浙区海洋渔业管理局也受到波及,改组为护渔办事处,负责海洋护渔任务。1936年5月,随着上海鱼市场的成立,护渔办事处及其他地方渔业管理部门也随之撤销⑧。在此背景下,1936年6月4日,浙江省政府成立渔业管理委员会,以"增进渔民福利,充实护渔力量"。同时时任浙江民政厅长的徐青甫将浙江"沿海护渔事宜,全部归于水警第22大队,以统一指挥"⑨。民国时期的军阀割据与政局动荡导致政府护渔体系的建设时断时续,地方渔业行政机构"除征收渔捐之外,几无别种工作"⑩。

---

① 《海部派舰驶浙护渔,江宁赴定海,咸宁赴嵊山》.宁波民国日报,1935年2月9日,第2张第4版。
② 《财部令农行尽量投放渔民贷款,并会同实部分咨苏浙当局,暨海军部请协助保护渔民》.宁波民国日报,1936年3月9日,第2张第3版。
③ (清)黄沅.《黄沅日记》,载桑兵主编:《清代稿钞本》(第21册),广州:广东人民出版社,2009年,第39-40页。
④ 在这里要指出的是,江浙渔业公司带有官督商办的色彩,其拥有一部分政府职能。
⑤ 李士豪,屈若搴.《中国渔业史》,上海:商务印书馆,1937年,第26页。
⑥ 《水上警察厅官制》,《东方杂志》,1915年第12卷第5期,第7-8页。
⑦ 《江浙渔业局开办有期,八月一日先成立总局》,《时事公报》,1926年7月17日。
⑧ 李士豪,屈若搴.《中国渔业史》,上海:商务印书馆,1937年,第29页。
⑨ 《浙沿海护渔事宜,将全部划归水警队,护渔收费另定办法以免重叠,省府公布渔业管理委会组织》.宁波民国日报,1936年6月5日,第2张第3版。
⑩ 李士豪,屈若搴.《中国渔业史》,上海:商务印书馆,1937年,第30页。

在海盗丛生的民国,仅靠地方渔政机构已经不能有效维护海洋秩序,在这种情况下,浙江海洋渔业民间组织蓬勃发展起来。浙江最早的海洋渔业民间组织是渔帮,其产生的具体年代已无法考证,不过就现有文献推断,其产生的大致年代为晚明清初[1]。因为到清雍正二年(1724年)宁波镇海、定海各渔帮在鄞县双街成立了浙江最早的海洋渔业公所——南箬公所。同时镇海北乡渔帮也在双街成立了北箬公所。至此到清灭亡,浙江成立的海洋渔业公所有43家。民国时期浙江成立的海洋渔业公所达到38家,其中1913—1922年这10年间就有25家成立[2]。渔业公所除了代表渔民与政府交涉之外的另一个重要职能,就是维护公所内部的生产秩序,这里面包含了保障海洋渔业生产安全的内容。每到渔汛期,渔业公所就会自行"自雇船保护,名曰护洋船"[3]。渔团局成立后,渔业公所则是出面协调各渔帮,配合渔团局的工作。20世纪初期中国的海洋渔业危机加快了渔业组织的变革。光绪三十一年(1905年)四月丙午,张謇在商部支持下在上海筹办江浙渔业公司总局,另设江苏、浙江分局各五处,订购德国轮船,用西方新式方法捕鱼[4]。江浙渔业公司成立后即发起组建渔会,以共同保障海洋渔业安全[5]。作为政府支持下的渔业公司,从其组建之初,江浙渔业公司的轮船就担负巡海护渔的重任[6]。而根据公司章程,我们可以看到江浙渔业公司总局可以根据"洋面安静与否,随时另调兵轮游弋,协助保卫"[7]。换句话说,就是渔业公司具有要求海军配合护渔的权力,这是一般的商业公司所做不到的。进入民国后,为了保障海洋渔业生产与运输安全,浙江渔商成立了多种护渔组织。1918年5月,渔商丁兆彭等,联合宁波、台州、温州渔民组织浙海渔业团,令各渔船备置警号及自卫武器[8]。1922年财政部税务处取消了江浙渔业公司代收关税的权利,导致公司"因经费无着,决议停止护洋"[9]。因此,宁、台、温渔商于6月1日在宁波成立渔商保安联合会,推举盛炳纪为会长,统一收取护洋费,雇佣轮船护渔[10]。同年,农工商部公布《渔会暂行章程》,其后新式渔会在沿海各省县建立起来。1929年,国民政府公布《渔会法》后,浙江沿海各地的新式渔会愈加繁多,但旧式的渔业公所并未撤销[11]。与各海洋渔业民间团体相平行的是,为保障沿海居民安全,民国时期浙江沿海的保甲与团练制度不断强化与完善。如1924年5月,宁波下属镇海柴桥就组建临时保卫团,以防止海盗侵扰[12]。1935年4月,第五特区行政督察专员赵次胜,参照海防保甲制度,拟定海洋各区渔民自卫团组织办法,使渔民能够自己保护自己。[13] 1935年4月,第五特区行政督察专员赵次胜,"以查定海县沈家门岱山衢山等处,均为渔民集合之地,现渔汛将届,各方人民

---

[1] 白斌.《清代浙江海洋渔业行帮组织研究》.宁波大学学报(社科版),2011年,第6期。
[2] 陈训正,马瀛等.《定海县志》册三《鱼盐志第五·渔业》,台北:成文出版社有限公司,1970年,第269-274页。
[3] 《捕鱼防盗》.申报,1878年5月7日。
[4] 《清实录·德宗实录》卷544,光绪三十一年乙巳夏四月丙午条,北京:中华书局,1986年,第225页。
[5] 《江浙鱼业公司渔会章程》.东方杂志,1905年,第2卷,第3期,第39-41页。
[6] 《江浙渔业公司简明章程》.东方杂志,1904年,第1卷,第12期,第189页。
[7] 《江浙渔业股份有限公司详细章程》.东方杂志,1906年,第3卷,第6期,第127页。
[8] 《渔民请组渔业团》.申报,1918年5月9日。
[9] 《渔商保安联合会之内幕》.时事公报,1922年8月7日。
[10] 《江浙渔商请设渔商保安联合会》.时事公报,1922年8月1日。
[11] 李士豪,屈若搴.《中国渔业史》.上海:商务印书馆,1937年,第97页。
[12] 《柴桥穿山添设团防》.申报,1924年5月19日。
[13] 《渔民自卫团组织办法》.时事公报,1935年4月4日,第2张第1版。

麇集,难免不良分子,夹杂其中,乘机滋事,兹为根本防护计,昨特训令定海县长,严密编组保甲,团结渔民,迅饬各该地渔会渔公所之董事,编组保甲,遵照省颁整理保甲计划大纲之规定,予以编组"。①

除了团体性的护渔组织之外,稍有家资的个体渔民也会集资购买大型船只,并加以改装,充当护渔船只使用。如鄞县咸祥大嵩峡山渔民代表尤顺安、朱贵岳、孙阿水等,以该地渔民众多,"为谋安全起见,拟集资买帆船一艘,常川保护"。在经过宁波渔业警察局审核后获得许可。②

四、影响浙江海洋渔业组织变革的因素分析

在前文已经论述了影响浙江海洋秩序有两个非常重要的因素,日本侵渔与中国海盗。为应对两者,当然最重要的是后者,民国时期的浙江海洋渔业组织做了非常大的调整。就其在维护海洋秩序过程中的作用而言,我们不仅要关注其内部组织的变化,还要注意当时的历史环境及各渔业组织之间的矛盾。这样我们才能更加细致地去审视当时海洋渔业组织的作用。

就外部环境而言,最能影响海洋渔业组织变革的不是侵渔和海盗,而是民国时期的政局变化与经济现代化建设。自晚清成立渔团局与江浙渔业公司后,中国海洋渔业组织的现代化建设也拉开了帷幕。晚清中央官制的改革及其后 1911 年辛亥革命的胜利,管理海洋渔业的中央部门终于得以确定,此后农工商部、实业部先后成为中国海洋渔业的主管部门,全局性的海洋渔业建设也得以展开。中国的统一为成立全国性的海洋安全组织——水上警察厅提供了非常好的政治环境。不过此后,随着中国的内战,全国性的海洋渔业政府组织建设直到 1927 年南京国民政府成立后才得以继续推动。在这一段时间内,区域性的海洋渔业非正式组织得以发展,以江浙渔业公司退出护渔体系为契机,江浙渔商纷纷成立民间护渔组织,大量的渔业公所及渔业团体得以建立起来。而在实际上不属于任何政治团体的海军部也投入更多的精力参与围剿海盗,保护沿海安全的事业中。1927 年到 1937 年这黄金十年,在"统制经济"思想的影响下,时任实业部长的陈公博提出了规模庞大的渔业现代化建设方案③。其后中央及地方的政府组织及民间组织都在其影响下做了相应的调整。不过陈公博的建设方案在实施当中不仅没有考虑到渔民的承担能力,更是触犯了当时上海的既得利益者,结果导致方案的流产。随着陈公博的去职,实业部护渔的责任,由中央下放到地方省政府。

中国这种政治环境的变化,对于应对日本侵渔与中国海盗是非常不利的。北京政府时期内阁的频繁更换使中国在应对日本侵渔的过程中没有一个稳定的外交政策,除了海军部派出军舰参与护渔外,更多的则是地方民间渔业组织雇佣更多的护渔船只加强对渔民的保

---

① 《专员办事处督饬渔区编组保甲》. 时事公报,1935 年 4 月 26 日,第 2 张第 1 版。
② 《鄞东咸祥等处渔民拟集资购船护洋》. 宁波民国日报,1936 年 5 月 6 日,第 2 张第 3 版。
③ 关于"统制经济"与中国海洋渔业现代化的论述,可参见丁留宝:《统制·民生·现代化:上海鱼市场研究(1927—1937)》,上海师范大学博士学位论文,2010 年。

护,这就使民间渔业组织在这一时期得到快速发展,大量护渔组织在政府的允许之下得以建立。但由于当时涉海部门汇订的领海基线仅为3英里(约2.6海里),这在法理上就意味着大批日本渔船在中国沿海的侵渔皆在公海,从法律角度而言不构成侵渔,其结果就是中国的护渔行为没有法理依据。1926年4月26日,江浙渔会会长邬振声就商榷领海界限一事,致信上海总商会,希望能共同推动将中国的领海区域按照当时的国际惯例外延至30海里,30海里以内除传统渔场作业外,中外渔轮皆禁止捕鱼,这不仅为防止日本侵渔提供了法理依据,同时还保护了依靠传统渔业生产技术维持生计的大批渔民[1]。其后随着南京国民政府的建立与日本侵渔行为的进一步扩大,实业部在应对日本侵渔过程中也逐渐认识到领海基线的重要性。如1930年11月29日农矿厅转呈外交部的关于浙江省立渔业试验场报告日本大批渔轮在江苏花鸟岛附近侵渔的汇报,经外交部向日本驻华大使抗议,日本"借口公海"导致事件无法解决。无奈之下,外交部将此转呈行政院[2]。为此,1932年3月行政院第21次国务会议规定:"领海范围为三海里,江海关缉私界限,则定为十二海里,以示限制"。[3] 1933年中日关税协议期满后,中国更是大幅度提高水产品进口关税以抑制日本水产品倾销,保护国内海洋渔业市场[4]。在其后的实践当中,随着日本侵华步伐的加快,这些措施在实际实施当中的收效很小。

就内部而言,分析民国时期浙江海洋渔业组织变革,我们要关注三个方面:①海军部;②实业部下属的海洋渔业局;③各海洋渔业民间组织。这三股力量随着中国政局的变化及浙江海盗与侵渔问题的严重程度,在浙江海洋护渔体系中起到不同的作用。在应对海上侵扰的过程中,海洋渔业局和地方海洋渔业民间组织是主体,而海军部则是重要补充。在整个护渔体系当中,海洋渔业局与地方海洋渔业民间组织是呈此消彼长的态势,当全国统一,海洋渔业局的工作有效开展时,海洋渔业民间组织的发展则相应得到抑制;反之,其发展则得到政府的默许。而随着海盗问题的严重,海洋渔业局与海洋渔业民间组织的护渔船只已无法有效保证海洋渔业安全的时候,海军部的力量则成为维护海洋渔业安全的重要补充。民国时期的中国海军力量虽然无法有效抵御外敌入侵,但在围剿海盗的过程中,其航速、火力、续航力皆比护洋船只要好得多。但是海军部在地方征收护洋费用也严重影响了地方利益,因此海军部在浙江建立地方渔业保卫组织的设想屡次搁浅。海军部、海洋渔业局地方海洋渔业民间组织的矛盾集中体现在1922年、1925年和1926年。此时,由于中央政府对地方控制力的下降,地方海洋渔业民间组织与海洋渔业局之间、地方海洋渔业局和海洋渔业民间组织与海军部之间存在着错综复杂的利益博弈,不过总体而言,其博弈的核心皆是围绕海洋护洋费用的征收。

以1922年为例,浙江渔商保安联合会成立之后,即对大船每次进口征收护洋费56元,小船42元,同时邀请上海十六铺加入该会,并"订立章程使冰鲜船户不得不入该会,否则即

---

① 《邬振声商榷领海界线书》. 时事公报,1926年4月27日。
② 《日轮侵渔案已咨农矿部核办》. 江苏省政府公报,1930年,第611期。第8页。
③ 李士豪,屈若搴.《中国渔业史》. 上海:商务印书馆,1937年,第28页。
④ 《废止中日关税协议与振兴水产》. 上海市水产经济月刊,第二卷,第四期,1933年5月15日,第24页,载《早期上海经济文献汇编》(第30册),北京:全国图书馆文献缩微复制中心,2005年,第130页。

令各鱼行拒绝其货",该行为遭到部分渔商的抵制并被报纸曝光[1]。同年9月,财政部即下达通知允许进出上海口岸的渔船可以自由报关。其后浙省财政厅将外海渔船的牌照费与护洋费统一交由水上警察厅征收,所以当时慈溪商民王永彬组设宁台温渔团,以征收牌照费的申请便被驳回[2]。同年,由于海军部在定海沈家门设立的清海办事处"苛扰商渔各民船,由地方士绅及各长官电请撤销"。海军部解释征收护洋费是为了保证"清海处经常费用之支出,军舰增加煤料之款项"[3]。但是当地的渔商并不买账,义和公所董事孙振麒、义安公所董事吴峤维、丰南公所董事陈巨纲、维丰北公所董事蔡汝蘅等8人召集渔柱渔户等详细询问,据渔民反映,去年清海局军舰"勒取护费,痛苦不堪,毫无成效。若本年仍如是办法,则保护为名,勒索是真,非徒无益,反多扰害"[4]。据此,在地方士绅的强烈反对下,海军部清海局不得不停办。

以上仅仅是民国时期海洋渔业组织变革的一个案例。如果翻阅民国时期关于渔业组织发展的文献资料,我们看到大多数的组织变革皆围绕渔业费用的征收权利展开,即使1931年3月28日国民政府颁布《豁免渔税令》[5],从实业部到地方渔业公所征收的各种护洋费用使渔民的负担并未减少。而这一情况一直到1949年都没有改变。

五、结语

民国时期是中国海洋渔业组织变革的一个重要阶段,传统海洋渔业组织的转型与现代海洋渔业组织体系的形成皆在这一时期完成。传统水师向近代海军的转型、中央海洋渔业管理机构的设立,新式渔会与护渔组织的组建,这一切不仅是为了应对近代中国沿海的海洋渔业经济发展与维护海洋渔业秩序,更是世界范围内海洋秩序重组的一个有机组成部分。特别是1904年后中国海洋渔业组织建设由于大量留学生的参与,其建设思路紧跟世界发展潮流。只是在实际的实行当中,这些建设方案受到政治、经济、外交等各种因素的制约,再加上中国海洋渔业组织自身发展过程中的缺陷及海洋渔业秩序的严峻形势,导致其最终未能有效引领中国海洋渔业技术的革新与渔业经济的现代化发展。但这一时期的海洋渔业组织建设为后来者留下了宝贵的制度遗产与经验借鉴。从中央到地方的海洋渔业正式组织一直到当代还基本延续这一框架,只是其管理部门由实业部转为当代的农业部。而海军在向蓝海迈进的同时依然承担着保护中国海洋渔业生产安全的责任。而海洋渔业非正式组织的发展又应对了历史的经验。当渔业政府组织大力发展的时候,其渔业民间组织则相对弱小。究其原因,是维护海洋秩序的复杂性与海洋范围的广度,是海洋渔业民间组织无法承担的,而海洋渔业政府组织的扩张则成为历史的必然。

---

[1] 《渔商拒收护洋费之部批》. 时事公报,1922年9月13日。
[2] 《组设宁台温渔团未准》. 时事公报,1922年11月10日。
[3] 《关于清海办事处之部文》. 时事公报,1922年4月20日。
[4] 《否认续办清海办事处之一致》. 时事公报,1922年11月12日。
[5] 李士豪,屈若搴.《中国渔业史》,上海:商务印书馆,1937年,第53页。

在包容与对话中建构、质疑乌托邦[①]

——论徐訏海洋小说《荒谬的英法海峡》的独创价值

陈绪石

(宁波大学 科学技术学院)

摘要:《荒谬的英法海峡》是一个兼容中外文学传统元素的海洋小说,在二者融合的基础上它建构了浪漫的异域乌托邦。在叙述主角走进乌托邦的同时,小说又以思乡情结规约他走出乌托邦,所以,小说还是一个中国式的近代海外奇遇。作家的包容精神更体现在以文化多元的姿态呈现了一场跨文化对话,对话既是展示乌托邦的一种手段,也是质疑乌托邦不合理性的平台。小说的包容、对话、多元等精神表明,徐訏创造了一种独特的现代海洋小说样式。

关键词:海洋小说;乌托邦;包容;跨文化对话

和徐訏大多数小说一样,《荒谬的英法海峡》也是一个奇情小说。它的"奇"不仅体现在浪漫爱情故事、异域色彩上,而且还体现在它是一个有着莫尔"乌托邦"色彩的小说。在这个异域乌托邦,奇遇、对话、爱情、思乡、海景成为小说凸显的重点,所以,小说展示了开放、包容的海洋文化精神。在现代,只有徐訏才书写这类小说,在浙东与西方海洋文化的交互影响下,徐訏在开放性、包容性方面显然要超出现代其他作家,而且徐訏有欧洲留学经验,他在海洋小说的建构上确实有开阔的视野、多元的胸襟、现代的精神。

一

从文学渊源看,《荒谬的英法海峡》与中国古代海洋小说一脉相承。就古代海洋小说,有学者指出:"内陆地区或毫无航海经验的人们对海外世界的认识,通常出自于浪漫的想象,而真正具有航海经验的人们,其亲身经历往往充满了危险、艰辛与苦难。由此形成了濒海小说的两大系列,即海外仙境小说与海上历险小说。"[1]《荒谬的英法海峡》是两者的融合,小说叙述的是英法海峡航船上的一个中国人被海盗劫持到一个人间仙境一样的地方。《荒谬的英法海峡》源出古代小说,这与古典小说对徐訏的熏染有关。尽管徐訏没有直接说

[①] 基金项目:浙江省海洋文化与经济研究中心年度自设课题(13HYJDYY07)。
作者简介:陈绪石,江西瑞昌人,文学博士,宁波大学科学技术学院副教授,从事中国现代文学研究。E-mail:chenxushi@163.com。

过他阅读了中国古代的海洋小说，但徐訏说过："我在很小的时候，就看《三国演义》一类的小说，后来又看一些林译小说，但到了中学，我对于阅读就已绝缘。"[2]徐訏在小学时狂热地迷恋古典小说，直至几十年以后他回忆说："以我个人的经验来说，我在十四岁以前已经看了《野叟曝言》、《红楼梦》、《西厢记》。"[3]热爱小说的徐訏，总会接触诸如《山海经》、《聊斋志异》、唐传奇、"三言"、"二拍"、《西游记》等，它们均收录有涉海故事，小说母题如海上"历险"或"奇遇"等无疑会成为一种内在结构制约徐訏海洋小说的创作。

很明显，《荒谬的英法海峡》又是一个"乌托邦"小说。首先，小说叙述的是由法入英航船上的一个白日梦，这意味着讲述的故事纯属乌有，而且，航船往英国行驶，这使读者联想到莫尔小说《乌托邦》。其次，航船被海盗劫掠，但这不是一般的海盗，他们在海外岛上建立了一个自由、平等、快乐、没有剥削、没有阶级、没有官僚的世界，它是一个美丽的地方，社会构成也大体与"乌托邦"相符。再次，海岛是与现代社会对立的世界，它的存在是对现实世界的批判。以上几点是乌托邦的典型特征，国内也有不少学者做过相关论述。"以莫尔《乌托邦》为代表的经典乌托邦小说的基本写作特点是：以作者假设的价值标准或理想社会状态为参照，先对现实的丑恶和生活的弊病提出批评，再对社会未来的发展提出具体详细的改革方案。"[4]针对"乌托邦"一词在中国学术界呈现泛滥的趋势，有学者界定了何为乌托邦。"乌托邦首先表现出的就是其批判的精神。其次，乌托邦针对现实的苦难所描绘出的、指向未来的美好图景，对人产生一种'慰藉'(solace)的功能，支撑人们在苦难中顽强生存。乌托邦的再一个重要功能是'改变'(change)，乌托邦的美景并不是空中楼阁或海市蜃楼，它是关于解决现实社会困境的最佳途径的指示性描述，是人类历史发展长河中不断的步伐调整。三种功能共同作用，构成了乌托邦对人类存在的重要意义并贯穿了整个人类发展的历史。"[5]所以，徐訏确实有意建构一个"乌托邦"，至少他搭建了一个"乌托邦"舞台，小说人物上演什么故事，后文再论。

《荒谬的英法海峡》中西兼容，这源自作家的开放意识、包容胸襟。徐訏说他在大学的时候，"知识欲非常旺盛，好胜心很强，于是开始一个长长的时期狼吞虎咽的阅读，不知怎么，以后我对于书籍就开始迷恋，诸凡读过的书固然都想保存，听到翻到的书也想占有，预备将来慢慢来读。最神经病的，就是对于许多著作都想读原文，我后来在学校里想学过许多文字——如德文、日文、俄文、法文，自然一样都没有学好，但是我竟预先地想有我看过的中英文译文的原著，以为我慢慢地可以对照着读，而逛旧书摊也变成我那时候唯一的消遣。"[6]该段话表明，徐訏在阅读上不仅向中国开放，也向欧美开放，而且，他有海纳百川的胸怀。所以，有学者说："徐訏是一个曾受到欧风美雨洗礼的现代知识分子，但无论从徐訏的人格还是他的文学作品来看，都有着浓郁的传统情结。"[7]唯有包容、吸纳了中外文化的能量，他才能释放中外文化的魅力，对于《荒谬的英法海峡》，徐訏兼容中外海洋小说的写作套路显示，在文化上他超越了同时代的多数作家。

徐訏文化上的开放、包容在现代作家中显得格外突出，这应该从他的人生历程找原因，即浙东地域文化熏陶了徐訏。若论面向海洋、出国留学、吸收西方文化，这恐怕是大多数现代作家的共性，他们力图走出传统内陆文化的封闭与固守，但是就近代文人而言，在走向海洋过程中汲取中国传统的包容精神并不具有普遍性，因为中国的现代化进程致使他们忽视中国传统。有意识地博纳中西，这是一种个别或局部现象，从地域文化上看，浙东文化赋予宁波作家徐訏以包容胸襟。"浙东文化尽管包罗万象,但其主体是:宗教文化、商业文化和学术文化,这三者构成了浙东文化的三驾马车,民间的、世俗的与精英的马车并辔而驰,又相互涵摄,每一驾马车又往往涵载着相异的内容,并各自构成一个文化丛。如此组成了浙东传统文化多层面的丰富内容,予人以多元并茂、色彩斑斓的直观印象。"[8]浙东文化是一种有别于内陆的沿海文化,长期以来,在时断时续的中外交流中,浙东地域具有桥头堡的作用,所以浙东文化是一种向中外开放、具有一定近代性质的地域文化,包容是它的主要特征之一。现代浙东作家如鲁迅、周作人等在地域文化的影响下都注重吸纳中国传统,只不过方式不同。出于启蒙的需要,鲁迅是隐性的,而周作人更愿意把文化经营、文学创作视为事业,所以,周作人是显性的。徐訏明确赞同文化多元,实践文化包容,这凸显了地域文化对徐訏的影响,浙东地域文化是基因,它规范了徐訏的文化视界。

二

徐訏将古典海洋小说与乌托邦小说杂糅在一起,这不是一个无序的拼图,而是有机的结合,是对二者的超越。徐訏是一个有独特风格的作家,乌托邦只是他借用的一个叙事场域,海外奇遇是他讲故事的肇始,他要讲述的是属于徐訏的故事,《荒谬的英法海峡》展现了最有徐訏特色的一面,即浪漫、奇情、虚幻。有学者指出:"在他的作品中,那些巴黎、马赛、伦敦的异国风光,那些超凡脱俗的爱和自由,那些乌托邦式的理想神话,那种原罪感的惶惶然戚戚然,那种'人神契合'的神秘莫测高不可攀,以及那些太主观太远离现实的想象,太浪漫太虚无的传奇故事,再加上,那需要用心灵用潜意识去体会去参悟的诸种不可言传的审美感知,那需要用哲学用宗教等文化品格去审视的理性思辨,都是中国新文学史上的其他浪漫主义作家没能表现出来的。"[9]徐訏的其他情爱小说,只是"乌托邦式的",《荒谬的英法海峡》则建构了一个实在的乌托邦,不过,小说关注的重心显然不在乌托邦的特定意涵,作家无意在社会批判上做大文章,徐訏更愿意做的是:"启示了一个人类孜孜以求、执著向往的精神家园——一个至真、至善、至爱的和谐澄明之境,一个超越了时间与空间畛域的永恒之境,一个摆脱了现世拘囿和人性局限的自由之境。"[10]这种说法对《荒谬的英法海峡》而言略有夸大,但小说构建了一个非现世的空间,爱情就孕育在其中,这就是徐訏独有的浪漫、神奇的艺术世界和精神家园。

《荒谬的英法海峡》是一个典型的徐訏式海洋小说,其特长在于讲述奇幻的爱情故事。小说特色之一就是爱情发生于乌托邦,中国留学生徐先生被掳掠到一个海岛上,他与乌托邦首领的妹妹培因斯恋爱。其次,海洋在他们爱情发展中起到至关重要的作用。他们第一次外出郊游的时候,爬山来到海边,小说描写大海美妙景致,叙述他们敞开胸怀谈论海,抒写他们心灵的共通性。先看一段培因斯在与徐先生的对话中对海洋的叙述:

因为近年来,我常常爱一个人到海边来,你看那面的白石。我爱一个人坐在白石上,晒着太阳,听那海潮的声音,拾一点贝壳,或者拿一块石子抛在海里,看它自然地淹没,有时候我躺在海边,望那天上的云,幻想那海尽头的世界——这些世界我三岁以前都到过的,可是现在连一点印象都没有了,一个记忆不清的往事,永远是灵魂深处的欲望。

培因斯的祖父、叔祖父是海盗,后来在海岛上建立了乌托邦。大约在很小的时候她曾经去过很多地方,依稀的自由在内心深处呼喊,这表明她向往走出乌托邦。同时,培因斯处在少女期,她一个人在海边的遐思是少女怀春症状,她似乎期待来自远方的爱情。留学欧洲的徐先生的到来正好填补了她情感上的空缺,他们观看大海美景:"天上有零乱的云彩,太阳发着黄色,天空里飞翔着海鸟,海上点点的金波,翻成一条灿烂的大道,我们就在零乱的石块上踏进海去,拣一个比较高耸的石上坐下。"由于他们谈得很投机,所以身处异乡的徐先生说:

但是假如说世界上最值得我留恋的,是今天这一刹那,在温和的天气中,天象征着和平,海象征着博爱,云象征着诗,太阳象征着热情,你象征着真善美,假如日子是永远可以这样过,我愿意老死在这里,我没有到别的世界去的念头。

以上是徐先生在面对在场美景时抒发的肺腑之言,他被征服了,在他看来,她是真善美的化身,当然也是他欲望的对象。他的话语在她那里得到应和,所以,他们的心灵堪称琴瑟和谐。从午后到晚上,他们一直待在海边,一边欣赏大自然,一边敞开心扉无所不谈。在无人之境,在美妙的大自然,他们恍若进入伊甸园,他们就是夏娃亚当,沉浸在纯洁的二人世界里。总之,《荒谬的英法海峡》像徐訏多数小说一样,它构建了一个纯粹的浪漫空间:没有人迹的海边、纯美的海空,纯净的心灵自在地遨游在独特的爱情家园。海洋环境又像是一个温室,他们的爱情快速成长。不过,一旦脱离这个环境,他们的爱情就容易夭折。

《荒谬的英法海峡》建构了浪漫乌托邦,但又是一个近代海外奇遇,对中国人来说,生活的牵挂太多;换言之,中西兼容的《荒谬的英法海峡》展示了文化上的复杂性、包容性。徐先生在邀约与胁迫之下走进乌托邦,尽管岛上的人十分友好,很有挽留他的意思,培因斯、鲁茜斯或许就是"美人计"中的两颗棋子,但是,徐先生有不可治愈的怀乡病。在第三天,徐先生就思念家乡,"在这个温和的阳光底下,天蓝地绿之小,使我想到故乡的秋野。那面农夫们正在割稻,风中都是稻香,在他们质朴的深沉的笑容之中,我同他们有许多话可谈,那是任何地方都寻不到的亲热。这种怀乡病又使我感到到这个地方来的荒谬。"这是中国人都有的思乡之情,除了沉醉在海边的片刻,故乡一直沉甸甸地藏在他内心。粗略统计,以大段或多段文字书写怀乡感情的文字有四处,另外,以一二句话提到故乡或隐藏有思乡之情的话语也有五六处,这说明,怀乡完全压倒恋情。所以,一方面小说叙述乌托邦里几个年轻人的感情纠葛,抒写海洋情致;另一方面,对故乡的思念构成小说的一极,书写故乡的文字越多、频率越高,就越表明徐先生的乌托邦之旅只是一场奇遇。因此,海洋文化的开放与内陆文化的保守在小说里得到完美融合,丰富、杂多的文化内涵或许正是徐訏的特质。

《荒谬的英法海峡》是一个走进乌托邦又走出乌托邦的小说,走出乌托邦源于思念故乡,如果检阅徐訏的香港期创作,就能发现在思乡主题上《荒谬的英法海峡》是一次"预演"。有学者剖析徐訏的香港期创作时说:"这种时光不再的隐忧又同时引发了徐訏小说的原乡主题,在缅怀故里风物、追忆童年往事或感叹现代文明的功利世俗中生发出乡愁的叙事情境。事实上,'漂泊'与'原乡'是徐訏香港时期小说的基本动机,这两种充满时空张力的叙事母题无疑也是构成世纪中国文学传统的基本因素。"[11]按此逻辑往上推,在30年代后期,当徐訏赴欧洲留学,他漂泊在欧洲各国时就有乡愁,它反映在创作上,《荒谬的英法海峡》里的徐先生在乡情的牵引下讴歌、赞美故乡,这表明,该小说是徐訏后期创作的一次提前上演。原乡主题表明徐訏有着传统的一面,中国作家的乡情浓得难以化开,这由中国人的"安土重迁"文化心理所致。徐訏虽然是开放的海洋作家，但他还是深受中国传统影响，乡思成为结构小说的重要因素，这说明，徐訏的文化构成极具复杂性，在开放中他有坚守，包容是他一以贯之的特点。

三

对话是《荒谬的英法海峡》的重要组成部分，对话之所以可能，一是源于作家包容、多元的精神；二是作家有文化交往的生活经验，并有将它写进生活的愿望。现代作家都有中西文化交往体验，但是在文化交往中，平等地处理双方关系、以包容的姿态强调二者共存的作家并不多，因为现代性追求是现代作家共同的梦，批判传统在他们看来是实现理想的前提。根据上文所论，徐訏的兼收并蓄与浙东文化有关。因此，徐訏在出洋留学途中，当他有切实异质文化对话的机会时，他不会以文化上的孰优孰劣来偏爱某一文化，他所做的更多是中外比较、互相借鉴、平等对话，这种文化多元的态度也体现在徐訏的系列散文《论中西的线条美》《论中西的风景观》《谈中西艺术》《谈中西的人情》中。同理，在小说中对话也是一种讲述方式，《阿喇伯海的女神》聚焦于阿喇伯母女与中国留学生的对话，这无疑源自徐訏途经阿拉伯时的想象；徐訏的留欧之旅也是他创作中西文化对话小说的前提。当徐先生进入乌托邦，他与培因斯对话的实质是中英文化对话，即《荒谬的英法海峡》叙述一个中国留学生对乌托邦的认识、理解与质疑。

对话在小说里有突出的意义，乌托邦的历史渊源、社会结构甚至异域恋情等均以对话的形式被呈现出来。徐先生原以为他遭遇海盗，在与史密斯对话后他才得知，他来到了乌托邦。乌托邦究竟是一个什么样的地方呢？首先，它是一个海外孤岛；其次，在人物的对话中读者还知道，这个世界没有阶级、没有官僚，它是一个和平、自由、平等、快乐的世界，是现代社会的反动；其三，徐先生、史密斯还对谈乌托邦与其他世界的联系、乌托邦的军队与社会生活等。如果说他们的对话使得徐先生对乌托邦有初步了解，那么他与培因斯的对话则促使徐先生了解乌托邦的历史、更为具体的乌托邦生活，乌托邦的先天优势与局限都在他们的对话中得以展现。另外，对话的重要性还体现在异域恋情上，徐先生与培因斯情感的培育基本依赖于对话，这说明，跨文化恋情本身就是一场文化对话，对话双方的特定文化身份是中英。乌托邦是英国人莫尔空想出来的理想社会，它具有浓郁的反近代社会特质，但作为一种思想和理想的社会形式，它的出现当然与西方工业社会有关，即它源自近代社会却反近代社会。而徐先生是中国留学生，他是一个看客，是文化上的异己。当史密斯、培因斯兄妹企图将徐先生纳入乌托邦时，徐先生的文化身份决定了他必定走出乌托邦，从根本上讲，乌托邦虽好，或者说他和培因斯虽有感情，但这里终究非久留之地。

在小说的对话里，读者还能发现，《荒谬的英法海峡》有质疑乌托邦的因素，至少小说揭示、批判乌托邦有自身难以解决的缺陷。对话是一种语言交流，语言是传达思想的工具，所以，对话不仅是文化对话也是思想对话。在小说人物的对话里隐藏有一种思想，乌托邦是一种难以实现的悖论。乌托邦是一种虚拟，从本质上讲，乌托邦是一种海洋文化，一是莫尔的乌托邦是一座海外岛屿；二是它抵抗近代工业社会对人的压抑、剥削，它具有海洋文化的自由属性。但是，乌托邦是否真正实现了人的自由？下面不妨对徐先生与培因斯的对话做详细读解。对自由的渴求注定了乌托邦人不拘泥于小岛生活、向往岛外的世界,当培因斯说到她要到外面的世界跑一趟时,徐先生说:"难道对这样仙子一般的生活厌倦了吗?"培因斯回答:"仙子一般的生活?"她的反诘说明培因斯并不满足现状,至少在她看来,小岛太小,它限制了个体身心自由,所以,她经常孤独地亲近海,不羁的心灵在海上自由地飞翔。她在与徐先生的对话中说道:"这里的海鸟,你看,他们飞得多么自由,哪里都可以去,但是我永远在这里,这个小小的世界。我像被放逐在岛上的拿破仑。"寄寓有人类平等、自由、公正等良好愿望的乌托邦,却限制了人的自由,夸张一点说,它成为一座难以逾越的监牢。所以,小说在乌托邦叙述中质疑乌托邦,甚至也有反乌托邦色彩。有人在比较乌托邦与反乌托邦小说时指出:"乌托邦小说的作者是以热情的口吻,叙述对乌托邦的向往;而反乌托邦小说的作者则以冷漠的态度,表达对乌托邦的怀疑。乌托邦强调整体的利益,而反乌托邦则关注个人的特质。"[12]《荒谬的英法海峡》很难说是单一的乌托邦或反乌托邦,它既有赞美乌托邦的一面也有质疑乌托邦的一面,海盗源于对自由的追求建立了乌托邦,但是,这里潜藏有悖论,自由的乌托邦最终使得个体陷入不自由。对乌托邦质疑的不是乌托邦外来者的声音,而是培因斯的话语,它戳中乌托邦原则的荒谬,凸显了语言传达思想的力量,无疑,她的话语对乌托邦有更强的批判力。

当小说叙述中英文化对话时,乌托邦存在的合理性就打了折扣。对话的前提是文化多元、包容,因为唯有主张文化多元化,创作主体包容各种文化,小说中的跨文化对话才可以实现。不过,乌托邦精神显然违背多元化,乌托邦实行的是集体生活,所有人都是集体的一部分,它是一个整齐划一的社会,这种存在以高度的一致性违逆了丰富的多元性。在徐先生与培因斯的对话中,他敏锐地感受到培因斯对现状不满,乌托邦有它的合理性,但也有弊病,培因斯的困惑源自"一个海盗的血统与一个社会主义的教育"、"浪漫的革命与建设的纪律",前者是自由,后者是规约;前者是杂多的个性,后者是单一的集体性。对话中的一极徐先生始终保持有文化的独立性与反思性,譬如他对故乡的思念压制了来自乌托邦的好感,由于徐先生是独立的文化抑或思想主体,所以,他对个体的困境了然于心,对话的态度也决定了他并不认同乌托邦的社会结构、组织形式,个性化的多元才是合理的,因此,他走出乌托邦是一种必然。

跨文化对话表明徐訏海洋小说在现代文学史上具有独特的价值,因为这是徐訏以前的作家未曾尝试过的。现代作家如郭沫若、冰心等在创作中也较多地涉及海洋题材,但是,他们的表达与徐訏不同,有人在研究"五四"海洋文学时指出:"'海洋'作为一个承载着现代意识、世界想象和生命觉悟的特殊意象大量涌入中国文学,深刻改变了现代中国人的文化想象和世界认识,持续生发出一种新的生命气质和文化精神。"[13] "五四"作家的现代意识与世界想象通常是一种对西方近代文化的膜拜,而徐訏的文学想象则勾画了一副图景:在世界范围内,中国文化在平等地与其他文化对话,《阿喇伯海的女神》、《荒谬的英法海峡》等就是这类典型。总之,对话表明徐訏走在时代前列,也表明徐訏创造了一种独特的海洋小说样式,在中国现代文学史上这类小说有一定的创新价值。

参考文献

[1] 王青.《海洋文化影响下的中国神话与小说》,北京:昆仑出版社,2011年,第256页。

[2] 徐訏.《书籍与我》,载《徐訏文集第9卷》,上海:上海三联书店,2008年,第468页。
[3] 徐訏.《两性问题与文学》,载《徐訏文集第10卷》,上海:上海三联书店,2008年,第375页。
[4] 潘一禾.《经典乌托邦小说的特点与乌托邦思想的流变》,浙江大学学报,2007年,第1期,第88页。
[5] 李小青.《当代中国文学批评界对"乌托邦文学"的误读》,当代文坛,2005年,第1期,第17页。
[6] 徐訏.《书籍与我》,载《徐訏文集第9卷》,上海:上海三联书店,2008年,第468页。
[7] 吴毅勤,王素霞.《我心彷徨——徐訏传》,上海三联书店,2008年,第28页。
[8] 曹屯裕,怡江.《博纳兼容:浙东文化的恢宏品格》,宁波大学学报,2000年,第2期,第2页。
[9] 赵凌河.《中国现代"洋味"的浪漫主义——论徐訏的小说》,呼兰师专学报,1999年,第3期,第48页。
[10] 刘华.《情天恨海中的诺亚方舟——对徐訏婚恋天才小说的一种解释》,宁波大学学报,2003年,第1期,第26页。
[11] 陈漩波.《时与光:中国现代文学史格局中的徐訏》,南昌:百花洲文艺出版社,2004年,第248页。
[12] 高尔聪,王盈盈.《乌托邦文学与反乌托邦文学渊源之比较》,佳木斯大学学报,2011年,第3期,第63页。
[13] 彭松.《略论"五四"文学中的海洋书写》,复旦学报,2013年,第3期,第92页。

镇海古海塘略论

吴锋钢

(宁波市镇海区文物保护管理所)

摘要：镇海地区是宁波乃至整个浙东的重要出海口，处在内河外海交通线的重要节点上。为了保障运河出海口安全畅通和城内居民的安居乐业，当地官民同力修筑了多条海塘。镇海区的古海塘以其特殊结构、多重功能和独特形制一度发挥着重要的作用。本文通过碑刻、地图、方志的相互印证，考订谬误，补证空白。通过碑、图、志相结合，试着完整展示镇海地区海塘的发展历程，并重新审视古海塘这一特殊的人类文化遗产。

关键词：海塘；结构；年代；作用

海塘主要分布于河口、海滨等沿海地区，基本功能是挡潮阻汐。镇海古称海壖之地，上千年来饱受海浪潮汐的侵袭，因此，在当地留下了多条海塘。它们不仅在保障当地居民生存发展方面产生过重要作用，也在人类与自然的斗争中不断发展完善，见证了沿海居民的坚毅不屈与聪明才智。作为水利工程，镇海地区的海塘以其特殊的结构抗击着海浪的侵袭，保护着当地居民生命财产的安全。作为军事工程，部分海塘以其城塘合一的形制，坚守着全浙咽喉这一重要的关口。在这一地区的海塘上留下了许多可歌可泣的抗击侵略的故事。因此镇海地区的海塘以其特殊结构、多重功能和独特形制在浙江乃至全国都具有重要的地位。受地形山势的决定，镇海地区的海塘可分为东北线与东南线。

东北线：起于招宝山麓向西北延伸至凤凰山。主要有后海塘、钩金塘、新土塘、和尚塘、灵绪塘等几条古海塘。

镇海后海塘，位于镇海县城的东北。据民国《镇海县志·水利》载："后海塘，县西北二里，起巾子山麓止东管二都，海环县之东，南北山势盘旋，潮泥积淤，善经理之，皆可为田。稍失提防，风潮冲击则平地高岸悉为水乡。"关于后海塘，已知最早的碑刻是宋代明州知州林栗所撰《海塘记》，碑刻现佚，碑文现存光绪《镇海县志·水利》。碑文主要记述了淳熙十六年(1189年)明州知州岳甫再修海塘之事，"先是定海塘以一木从事，岁有决溢之虞。丁酉(淳熙四年)之秋，江海为一"。"知县事陈公亮创用石板以护其外，仅支数年"。淳熙十五年(1188年)"风涛屡惊""守臣岳甫始合军丁之辞以告于上"上"核其费以闻，诏赐缗钱六万五千有奇"。"己酉春正月己未初基，越六月甲寅，凡十有七旬又五日而讫事"即从淳熙十六年正月开始经过春夏两季，花175天，积工至30余万建成。至此海塘得以"巨防屹然，罅隙不动"。明代兵部尚书张时彻也撰有《定海县增筑内城碑记》，现立于后海塘城塘合一尽处。

碑文载:至万历年间,后海塘"历年既久,堑障渐驰,啮者、窪者、欹者、锐而突者、罅而夷者、乃稍稍见矣",遂议修筑。经实地考证,认为"若修固古隉,作为外护,筑新城于内地为便"。历时一年零九个月。至万历二年(1574年)闰十二月二十六日竣工。修筑石塘长四百六丈三尺址阔一丈四尺顶阔一丈高二丈与旧城齐面之以石联于旧城。"不啻山岳固矣"。到了清代,乾隆年间镇海知县王梦弼也撰有一方《后海石塘记》,碑文载:"雍正初,陡经海啸,沙涂洗没,水薄塘堤","乾隆丁卯(十二年)秋怒飙鼓浪,城塘悉溃,水灌田庐。"王知县一面向上汇报,一面召集乡绅,共议补救措施。在分析了前人措施的利弊之后,力排"外筑护堤"、"移塘避冲"和"建复塘、改直塘"等议,主张改建夹层堵缝镶榫塘,这种先进的塘体既"不违旧制"而且"法已加详","似可收因时补救之益"。遂"伐木于闽海,炼灰于富春,凿山运石于鄞、慈、定县,募匠于宁、绍两郡",历时两年零九个月,三历秋汛乃成。民国期间有《重修镇海后海塘记》碑,慈溪冯开撰写,现存于鸿福亭内。碑文载:"城之筑,盖当唐昭宗乾宁四年,塘虽不详所始,要其治之前于城也晰矣,千余年来屡圮屡复,尤然为县北屏蔽"。该碑主要记述民国10年(1921年)时,海塘又遭损坏,官民同力,将塘修复的事件。民国十年海浪蚀塘,塘岌岌可危,由知县盛鸿焘召集,县人盛炳纪、李征五、方积蕃、洪成璜、乌人垚、董杏生等人出资出物,并得到会稽道尹黄庆澜、浙海关税务司甘福履大力支持,于民国11年(1922年)八月完工。此次修塘官方因"物力凋敝无以作始"遂调动民间力量参与,许多乡绅名士积极响应,对地方公益义不容辞。多数宁波帮领袖人物率先出资,作出表率。使得募资修塘得以顺利进行。《续修镇海后海塘记》碑由夏启瑜撰,王禹襄书,位于俞范嘉燮亭内。碑文记载了民国20年(1931年),修缮"包家路至俞范路一千六百三十八丈石塘"的情况,由乡绅李厚培、江义昌提议。县长郑瑜批准,成立镇海塘工局,先从土塘开工,历时三年多,直至民国23年(1934年)七月才全部竣工。由政府拨款,民间筹资,通过宁波帮著名人物俞佐庭、刘聘三、洪雁宾、陈兰荪、俞佐宸、张善述、周宏生等共同努力,"合群力以图"才使保障镇海民生的后海塘又继续发挥作用。此外在残存的两根天灯柱上也记载有民国23年海塘小规模修补的事件。

通过上述碑刻的记载,后海塘对于镇海老县城及整个出海口的重要性可见一斑。古县城得以繁荣发展,"系塘之力是恃"。后海塘的发展完善过程正是人类与自然斗争不断进步的过程。要弄清后海塘的发展历程,必须先确定其始建的年代范围。宋《宝庆志》载:唐武德八年(625年)改鄞州为鄮县,今镇海地设望海镇隶属鄮县。唐元和十四年(819年)设望海镇,不隶明州,这是镇海建治之始(嘉靖《定海县志》载:元和四年置望海镇不隶明州有误)。这里基本可以确定在唐武德八年之前,海塘就已经存在。现在通用的是《重修镇海后海塘记》碑中的说法,即塘始于乾宁四年(897年)(镇海置县之始)之前,不够精确。其实武德八年设望海镇隶鄮县时,已经有居民长期定居,到唐元和十四年独置望海镇时,已有一定的人口规模,这么多的人居住在一个潮汐无定的地方,首先应该想到的是筑塘护镇,否则将无法长期定居。至少到了元和十四年土塘已经有了一定的稳定性。虽然在南齐永明四年(486年),镇海设浃口戍。出于军事考虑,当时在镇海口驻有一定规模的军队。从当时的地理形势看,镇海的海岸线还要靠内,在今镇海蛟川一带,当时人们生活在更内陆的地方,不一定开始大规模修塘,而且修塘这种大工程,在古代必须官民协力才能成功,除非人口规模到达一定程度,否则官方也不会花大量人力、物力去修筑海塘的。因此可以推测在唐武德八年

(625年)之前,海塘已初具规模并开始发挥作用。到了后梁开平年间镇海古城形制也基本定型,当时的城比较小,并具有明显的军事功能性。形成了以濠河为界,以演武厅、大校场为中心的古城规模。之后由于海浪汹涌、潮汐无定,土塘仍是"屡圮屡复"。宋淳熙四年(1177年)县令陈公亮(淳熙三年四月到任五年四月任满),以石板护在泥塘外,以挡海潮,"仅支数年,水大至则与之俱去,蔑有存者"(光绪志载,雍正间县人贵阳县令胡邦祐记曰"塘始于淳熙十年",似不可信。且胡所记淳熙十年似录于嘉靖定海县志唐叔翰十年筑鱼鳞式石塘之说,亦或各志皆此为开始记塘,故误认为筑塘之始。其实唐叔翰淳熙十年筑塘,本身就存有谬误,后文另述)。淳熙十五年(1188年)海塘又出现险情,县令唐叔翰将后海塘的危急形势上报给明州知州。当时知州兼主管沿海制置司为岳甫,他获悉后,积极向朝廷争取,要求朝廷拨款修治,并亲往后海塘巡视。核准经费后上报朝廷,朝廷拨钱六万五千有余,由唐叔翰,仿钱塘江例,建鱼鳞式石塘,长六百二丈五尺。(《至正四明志》、嘉靖《定海县志》、雍正《宁波府志》、光绪《镇海县志》皆载唐叔翰修海塘为淳熙十年(1183年),但同时也载唐叔翰淳熙十四年十二月以通直郎补定令。还未到镇海当县令,唐叔翰是不可能去修筑后海塘的。因此方志中所载唐叔翰修塘与林栗的《海塘记》所记应为同一次。后志记唐叔翰淳熙十年修塘,实为录于《宝庆志》宝庆年间手抄本,估计应是当时手抄出误。不过后志皆按此录。到了咸丰年间,《宝庆志》咸丰刻版中已将唐叔翰修塘记为"淳熙十□年",咸丰时已经意识到十年为误,但一时无法确定,只好用"□"代替。民国《镇海县志》也同咸丰刻版。《海塘记》中已明确记载"己酉春正月初基","淳熙十六年夏六月定海新筑石塘成"。碑文中的"己酉年"即为淳熙十六年。结合碑文与方志,可以确定的是唐叔翰修筑后海塘为淳熙十六年。因此《宝庆志》光绪刻版和民国《镇海县志》中的"□"也可以确定,应该为"六")。嘉定十五年(1222年)县令施廷臣等又续增石塘五百二十丈。置永赖、海晏两亭,石塘尽处续筑土塘三百六十丈(即灵绪塘)。明洪武十二年(1379年)知县何公肃率鄞、慈、奉、定四县民夫大面积进行修补。二十年(1387年)汤和拓建定海县城,巾子山至西城角段城塘融为一体(城塘合一形制始现),而后成化、正德、隆庆年间间有增修。至万历元年(1573年),增筑内城,巡抚谷中虚认为镇海乃浙东保障犹西陵之虎牢也,遂加固后塘作为内城之保障,修筑石塘长四百六丈三尺(城塘合一基本定型)。至清乾隆十三年(1748年)二月县令王梦弼(乾隆十一年任乾隆十八年任满),创建"夹层堵缝镶榫塘"。较过去海塘更具有实际效果。据《后海石塘记》载王县令创建的"夹层堵缝镶榫塘"是先用黄泥层层夯实,塘坡面外倾内收,塘外再用厚条石一横一竖埋砌七道作为"龙骨",一横一竖的条石都凿出榫和槽,相互扣住。所有的厚条石两面留一寸,并斜着凿出槽,中间均匀镶六道石板。石板与龙骨接合的地方,削成马蹄状,嵌入斜槽内。隔几道还插入一石锥,在塘口处还立石并与龙骨幔板扣住,以左右防松动。在这层幔板下还有一层衬板与上面这层幔板错缝铺设。并在所有的幔板四边都用稠灰胶住以防水入缝抽土。在衬板下面再钉顶桩、夯块石以防内外松动。再在七道龙骨的最下方下钉排桩,上嵌条石,以防上下松动。至此整个海塘连为一体。这种"先进"结构有三大优点:①利用榫槽结构使龙骨"贯成如带",使幔板"上下嵌成一片",加强了塘面的整体性。②利用稠灰胶合接缝,双层幔板错缝铺设"不使缝水抽土",不会出现以前"洪涛激浪,冲进掣出,石随涣散"的现象。③将石塘的上下、左右、内外都束紧,使整塘向内收紧,不易涣散,提高了整体的抗冲击能力。按此标准王县令先对旧塘五百七十六丈五尺一律改建

121

并对城下旧塘三百三十六丈五尺于回浪石后嵌砌路石一道,与护城石槽口相扣(城塘合一形制进一步完善),于乾隆十五年完工。道光二十三年(1843年)飓风巨浪冲塌海塘甚广,监生周正祥始修,至道光二十八年(1848年),"上拨帑银",各乡分段集资修筑。共修补夹层石塘八百余丈,单层改夹层石塘二百三十丈。近范家村一带改建夹层石塘一百六十三丈,近万寿庵一带土塘改单层石塘一百六十三丈。民国10年(1921年)秋,台风巨浪冲塘极危。县知事盛鸿焘邀集绅商共组塘工协会,翌年利用华洋义赈会余款重修石塘一千零二十丈至包家路,建庆安、鸿福两亭于塘上,修土塘三千四百丈,耗银一十三万八千八百余元,1923年8月告成。民国20年(1931年)又遭飓风,新修石塘罅漏迭出,土塘坍塌10余处。县水灾善后会召集七区士绅,于11月组建塘局开工修塘,1934年7月告成。总计修塘用银币5万余元,修路银币5 000余元,筑亭银币3 000元。这两次维修都因政府物力凋敝,无力修缮,由政府支持、民间集资的形式,进行修缮。得到各界宁波帮人士的齐力协作。1934年9月又花了7个月的时间对海塘进行了修补。直至1974年因建镇海港围涂造地,后海塘才完成捍城防汛历史使命。

后海塘从汤和拓建开始,就成为古城的北城墙,其军事防御功能也很明显。雍正《宁波府志》载:嘉靖三十三年(1554年),知县宋继祖在北门旧址增筑望海楼。其楼双檐歇山顶,既可观览沧海,又可警戒倭船。清时,在后海塘城塘合一部分中设炮25门,警铺12座。民国时,塘城上建有水泥碉堡。抗日战争中,镇海守军曾在这一带与登陆日军展开过激战。建成后的后海塘发挥着水利与军事双重作用。对宁波及浙江的稳定发展都起了重要的作用。

钩金塘,在巾子山和招宝山之间,嘉靖威远城图中未标示。嘉靖县治图中标为小海塘(见图1)。此处有载最早的海塘为涨沙塘,乾隆后称钩金塘。现仍存乾隆十三年(1748年)的"钩金塘"石刻。因钩金塘守住两山之间的海口,十分险要。可以确定到了明代嘉靖年间,钩金塘已经成型,正是因为钩金塘的存在才使招宝山、巾子山以及花费大量人力、物力的后海塘联为一体,所以在修后海塘时也会同时修筑钩金塘,否则花大力气修好的后海塘发挥不了作用,大量潮水还是会从招宝山与巾子山之间的海口涌入。到了乾隆五年(1740年)由县令杨玉生,用块石附土筑塘,乾隆十二年(1747年)七月,潮乘飓涌,土石冲没。县令王梦弼议仿鱼鳞塘制,以丁砌十六层大条石铺底,中用条石丁顺间砌,逐层倾收至顶,上再铺二层大条石压顶。建成石塘长一十六丈。当时巡抚方观承来镇海巡视时,担心风急浪险,冲散塘体,又在塘外砌捐砌坦水以护塘根,并在底下钉底桩。民国时又出现坍裂,民国11年(1922年)二月在修葺后海塘的同时也兴工修筑钩金塘,到民国12年九月完工,由华洋义振会拨款3 140多元,修成后塘长鲁尺二十丈零六尺。与后海塘一样,20世纪70年代后因围涂造地,遂完成使命。

新土塘,灵绪一都,始建于宋,接后海塘,沿海岸线至贵驷一带。宋元丰三年(1080年)郑佃撰写的《妙胜寺碑记》中说:"明州定海有禅院曰妙胜,距州城三十里,濒海之上,环水之中,居处庳陋,而有风涛漂注之患"①。宋《宝庆四明志》载:"妙胜院县西三十里,后唐清泰年置名永安,宋治平二年改今额。"对照地图应在现在的贵驷一带,因此当时的海岸线离寺

---

① 冯国定.《沧海是这样变成桑田的——镇海的海涂围垦》,镇海史志网,2011年1月,http://www.zhenhaisz.com/zhigao_detail.asp?id=118&atypeid=4。

不远,即为碑文中所说的"濒海之上,环水之中"。可以推测当时此处就已经筑有海塘。南宋淳祐年间丞相郑清之也撰《治水判官黄公祠碑》载:"治北走二舍,则庄北村之新土塘也"①,可以看出妙胜寺一带的海塘即新土塘,此时新土塘已经明确延伸至贵驷憩桥至沙河一带,现今塘已堙。

图1 钩金塘(小海塘)

和尚塘,始建于宋,接新土塘延伸至澥浦。《治水判官黄公祠碑》载:"治北走二舍,稍北则武功村之和尚塘也。②"即在今牌门头至澥浦一线。现在十七房外仍有塘路沿之称,塘即为和尚塘。现今改塘为路。

灵绪塘,又名万弓塘,始建于宋嘉定十五年(1222年)。明嘉靖《定海志》中载位于灵绪一二都,塘长二千丈,高八尺,阔一丈五尺。此塘以宋嘉定年间县令施廷臣于嘉定十五年在后海塘石塘尽处接筑之土塘三百六十丈为基础(嘉靖《定海县志》、雍正《宁波府志》作"五百六十丈",考证其他宁波、镇海方志,多作三百六十丈。特别是宋宝庆《四明志》中,也作三百六十丈,此志编纂时间离嘉定十五年仅五年时间,记当朝事应该可信③。且嘉靖《定海县

---

① 冯国定.《沧海是这样变成桑田的——镇海的海涂围垦》,镇海史志网,2011年1月,http://www.zhenhaisz.com/zhigao_detail.asp?id=118&atypeid=4。

② 同①。

③ 陈君静,刘丹.《镇海后海塘的修筑及其影响》,宁波大学学报(人文科学版),2010年第5期,第71-74页。

志》、雍正《宁波府志》的名宦篇中,记载施廷臣功绩时又均载"石塘尽处增筑土塘三百余丈",因此"三百六十丈"更可信。概因其曾筑石塘五百余丈,因而出现谬误)。清康熙十五年(1676年)塘废河淤,总镇牟大寅浚河,以其土筑塘,直抵澥浦,长三十五里。乾隆五年(1740年)邑令杨玉生于石塘处补筑一百二十五丈,十六年(1677年),王梦弼又修筑。光绪间十七房人陆林虎捐资购石自下岚山嘴,起至石路衔接处止,一律铺以石板。民国10年(1921年),土塘崩塌四十余处,据《镇海县新志备稿》中《刘炎昶修理万弓塘述略》载:"县治后海万弓塘外御潮汐内卫田庐、实为东西管前绪三乡之保障,自巾子山至俞范路下为石砌,俞范以西至前绪之下岚山者凡长三千三百九十丈皆泥也",民国10年秋河水溢冲剧、塘身多崩坍,岌岌可危。刘炎昶及时"请履勘议培塘身以御海潮"。华洋议赈会,以工代赈。并驰函旅沪同乡会转商议赈会拨款。并由县令盛鸿焘请会稽道尹商诸宁波华洋议赈分会。因塘河浅狭,加以塘身冲刷所落益淤,挑浚塘河以培塘身,历时四个月乃竣。塘河自俞范折而入海晏乡东南接于中大河者达三千一百余丈。复为巨石塘并修至澥浦。"此次崩塌由东管、西管、前绪三自治会商由华洋义赈会以工代赈修筑,用银29 800元,并修浚塘河加筑塘身改筑石塘。终于使三乡实受其利。20世纪70年代,浙江炼油厂为解决厂区至岚山水库工程建设的交通问题,利用万弓塘加做路面通汽车,原万弓塘现成为公路。

楼家滩塘,起五星闸南,长1 570米,民国初由沙河楼其樑出资修筑。后于楼家滩塘南之海登闸再筑刘家塘,于1925年筑成。同时于1924年慈溪胡长根出资筑大小北浃塘,起岚山南麓,至五星闸北。至此楼家滩塘、刘家塘、大小北浃塘连成一线,为民国时北线最重要的海塘。

莎碗塘,位于澥浦月洞门外。据光绪《镇海县志》载:"莎碗塘,二都澥浦石洞门外一里,长二百一十五丈……"。澥浦月洞门原为海塘之水门,由此可直通大海,月洞门里面便是各类渔行。早在唐宋时澥浦已成为浙东重要海港,至清代更是各类人员货物转运出海的集散地,据月洞门旁的《莎碗塘碑》记载:光绪年间,塘损路坏,往来行人、渔民怨声载道。因当时澥浦为宁波地区重要的海运码头,客旅来往频繁,亦是重要的渔行码头,渔船都由此登岸,所以塘路负荷加大。再加上"浪惯淘沙潮常泼岸"等自然原因,塘路"泥污滑达几同蜀道"。修塘筑路便成为往来人员和当地民众共同的心愿。通过各团体、个人出资出力,终使"径接模糊,恍入迷途"的海塘变成"熙壤之所"。此次捐洋有各类渔业协会如"溜网渔户""秋冬钓船""挑捕冬网""大捕涨网",有各类渔行如"合成行""程茂行""恒昌行""长兴行"等13行,还有远近水客、山客,共捐银3 000余元。此次修筑共费银2 900元,余资作以后修补之用。通过各大渔业协会、各渔行及个人的共同努力,终将此段海塘全部用石条修缮一新,从此"客船停泊咸便,道岸之登由他"。通过渔会、渔行等社会组织修建如此大工程的水利设施有其特殊性,它如实记录了海塘的演变历程。后滩涂淤积,海岸线外延,海塘也就逐渐失去了原有的功能。

澥浦塘,民国《镇海县志》载位于灵绪二都,因澥浦东滨大海,夏秋之间,每多飓风,潮汛泛滥,淹没庐舍,民国时里人蔡润与总戎雷芸桂申于府筑泥塘,塘长二百余丈,高一丈五尺,阔二丈。其实历代从镇海招宝山到澥浦凤凰山一带都筑有海塘,这一带的海塘对阻挡县后的海潮起着至关重要的作用。

东南线:起于招宝山南麓向西南延伸,主要有外江石塘、虎皮塘、汇头石塘、颜公塘、清水塘等几条古塘,这一沿线的海塘主要阻挡由甬江内侵的海水。

外江石塘,光绪《镇海县志》有载,图中未标。嘉靖定海县志称城外石塘。南起南薰门龙王堂至武宁门养济院边。始建于明成化年间,由海道副使朱绅,备倭都指挥张勇起筑。嘉靖十年(1531年)增筑至镇海门门口计长一百六十九丈,用黄泥筑在土堤,再用厚条石横埋三道作为龙骨。中间竖铺两路幔板石。乾隆五年(1740年),县令杨玉生修整旧塘一百六十四丈,在塘外增钉关石排桩,加倍土戗,又在石塘止处接筑土塘直抵招宝山麓,计长一百六十五丈。乾隆十二年(1747年)风潮大作,冲塌土石,县令王梦弼奉命恢复旧塘,并在塘口增用龙骨厚石,两面凿槽,外扣幔板,内嵌丁顺条石,重筑全塘土戗各一百六十四丈,迤东接筑新石塘一十五丈,挑补冲没土塘一十六丈,招宝山麓之临浦土堤,改筑成块石塘,长一十九丈。又因为南薰门石塘内逼濠河外御江潮,风潮鼓浪,侵蚀严重,遂议定在南薰门外改石塘为滚水坝式,其余原筑至养济院的石塘得又重新修复。

虎皮塘,光绪县境图有标(见图2),志中未记。据分析应为外江石塘的后段。成化间只筑到南薰门外,嘉靖、乾隆增筑至招宝山麓。此段石塘石土结合(嘉靖十年筑石塘至镇海门,乾隆五年筑土塘至招宝山麓)。乾隆间王梦弼又改土塘为石塘并对部分海塘进行修补。王梦弼《后海石塘记》中也载:后海塘修固后按缓急先后对"城东石塘起处七十三丈(外江石塘)尚有沙积,仍以单层重修。其西旧塘不及五百丈内,仅补葺塘面一百四十丈;塘身二丈,亦以沙未全没"因此后海塘修筑完后对这些海塘也分别进行修缮。至乾隆十五年(1750年)才修竣。光绪县城图中除了有石塘,在镇远门东段还标示有土塘(见图3),从已发现的资料中,我们也可知历代镇海口海浪潮汐,冲击甚重。隔不了多久就会出现海塘缺口或埋没。历代都有修补。修筑石塘耗工费资,一般各朝代都会筑土塘来应急。所以到了光绪年间,因历代修补,此段海塘出现土塘、石塘相间的局面,斑驳似虎皮。

图2 虎皮塘

汇头石塘,光绪县城图中有标(见图3)在南薰门外石江塘止处接而东以迄税关,计长一十五丈,乾隆十五年,由县令王梦弼组织始筑。据乾隆年间县人井陉知县胡圻所撰碑文载,"镇邑东门旧有护城塘,袤亘三里许,到乾隆年间地势变迁,江以南渐涨,以北渐圮,每当潮汛往来直射至塘脚。乾隆十五年秋初,东北风迅发,洪波巨浪,从塘脚数里抵冲而来者,直洗南岸,江水,骤涌数尺,因之碎船破屋。老弱漂流,幸保全者盖十不能一二家。"到了乾隆年间,地势变迁,原镇远门外受海潮侵袭严重,县令王梦弼此时刚到任,他"相其大小缓急次第举行"在后海塘修筑完后,同年十月组织工人仿旧塘式加筑,通过40余天的修筑,建成塘长十五丈、宽一丈五尺。此次加筑"皆自捐俸薪不取民间丝粟"乃"实心为民"之举。光绪《镇海县志·名宦》中也载,王梦弼到任后先修后海塘再修钩金塘、石江塘、汇头塘及东管之善庆塘,灵绪之龙山、利济诸塘,带领沿海人民与海浪作斗争。

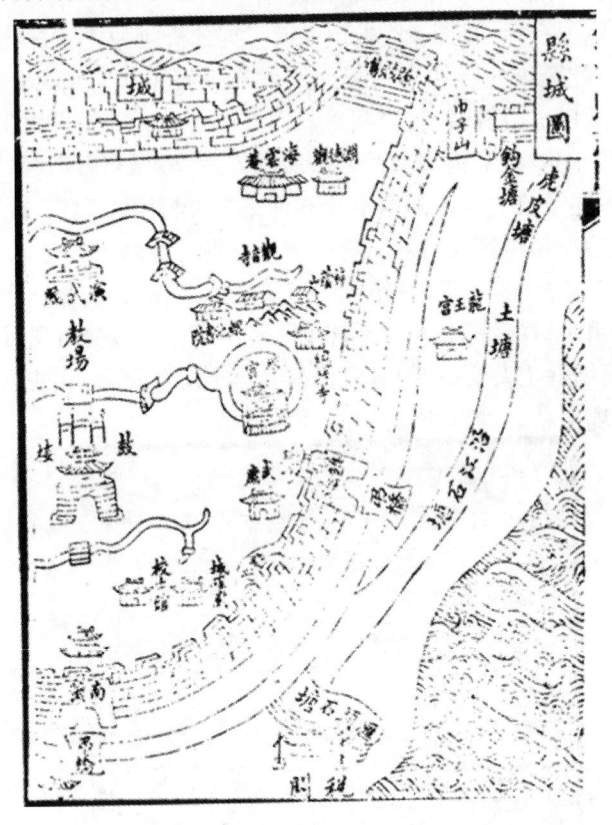

图3　汇头石塘

颜公塘,东管三都清水浦西南江北河,为宋颜颐仲浚河时所筑,故乡人又称为颜公塘,南宋淳祐五年(1245年)颜颐仲任庆元府制帅,次年浚夹江河(今前大河),后刻石称颜公渠。从《制帅颜颐仲浚夹江河榜示》碑文中可知,"旧有河港久不浚治,日侵月占皆为湮塞,水无可潴,又有风潮不测之患。"淳祐六年颜颐仲趁今农隙,支拨钱米,雇募夫工,自桃花渡直定海县西市,依旧来河道,尽行开浚。"一可潴水泽以溉田亩,二可通舟楫以便军民者也。"浚河之泥用来筑塘。遂成土塘。到光绪年间,"塘为隔势最易坍塌,宜时加缮葺。"民国5年

（1916年）邑令洪锡范拨给公费委里人薛长庚、任耀廷募资经修，改石塘七十丈，民国时任耀廷等又筑乱石塘三十四丈与颜公塘结合。

清水塘，光绪《镇海县志》始载，据析应位于颜公塘外的清水浦段。地处东管乡二都、塘长三里，为颜公塘的外伸段。因受地理形势的影响，江北岸受潮汐侵袭更甚。原积沙之地海潮经常侵袭，当时北岸这一带都受潮汐冲击。遂在原颜公塘之外加筑清水塘以挡海潮。当时沿江而上还筑有善庆塘、孔浦塘、白沙塘、虞家塘、福性塘等多条海塘守护着甬江北岸人民的生产生活。

综上所述，镇海地区海塘的两条线，有着各自的分工与作用。因此两条线上海塘的修筑与分布也有着各自的特色（见图4）。

图4 镇海地区古海塘示意图

南线海塘是县城招宝山开始向南至甬江，并沿甬江向上，这条线主要阻海潮沿江内袭。东线海塘是由招宝山至澥浦凤凰山，这一带直接面对汹涌海浪的冲击，因而这段海塘历史特别悠久，历代的修筑也特别用心。根据海塘的演变，在一次次的冲塌，一次次的修筑中，人们逐步掌握了治理海潮的方法。最终为人类留下了这一条条结构独特、功能完善的古海塘。

参考文献

[1] （明）张时彻等纂修.《定海县志》，台北：成文出版社，1983年。
[2] （明）杨寔.《宁波郡志》，台北：成文出版社，1983年。
[3] （清）曹秉仁纂.《宁波府志》，台北：成文出版社，1974年。
[4] （清）俞樾纂.《镇海县志》，清光绪五年刻本。
[5] （宋）罗濬等撰.《宝庆四明志》，台北：成文出版社，1983年。
[6] （宋）罗濬等纂修.《四明志》，台北：成文出版社，1983年。

[7] （元）王元恭撰.《至正四明续志》,台北:成文出版社,1983年。

[8] （元）袁桷撰.《延佑四明志》,台北:成文出版社,1983年。

[9] 董祖羲辑.《镇海县新志备稿》,民国20年铅印本。

[10] 洪锡范等修,王荣商等撰.《镇海县志》,民国20年铅印本。

[11] 浙江省测绘与地理信息局主编.《浙江古旧地图集》,北京:中国地图出版社,2011年。

[12] 镇海县志编纂委员会编.《镇海县志》,北京:中国大百科全书出版社上海分社,1994年。

制度引进与近代江浙海洋渔业发展[①]

李园园

(上海师范大学)

摘要:江浙两省海洋渔业发展在中国海洋经济发展中占有举足轻重的地位。但是由于渔业生产工具落后,渔业组织肆意剥削,加之渔业教育缺乏,近代江浙海洋渔业陷入重重困境。面对这一问题,政府及民间组织在推动江浙海洋渔业转型的过程中,积极引进西方现代渔业制度,并取得了一定成效。晚清状元张謇倡议创办渔业公司;民国实业部以统制思想为基础创办上海鱼市场;而学术界则在政府支持下创办江浙两省水产学校和水产试验场,开现代海洋教育之先河。这些现代制度的引进在积极推动海洋渔业转型的过程中,也凸显很多深层次的矛盾,经济发展与动荡政治环境的矛盾,良好渔业规划与现实困难的矛盾,政府与渔业组织利益分割的矛盾,这一切都显现了外部制度引进所面临的巨大阻力及政策实施过程新旧政策平衡的微妙。而这些问题矛盾及政府的应对方式,值得当代政府在引进西方海洋制度过程中加以借鉴。

关键词:海洋渔业;现代制度;近代;江浙

作为中国重要的产鱼大省,江浙两省渔业资源丰富,优良渔场众多。然而19世纪末20世纪初,受中国实业落后的影响,江浙海洋渔业状况令人担忧。在生产工具上,江浙海洋渔业以旧式木制帆船为主,没有机械化的渔轮;加工方式上还是传统的盐腌、晒干、酒糟等,保存时间短,渔业资源浪费严重,与同一时期的西方发达国家相比差距甚远。同时,渔民受到行业组织层层剥削,还要交纳官方及非官方各种名义的苛捐杂税,生活日益贫困。为了解决存在的问题,实现江浙海洋渔业的顺利转型,政府采取了一系列措施,其中先进制度的引入是其重要内容。公司制、鱼市场及现代渔业教育的创办为江浙两省海洋渔业发展注入了新的生机和活力,在实际操作中发挥了一定的作用。但值得注意的是,由于当时政局的不稳定和政府经验的缺乏,这些先进制度和理念在引入江浙渔业过程中也存在着不少的问题。

[①] 基金项目:浙江省哲学社会科学重点研究基地——浙江省海洋文化与经济研究中心项目(12JDHY01YB)研究成果。

作者简介:李园园(1988—)女,河南省驻马店人,硕士,上海市松江区九亭第二中学历史老师,主要研究方向:近代海洋渔业研究。

一、近代江浙海洋渔业现状

海洋渔业最主要的生产工具就是渔船。作为世界上造船技术发展最早的国家之一,中国造船技术的革新却非常缓慢。到19世纪末,江浙地区海洋渔业捕捞仍依靠旧式木制帆船。清末民初,机械渔轮开始逐渐引进,但渔业捕捞工具仍以木制帆船为主。以上海为例,上海的渔业长期使用木船或加风帆驱动的帆船。成书于民国时期的《宝山县再续志》记载:"邑境渔民多贫苦,小民乏巨大渔船及设备完全之渔具,大都恃一叶扁舟操作生息于其中,至简陋也。"①落后的生产工具必然导致生产效率低下,中国渔场面积虽为世界第一,但渔业产量却与同时期其他发达国家相差甚远。此时西欧的渔船早已实现了机械化②,即使与邻国日本相比,"面积超过其许多倍,而渔业产量却低于其近4倍"③。传统渔具占主导地位,现代化渔业工具缺乏,生产效率低下,是这一时期江浙海洋渔业生产的共同特征,也是江浙海洋渔业经济难以持续发展的重要因素。

在渔业行销领域,其活动主要是依靠鱼行来完成。鱼行即贩卖鱼的店铺,它从渔民手里买来渔获物放在市场上贩卖,是连接渔民和消费者的纽带。江浙一带早在唐宋时期就有鱼行。清末民初,鱼行发展尤为迅速。20世纪30年代上半期,仅嵊泗列岛就有鱼行36家。逢渔汛出渔即需要工具及大量食物,渔民自身根本无力承担。为了生存,渔民的生活和生产资金大部分是向鱼行借贷。鱼行以渔民的金银首饰、房产、地产为抵押,利息一般"月三分至五分,每年一转,到期无利,照契管业"④,鱼行借此取得利息以及渔获物的专卖权,获得双重高额收益。具体来说,江浙鱼行剥削渔民的方式主要有以下几种:"一是采取预支给渔民款项(称为行头)的办法,取得专卖权,任意操纵鱼价;二是收取佣金,如浙江沈家门鱼行一般向渔民收5%内佣,向冰鲜船收10%外佣,而镇海鱼行也大致如此,绝大多数为10%,少部分为5%;三是巧立名目收费,如公益金、公积金各3%;四是拖欠付款,甚至歇业倒闭,逃避、赖账。渔民称鱼行为四六行,即渔民只能得到渔获价值的40%,鱼行和冰鲜船等则得到60%。"⑤

而在渔业管理过程中,政府主要承担的是渔业税收和渔业安全管理的职责,很少干预渔业自身的经济活动。而渔业赋税与规费除维持涉海部门的具体运作外,很少用于渔业经济自身的发展。相比渔民收入,其所缴纳的赋税是相当高的。据民国实业内所统计,仅浙江一省,渔民所负担的各团体抽收的陋规大致可以分为两大类:第一类是水警抽收的各种规费,有旗费、抛锚费、保护费等。第二类是渔船缴纳各官署的费用,如牌照费、旗照费、定期检查登记费、月捐刷号费、盐捐等。江浙两省外海水上警察派舰保护出海捕鱼的渔民,一般向渔民收取煤及士兵津贴二三千元。江苏第四区水上公安局征收旗费,"大渔船每艘征收旗费5元,中等渔船每艘征收旗费3元,小渔船每艘征收旗费2元"。此外,还有地方保卫团征收

---

① 吴葭修.《民国宝山县再续志》,《中国地方志集成·上海府县志辑九》,上海:上海书店,1991年,第694页。
② [法]阿·德芒戎著.《人文地理学问题》.葛以德译,北京:商务印书馆,1999年,第396页。
③ 邓腾裕.《中外渔场概况》,水产月刊,第4卷,第7期,第14页。
④ 《上海鱼市场关于视察嵊泗列岛报告书》,上海市档案馆档案,档案号Q464-1-150。
⑤ 李士豪,屈若搴.《中国渔业史》,上海:商务印书馆,1937年,第88页。

"抛锚费每次约1元,海盗卡片费每艘渔船领取一张约收费30元"[1]。以上海港为例,一般来说,江浙渔船所缴纳的各官署费用,主要由江浙两省的建设厅、渔业管理局、财政局及公安局收取,多为船舶的牌照费、旗照费,一般一年一到两次。

二、现代海洋渔业制度的引进

针对渔业生产工具的落后,晚清状元张謇倡议成立了新型渔业生产组织——江浙渔业公司。作为第一个引进西方公司制运用模式的渔业生产企业,江浙渔业公司不仅为其他省份创办渔业公司提供了参考,同时动力渔船的捕捞方式为中国引进先进生产工具和技术上做出巨大贡献。针对鱼行把持渔业流通领域及渔业融资的状况,民国政府除了积极推动银行介入渔业贷款领域外,实业部以统制经济理论为依据,仿照西方国家政府管理方式,直接干预渔产品的交易,在上海建立鱼市场,对江浙一带渔业生产销售进行统一管理。而对渔业生产及管理最核心的人才问题,实业部及地方团体开始推动建立现代渔业教育学校及技术推广机构,力图培养具有现代理念的生产管理人才。

（一）江浙渔业公司的创办

晚清中国海防危机及国外渔轮对中国的频繁侵渔促使一部分有识之士,希望通过引进西方先进生产与管理制度来维护中国海洋权益,其中的代表人物就是南通状元张謇。早在1903年(光绪二十九年)7月,张謇就曾经在吕泗创办过一个规模很小的试验性渔业公司,用来团结渔业界人士,改良渔业用具和捕捞方法,同年12月当得知德商准备集股创办"中国渔业公司"之后,他立即致函时任两江总督的南洋大臣魏光焘,函中写道："中国渔业公司关系领海主权,宜合南北洋大举图之;不能,则江浙、直东;又不能,则以江浙为初步",[2]但是张謇的提议当时并没有引起重视。

1904年(光绪三十年)正月,在得知以同乡友人王清穆、唐文治为骨干的商部大有振兴商务、发展实业的决心后,张謇决定再次将设置江浙渔业公司的问题提上日程,希望能够引起商部重视,这一次,商部对张謇的建议颇为重视,随即附奏朝廷,得旨准行。渔业现代化事业得到了最高统治当局的认可和支持。1904年3月14日,商部批准张謇在江北一带招集商股,试办渔业公司,并咨行南洋大臣、江苏巡抚实力保护,其他沿海各省督抚则应"查照该修撰所陈办法劝谕绅商分别筹议",6月20日,张謇确定南洋渔业公司办法,提出渔业公司"以内外界定新旧法为宗旨,以南北洋总公司为纲,以省局县会为目,以官经商纬为组织"[3],建议以江浙两省集股45万两为先导,成立南洋渔业总公司,拨垫官款为公司购买德国渔轮"万格罗"号。7月12日,张謇改定江浙渔业公司集股启事及章程。8月22日至8月25日,江浙渔业公司验收"万格罗"号并改名为"福海"号。10月9日,江浙渔业公司正式开办。

---

[1] 李士豪.《中国海洋渔业现状及其建设》,上海:商务印书馆,1936年,第194-195页。
[2] 曹从坡,杨桐.《张謇全集》第6卷《日记》,南京:江苏古籍出版社,1994年,第865页。
[3] 《商部头等顾问官张殿撰謇咨呈两江总督魏议创南洋鱼业公司文》,东方杂志,1904年,第1卷,第9期,第145-150页。

(二)上海鱼市场的建立

上海鱼市场是国民政府实业部在统制思想的影响下创办起来的。所谓统制经济,简单说就是以国家干预为主,统制过大的生产,统一整理落后的产业,改良产业结构,促进落后产业的发展,以达到改善社会不公,协调经济利益的目的。当时江浙海洋渔业的发展常年缺乏社会关注,政府投资少,发展水平低下。面对这种状况,国民政府实业部及学术界都认为,只有践行统制思想对落后的渔业生产进行整理,改良产业结构才能救济困顿的渔业经济。

1933年实业部与上海市政府合作开始着手鱼市场的筹备工作。在上海市政府的委托下,上海市社会局于9月4日拟定了初步的鱼市场计划,计划涉及上海鱼市场设备、地点、营业方法及经费五个方面。上海鱼市场是对整个上海渔业乃至江浙两省渔业的一个总调度,渔获物运销的各个环节都有明确规定,还有现代化的通信、娱乐设施,无论设备上还是运作上都比传统的鱼行要先进得多。

有了详细可行的计划,上海鱼市场的筹备工作也就随之开展。1934年1月5日,行政院141次会议,一致通过设立上海鱼市场。2月8日,成立上海鱼市场筹备委员会,"派余恺湛、徐廷湖、梅哲之、侯朝海、周监殿、冯立民、吴桓如为上海鱼市场筹备委员,并指定余恺湛、侯朝海、吴桓如为常务委员,还即组织筹备委员会并依照部颁筹备委员会事程设办事处于上海四川路二泽泾口三十三号大楼四楼,业于二月八日正式办公,理合具文呈报"。[①] 筹备委员会成立之后,即着手选择场址,上文提到原上海社会局制定的计划中,鱼市场设在杨树浦一带,经过实业部派员的勘察,最终确定将场址设在杨树浦对岸东沟一带,并与当地主管部门于1934年9月24日达成协议。1935年1月1日10时举行了鱼市场奠基仪式,邀请实业部陈公博部长前来参加,动工之后主要建设竞卖场、码头、冷藏库、经纪人办事处、办公室。除了进行日常的水产贸易外,鱼市场还多次派人外出考察,了解各地鱼情,举办渔业银团,接受实业部派遣的实习生前来实践学习等。

(三)江浙水产学校的建立

任何事业的发展都离不开人才,渔业也一样,兴办水产教育的目的之一即培养渔业人才,为渔业发展奠定坚实的人才基础。鸦片战争前,中国没有专门的渔业教育机构。鸦片战争后,一批受西方影响的封建官吏,提倡新学,掀起一场学习西方热潮,他们向英、美、日、法等国派遣大批留学生,这些留学生归来,部分投入到水产事业,中国水产教育正是在这样的背景下逐渐开始的。江浙两省作为重要的渔业大省,早在1912年就建立了水产学校,培养渔业人才。1916年浙江省设立了省立水产学校,后变为浙江省立水产试验场,1935年江苏省在连云港设立师范院校,专门培养渔业教育人才。渔业教育从无到有,培养了一批渔业专业人才,这是渔业发展的一大进步。

江浙地区在抗战爆发之前共有三所水产学校,分别是江苏省立水产学校、连云港水产学校和浙江省立水产学校。江苏省立水产学校于1912年在张謇的提倡和支持下在上海成立,由毕业于日本东京水产讲习所、学成归来的张公镠创办,招收高级小学毕业生,学制五年,设

[①] 《实业部上海渔市场筹备委员会为成立事与实业部的来往文书》,上海档案馆藏,档案号:Q464-1-1-4。

有渔捞、制造两科,后又添置航海科、渔业科。1927年学校一度划归"中央大学"农学院领导,升格为专科学校,1928年又脱离"中央大学",恢复原省立校名。1937年抗日战争开始时,学校被毁停办,部分人员内迁。

浙江省立水产学校成立于1916年,校址在台州临海县,1927年迁往定海,与省立水产品制造厂合并,同年改称为浙江省立水产职业学校,1931年改为高级水产学校,1934年因学校发生风潮停办。后来经过学校校友和水产界同仁的奔走呼吁,1935年2月1日改为浙江省立水产试验场,继续培养渔业人才。与水产学校不同,水产试验场的任务侧重于调查、试验、研究。调查一区的渔场、鱼苗、渔船,对渔业养殖进行改良试验以及研究本区鱼类的排卵、洄游等。

1931年,江苏省在连云港墟沟东海中学设渔村师范科,学制四年,培养沿海渔村小学师资,后又改为简易渔村师范学校,1934年改称连云水产职业学校。抗战期间受战争影响,为保护学校设施和成果,内迁至四川合川,并入合川二中水产部,改建成合川水产学校。与上述两所不同,该校专职培养师范类人才,偏重理论教育,故"未有渔轮渔船之置备",实习之事项常常与上海各渔轮公司接洽"分派各生上轮实习,计允许者为连云、德泰、集美、华东各渔轮。在轮实习一个月,实习既毕,赴吴淞水产学校,上海鱼市场及其他有关各处参观。"[①]

三、制度运行与效果分析

晚清发轫的海洋渔业现代化历程到抗日战争的全面爆发,前后近30余年。政府、团体及学术界的精英在积极倡导推动传统渔业制度革新的同时,积极引进西方的先进制度,从渔业生产技术到管理经验,再到教育人才的培养,无不彰显海洋渔业改革的力度与广度。新旧制度的冲突与变革,社会政治因素的干扰与压迫,使得现代海洋渔业制度在中国的推行面临诸多阻力。尽管如此,这30多年间所成型的现代渔业制度对后世产生了深远影响。

(一)江浙渔业公司与现代渔业公司制度

20世纪初,以江浙渔业公司为开端,全国范围内掀起了开办渔业公司的浪潮。辽宁、直隶、山东、广东等沿海省份先后建立了现代股份公司模式的渔业公司,运用现代渔业生产技术从事海上作业。但在实际运行过程中,现代渔业公司的发展面临种种阻力。这些阻力既有政府管理层,又有外国势力。

政府与渔业公司冲突的典型案例就是民国时期江浙渔业公司被政府查封。1923年初,农商部以江浙渔业公司有官股之关系,提出对其账目进行核查。时任江浙渔业公司董事的盛竹书认为,公司并非官办机构,与农商部无隶属关系,拒绝查账。李士襄等随即向农部通报此事,农商部饬令查封江浙渔业公司。当时正值渔汛将至,鱼商出于担心护洋问题,团结起来,反对查封江浙渔业公司,要求归还"福海""富海"两轮,确保对渔民出海捕鱼的保护。在鱼商的反对下,浙江省省长出于民生考虑,将"两渔轮交宁波总商会具结承领经管,并负

---

① 《苏省省立连云初级水产学校学生来沪实习》,《上海市水产经济月刊》,第5卷第2期,1936年3月25日,第11页,载《早期上海经济文献汇编》(第31册),北京:全国图书馆文献微缩复制中心,2005年,第455页。

保护渔业责任"①。但最终江浙渔业公司在政府打压下倒闭。江浙渔业公司查封的表面原因是股权不明,但根源是政府权力在渔业管理领域的扩张。江浙渔业公司倒闭后,其职能和资产均被新成立的江浙渔业事务局所接收。此外,股份公司的形式,使得外资渗透成为可能。如辛亥革命以后,日本朝野群唱"日支亲善"之议,日本加藤氏"趁机奔走贿赂,思攫我国沿海渔权,暗中与德人运动斯举者相竞,耗资巨万,始终不倦,卒于民国三年五月得掌裕民渔业公司营业包办之实权。盖北自奉天之安东,南至长江附近,渤海黄海之全部,沿海数千里之渔业,悉归掌握"。②

截至抗战前,虽然有许多渔业公司因各种原因破产倒闭,但公司制的引入还是给传统海洋渔业发展注入了生机和活力。渔业公司加工厂的设立,不仅提高了海产品的保鲜时间,有利于长途运输,更重要的是提高了海产品的附加值,使其在消费市场上更具竞争力。如渔业公司通过调查发现"江浙每年由外国输入之罐鱼,价值在 1 000 万元以上,江浙渔业不振,渔人只知用土法捕鱼为一原因,江浙渔业公司拟提倡改良之凡制造干鱼腌鱼罐鱼公司,均采用西法并雇佣专家以教授公司人员,公司将设置制造厂,将来再派有经验之员至产鱼各地指导无智识之渔人"。此外,渔业公司在生产过程中雇佣传统渔民,不仅解决公司所需熟练工人的问题,更重要的是使得渔民能接受现代化的培训,完成其人格本身的转化,推动整体渔业社会的现代转型。最后,渔业公司"在各产鱼区域设置渔业学校,先授予渔人以普通知识,然后教以捕鱼及制造罐鱼之法",③协助渔业学校培养渔业人才。

早期渔业公司大多数是政商合一的渔业组织,尽管其存在时间都很短,也未做出太大成绩,但是它们在引进先进技术、改善渔民生计、举办渔业教育等方面确实发挥了一定的作用,是渔政史上的一个里程碑。

(二)上海鱼市场与现代水产品流通模式

国民政府实业部在上海筹建鱼市场最重要的目的就是统一江浙一带的渔业运销,并逐渐取代鱼行。上海鱼市场的建立必然会与传统鱼行产生利益冲突,引发后者的抵制。因此,当上海鱼市场设立后,上海各帮鱼行不仅不加入鱼市场,还暗地百般阻挠。鱼市场与鱼行矛盾的焦点在于"钱",即"鱼放"的收回问题。"鱼放"是指鱼商渔民为了从事生产或收购从鱼行那里所借贷的资金。这部分资金本来是由鱼行收回,但是鱼市场成立后,在政府支持下,较低的利率使得大量渔民转而向鱼市场借贷。政府的目的是减少鱼行对渔民的盘剥,以救济濒于破产的渔业经济。但这将导致鱼行失去其原本在水产品流通领域中的垄断地位,难以保证"鱼放"的收回,从而蒙受巨大的损失。面对这一利益冲突,实业部和鱼行均不肯让步,鱼行是为维护其经济利益,而实业部是确保其政策执行效果。由于没有满足鱼行的要求,上海鱼市场成立后即遭到了鱼行的刻意破坏。他们游说鱼商,阻挠他们进入鱼市场进行交易,这对鱼市场的营业造成了恶劣的影响,双方甚至大打出手,发生械斗事件。面对鱼行

---

① 《江浙渔业公司两渔轮已释放》,申报,1923 年 3 月 23 日。
② 《裕民渔业公司日商包办之始末》,水产,江苏省立水产学校校友会,1917 年 12 月—1920 年 9 月,宝山江苏该会发行,上海图书馆近代文献资料室藏胶卷,编号 J - 1833,帧号 0021 - 0022。
③ 《外国人之中国渔业观》,水产,江苏省立水产学校校友会,1917 年 12 月—1920 年 9 月,宝山江苏该会发行,上海图书馆近代文献资料室藏胶卷,编号 J - 1833,帧号 0022 - 0023。

的阻挠,再加上鱼市场本身的经营不善,导致各种矛盾爆发,使得其与救济民生的意愿渐行渐远。最后在渔业界各方的努力下,1936年5月底,实业部与鱼行达成协议,鱼市场方面做出了一定的让步,答应鱼行免缴鱼市场保证金,承诺鱼行自行收回"鱼放"。6月5日,鱼行正式加入鱼市场。至此,实业部所创办的上海鱼市场与鱼行的纠纷告一段落。

纵观上海鱼市场建立的过程,其与鱼行的纠纷,看似是金钱问题,实质上是渔业经济主导权的归属问题,上海鱼市场希望将鱼行纳入自己的管理范围,而鱼行不愿意自己独立发展的道路被打断。对上海鱼市场而言,如果没有鱼行的加入只能是一具空壳,而鱼行因自身资金周转困难又期望求助于鱼市场,这是双方最终达成一致的前提。上海鱼市场的开业打破了旧的渔业运销体系,在江浙渔业近代化道路上迈出重要的一步。

(三)水产学校与现代渔业教育体系

江浙两省的水产学校在抗战爆发后都遭到不同程度的损坏。"一·二八事变"时,江苏省立水产学校校舍被日炮击毁,教学设施损失一空。1937年抗日战争爆发后,学校也被毁停办,部分人员内迁。连云港水产学校在抗日战争期间内迁至四川合川。受抗日战争影响,江苏渔业试验场与浙江省水产试验场先后停办。江浙近代水产教育自清末开始,到抗日战争爆发前,培养了2 000余名水产科技人员,如当时的秉志、张春霖、伍献文、张玺、沈嘉瑞等,这些专家在调查水产经济生物和水产科学试验方面,做出了不少成绩,对推动整个江浙乃至全国的海洋渔业现代化起到了一定的作用。但是,江浙海洋渔业的衰败并未因此而扭转。造成这一状况的原因有很多,单从渔业教育自身来看,有以下原因:

第一,政府不重视渔业事业,无技术指导和资金投入,学校基本设备不完善。例如江苏省立水产学校学生实习"于民国四年春季开始,当时工厂屋舍尚未建设,渔捞科仅有舢板一艘,渔具仅有江口旧式渔网二十余口"。

第二,水产师资缺乏人才。以江苏省立水产学校为例,"所聘之教员以学术言毕业于日本东京水产讲习所,确有水产专门学识,以经验言,任职中央,主持水产行政,按诸吾国现情,为最适宜之人物,然一科之中,仅得一二人,在校中既任重要之课程,势难兼筹校外之设备"。[①] 水产人才的匮乏使得教师只能顾及一方,只能在学校进行理论教育工作,而涉及实习基地的相关事务如调查产额、渔期、根据地、避风港、制造之方法、贩卖之价格等活动,因需要时日较长而无法兼顾。

第三,水产教育本身也存在问题。在培养对象上,有些学校一开始就走了弯路,吸纳的学员以城市青年为主,很少招收渔民子弟。这些城市学生只习惯于城市生活,不耐艰苦的水上劳动。水产学校毕业的学生很少有从事旧式渔业工作的,就连新式渔船上也很少有水产学校出身的船员,这说明当时的渔业教育是脱离渔业生产实践的。

第四,为数不多的接受教育的渔民子弟几乎都是文盲,没有学习基础。根据朱海通的调查,在民国教育非常发达的宁波地区,"每渔村中,有普通初级小学一二所。渔民中识字者,

---

① 《本校实习之过去及将来》,水产,江苏省立水产学校校友会,1917年12月—1920年9月,宝山江苏该会发行,上海图书馆近代文献资料室藏胶卷,编号J-1833,帧号0011-0012。

仅百分之六七,盖渔民子弟至十余岁,即可至海边捕获蛤类,而从事生产矣",[①]无人接受专业的渔业教育。渔民知识水平低下,使得一切现代化生产技术的推广都成为泡影。

四、结语

在近代海洋渔业转型过程中,先进制度的引进对海洋渔业发展的影响是非常巨大的,而其中尤以江浙沿海最为明显。现代渔业制度的引进在推动中国渔业现代化的过程中收到了一定效果,但外部制度的本土化过程,往往面临诸多阻力。这些阻力表现为政策执行过程中政府与既得利益者的矛盾冲突,甚至政府内部对于现代渔业制度的不同认知。具体而言,政府高层的频繁更迭不仅使得渔业现代化缺乏长期规划,更造成渔业部门在推行政策改革的权力弱化,最终使得中央政府丧失推行改革的动力。1936年实业部渔业改进委员会的撤销及权力下放就是明证。在具体政策执行过程中,政府部门仅从自身利益出发,未能有效调节与其他利益关联着的矛盾,这使其在推动渔业制度变革的过程中很难获得各渔业团体的大力支持。最后,面对沿海渔民大多文盲,目不识丁的现状,进行渔业职业教育的时机尚不成熟。在这种情况下,应当先从渔民的基础教育抓起,解决其识文认字的问题,逐步推动渔业教育的发展。综上所述,国民政府救济江浙海洋渔业的政策多是被动的应急措施,缺乏长期细致的规划。江浙海洋渔业转型过程中暴露出来的种种问题,不是单单靠引进先进制度和理念就可以解决的。江浙海洋渔业的现代化发展,需要政府团结各利益阶层,从整体上对沿海社会经济进行全面建设,打好坚实的基础,才能获得良性发展。

---

① 朱通海:《镇海县渔业之调查》,浙江建设月刊,1936年第1卷,第4页。

边疆问题与中国国家安全

——地缘政治视角的新疆与南海

梁贤军[1,2]

(1. 宁波大学 城市科学系;2. 浙江省海洋文化与经济研究中心)

摘要:边疆安全是中国安全的重要组成,边疆安全是实现国内的安全与稳定,建设幸福、美丽中国重要的决定因素。囿于历史累积和发展中新生矛盾,全球经济一体化重塑中国边疆地缘安全:①中国陆疆问题已由早期的勘界、民族与经济落后问题演进为民族自治、经济发展与跨国极端宗教势力渗透,这在西北边疆尤为突出;②中国海疆问题始终被勘界、海洋资源利用与权益治辖以及个别强国(或其依附国)海军侵扰所困,这在东海与南海日益显著。日益趋向复杂化的中国陆疆与海疆问题,既使中国边疆经济社会发展环境日益脆弱,又离散边疆居民中华文化认同度,甚至使个别边疆问题转换内地稳定问题。研究认为边疆问题主要通过事件自身性质及其在互联网与新媒体传播的瞬时蝴蝶效应、周边邻国政局动荡/大国侵扰的边界效应和国际社会对中国和平崛起的不信任效作用于国家安全,侵蚀中国发展的经济、社会、政治成效与国际形象等。

关键词:边疆问题演化;国家安全;新疆与南海;新地缘政治

中国的对外开放,既促进了经济社会快速发展、国力增强,又促进中国与周边邻国经贸合作、区域经济一体化程度趋向纵深领域。对外开放使中国融入全球获得足够的发展空间,又带来了较多影响中国国家安全与稳定的不确定性因素。这些不确定因素主要包括勘界纠纷与战争、跨境黄赌毒活动、民族问题、极端宗教势力犯罪等,它们随着全球一体化的进程不断衍生新形式与新态势,时刻威胁着国家和人民的经济社会与军事安全。边疆问题与国家安全息息相关,我国解放初期重点关注陆域国界勘定与边疆民族治辖[1],改革开放后尤其是90年代以来陆疆的跨国犯罪与极端宗教势力[2-4]、海洋权益被强国海洋侵扰不断等同时频发[5-6]。21世纪以来,中国边疆问题更是呈现陆疆、海疆全面凸显、多点爆发格局,科学认知和评估我国边疆问题演化特征及其对国家安全的影响路径与程度,既是当前中国深入推进改革开放,构建和谐、美丽中国的稳定发展环境亟待解决的问题,也是地缘政治由局部区域转向全球化背景下中国国家权益维护机制理性响应的理论探讨热点。

---

① 基金项目:浙江省哲学社会科学重点研究基地——浙江省海洋文化与经济中心项目(14HYJDYY03)。
作者简介:梁贤军(1989—),男,浙江新昌人,人文地理学硕士研究生。

国内外学界对中国边疆问题研究由来已久,早在1934年杨青田于《中华月报》刊发《中国边疆问题》一文,随后出现大量有关以政治学、人类学、地理学等学科为主要学理依托的边疆政治、民族、经济社会与地理及历史文化研究[7-8]。纵览现有研究发现:①高度关注陆疆问题,尤其是近年对跨境宗教极端势力影响的西北陆疆[9]、藏独与印度侵扰等因素困扰的西藏问题[10]、跨境民族流动与边境贩毒活动左右的云桂边疆问题[11]等展开了较为广泛的研究;②有关海疆问题研究较少,仅有张耀光等[12-13]从海洋政治视角讨论中国部分海域海洋权益维护和中国南海"九段线"的形成。总体而言,现有研究较少同时考察中国陆、海疆问题及其对国家安全的影响,尤其是未能关注新地缘政治经济背景下中国国家安全面临的威胁问题等。因此,尝试性地以中国西北边疆和南海海疆为例,分析当今中国陆疆和海疆所面对的地缘政治形式和所存在的问题及其对中国国家安全与稳定所产生的威胁,其中重点分析与邻国的地缘政治关系问题(民族关系、宗教关系、经济问题、领土争端问题等),并探索边疆问题对中国安全威胁作用路径及其影响表征等。这既可整合陆、海疆问题及其对国家安全影响分析,又尝试将其置于不断重塑的全球地缘政治背景中,深度解析中国边疆问题及其影响国家安全的机理。

一、地缘政治演进视域边疆问题研究

地缘政治理论把空间作为理解国际关系的最重要因素,是研究解释世界地理政治格局的一个地理学传统领域。地缘政治学诞生以来,就备受各国重视,成为制定国家战略的重要参加因素。地缘政治学历经萌芽、初创、发展、黑暗、复兴、再发展等阶段,研究主题、核心思想与应用领域也随之不断发展变革。

如图1所示,地缘政治的"萌芽期",其核心概念"地缘政治(geopolitics)"尚未被提出,主要理论贡献是拉采尔受到人类社会和动物有机体相似性理论的影响提出了有机体国家论,并从国家有机体、生存空间和边疆理论三方面描述了"地缘政治",为地缘政治的产生和发展奠定了基础。随后瑞典政治学家R.谢伦首创了"地缘政治"概念,认为"广阔的空间、对全体国民的控制和自由的活动权力"是一国成为世界强国的条件。20世纪初期以海权论、陆权论和空权论为代表的地缘政治学说成为发展期的地缘政治理论构成。马汉的海权论认为争霸世界的关键在于夺取海权,并且可以通过遏制世界上的主要航海要塞来控制安全;麦金德的心脏地带学说认为:陆域核心区域对国家安全有重要意义;杜黑的空权论是基于飞机产生及其空中作用力而论,但无疑为20世纪航空工业和空军的发展起到了重要推动作用。陆、海、空三权论局限在一国或多国毗连组成的区域层面地理环境与政治权力的关联性研究、片面性较为显著[14],但基本反映了时代科技在经济社会发展与国家管理中的贡献及人类对地球认知特征,并为地缘政治理论全面发展做了铺垫。

第一次世界大战后地缘政治相关学说被纳粹学者曲解并运用在德国侵略扩展行动纲领中,使得地缘政治理论发展进入停滞期。冷战结束后,以亨廷顿的文明冲突论和布热津斯基的大棋盘理论为代表,表现出较为强烈的全球视野的地缘政治论。亨廷顿的文明冲突论中指出文明冲突将控制全球政治经济格局、文明之间的断裂线将会是未来的战争线;苏联的解体,使美国成为全球的唯一超级大国,主导全球发展,而欧亚大陆成为了全球的中心,布热津斯基基于此在大棋盘理论中提出了跨欧亚安全体系。

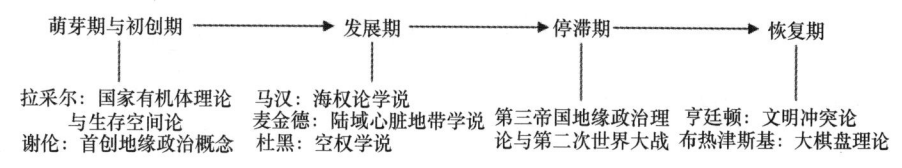

```
萌芽期与初创期 ──→ 发展期 ──→ 停滞期 ──→ 恢复期
     │              │              │            │
拉采尔：国家有机体理论   马汉：海权论学说    第三帝国地缘政治理    亨廷顿：文明冲突论
       与生存空间论    麦金德：陆域心脏地带学说  论与第二次世界大战   布热津斯基：大棋盘理论
谢伦：首创地缘政治概念    杜黑：空权学说
```

图1 地缘政治理论的演进

边疆及其历史与地缘政治紧密相连,地缘政治对边疆稳定与国家安全至关重要。在区域一体化经济贸易、跨境恐怖主义、跨国犯罪集团、外国势力、能源保障、环境与全球变化等传统和非传统安全因子的影响下,边疆地缘格局会顺势改变,边疆地缘格局的改变进一步影响国家的安全与稳定,国家的安全和稳定又反过来影响传统和非传统的安全因子。它们之间相互联系、相互影响构成稳定生态体系(见图2)。

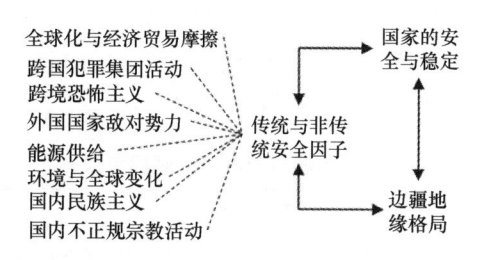

图2 边疆问题-国家安全-传统与非传统安全因子的生态系统

(1)该生态系统是由边疆地缘格局、国家的安全与稳定、传统和非传统的安全因子构成,并且通过该三要素来影响整个地缘生态。地缘生态系统的三要素具有综合性、非等价性和不可替代性等特征:①三要素之间并不是相互独立对地缘生态系统发生作用,而是相互制约、相互影响的综合作用于地缘生态系统;②三要素间具有非等价性,即对整个边疆地缘格局影响的诸多因子并不是等价的,在不同情境下不同的因子所起作用也不同;③三要素具有不可替代性,即边疆地缘格局、国家安全与稳定、传统与非传统的安全因子决定区域地缘生态体系发展、演化时各自角色与功能不能互替;④三个因子适用性是有限制的,并不适用于所有场合。

(2)边疆地缘格局对传统与非传统的安全因子、国家安全与稳定影响深刻。各种边疆地缘问题及其格局演变作用于安全因子,形成一些新型的非传统安全因子,如果该安全因子有利,将会推动边疆地缘格局的趋好发展,当然也可使国家变得更加安全和稳定。否则将通过链式的负面效应逐级放大使其逆向发展。

(3)囿于传统和非传统安全因子对边疆地缘格局、国家的安全与稳定的影响,使得边疆地缘格局与国家的安全与稳定产生相互作用。一个对本国有利的边疆地缘格局可巩固国家的安全与稳定,一个于本国不利的边疆地缘格局很可能影响国家的安全与稳定;反过来一个国家是稳定与安全的,就可促使一个趋向良性的边疆地缘格局的形成与稳定运行,一个国家是动荡不安的,就很难形成对本国有利的边疆地缘格局。

要维护国家的安全与稳定,就要从全局的观点看待边疆问题及其在地缘政治生态体系中的作用机制,从全局视角维护地缘生态系统的稳定发展。

二、中国的边疆与边疆问题再思考

中国陆域国土面积约960万平方千米,主张管辖海域约300万平方千米。与中国陆域疆界毗邻的国家有15个:朝鲜、俄罗斯、蒙古、哈萨克斯坦、吉尔吉斯斯坦、塔吉克斯坦、阿富汗、巴基斯坦、印度、锡金、不丹、尼泊尔、缅甸、越南、老挝,陆域疆界绵延2.2万千米。与中国海洋疆界毗邻的国家有朝鲜、韩国、日本、菲律宾、马来西亚、文莱、印度尼西亚、越南。海洋疆界存在争议较多的区域集中在南海、东海等区域。目前,中国与邻国存在疆界争议的情况见表1。概括而言,中国与邻国疆界争议主要成因分为三类:第一类是殖民者侵占王朝治辖中国版图的历史遗留问题,如中印问题、中日钓鱼岛问题等;第二类是随着经济社会发展人类对国土资源重视程度提升,南海与东海的海洋邻国开始侵占中国海洋资源,尤其是海洋矿产资源与渔业资源等[12];第三类是跨境民族的流动带来的相关边疆治理模式优化问题,如新疆、云南、内蒙古等边境县少数民族的流动等。

表1 中国与邻国存在疆界争议

邻国	疆界争议内容	疆界争议成因	争议疆界发展趋势
不丹	约600千米争议边界线	由于麦克马洪线的争议引起	由于不丹内政和外交要接受印度的指导,此问题较难解决
印度	双方争议地区有8块,面积达12.5万平方千米,其中东段麦克马洪线以南的藏南(山南)地区9万平方千米、中段波林三多等0.2万平方千米均为印度控制;西段阿克赛钦等地区3.35万平方千米除巴里加斯的450平方千米外均为中国控制	西段争议由19世纪末英国炮制的"阿尔达版图"引起;东段争议主要是由非法的麦克马洪线引起;中段领土为1954年之后印度蚕食我国领土	印度近年大规模驻军中印边界修筑工事且摩擦有发生,印度在逐步加强对争议领土的实际控制,解决难度也在加大。东段领土主要是印度大量移民非法的阿鲁那恰尔邦,实际控制权在印度手中难以解决;西段领土主要是我国的疆土阿克赛钦地区,只有阿里巴斯控制在印度手中,通过谈判比较容易解决
南海诸国	越南占据中国南沙29个岛礁;菲律宾占有中国南沙8个岛礁;马来西亚占有中国南沙5个岛礁;文莱占有中国南沙两个岛礁;印度尼西亚和中国存在南海域争议	由于我国国力有限,对南海领土管理能力不强,南海周边国家野心图谋中国领土和南海资源,资源丰富造成南海周边国家不断侵蚀我国南海领土	由于美国近年战略重心东移,南海问题背后处处有美国的影子,中国南海问题深受美国的牵制;南海周边各国对中国南海通过立法、主权宣示、军事占领等手段强制占领;大陆和台湾地区在南海战略上不能够充分协调,导致目前中国在南海问题上步履维艰。得益于南海舰队和三沙市的成立,中国对南沙的控制在逐步增强
日本	东海领土划界分歧,日本非法侵占东海对钓鱼岛以及附属岛屿	由于中国和日本对东海不同的划界方式,日本非法占有中国在东海的岛礁	由于日本对东海利益的窥视和中日之间遗存的民族问题,东海问题注定是长期的、反复的一个争端,在短期内难以解决

续表

邻国	疆界争议内容	疆界争议成因	争议疆界发展趋势
韩国	黄海大陆架划分和以苏岩礁为代表的中韩领土争议	中国和韩国对东海划界的分歧造成中、韩领土争议	涉及中、韩之间的国家权益问题,这将会是中、韩之间的国家博弈,通过共同开发和精确划分来解决争议
朝鲜	长白山天池、薪岛和绸缎岛为主的岛屿归属的争议	历史上习惯性边界和朝鲜领导人的情感问题导致争议	由于目前中国和朝鲜有良好关系,目前的问题不是很突出,有可能在某个时间切点这个问题会爆发

资料来源:作者根据新华网和《人民日报》相关报道整理。

  政治地理上,西北边疆位于中国西北部,处于中国北部安全战略地区的西部,面积广阔、边界线漫长,分别与蒙古国、俄罗斯联邦、哈萨克斯坦、吉尔吉斯斯坦、塔吉克斯坦等多个国家毗邻,是中国周边邻邦最多的地区。该区涵盖陕西、甘肃、青海、宁夏和新疆五个省(区),土地面积 3.0938×10^6 平方千米,占全国国土总面积的 32.2%。周边同 8 个国家接壤,边境线漫长。中国西北与中亚国家不仅地域相连,且有俄罗斯、哈萨克、吉尔吉斯(独联体中亚国家称柯尔克孜)、塔吉克、乌孜别克(乌兹别克)和维吾尔等同源民族跨国而居。传统地缘政治学家眼里,中国西北边疆地区既是世界政治的心脏地区,欧亚大陆的一部分,也是至关重要的边缘地区的一部分,是中国进入中亚、中东和印度洋的前沿地区之一。19 世纪开始,这里就是西方战略中争夺亚欧大陆腹地的中心之一。20 世纪末随着苏联的解体,中国西北边疆便成为美国欧亚战略的前沿,在美国欧亚战略中,日益把中国作为潜在的威胁,中美之间的战略关系也由合作为主转向对立。西部地区便成为西方战略中阻止中国向中亚、中东这一地缘政治中心和能源中心扩展的目标。就中国领土构成来说,西北边疆是中国陆上邻国最多的地区,其边界问题是中国 21 世纪国家安全的重点,南亚及中亚、中东地区的安全秩序都与中国西北边疆的安全环境息息相关,西北边疆在中国国家安全战略中意义重大。

  西北边疆长期存在经济欠发达问题,并且西北边疆的经济和沿海发达地区的差距越来越大(见表 2),这对中国西北边疆安全造成严重隐患。经济安全是伴随着经济全球化、一体化而出现的一种非传统安全因素。对于一个发展中国家来说,经济安全问题的重要性,表现在经济的地区发展差距,关系到社会的稳定与国家的安全。许多国家的发展表明,长期的地区不均衡发展,如果与地区民族宗教矛盾交织,非常容易产生不稳定因素而导致国家安全利益受损。西北边疆地区位于中国大陆腹地,与东部海岸线距离遥远,长久以来形成了其封闭的地理环境特点。该地区不仅受干旱少雨的自然环境影响,还因为远离东部沿海经济发达区和市场交易中心,严重制约经济社会发展,表现在西北边疆经济总量远低于东部沿海省份、西北边疆的固定资产远低于东部沿海地区、西部地区服务业的产值远低于东部沿海地区服务业的产值(见表 2)。

表2　新疆地区和我国东部沿海地区的收入比

地区	城镇居民的收入/元	农村居民的可支配收入/元	人均地方生产总值/元	服务业比重(%)	工业比重(%)
全国平均	21 809.8	6 977.3	35 083	43.1	47.62
新疆平均	15 513.62	5 442.15	30 257	34.0	40.8
长三角平均	31 180.63	13 542.91	67 457	47.4	67.4

资料来源：中华人民共和国统计局《2012年统计年鉴》。

由于大国势力对中亚地区的渗透造成西北边疆安全隐患。欧亚大陆历来就是大国地缘战略的焦点,美国战略家们认为对整个欧亚大陆的控制将意味着对经济发达的欧洲和东亚乃至非洲和其他地区的控制。中亚地处欧亚大陆的轴心,其战略地位显赫,是连接欧亚大陆和中东的要冲,也是大国势力东进西出、北上南下的必经之地。中亚地缘政治的独特地位与作用,刺激各大政治力量纷至沓来,积极参与中亚地缘政治利益的争夺,以期实现其特定的地缘政治战略目标。主要表现在：①西方国家不断对中亚地区输入西方式民主概念,试图颠覆中亚政权；②西方国家对中亚地区丰富的油气资源的觊觎使得中亚地区内部动荡；③中亚国家作为俄罗斯的传统势力范围对中亚国家的军事合作,给我国西北边疆造成安全的隐患。

西北边疆的非传统安全因素不定期的爆发对西北边疆所造成的安全隐患,主要表现在：①社会安全问题(其中包括三股势力的渗透),即非国家行为体对新疆周边地区社会稳定的破坏及威胁问题、有组织的跨国犯罪问题(包括跨国毒品贩运、非法移民等)；②经济安全问题,包括新疆周边地区的金融安全、贸易安全、市场安全、财政安全等；③生态环境安全问题,包括人口过量增长、环境极度恶化、能源严重短缺、水资源日益匮乏、河流海洋污染枯竭、森林大面积减少等。

恐怖破坏活动对西北边疆所造成的安全隐患,中亚地区的宗教极端势力、民族分裂主义和由此产生的国际恐怖主义不仅干扰了中亚的社会经济秩序、安全与稳定,也使得中国西北边疆安全存在现实和潜在的威胁。我国新疆地区的东突恐怖活动自20世纪90年代以来发展日益猖獗,尤其90年代后期,中亚地区恐怖活动的迅猛发展并与我境内外东突恐怖势力相互勾结,使我国西北边疆的和平与稳定面临前所未有的严峻挑战,主要表现：①西北边疆地区不法分子的多次暴力事件,扰乱我国西北边疆的安全；东突组织以中亚为依托,扰乱我国的西北边疆安全；②境外的恐怖组织对我国西北边疆的渗透扰乱我国西北边疆的安全(表3)。

表3　近些年恐怖破坏活动对我国西北边疆所造成的安全隐患

时间	事件	影响
1991-02-28	库车县定时炸弹爆炸事件	群众1死13伤,引起民众恐慌
1992-02-05	乌鲁木齐发生的公共汽车爆炸案	群众9死68伤,引起民众严重恐慌
1995-07-07	和田市7·7骚乱事件	冲击、打砸和田地委、行署、公安机关
1997-02-05	伊宁市严重打砸抢骚乱事件	死7人,打伤200多人,砸烧汽车20多辆
1997-08-14	伊宁市8·14游行事件	引起民众骚扰和边疆不稳

续表

时间	事　件	影　响
2001-02-05	乌什县暴徒袭击群众事件	7人被杀,2人受伤
2008-03-14	西藏拉萨严重骚乱事件	大量人员伤亡,重大财产损失
2009-07-05	乌鲁木齐市发生打砸抢烧严重暴力犯罪事件	150多人死亡,1 000多人受伤
2013-04-25	新疆巴楚暴力事件	民警和社区工作者15人死亡
2013-06-26	鄯善恐怖暴力事件	造成26人死亡

资料来源:根据新华网和《人民日报》相关报道整理。

中国南海海疆及其争议日益严重。中国南海,位于23°27′N—3°S、99°10′—122°10′E之间的广大海域。它的北部连接中国的东南沿海与台湾岛、海南岛;东部与菲律宾诸岛相邻;南部濒临马来西亚、文莱、印度尼西亚以及新加坡;西部从新加坡延伸到马来西亚东海岸,经过暹罗湾、泰国与柬埔寨,沿着越南海岸到东京湾。整个海域为一个东北—西南走向的半封闭海域,东西长1 380千米、南北约2 380千米,总面积约为350万平方千米,包含东沙群岛、西沙群岛、中沙群岛以及南沙群岛共有大小岛屿270多个,其中已经命名的有258个,南沙群岛位于海南岛东南约550千米。

目前南沙群岛是中国与东南亚相关国家领海主权争议最多的区域,几乎南海争端的各方都对南沙群岛进行占领与开发,使得该地区地缘政治格局呈现出分裂性的特征[6]。可以说,南沙争端是南海主权与领土争端的主要问题。目前东沙群岛由我国台湾军队驻守;中沙群岛主要被菲律宾实际控制;西沙群岛由我国治辖;南沙群岛被相邻各国实际侵占。在南海海域,属于中国传统海疆线有200万平方千米海域,而东南亚相关国家通过宣布领海、专属经济区与大陆架划界范围,各自宣称或实际侵占了我国广阔的领海。如越南占据了逾100万平方千米,菲律宾占据了42万平方千米,马来西亚将27万平方千米的海域划入版图。此外,印度尼西亚与文莱分别侵入南海海域5万平方千米、3万平方千米。这些国家在占据岛礁与领海的同时,还与西方国家一些石油公司大量开采油气资源。而各国之间特别是东南亚各国声称对中国的领海与岛礁石拥有主权,经常性争议见诸于各大国际媒体,有时甚至会发生摩擦,成为我国海疆安全中一种最不稳定的因素。

南海周边国家的侵扰,对我国南海领土安全造成严重威胁。主要是以越南和菲律宾为代表的南海国家大量侵占我国在南海的岛礁与海域油气、渔业资源。侵占方式主要有:①在中国的南海岛礁上修建工事,长期驻扎军队;②立法侵占我国在南海的岛礁;③和外国公司相互勾结,非法开采中国在南海的自然资源,侵占我国的领土。

此外,全球主要大国势力通过殖民或盟约东南亚相关国家,对我国南海领土安全造成潜在威胁。如以美国为首的外国势力干涉中国在南海领土的安全;通常采用的卑劣手法是煽动南海周边国家非法侵占中国在南海的岛礁;鼓励美国和英国的公司对中国南海进行非法的开发;阻碍大陆和台湾地区在南海执法上的合作(见表4)。

143

表4 南海各国和外国势力对我国海疆所造成的安全隐患

南海相关国家对中国南海的侵权行为	2012年7月9—11日越南和菲律宾借东盟会议向中国发难
	2009年2月17日,菲律宾国会通过领海基线法案,将中国的黄岩岛和南沙群岛部分岛礁划为菲律宾领土
	2011年6月17日,越南、菲律宾、马来西亚、印度尼西亚和文莱5国联合西方石油公司寻求国际石油公司合作开采
	1988年3月中旬,越南非法侵占中国南海领土,中国海军击败越南海军保卫了中国领土
	2012年菲美"卡拉特2012"的菲美联合海上军事演习
	2013年5月15日菲非法射杀中国台湾公民
	2012年8月16日越南通信部新闻局局长黄友亮禁止越南国内播放中国影视作品,加强对越南国内的舆论控制,宣传南海的归属权
西方国家对中国南海的非法干涉	2012年5月9日希拉里和帕内塔强调说美国将遵守1951年签署的《美菲共同防御条约》
	2001年4月1日中美南海撞机事件

资料来源:根据新华网和《人民日报》相关报道整理。

三、中国边疆问题态势对国家安全的影响

通过对中国西北陆域边疆问题的梳理,发现中国陆域边疆问题演进呈现以下典型特征:①中国陆疆问题已经由新中国成立初期边界勘界纷争、经济发展要务和民族和谐自治演化为21世纪全球化进程中的民族自治、经济发展差距缩小、民族文化与宗教传承、跨国极端宗教势力渗透等,这既与伴随着全国经济快速发展带来的区域差距扩大的影响有关,又与区域高比重少数民族人口的民族与民主意识水平提高[15]自身发展因素,尤其是近年"三股势力(恐怖主义、宗教极端主义、民族分裂主义)"呈高发态势影响深重[16]有关。②中国内陆边疆问题演进的动力源,已由新中国成立初期的国家内部文化制度与民族认同度差异演变成民族主义、宗教主义和跨国恐怖主义为主导,这在新疆近12年来所爆发的恐怖事件中有着鲜明的印迹。③中国陆域边疆问题不再是早期的历史问题、国际政治关系与民族文化问题,随着经济全球化深度推进与跨国恐怖主义全球化,中国陆域边界问题演进过程日趋复杂和多元,主要表现为伴随中国和平崛起过程的边疆问题国际化传播与多种新型媒介传播,促成中国内陆边疆问题随时可以转化成为国际舆论焦点与热点[17],这种不寻常的瞬时放大或夸张传播效应,无疑使得中国陆域边疆问题可以转换成中国国际形象负面效应与国内不明真相群体破坏社会经济发展稳定局面的借口。④陆疆问题演进日趋多元化动力和多样性表征形式及其通过新媒体及国际媒介的不良放大,势必侵蚀中国和平崛起的国际形象和历经几代人奋斗而得到的国家安定团结局面。

(一)中国海疆问题发展态势

中国海疆问题演进呈现如下显著特征:①中国海疆问题已经陷入"丢不得、谈不拢、打不得、拖不起、无处诉"的困境。主要是因为国家疆土完整和全球快速发展的海洋经济以及

东南亚部分国家实际侵占我国海礁及部分海域油气资源,一旦中国进行谈判或海监驱逐与海军维权,相关国家便利用弱小姿态和西方媒体到处散布谣言,甚至把中国说成"恶人",这对我国国际形象与国际地位造成严重的负面影响。②中国海疆问题发展趋势,已由新中国成立初期或改革开放前的边疆勘界争议,演进为边界勘界、资源与领海被侵占,国际大国势力若隐若现的插手,中国国际形象等问题,使得海疆问题处理非常棘手。③围绕海洋权益维护的海疆问题,亟需国家从战略层面重视海权、建设海权,地方从战术层面维护海权、掌控海权,亦即中国必须致力于制定一个积极的海上战略[18],同时必须赋予地方足够强大的海洋权益维护力量,可以是驻地海军、海洋警卫等多种形式的海洋权益威慑力量,也可以是中国海洋渔业捕捞船队或中国海洋油气资源开发主体等实际掌控海洋权益的执行主体。④中国海疆问题的处理成败,事关全局性国家安全。当前区域局部国际争议事件的处理成败,具有蝴蝶效应,会直接影响中国其他海洋问题与海外国家利益的正当维权成效。

综合新疆陆域和南海海疆边疆问题的案例分析,可以发现中国边疆问题对国家安全威胁的主要表征是:①地方层面,主要是危及边疆居民人身及财产安全、破坏边疆区域执政组织和执政信心、侵蚀经济发展成效和民族及中华文化认同度。②国家层面,主要是通过新媒介的蝴蝶效应,侵蚀国家内部经济社会发展的稳定环境和诱发新的民族主义、宗教主义以及区域自治主义等极端思潮抬头。③国际层面,主要是通过新媒介的扩散影响邻国民族主义或宗教主义势力抬头,侵蚀区域经济一体化成效,抑制区域内跨国合作和安全互信的良性发展。④全球层面,主要是依托互联网和新媒介的瞬时无级别扩散,侵蚀中国建立的国际形象与国际地位,并有可能引起海外"藏独、台独、东突"等国家分裂势力的借题发挥与不法政治活动。总之,四个层面的边疆问题对国家安全威胁的表征存在内部逻辑一致性和通过互联网与新媒介的蝴蝶效应,使其从点状负面影响瞬时波及全球性负面效应等。当然互联网与新媒介并不是这种负面效应瞬时扩散的唯一载体或途径,尤其是跨国恐怖势力的事件在边疆地区发生,本身会通过恐怖组织自身遍及全球的机构呈全面扩散状态,这无疑会加速侵蚀中国国际形象与地位,并诱发新的经济、人权、宗教等方面的国际摩擦。

(二)中国边疆问题演进威胁国家安全的作用机制

中国边疆问题伴随着全球地缘政治经济格局的变化而不断演进,进入21世纪呈现出多元化驱动力、多样性表征、多种传播途径以及日趋复杂等显著特征。边疆问题对国家安全的威胁虽在不同尺度呈现出不尽相同的表征,但其本质在于侵蚀国家或地方经济社会的和平、稳定发展环境,并在一定程度上破坏国家或地方的经济、居民生命、社会文化认同与国际形象等。当然从地方的边疆问题如何上升为国家安全威胁,无疑决定于诸多边疆问题事件自身的规模、破坏力、国际影响范围和性质类型,如东突组织在新疆境内的恐怖活动,不论其破坏程度和损失大小,它都应是国家安全的重要威胁之一。然而新疆境内少数民众因民族关系而形成的民族冲突,不论其规模与破坏力如何,都是民族自治内部的问题,尚不能构成国家安全威胁。因此,边疆问题对国家安全存在威胁的前提是其事件性质和国际负面影响程度等。至于地方的边疆问题如何上升为国家安全的重要威胁,核心路径在于事件破坏力本身及其通过互联网和多种新媒介(微博、飞信、Facebook、twitter)的瞬时蝴蝶效应扩散,使得边疆问题真相被互联网绑架式扩散,直接侵蚀国家的国际形象与地位,增加了新边疆问题事件发生概率。

当然,中国边疆问题对国家安全威胁的另一途径在于周边邻国政局动荡/大国侵扰带来的边界效应及其严峻挑战:①其"外溢效应"危及中国的边疆稳定与安全,尤其是中亚、南亚与西亚、东南亚不稳,恐将冲击中国的地缘"西线与南线","三股势力"蠢蠢欲动直接威胁中国广袤西部区域安全;而东北亚局势的诡秘多变无疑使环黄、渤海区域边疆成为中国国家安全威胁的新增长点[19]。②西方大国等乘虚而入,干扰中国东海和南海海疆问题的和平解决,侵蚀中国和平发展的地缘依托带。

此外,国际社会对中国和平崛起的不信任或抑制战略的新挑战促成中国边疆问题复杂化与国际化负面传播。兼顾"海洋维权"与"内陆维稳"的21世纪中国发展战略,无疑会遭受国际社会借边疆问题在全球层面大肆渲染中国"人权、民主、中国责任论"等系列新型国家安全威胁。

四、结论与讨论

边疆安全是中国安全的重要组成,边疆安全是实现国内的安全与稳定,建设幸福、美丽中国重要的决定因素。以中国西北陆域边疆和南海海疆问题及其演进为例,系统梳理中国边疆问题演进的趋势、动力、表征与本质,探析日趋复杂化和多样化的边疆问题对中国国家安全威胁的作用路径。研究认为中国边疆问题已经由新中国成立初期的历史问题、民族问题、经济问题和国际勘界问题演进成为日益复杂的民族自治、经济均衡发展、宗教与国际恐怖/分裂问题;中国边疆问题在地方尺度和全球尺度都具有较大的破坏力和负面作用,直接侵蚀中国的文化认同与经济社会发展成效,尤其是国际形象与地位,而从地方的边疆问题演化为国家安全的国际负效应,主要是通过边疆问题事件自身性质及其在互联网与新媒体传播的瞬时蝴蝶效应、周边邻国政局动荡/大国侵扰的边界效应和国际社会对中国和平崛起的不信任效应作用于国家安全的。

参考文献

[1] 丁建伟,赵波.《近代以来中国西北边疆安全问题研究》. 北京:民族出版社,2006年。

[2] 马大正.《1978年以来中国近代边疆问题研究述评(上)》. 中国边疆史地研究,1994年,第3期,第98-110页。

[3] 马大正.《1978年以来中国近代边疆问题研究述评(下)》. 中国边疆史地研究,1994年,第4期,第107-112页。

[4] 王逸舟.《恐怖主义溯源》. 北京:社会科学文献出版社,2002年。

[5] 陈霖.《论中国边疆海权问题的治理》. 学术探索,2010年,第1期,第17-23页。

[6] 王圣云,张耀光.《南海地缘政治特征及中国南海地缘战略》. 东南亚纵横,2012年,第1期,第67-69页。

[7] 汪洪亮.《中国边疆研究的近代转型:20世纪30—40年代边政学的兴起》. 四川师范大学学报(社会科学版),2010年,第137-144页。

[8] 段金生,尤伟琼.《范式变迁:"边缘"与"中心"的互动》. 思想战线,2013年,第31-38页。

[9] 范铁权,李海健.《新亚细亚学会及其边疆问题研究》.中国边疆史地研究,2012年,第131－150页。
[10] 张云.《藏学研究与中国边疆学建设》.云南师范大学学报(哲学社会科学版),2008年,第12－15页。
[11] 张健.《边疆治理的模式类型及其效应研究:以政府、市场和社会三者关系为视角的分析》.思想战线,2013年,第133－134页。
[12] 张耀光.《中国海洋政治地理学:海洋地缘政治与海疆地理格局的时空演变》.北京:科学出版社,2004年。
[13] 张耀光,刘锴,刘桂春.《从地图看中国南海海域疆界线的形成与演进》.地理科学,2012年,第1 033－1 040页。
[14] 王存胜.《地缘政治研究中的"盎格鲁—撒克逊"传统》.世界地理研究,2012年,第28－36页。
[15] 赵定东,朱俊瑞.《当代新疆农民思想的动态性表现及影响因素分析》.北华大学学报(社会科学版),2013年,第117－123页。
[16] 杨立敏,蒲丽霞,刘晶.《关于新疆暴力恐怖犯罪问题的思考》.新疆师范大学学报(哲学社会科学版),2012年,第69－73页。
[17] 刘晓程,王赟.《大国边疆与对外传播》.北方民族大学学报(哲学社会科学版),2013年,第2期,第31－39页。
[18] 陈霖.《论中国边疆海权问题的治理》.学术探索,2010年,第1期,第17－23页。
[19] 李靖宇,刘琨.《关于环黄海区域的国家安全问题探讨》.东北亚学刊,2012年,第48－53页。

浙江省海洋经济核心区发展现状与目标定位研究

许继琴

(宁波大学)

摘要：浙江省海洋经济核心区是以宁波—舟山港海域、海岛及其依托城市为核心区，拥有丰富的港口资源和吞吐量位居世界第一的宁波—舟山港。建设21世纪海上丝绸之路和长江经济带战略赋予了这一区域新的机遇。抓住机遇，推进核心区发展，需明确这一区域的目标定位。在背景、基础、现状分析的基础上，我们认为，这一区域的目标定位可以设立为：亚太国际门户区、全国海洋经济发展的核心示范区、浙江海洋经济发展先行区、长三角区域重要的经济增长极。港产城联动以及基于现有行政区框架下的宁波—舟山统筹发展，是核心区发展的两大路径，港口、产业、城镇、环境、制度创新是这一区域发展的战略重点。

关键词：浙江省；海洋经济；目标定位

国务院批复的《浙江省海洋经济发展示范区规划》（以下简称《规划》）中对核心区空间范围的界定是："以宁波—舟山港海域、海岛及其依托城市为核心区"。宁波—舟山港海域、海岛包括了舟山市的全境和宁波市的镇海、北仑海域和象山港、石浦港海域等，宁波—舟山港海域、海岛所依托的城市是这一海域的陆向依托部分，包括了这一海域沿海城镇，地理范围界定相对困难。为了便于数据分析，本文所指的核心区范围包括宁波、舟山两市的辖区。

21世纪是海洋的世纪。建设21世纪海上丝绸之路是我国海洋经济发展新战略，建设长江经济带是我国区域经济发展新战略。位于21世纪海上丝绸之路与长江经济带交会点的宁波和舟山，是浙江海洋经济发展的核心区，更是落实国家海洋经济发展新战略和区域经济发展新战略的重要区位，对全省乃至全国的海洋经济的发展至关重要。《规划》对核心区有明确的定位，但随着核心区建设的推进以及发展背景的变化，核心区的发展定位需进一步细化并作适当的调整。

一、核心区发展背景

21世纪是海洋的世纪，世界和我国海洋经济发展的形势及其在经济发展中的作用是核

---

① 基金项目：浙江省哲学社会科学重点研究基地——浙江省海洋文化与经济研究中心项目(11HYJDYY03)。
作者简介：许继琴(1963—)，女，浙江临湾人，教授，主要从事区域经济研究：E-mail:xujiqin@nbu.edu.cn.

心区发展的宏观背景。浙江省成为我国第三个海洋经济发展试点省以及《规划》的获批、舟山群岛新区的设立等,是核心区发展的直接动力。

(一)海洋经济正在成为经济发展的新增长空间

进入21世纪后,世界各国十分重视海洋经济发展,我国的海洋经济发展战略逐步向纵深推进。

2001年,联合国正式文件中首次提出了"21世纪是海洋世纪",海洋成为国际竞争的主要领域。世界海洋竞争主要表现为:发现、开发利用海洋新能源;勘探开发新的海洋矿产资源;获取更多、更广的海洋食品;加速海洋新药物资源的开发利用;实现更安全、更便捷的海上航线与运输方式。

改革开放后我国海洋经济发展迅速。1980年,全国海洋经济产值为80亿元,1990年达482亿元,2013年全国海洋生产总值为54 313亿元。我国的海洋经济发展战略实施分三个阶段。2003—2007年为第一阶段,出台了《全国海洋经济发展规划纲要》,全面布局海洋经济发展;2008—2009年为第二阶段,以规划、意见和方案三种形式,先后审议通过了7个沿海省市的区域发展战略,以分区推进海洋经济发展;2010年以后为第三阶段,选择山东、浙江、广东、福建、天津作为我国海洋经济发展试点,支持五省(市)有针对性地开展先行先试,以求海洋经济发展的重点突破。

(二)21世纪海上丝绸之路开启海洋经济发展新思路

2013年10月,习近平主席首次阐述了共建21世纪海上丝绸之路的构想。随后,十八届三中全会《决定》和2014年《政府工作报告》,对建设21世纪海上丝绸之路作了更详细的阐述。建设21世纪海上丝绸之路,经贸领域有两大重点:一是完善对外经贸的基础设施网络,重点是建设港口、完善航路,构建海上通道;二是推进贸易的便利化,重点是针对当前区域经济一体化中出现的TPP等新形态,积极推进落实与沿线国家的双边、多边贸易投资协议,构筑连接沿线地区的区域经济一体化新格局。

建设21世纪海上丝绸之路的构想得到了海内外的积极响应。在海外,东南亚、南亚积极响应,非洲、中东乃至南欧、西欧也有良好回应。在国内,沿海省份及相关城市则是展开激烈的竞争,多地争夺21世纪海上丝绸之路先行区,其中最为积极的有福建、广东、浙江三省。

核心区是建设21世纪海上丝绸之路的优势区域。核心区拥有深厚的历史渊源和文化积淀。站在现实与将来的视角,核心区拥有货物吞吐量世界第一、集装箱吞吐量世界第六的宁波—舟山港,拥有衔接海上丝绸之路与长江经济带的优势区位条件,更有雄厚的对外经贸实力,是建设21世纪海上丝绸之路起点与支点的最好区位。

二、核心区发展基础与现状

同一片海域的资源背景、分工协作的产业联系和同源同流的区域文化是核心区统筹协调发展的重要基础。核心区拥有港口岸线等丰富的海洋资源和相对充裕的用地条件,但水资源相对紧缺;核心区拥有的雄厚经济基础,临港工业规模、水平居全国前列,但宁波、舟山两市差距较大。

(一)核心区发展的自然资源基础

宁波—舟山港同属一个海域,拥有共同的经济腹地。优越的建港条件、丰富的自然人文旅游资源、相对充裕的用地条件等,是核心区经济社会发展的基础与保障。

1. 港口资源

宁波—舟山港港域内近岸水深10米以上的深水岸线长约333千米,港口建设可用岸线约为223千米,其中尚未开发的深水岸线约为184千米,主要集中在舟山本岛、金塘、册子、外钓、六横、衢山和洋山等岛屿。按每千米深水岸线承载500万吨年吞吐能力的系数测算,舟山港域港口资源可建码头泊位年吞吐能力近10亿吨,相当于目前上海港、宁波—舟山港货物吞吐量的总和。

2. 土地资源

宁波、舟山两市面积共3 281.44平方千米,其中海域面积526.52平方千米,滩涂等资源的利用是缓解核心区建设用地紧张状况的重要途径。

宁波市建设用地紧张。按照用地需求预测,2006—2020年土地利用规划期间剩余的新增建设用地指标全部提前到"十二五"规划期间使用,仍然无法达到供需平衡,缺口约为8 000公顷。利用沿海滩涂资源进行开发建设,预计5年间年均建设用海规模达到1 000公顷,共计5 000公顷。

舟山市土地资源有待开发。舟山属海岛城市,岛屿分布呈现大岛近岸、小岛离散的形态,陆域面积狭小,土地资源匮乏。2011年城乡建设用地已达到2.392 9公顷,为原规划的2020年目标的1.67倍。舟山群岛新区发展上升为国家战略后,预测到2020年,舟山群岛新区需新增建设用地面积为2.133万公顷。经过综合评估,2020年前,滩涂围垦、围填海域总规模可达2.03万公顷,其中近期开发规模为1.35万公顷。

3. 水资源

2013年,宁波市水资源总量76.59亿立方米,总用水量22.14亿立方米。到2020年,宁波全市需水量预计为30亿立方米,现有的供水能力还无法满足需求。

舟山地处海岛,是一个资源型缺水的地区。2011年,舟山市水资源总量为4.258 7亿立方米,总用水量1.406 0亿立方米。随着舟山群岛新区开发的推进,用水量增长迅速,本地水资源开发利用潜力有限,核心区内统筹解决是必然的路径。

(三)核心区发展的社会基础

宁波和舟山在历史上长期同属一个行政区,语言文化相近,人员交往密切。区域性文化的融合能够促进地区的经济联系紧密。

1. 历史渊源

舟山市与其毗邻城市宁波市有着深厚的历史渊源关系。在自然地理上,舟山群岛处在宁波以东的海域之内,定海区的佛渡岛距宁波市的梅山岛仅3.6千米,宁波是舟山与内陆之间的主要通道。从行政区划上看,古代的舟山曾经隶属于宁波市的余姚、鄞县,至明代又隶属于宁波府管辖。直到清康熙二十三年(1684年),才建立舟山总镇府。历史上,因为战争等原因,舟山居民一次又一次地被强行内徙到宁波余姚一带。直到舟山总镇府成立以后,舟山被遣岛民才陆续返回家园。宁波府属有鄞、慈溪、奉化、镇海、定海、象山、南田 7 县,1954年定海单独分设成为舟山地区。

2. 文化相近

宁波和舟山基于海派文化传统、工商文化传统、"崇尚柔慧,厚于滋味"的人文情怀形成的价值认同理念是一致的。企业家创新精神的生成是植根于传统文化的,以传统文化的创新精神为源泉的企业家创新活动是促进地区经济发展的内在动力。这些共同的文化基础促进了两地之间的合作。

(四)核心区经济发展现状

经过 20 多年的快速发展,核心区拥有雄厚的经济基础。

1. 经济规模与增长速度

从经济规模看,宁波、舟山两市的差异十分明显。宁波市的地区生产总值从 1998 年的 953 亿元增长到 2013 年的 7 129 亿元;舟山市的地区生产总值从 1998 年的 97 亿元增长到 2013 年的 931 亿元,两市地区生产总值的差额从 1998 年的 856 亿元扩大到 2013 年的 6 198 亿元(图1)。

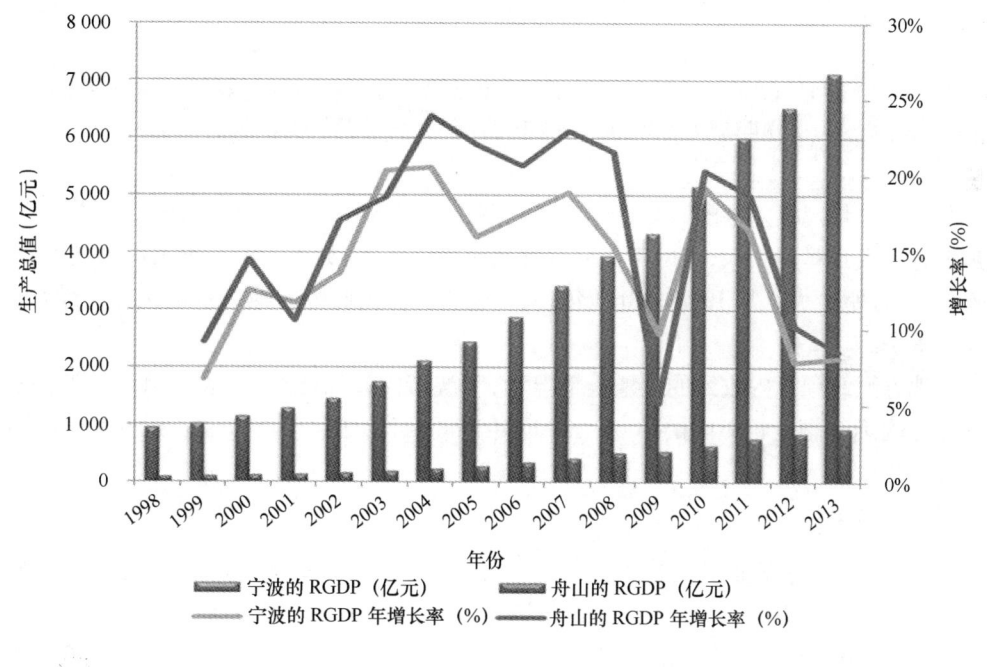

图1 宁波、舟山市的地区生产总值及年增长率

但从增长速度看,虽然舟山市的波动幅度要大于宁波市,但从总体上看,增速快于宁波市,两市的地区生产总值相对差距在缩小,宁波市地区生产总值与舟山市地区生产总值的比

值从1998年的9.8降到2013年的7.7。

2. 经济发展水平与财政收入

随着经济的发展,核心区的人均地区生产总值呈现出逐年快速增长态势,宁波市的人均地区生产总值一直高于舟山市,两市的差距稍有扩大,但基本稳定。但从城镇居民人均可支配收入和农村居民人均纯收入指标看,宁波、舟山两市基本相当,尤其是农村居民人均纯收入几乎没有差异(图2)。

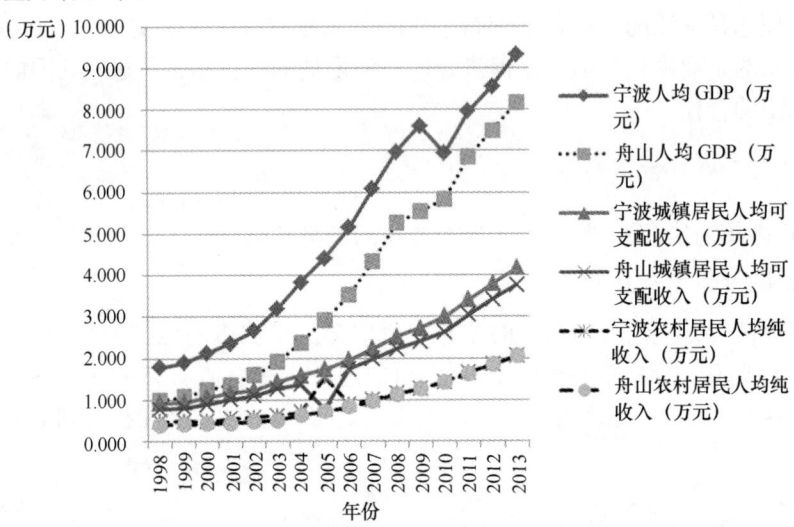

图2 宁波、舟山市的人均地区生产总值及城镇居民人均可支配收入、农村居民人均纯收入
两市的人均GDP 2010年前按户籍人口,2010年及以后按常住人口

受经济总量规模差距的影响,宁波、舟山两市的财政预算内收入差距较大,图3中宁波市是地方财政预算内收入,舟山市是公共财政预算内收入,如果宁波市也采用公共财政预算内收入,则差距更大。从1998—2013年,两市财政预算内收入的绝对差距在拉大,但相对差距有所缩小。

从地方财政预算内收入的年增长情况看,宁波市的波动已经不小,舟山市的波动更大,尤其是受国际金融危机影响的2008—2009年期间,经历了剧烈的波动。近4年,两市的地方财政预算内收入年增长率相差不大(图3)。

3. 产业结构

1998年以来,宁波市的三次产业结构基本稳定。早在20世纪80—90年代,宁波市就完成了第一产业比重的持续下降,1998年第一产业的占比就已经降到了10%以下;受大规模临港工业崛起的影响,宁波市的第二产业占比一直偏高,稳定在55%左右;2010年开始,宁波的三次产业结构出现了阶段性的变化,第二产业的比重逐渐有些下降,第三产业的比重则逐步上升。

舟山市的三次产业结构自1998年以来变化较大,第一产业的比重从1998年的31%急速下降到2008年的10%,此后保持在10%的水平;与此相对应,第二产业的比重从1998年的28%迅速上升到2008年的46%,此后保持在45%左右;第三产业的比重在1998—2002年间逐年明显上升,2003年以后稳定在45%左右(图4)。

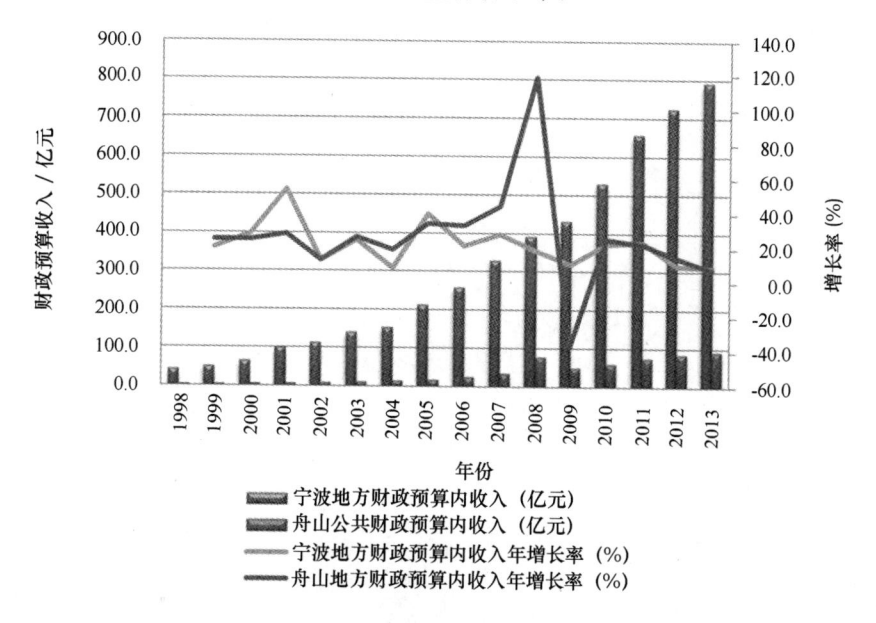

图3 宁波、舟山市地方财政预算内收入及其年增长率

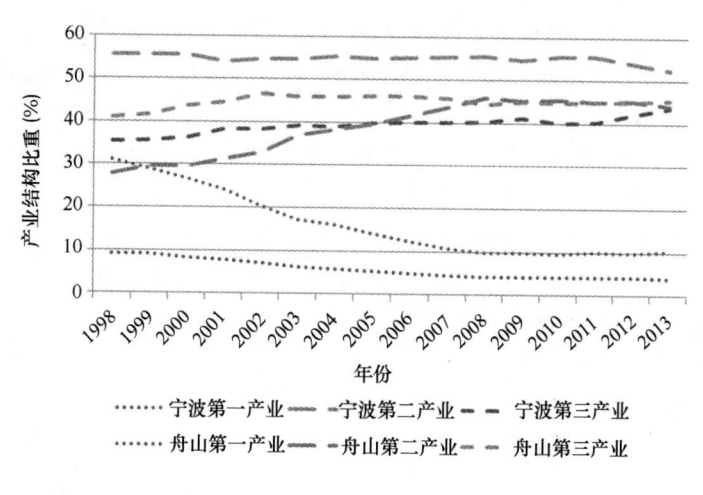

图4 宁波市、舟山市三次产业结构演变

2013年,宁波市规模以上工业企业实现工业总产值12 794.95亿元(现价),实现工业增加值2 291.2亿元;舟山市规模以上工业企业实现工业总产值1 350.77亿元,实现工业增加值264.5亿元。两市的总量差距明显。

1998年以来,宁波和舟山两市的制造业发展较快,制造业各行业总体上呈逐步上升趋势,但结构发生了变化。

宁波市纺织业、服装及纤维制品制造业所占比重分别从1998年的9.89%、10.21%降至2012年的3.19%、5.24%,下降十分明显;电气机械及器材制造业和通信设备、计算机及其他电子设备制造业的比重在波动中趋于上升,石油加工、炼焦及核燃料加工业的比重趋于上升。目前,石油加工、炼焦及核燃料加工业和电气机械及器材制造业是宁波市的两大制造业,2012年的比重分别为13.51%、12.60%(图5)。

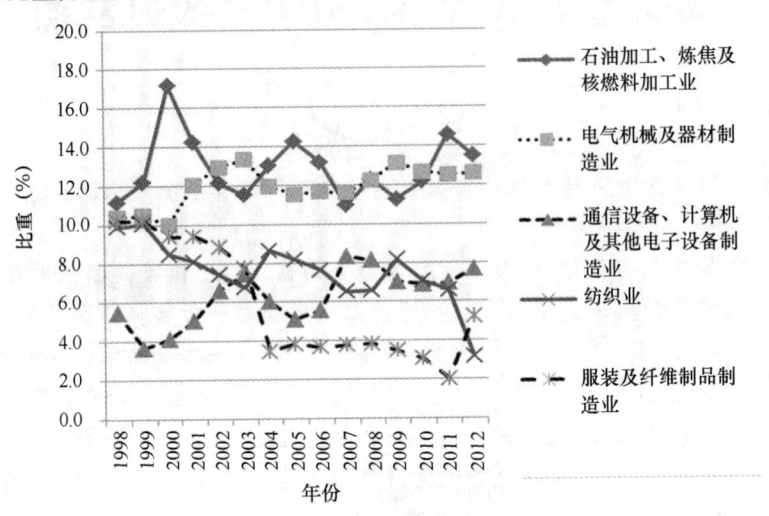

图5 宁波市主要制造业行业比重变化

舟山市的制造业结构与宁波市的差异很大,且这10多年的变化很大。交通运输设备制造业发展迅速,占制造业的比重从1998年的6.31%迅速上升至2011年的56.65%,占据了舟山市制造业的半壁江山,是舟山市制造业的绝对支柱与优势行业;与此形成鲜明对比的是,农副食品加工业经历了先升后降的历程,占制造业的比重从最高峰的49.62%迅速下降到了2011年的15.31%;与上述两个行业变化趋势相同的还有化学原料及化学制品制造业与纺织业,化学原料及化学制品制造业的比重在2007年以后迅速上升,而纺织业的比重在1999—2000年的急剧下降后,总体呈下降态势,其比重从1998年的20.30%降到2011年的2.19%。从这四个主要行业的比重变化中可以看出,"十一五"期间,舟山市的临港工业开始崛起并迅速地改变着制造业的结构(图6)。

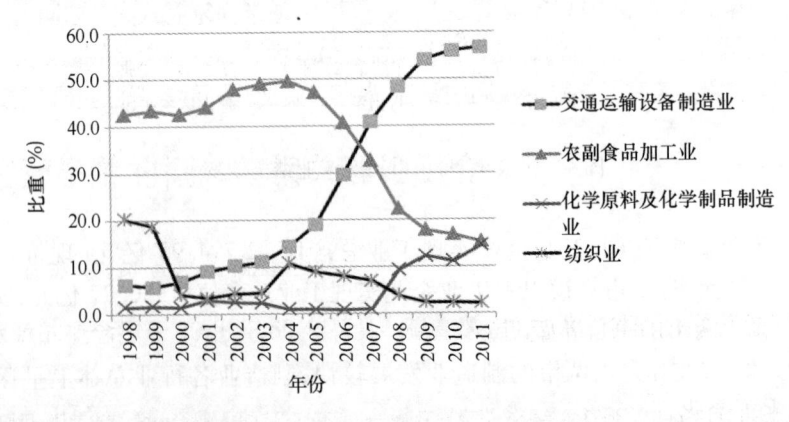

图6 舟山市主要制造业行业比重变化

就交通运输设备制造业看,舟山市是在2003年以后进入快速发展通道,与宁波市的交通运输设备制造业在总量规模上的差距迅速缩小。但两市的交通运输设备制造业内部的结构还是有较大的差异。在宁波市的交通运输设备制造业内部,汽车及其零部件制造占有较大的比重,而舟山市是以船舶修造业为主(图7)。

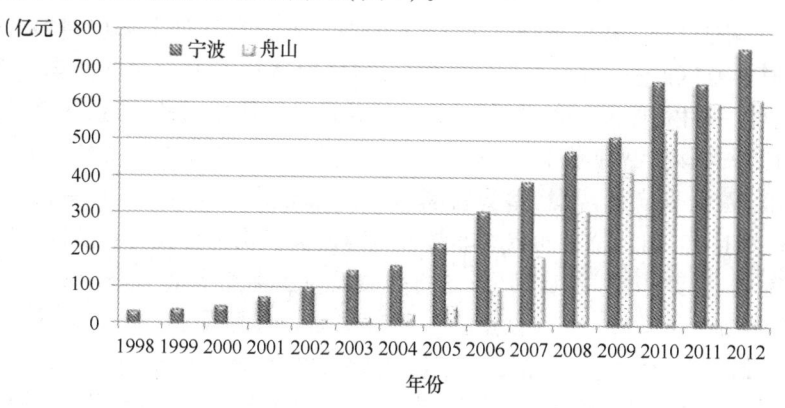

图7 宁波、舟山交通运输设备制造业比较(1998—2012年)

就宁波市两大比重最高的行业看,舟山市的石油加工及炼焦业在2008年起步,2011年产值达6.24亿元,但与宁波市1 629.59亿元的产值差距很大;舟山市的电气机械及器材制造业在1998—2007年间呈现出逐年稳步增长的良好态势,2008年、2009年略有回落,2011年超过2007年的规模,达7.23亿元,但与宁波市1 399.95亿元的规模相比,差距也很大。

三、核心区发展定位与思路

《规划》对核心区发展的定位与目标有了初步的规定,但核心区的发展需要根据形势的变化作出适当的调整。

(一)《规划》中核心区的定位与思路

《规划》中明确提出:"以宁波—舟山港海域、海岛及其依托城市为核心区,围绕增强辐射带动和产业引领作用,继续推进宁波—舟山港口一体化,积极推进宁波、舟山区域统筹、联动发展,规划建设全国重要的大宗商品储运加工贸易、国际集装箱物流、滨海旅游、新型临港工业、现代海洋渔业、海洋新能源、海洋科教服务等基地和东海油气开发后方基地,加强深水岸线等战略资源统筹管理,完善基础设施和生态环保网络,形成我国海洋经济参与国际竞争的重点区域和保障国家经济安全的战略高地。"

1. 核心区的作用与定位

《规划》提出的核心区的作用是:"辐射带动和产业引领作用"。

核心区的辐射带动作用中,居基础核心地位的是建立在"三位一体"现代港航物流服务体系的港口物流辐射带动,同时包括建立在核心区城市功能基础上金融、科技、商贸等城市辐射带动作用。

核心区的产业引领作用,一是建立在核心区港口优势基础上先进临港工业的产业引领作用;二是建立在核心区港口与城市优势基础上的现代港航物流服务业的产业引领作用;三是建立在核心区科教资源和海洋资源基础上海洋生物产业等新兴产业的产业引领作用。

《规划》中对核心区的定位是:"形成我国海洋经济参与国际竞争的重点区域和保障国家经济安全的战略高地。"我国海洋经济参与国际竞争的重点区域是从空间的角度进行的定位,其载体是核心区产业的国际竞争力。保障国家经济安全的战略高地是从资源保障的角度进行的定位,其载体是核心区的"三位一体"现代港航物流服务体系。

2. 核心区发展的战略重点与路径

为了实现上述目标定位和增强其辐射带动和产业引领作用,《规划》提出的核心区建设重点包括两个方面。一是产业发展方面,即:"规划建设全国重要的大宗商品储运加工贸易、国际集装箱物流、滨海旅游、新型临港工业、现代海洋渔业、海洋新能源、海洋科教服务等基地和东海油气开发后方基地"。二是体制与基础设施保障方面,即:"加强深水岸线等战略资源统筹管理,完善基础设施和生态环保网络"。

《规划》中关于核心区的发展路径,强调了两个方面:一是"继续推进宁波—舟山港口一体化";二是"积极推进宁波、舟山区域统筹、联动发展"。

(二)核心区发展目标定位新思考

依据《规划》中核心区的定位,同时参考宁波、舟山两市相关规划,借鉴国内外同类区域的发展定位,我们认为核心区发展定位可以设定为:亚太国际门户区、全国海洋经济发展核心示范区、浙江海洋经济发展先行区、长三角重要经济增长极。

1. 亚太国际门户区

《长三角洲地区区域规划》提出宁波"打造亚太地区重要国际门户"的战略定位。舟山新区发展规划中提出"将舟山群岛新区打造成为对外开放门户岛",建设"东部地区重要的海上开放门户"的目标。核心区定位"亚太地区国际门户区"已有国家级规划的依据。我们认为,亚太国际门户区的目标定位包含了以下两个方面:

(1)世界级国际枢纽港基础上的全球重要资源配置中心。依据核心区丰富的港口资源和现有的港口基础,以环杭州湾东方大通道建设为契机,推进沪、甬、舟港口深度合作,建设上海国际航运中心的深水港群,使之成为世界级国际枢纽港。

在国际枢纽港基础上,着力发展大宗商品运输中转、交易、储存等功能,成为保障国家经济安全的战略高地;以第四代港口为目标,发展港航服务业、港口物流、商品交易和国际贸易,实现港口功能升级,建成全球重要的资源配置中心。

鉴于这一区域位于新海上丝绸之路与长江经济带的结合部,以世界级国际枢纽港和全球重要的资源配置中心为基础,还应是新海上丝绸之路的重要支点。这是建设21世纪海上丝绸之路赋予亚太国际门户区新的含义。

(2)全球著名的自由贸易区域。世界级的国际港、全球重要的资源配置中心都需要贸易、投资便利化和金融国际化的保障。因此,复制上海自贸区的经验,推进核心区的贸易、投资便利化和金融国际化;整合核心区现有的各类特殊海关监管区域,提升特殊海关监管区域的贸易、投资便利化和金融国际化水平,由保税区、出口加工区、保税港区向自由贸易园区、自由贸易港市推进,成为全球著名的自由贸易区域,是核心区发展的必然要求。

2. 全国海洋经济发展的核心示范区

在全国的 5 个海洋经济发展试点省份中,国务院批复的浙江海洋经济发展规划是"浙江省海洋经济发展示范区规划",即浙江省的海洋经济发展要为全国的海洋经济发展作出示范。核心区作为浙江海洋经济发展示范区的核心区域,自然要成为全国海洋经济发展的核心示范区,在全国经济发展中起示范作用,这种示范作用重点表现在以下两个方面。

(1)我国海陆持续发展示范区。加强海岛综合保护开发,创新海岛综合保护开发的新模式,建设世界海岛综合开发示范区。加强海洋环境保护,实现海洋经济区内经济社会发展与资源开发、环境保护的有机结合,建设海洋综合保护开发示范区。

(2)我国海洋文化示范区。文化凝结历史,文化引领未来。深度挖掘本土海洋文化内涵,充分吸纳全球海洋文明,建设具有时代特征、甬舟特色的海洋文化名城,成为我国海洋文化示范区,以海洋文化软实力支撑核心区经济社会发展。

3. 浙江海洋经济发展先行区

(1)改革先行的制度创新试验区。国务院批复设立浙江舟山群岛新区,上升为国家战略,需要改革发展先行,先行改革、先行发展是国家赋予新区的强大动力。先行就是在海洋开发的广度和深度上走在全国的前列,先行还需要在海洋经济发展改革的体制突破方面走在全国的前列。离开先行,舟山新区就失去了存在的意义,在先行中大胆试验,大胆改革,新区才能走出一条自身发展的道路。

宁波是 1984 年国家批准的 14 个沿海开放城市之一,改革开放 30 多年来一直是国家对外开放的排头兵,改革开放的制度红利是宁波改革开放 30 多年来实现经济社会快速发展并带动周边区域快速发展的重要动力所在。作为浙江省对外开放综合配套改革市,更要在改革开放中继续前行,以先行先试的制度创新,再创新时期的新辉煌。

(2)协同推进的区域合作先行区。在先行先试过程中,宁波和舟山要形成协同推进的新格局。舟山群岛新区更多地得到国家政策的支持,宁波要积极支持舟山群岛新区在推进改革发展中先行先试。反过来,舟山群岛新区先行先试的经验要辐射扩散到宁波,以促使整个核心区更快的发展。这样在浙江核心区范围内,在长三角区域合作的大格局中,形成宁波和舟山"开发开放、先行先试"的互动局面,为我国海洋经济发展和浙江海洋经济发展发挥先行作用。

4. 长三角区域重要的经济增长极

(1)世界级城市群中的陆岛联动海洋都市圈。以宁波—舟山港和环杭州湾的东方大通道等为依托,加快核心区丰富的港口资源开发,加速核心区港产城的联动,以宁波中心城市功能升级为核心,以舟山群岛新区城市拓展与功能培育为新增长点,推进核心区各级、各类城市之间的联系,形成陆岛联动的海洋都市圈。

(2)东北亚临港产业和海洋产业基地。在提升现有临港产业的基础上,充分利用大宗商品集散、中转的优势,扩大临港产业规模、提升临港产业层次,建设全球重要的临港产业基地。抓住全球海洋科技创新的机遇,切实提高海洋科技创新能力,加速培育海洋战略性新兴产业、改造提升传统海洋产业,建设东北亚重要的海洋产业基地。

(三)核心区发展路径与战略重点

区域合作、区域经济一体化理论是核心区统筹协调发展的一般理论依据,海陆联动是与核心区区域特征相对应的核心区统筹协调发展的理论依据。

1. 核心区发展路径

核心区发展应围绕建设国家海洋战略赋予这一区域的战略任务,遵循优势互补、共享共赢原则,整合资源、优化布局、联动发展,以合力推进宁波—舟山港口一体化和宁波—舟山海陆统筹协调发展为核心,实施港产城联动,统筹推进沿海产业带、交通带、城市带三带融合发展,保障国家经济安全,实现核心区的共同发展。宁波与舟山要联合起来,合则两利、分则两弊。

依据核心区的发展基础与现状,深化《规划》中提出的核心区发展路径,重点包括以下两个方面:

(1)港产城联动的区域经济发展路径。核心区发展的基础是基于丰富港口资源基础上的国际大港,以港口为基础区域的基本发展规律是港产城联动。继续推进宁波—舟山港口一体化,做大、做强港口,是完成核心区乃至浙江省承担的国家海洋经济发展战略重任的基础;依托港口发展临港工业,建设临港产业基地,是核心区尤其是舟山群岛新区迅速扩大经济规模总量的捷径;依托港口发展港口物流,包括大宗商品在内的商品贸易,是实现宁波—舟山港从第二代港口向第三代港口转型,并带动核心区乃至全省产业转型的重要举措;在港口、港口经济繁荣的基础上,建设、提升港口城市,建成海陆联动的海洋都市圈,将对全省的海洋经济发展和空间格局变化产生重大影响,推进全省的新型城镇化进程。

(2)海陆统筹的区域合作路径。核心区涉及宁波、舟山两个行政区,宁波市是副省级的计划单列市,舟山是国家级新区。核心区拥有同一港口海域、同一区位条件、位于海陆两边,共同遵循港产城联动的区域发展规律。在现在的行政区划框架下,如何形成两个行政区管辖下的区域一体化新机制,是核心区发展中的核心问题。

2. 核心区发展战略重点

依据上述的目标定位与发展思路,核心区发展的战略重点包括:

(1)推进宁波—舟山港口一体化,建设世界级国际枢纽港。核心区的港口包括一体化的宁波—舟山港和隶属上海港的洋山港区。围绕建设世界级国际枢纽港和新海上丝绸之路重要支点的目标,以体制机制创新为着力点,推进宁波—舟山港口一体化以及一体化后的宁波—舟山港与上海港的港口联盟建设,共同构建上海国际航运中心的深水港,为核心区的港航服务业、港口物流业、大宗商品交易和国际贸易等提供坚实的基础。

(2)加速发展港口物流与商品贸易,建设全球资源配置中心。着眼于建设全球资源配置中心,核心区一要加快港口物流的发展与提升;二要做大商品贸易。

核心区港口物流发展的重点是,建立物流运营供应链理念,拓展腹地,以环球干线集装箱物流为核心,以能源、原材料等大宗物资物流为主体,紧紧围绕集装箱、油品、液体化工、铁矿石、煤炭、商品汽车、粮食七大物流体系,重点开发梅山、六横、衢山三大区域,突出发展保税物流、供应链物流与流通加工物流等现代物流增值服务,完善城乡物流配送功能。以物流园区建设为载体;以物流企业培育为抓手,优化物流空间布局,健全集疏运网络和物流信息系统;以国际枢纽港为依据,建设国际港口物流中心。

核心区商品贸易发展的重点是,做大做强大宗商品交易,做大做好工业制成品贸易。大宗商品交易的关键是统筹宁波、舟山的大宗商品交易市场,形成适当分工、错位发展的总体格局。工业制成品贸易的关键是创新贸易模式,建设新的贸易平台,扩大规模、提升层次。

(3)加强产业联系与集成,建设临港产业与海洋产业基地。充分利用舟山群岛新区的港口资源与岛屿资源优势,建设绿色先进的石化产业基地,提升宁波临港石化产业层次,构建具有世界先进水平的石化产业基地。整合舟山、宁波的船舶修造业,整合资源发展船舶配套产业,共同构建东北亚重要的船舶产业集群。充分利用港口优势,着力发展海洋工程制造业,建设海洋工程制造产业基地。

抓住海洋生物技术创新的机遇,集聚海洋生物技术研发人才,利用海洋生物资源优势,改造提升海水产品养殖、加工产业,着力发展海洋生物产业,构建海洋生物产业集群。充分利用海洋能源资源优势,引进与创新并举,以海洋风力发电为切入口,大力发展海洋新能源产业。

充分利用核心区丰富的人文、自然资源,整合资源与产业发展条件,提升旅游业、发展休闲业,打响国际休闲岛品牌,建设全球著名的海洋休闲区。

(4)推进新型城镇化,构建陆岛联动海洋都市圈。以港口转型换代来推进港口城市的转型换代,推进宁波现代化国际港口城市的建设,切实增强宁波中心城市功能及其辐射力。借舟山群岛新区建设的东风,加速舟山本岛城市拓展,建设美丽的海岛花园城市。抓住核心区的各级各类产业园区建设的契机,加速培育核心区新兴城市,推进核心区各级、各类城市之间的联系,构筑岛联动海洋都市圈。

(5)海洋资源开发与环境保护相结合,建设海陆持续发展示范区。坚持海洋经济发展与海洋生态环境保护相统一,海洋资源开发利用与资源环境承载力相适应,把海洋生态文明建设放到突出位置,实现核心区海洋经济的可持续发展,建设海洋综合保护开发示范区。加强海岛综合保护开发,创新海岛综合保护开发的新模式,建设世界海岛综合开发示范区。

(6)加快改革开放,建设全球著名自由贸易区域。港口物流、大宗商品交易等的发展需要制度的保障,历史上核心区就曾拥有自由贸易区域以及成为全球著名自由贸易区域的契机。30多年的改革开放过程中,核心区拥有从开发区至保税区、保税港区等国内最开放的区域,以舟山群岛新区开发开放为契机,打造全球著名自由贸易区域,是核心区发展的战略重点所在。

在行政区划不变的前提下形成协同发展的体制机制,是核心区发展中面临的重要制度难题,需要在省级层面寻找突破。

建设21世纪海上丝绸之路是我国海洋经济发展的新战略,建设长江经济带是我国区域经济发展新战略,"一路一带"战略给位于"一路一带"交汇点的核心区发展带来了新的机遇。抓住机遇,明确发展的目标定位、路径与战略重点,推进这一区域的发展,对全省乃至全国的发展都具有重要的意义。

参考文献

[1] 国家发改委.《长三角洲地区区域规划》,http://www.china.com.cn/policy/txt/2010-06/22/content_20320273.htm.

[2] 国家发改委.《浙江省海洋经济发展示范区规划》,http://wenku.baidu.com/link?url=ySN6tUMTCSrEao2tDCAfVavjALzUHn2F616uocPFEO7xC1jQ-O9p3s0jCAmkOObjKhCi5w6PeWS4z9tgfMttFTx2YPBfPa1UbA9KXNdbCp_.

[3] 国务院批复.《浙江舟山群岛新区发展规划》,http://www.zjdpc.gov.cn/art/2013/2/25/art_86_504978.html.

[4] 彭勃.《舟山群岛新区港口区位势评价及其发展战略研究——基于舟山、宁波、上海三港区位势的实证分析》.经济地理,2013年,第6期,第114-118页.

[5] 张乐,岳德亮.《重建海上丝绸之路,宁波可作为始发港和支点》.新华每日电讯,2014年3月8日.

比较视角下的我国海岛旅游发展模式和路径选择
——以舟山和海南岛为例

马丽卿,苏立盛,程敏玲

(浙江海洋学院 管理学院)

摘要: 我国是一个海洋大国,自改革开放以来,我国的海岛旅游便得到了长足发展,作为世界旅游的热点,海岛旅游有着广阔的发展前景。舟山以群岛设市,海南又是中国的第二大岛,二者都有发展海岛旅游得天独厚的条件,并具有实在的可比较性。本文通过舟山群岛与海南岛旅游产业基础及未来发展前景的比较,提出我国海岛旅游的发展应该坚持不断创新海岛旅游产品,努力朝着海岛旅游的生态环保可持续路径前进的主张。

关键词: 海岛旅游;发展模式;路径;舟山群岛;海南岛

近年来,以海岛为依托的旅游活动日渐受到人们的青睐,海岛以其空间上的孤立性、自然生态的完整性和区域文化的独特性吸引着游客,成为目前及未来最理想的休闲度假目的地。我国是一个拥有广阔海域面积的海洋大国,海岛旅游资源十分丰富,发展海岛旅游是充分利用本国海岛资源,大力发展旅游业的必然选择。在我国众多的岛屿中,以舟山群岛和海南岛的地位最为突出,对比分析两者在旅游资源及旅游发展过程中凸显的特点,借鉴世界上海岛旅游的成熟经验,可探索适合我国的海岛旅游发展模式和路径。

一、海岛旅游发展的共性

真正意义上的近代海岛旅游起源于19世纪的英国,主要出现在依靠轮船可以到达的一些近岸岛屿。随着交通方式的变革以及人类海洋活动范围的扩大,世界范围内的海岛旅游目的地开始盛行,尤其是20世纪70年代以来,海岛旅游得到了急速发展。我国海岛旅游起步较晚,自20世纪70年代末才开始大规模开发,但因其优越的资源优势,所以有着强劲的发展势头。到目前为止,已有海南岛、上海横沙岛、浙江舟山群岛等一定规模和知名度的观光度假旅游区,许多沿海近岸小型岛屿也积极开发旅游,逐渐形成南北互动、观光与休闲度假并存、产品逐渐丰富多样的优良格局。

---

① 基金项目:浙江省哲学社会科学重点研究基地——浙江省海洋文化与经济研究中心项目(12JDHY02YB)。
作者简介:马丽卿,(1962—),女,上海市人,教授,主要从事旅游地理研究。

(一)海岛旅游的特点

1. 岛屿性[1]

岛屿是指四面被水环绕、面积不大的陆域,岛屿的空间腹地、淡水和土地等自然资源有限,生态环境相对脆弱,投资建设成本较高,基础设施相对匮乏,这种特性使得海岛旅游发展面临诸多困境,制约了海岛旅游的规模化发展。岛上青壮年劳动力的不足、旅游服务及各类管理人才的缺乏以及服务管理水平的低下,使得海岛旅游产品在价格竞争上不具备优势,而海岛旅游开发的高昂成本又加重了海岛地区相关部门的负担,成为海岛旅游规模化发展的桎梏。但是,岛屿性特征又是吸引旅游者的一个重要因素,特别是对内陆游客来说,海岛与内陆地区的巨大地理差异是他们选择海岛休闲度假的重要原因。岛上清新而奇异的自然环境、轻松而慢节奏的传统生活方式以及海岛孤绝而相对封闭的空间,对于想要摆脱喧嚣城市环境的游客具有强大的感召力,吸引着他们前来领略海岛旅游魅力。

2. 季节性

受海洋气候影响,处在高纬度地区的海岛,其旅游活动都具有明显的季节性。传统的海岛旅游高峰期往往出现在春末、夏季和初秋,并持续16周左右,然后经过10周缓冲期后进入长达26周的冬歇期[2];海岛旅游还会受到台风、海雾、大浪等海洋性气候的影响。由此可见,海洋气候变化的独特规律给旅游经营者、旅游交通运输和区域旅游业发展造成严重影响,使海岛旅游客流呈现出季节性特征。

3. 地理差异性

地理差异性是因纬度和海陆位置差异而产生的,气候差异、景观类型、离闹市区距离远近等因素也同样影响着海岛旅游目的地的发展。东南亚、加勒比海和地中海地区汇集了世界上海岛旅游最热门的目的地,旅游业已占这些地区经济的相当比重;而北方岛屿则因为寒冷、居民稀少、自然生态条件差、环境恶劣、难以建设规模较大的旅游基础设施等原因,导致旅游业发展步伐的滞缓,甚至因出现旅游开发过度而影响环境的现象。纵观世界海岛旅游发展格局,适合大众的旅游活动主要集中在热带及亚热带地区,那里有形式多样、相对成熟的岛屿型旅游目的地可为大众游提供丰富的产品选择;处于高纬度的相对寒冷海域中的岛屿,由于旅游活动形式单一,可活动的季节较短,旅游开发的整体规模远远低于热带和亚热带地区。譬如,世界最大的岛屿格陵兰岛,遥远的距离和不便的交通,加上气候、生态环境等因素制约,每年上岛的游客数量只有3万人次,且主要为少众化、高端的探险、科考人群[3],但是游客在这些海岛地区享受到了与原生活环境截然不同的自然与文化景观,体验了别样的旅游经历,因此其产生的旅游经济效益较大众型热带、亚热带海岛旅游目的地有更高附加值。

4. 体验性

海岛旅游活动有休闲度假和生态观光两大类。休闲度假旅游能充分利用度假村、海岸带、海洋海岛生物资源,或让游客在远离大陆的相对宁静的海岛、渔村空间中体验民俗和文化生态,或让游客参与到各种海洋休闲运动之中。海岛旅游的活动形式丰富多彩,游客参与性较为普遍,海滨、海面、海地、海空均有着极其丰富的活动形式,日光浴、游泳、冲浪、帆板、沙滩跑车、潜水、水上摩托、沙滩排球等活动也可以普遍开展。生态观光主要是让游客观赏海岛特殊的景观，放松身心并体验岛屿别样的生态环境。

5. 环境脆弱性

海岛是一个相对独立的生态系统，它既有独特的旅游资源，又受到特殊环境的制约。海岛生态系统是一个封闭的环境，相对脆弱，加上海岛的环境容量有限，一旦遭到破坏较难恢复。同时，旅游活动过程中游客的大规模涌入，还引起原住民与外来游客矛盾冲突，并影响到当地的社会经济持续发展。

（二）海岛旅游的成功经验

随着海岛旅游的兴起，世界范围内逐渐涌现了一批负有盛名的海岛旅游度假胜地，如：马尔代夫群岛、夏威夷群岛、普吉岛、巴厘岛、冲绳岛等等。这首先是由其自身优越的自然地理条件所决定，另外，与科学合理的开发理念也分不开。综合而言，有以下几点经验。

1. 以政府为依托的高效管理模式[4]

旅游业是以政府为主导的产业，政府是旅游管理主体中不可替代的角色。马尔代夫旅游业的相关管理权限全都集中在统一的旅游部之下，无论是审核批准旅游项目，还是海岛旅游产品推广，或者是旅游市场的监管，全部由该部门负责，从而有效避免了海岛旅游发展过程中可能出现的权责不清的问题。与此同时，相关部门还努力贯彻施行海岸带综合管理措施，做到在旅游开发任何生命周期阶段下都能保护好海岛及周边海洋环境，并确保区域海洋经济的可持续发展[5]。

2. 注重旅游产品多元化开发

海岛在地理空间上与大陆隔绝，使来海岛的旅游者在心理上产生一种脱离世俗的感觉，且对那些想彻底摆脱日常缠身事物的人有巨大的吸引力[6]。在国外，海岛旅游资源的开发十分注重本地性，通过挖掘本地特色资源而形成风格迥异的海岛特色旅游产品。巴厘岛是世界著名的海岛旅游目的地，当地政府不仅将传统的"4S"（即 Sun、Sand、Sea、Seafood）旅游资源价值彰显极致，还十分重视结合当地宗教和民族特色来发展一些别样的旅游项目，使游客享受到人文和自然的双重体验；马尔代夫岛屿众多，但注重一岛一特色的开发；夏威夷群岛由 132 个岛屿组成，其中最主要的 8 个旅游岛的产品各不相同，主要是当地政府根据各自岛屿的资源禀赋进行差异化开发，从而构成丰富多彩的海岛旅游产品，满足不同层次旅游者的不同旅游需求。

3. 大力做好宣传促销工作

在旅游宣传促销方面，冲绳岛有许多成功经验值得分享。冲绳岛有着"东方夏威夷"的美誉，《花心》一曲的原创音乐就是取材于此。20 世纪 90 年代以来，冲绳的音乐渐渐独树一帜，大众渐渐认可这样一句话："冲绳的味道，便是原汁原味的日本味道。"此外，冲绳多样化的节日活动、周到齐全的社会服务和人性化的管理都对其形象的传播起了促进作用，推动着旅游产品的销售。

4. 注重生态环境的可持续发展

夏威夷当地政府为了保护本土文化、防止旅游业过度开发给当地环境、文化造成危害，从1999年开始资助建立了专门机构对基础设施建设与耗损、环境保护、公共资金投入、旅游经济数据分析、社会文化方面进行研究,并在此基础上设定一个长期发展规划。当然,为延续生态和经济平衡发展,当地居民做了很多努力,比如"你好岛"至今还保留着土著岛的原貌,岛上居民极少受外界打扰,以夏威夷语沟通,很少有现代生活的痕迹[7]。

二、舟山群岛与海南岛旅游业发展比较

舟山群岛与海南岛在长期的旅游发展中形成了各自特色,本文将对两者的旅游资源、旅游市场、旅游发展模式及发展方向等方面进行比较,以探索适合我国的海岛旅游发展模式和路径。

(一)资源特色比较:自然度假海岸与文化休闲海岸

舟山群岛是我国最大的群岛,位于我国东南沿海,区域总面积2.22万平方千米,拥有岛屿面积1 440平方千米。海南岛是中国南海上的一颗璀璨明珠,是仅次于台湾岛的中国第二大岛,其行政区域包括海南岛和西沙群岛、中沙群岛、南沙群岛的岛礁及其海域,陆地总面积约3.5万平方千米,海域面积约200万平方千米。

1. 气候资源

气候条件的优劣是海岛休闲度假旅游产品能否开发成功的关键。舟山群岛属亚热带海洋性季风气候,四季分明,年温适中,较为适合夏季避暑度假。海南岛属热带海洋性季风气候,长夏无冬,素有"天然大温室"的美称,是备受游客青睐的冬泳、避寒、消暑的旅游胜地。

2. 文化资源

浓郁的佛教文化气息是舟山群岛旅游的最大亮色。有着"海天佛国"美誉的普陀山是观音道场,也是我国四大佛教名山之一。自唐宋以来,观音便成为我国佛教文化中最具影响力的信仰。据统计,2012年到普陀山朝圣的游客超过550万人次。舟山群岛自古以来是天然渔场,沈家门渔港与秘鲁的卡亚俄港和丹麦的卑尔根港并称为世界三大渔港;嵊泗列岛中的嵊山岛又有"百年渔场"之称。人类长期的海洋生存、生产历史积淀下异常丰富的民俗文化,这是打造舟山群岛"文化海岸,心灵港湾"休闲度假产品的最佳资源。海南岛汇集了37个少数民族,黎族是海南岛的原始土著先民,是海南岛上独有的少数民族,也是海南岛最大的少数民族。汉代以后,黎族居民退居到岛中南部的五指山区。独特的历史和山区闭塞的环境,造就了黎族独特的民族文化。椰风海韵加上奇异的少数民族风情,是海南岛旅游的一张响亮名片。

3. 自然景观资源

舟山群岛由1 390个岛屿组成,拥有"海天佛国"普陀山和"列岛晴沙"嵊泗两处国家级风景名胜区,岱山和桃花岛两处省级风景名胜区,还有唯一地处海岛的省级历史文化名城——定海。从上一轮旅游资源普查结果看,舟山群岛旅游资源单体总数为861个,五级旅游资源单体为17个,四级为49个,优良级旅游资源单体占旅游资源总数的25.67%,旅游资源总体品质相当优秀[8]。尤其是以普陀山为中心,朱家尖、沈家门组合而成的"普陀旅游金

三角",集佛教礼拜、海鲜美食、滨海休闲、环境疗养、旅游度假、商务会议等多种旅游功能于一体,已成为著名的海洋旅游区。海南岛富有独特的海岸带自然景观,具有较高的旅游与观赏价值。海南的山岳景观最具特色的是密布的热带原始森林,拥有乐东县尖峰岭、昌江县霸王岭、陵水县吊罗山和琼中县五指山4个热带原始森林区,其中以尖峰岭最为典型,岛上的热带作物及田园风光极大地丰富了海南的自然景观。另外,海南岛的大河、瀑布、水域风光以及火山、溶洞、温泉景观也是久负盛名的。

综上所述,两地的旅游资源禀赋各有所长。海南岛四季温暖的气候、湛蓝清澈的海水、自然生物海岸成为最主要的旅游吸引物,尤其是对冬季较长的北方地区居民来说,是理想的避寒之所,近几年批量开发的第二居所旅游房地产业、沿着海岸线涌现出的度假酒店就是满足趋暖性滨海度假需求暴涨的最好明证。因此,打造自然度假海岸是海南岛充分利用资源优势的最佳选择。与海南岛相比,舟山群岛没有太优良的气候条件和清澈海水,自然景观虽然美丽,但分散于各个岛屿之上,增加了旅游的时间成本和经济成本,而舟山深厚的宗教文化和海洋文化底蕴,闻名遐迩的普陀山观音文化景区早已成为舟山旅游的拳头产品,若深挖观音文化内涵,扩大观音文化和海洋文化的影响力,则可以打造出文化休闲海岸、佛教禅修度假海岸,满足华东地区居民的旅游休闲度假需求,并可将影响力扩大至更远地区。

(二)市场优势比较:面向区域与面向全国

1. 国内市场

舟山有着中国最富饶且最具经济活力的长江三角洲经济区作为旅游发展的客源市场支撑,还拥有福建及东南亚地区比较稳固的宗教朝圣香客市场;这些游客注重心灵与精神放松,追求有文化、高标准的品质生活。随着舟山跨海大桥建成通车,彻底改变了以往依靠舟楫摆渡的状态,更加密切了与周边省市的联系,缩短了旅行时间,节省了旅游成本。相比较,海南岛虽处我国南海,但临近"珠三角"地区,特别是广东省,由于居民生活水平高,旅游消费意识强,早已把海南岛作为首选的中短途旅游目的地;华东华北地区经济较好,由于商贸活动而前往海南并进行旅游的游客也较多;另外,海南四季湿热的气候对东北客源有着巨大的吸引力;而随着我国西部地区开发步伐的加快,居民出游能力与潜力也大大增强,海南岛截然不同的气候也吸引着西部地区居民,逐渐成为海南旅游的潜力市场。

2. 国外市场

舟山是我国唯一群岛建制的地级市,海岛、海洋及"海天佛国"观音文化资源是其最大的优势,也是大陆许多城市所不具有的垄断性优势。舟山既是国内游客向往的海岛型旅游目的地,也对东南亚、韩国、日本客源市场形成一定的吸引,但就目前的旅游接待量看,则依然以国内游客为多。海南岛的国外市场可划分为东盟各国(包括新加坡、泰国、马来西亚等)、日本与韩国、俄罗斯、西欧与北美客源市场。从海南省旅游发展委员会获悉,俄罗斯是目前海南最大的境外客源市场,但在很长一段时间内,海南依然以国内客源市场为主。综上所述,无论是舟山群岛或海南岛,国内市场较为广阔,国外市场则有待进一步开拓。

(三)发展模式及路径比较:主题岛屿建设与海岛综合开发

1. 多主题多层次协调发展的群岛型旅游开发模式

打造主题岛屿是舟山群岛海洋旅游开发所追求的目标,并通过众多差异化的旅游主题岛整合形成整体性的群岛型海洋休闲地。普陀山岛、朱家尖岛、桃花岛、东极岛在舟山群岛的1 390个岛屿中最负盛名,以普陀山为先导,逐步带动各主要岛屿推出特色主题产品,走群岛型海洋休闲旅游之路是舟山的必然选择。舟山群岛旅游格局主要包括海天佛国普陀山、生态海岛朱家尖、定海时尚海洋度假区、渔都港城沈家门、列岛晴沙嵊泗、爱情乐园桃花岛、历史名城定海等,不同岛屿的旅游主题和形象优势互补,共同形成舟山群岛层次丰富、体系完整的海岛旅游产品,自然与人文共存、观光与度假并举。然而,就目前的旅游业发展水平而言,除了普陀山之外,舟山尚缺乏在国内外具有一定影响力和吸引力的拳头产品[9],旅游整体形象不够鲜明,群岛也尚未成为成熟的海滨旅游目的地。虽然连岛大桥工程已竣工使用,但舟山与外界的往来还存在一定局限性[10],海岛景区内的可进入性不强,因此,采取多层次协调发展模式,充分利用各个岛屿的特色资源优势,开发出差异性强的海岛民俗旅游、宗教文化旅游、海港和港市文化旅游、航海文化旅游等产品,促进岛屿旅游整体水平的提升和发展规模的壮大[11],使舟山成为集礼佛观光、休闲体验、养生度假、商务会展于一体的国际性群岛海洋旅游基地。

2. 休闲与度假相结合的国际旅游岛综合开发模式

海南岛是我国的第二大岛,唯一的热带海岛旅游胜地,国内游客冬季度假的首选之地。海南岛有着发展海岛旅游的优越条件,海洋旅游产品吸引力大,服务设施、基础设施配套条件好,对岛外力量依赖不过度,可提供较长期逗留度假旅游;但在区域经济、客源市场、社会开放程度上却比国外海岛旅游发达地区滞后[12]。综合而论,海南国际旅游岛未来发展主要是延续现有的良好发展态势,坚持海岛休闲与度假相结合的旅游综合开发道路,打造食、住、行、游、购、娱各要素协调配套的旅游环境,并在今后的旅游发展中坚持对内稳定、对外扩大开放,吸引国内乃至世界各地的旅游者。

三、我国海岛旅游发展对策

我国是一个海洋大国,海域面积辽阔,从北至南,有渤海、黄海、东海、南海海区;海岸线蜿蜒曲折,北起辽宁、南至海南,长达32 000千米。我国海岛不仅数量多、分布泛,而且类型齐全,包括了世界上海岛的所有类型。依据所处海域环境而形成的共性特征,我们在空间上划分为渤海旅游区、黄海旅游区、东海旅游区以及南海旅游区。黄海、渤海旅游区内的岛屿主要分布在渤海和辽东半岛东侧的黄海上,这里有形态各异、风光绮丽的岛屿,且大多具有旅游观赏价值。但这一片区域的旅游开发目前仍限于观光层面,避暑产品也多局限于海水浴场,度假产品开发奇缺。东海旅游区海岸曲折、岛屿众多、旅游资源丰富,是中国东部最重要的海岛旅游目的地[13]。南海旅游区是中国纬度最低、气候条件最好、海域面积最辽阔的海洋旅游区块,该区域与港澳相邻,又靠近东南亚,有深圳、珠海经济特区,特别是海南岛,完全有条件发展成为高端避寒度假旅游区。综合比较舟山群岛和海南岛这两个海岛旅游发展典型,笔者认为,我国海岛旅游的发展必须不断创新旅游产品,坚持挖掘海岛本身的文化元素,走海岛生态旅游的可持续发展道路,以完善的旅游服务来增加旅游者的重游率。

(一)抓住海岛特色,打造完整产品体系

海岛旅游开发必须抓住海岛自身的特色及资源优势,进行整体谋划,一岛一主题、一岛一特色,并融入当地海洋文化内涵,开发出适合本岛的旅游产品。要在努力打造拳头产品的同时兼顾不同层次功能产品,最终形成"众星拱月"式的旅游产品结构,吸引并满足不同类型的旅游者。要适当加强各海岛间的交流与合作,发挥各海岛优势,打造既各具特色又优势互补的品牌,合理地避免因重复建设而带来的资金和资源的浪费。

(二)保护海岛环境,实现可持续发展

我国有面积大于500平方米的岛屿约7 000个,面积小于500平方米的岛礁上万个,其中约94%为无人岛屿。海岛生态环境相对大陆来说要脆弱得多,任何对自然环境和生态系统的干涉都可能造成海岛的整体不稳定[14]。旅游是自然干预性极强的人类活动,因此旅游开发及旅游活动过程中对海岛环境的保护是十分重要的。第一,加强对上岛旅游车辆的控制。包括尾气排放、进入景区车辆限制等。第二,合理规划海岛旅游区的空间布局,控制进入景区人数[15]。充分尊重旅游区可承载力规律,设定进入海岛旅游区的极限生态容量,并规范游客的旅游行为,保护景区的生态环境。第三,注意对近海污染的防治和监督管理[16]。禁止未按规定配备污水处理装置或处理效果不符合要求船舶的使用,港口应该有计划配备专用垃圾接受船,在港域有偿接受船舶的生活垃圾,收集后集中处理。

(三)加强区域合作,引导市场健康发展

每年的5—10月是海洋旅游旺季,这期间所接待的游客量约占全年接待量的80%以上,特别是7—8月份,又是学生旅游高峰期,此期间的海岛旅游接待量约占海岛全年旅游接待量的一半以上[17]。为避免恶性竞争,应该加强岛际、海陆之间的合作[18],通过区域内部信息交换与整合,合理分享客源。无论从资源还是开发角度来看,全国乃至全世界范围的海岛旅游都大同小异,若要拥有广阔而稳定的客源市场,吸引源源不断的旅游者,就要求在旅游资源开发过程中对资源价值进行准确评价,根据海岛本身特点,实施精品战略,并结合多元化的市场需求,开发出具有民族性、参与性、特色性的专题旅游项目,满足游客多元化旅游产品需求[19]。

(四)注重创新融合,促进产业提升发展

创新是旅游业的生命之源。创新性地将海岛旅游资源与其他资源、自然生态与人文资源、海岛与海滨资源、海洋与陆上资源进行组合开发[20],共同打造观光、休闲与度假产品,将旅游产业与其他产业融合发展。引进现代高新科技,培育旅游新型业态,扩大旅游产业边界,实现以资源为导向的传统产业向以需求为导向的现代旅游业的转型升级。

（五）理顺海洋旅游管理体制,发挥政府主导作用

现代旅游业是以政府为主导的产业,政府是旅游管理的重要主体。符合发展要求的政府管理可以通过战略决策、发展规划的制定发挥宏观调控作用。政府部门制定的相关法律法规又引导并规范着旅游市场各主体的行为,改善海洋旅游目的地环境,不仅为海岛旅游开发指明方向,还在一定程度上保障了海岛旅游的持续发展。事实证明,无论是海南国际旅游岛的建设,还是舟山国际性旅游群岛的打造,都离不开政府的支持和引导,在未来我国海岛旅游发展过程中,政府对海岛旅游的影响更是不可小觑。

我国的海岛旅游自兴起以来,已经经历了一段时期的发展,在此过程中吸收了许多国外的成功经验,总结创新了适合我国实际的发展的路径。在未来很长一段时期内,海岛旅游都将以其独特的魅力和旺盛的生命力占据旅游业中的一个重要位置。

参考文献

[1] 刘康.《海岛旅游模式及环境影响对策分析——以青岛为例》.海洋开发与管理,2008年,第9期,第102－109页。

[2] Department of Tourism & Leisure. Fit for the future: Tourism Strategy 2004 – 2008. Isle of Man,2008(2): 180 – 181.

[3] Baldacchino G. Warm versus cold water island tourism: a review of Policy implications. Island Studies Journal,2006(2):183 – 200.

[4] 王树欣,张耀光.《国外海岛旅游开发经验对我国的启示》.海洋开发与管理,2008年,第11期,第103－108页。

[5] Simon Jennings. Coastal tourism and shoreline management. Annals of Tourism Research,2004 (4): 899 – 922.

[6] 刘家明.《国内外海岛旅游开发研究》.华中师范大学学报(自然科学版),2000年,第9期,第349－352页。

[7] 陈茜.《夏威夷:立足原生态》.环球,2010年,第3期,第70－72页。

[8] 马丽卿.《海洋旅游产业理论及实践创新》.杭州:浙江科技出版社,2006年,第132－135页。

[9] 伍鹏,刘天宝.《舟山群岛无居民海岛旅游开发的思考》.渔业经济研究,2005年,第2期,第10－13页。

[10] 伍鹏.《马尔代夫群岛和舟山群岛旅游开发比较研究》.渔业经济研究,2006年,第3期,第19－24页。

[11] 刘宏明.《海岛文化旅游开发的对策研究——以嵊泗为例》.浙江大学,2004年,第33－34页。

[12] 李溢.《世界热带亚热带海岛海滨旅游开发研究》.北京:旅游教育出版社,2001年,第90－91页。

[13] 朱淑琴.《世界著名海岛旅游胜地对海南国际旅游岛建设的启示》.今日海南,2010年,第5期,第31－31页。

[14] 卜长青.《浅谈我国海岛旅游的可持续发展》.旅游管理研究,2011年,第2期,第71－72页。

[15] 曹绘嶷.《东南亚度假岛屿开发的成功奥秘》.东南亚纵横,2002年,第11期,第40－42页。

[16] 乐忠奎.《舟山海岛旅游环境可持续发展初步研究》.东海海洋,2000年,第2期,第58－63页。

[17] 陈升忠.《广东海岛旅游资源开发与对策》.洋开发与管理,1995年,第3期,第1－2页。

［18］ 陈桂丽,等.《闽东南地区海岛旅游发展研究》.旅游经济,2008年,第1期,第105－106页。
［19］ 马晓龙,等.《塞浦路斯旅游业发展对我国海岛旅游开发的启示》.世界地理研究,2003年,第12卷,第3期,第92－97页。
［20］ 魏兴华.《烟台市海岛旅游资源开发对策》.特区经济,2006年,第5期,第359－361页。

露营旅游在中国：研究动态与挑战

倪欣欣[1]，马仁锋[1,2]

（1. 宁波大学；2. 浙江省海洋文化与经济研究中心）

摘要：露营旅游因其自由、随性、回归自然的游憩方式，是欧美国民热衷的生活方式与旅游首选。露营地建设与露营旅游成为20世纪90年代末期以来中国旅游业与旅游学术研究的新焦点之一。国内学界围绕概念引介，露营地选址与类型、露营地发展现状、露营旅游发展经济社会条件、露营旅游营销模式、露营旅游产品组织等对露营旅游进行初探。研究发现：①不论从理论研究还是实证研究上，露营地营销管理都滞后于露营地规划建设，前者研究数量小于后者；②研究对象多停留在露营旅游的客体（露营地、露营产业链）上，对露营旅游主体（露营者）的研究不够深入；③研究方法多停留在定性分析上，定量分析运用不广；④研究视角多停留在经济社会上，没有完成向人文关怀的转变。

关键词：露营；露营地；露营旅游；研究动态

露营（Camping）缘起于早期人类游牧、迁徙、军事等活动中临时搭建在野外便于食宿的场所，现代旅游学意义上的露营是指人们自带必需的生活设备，远离常住地，在野外游憩、生活、社交等活动。露营地的建设与管理，是开展露营旅游的基础条件与核心产业链；欧美以家庭为单元的游憩、度假，是现代露营旅游营销的基本对象。欧美露营旅游业快速发展，引起包括中国在内的全球旅游研究者的关注。20世纪90年代末期以来，中国旅游学界开始相关旅游发展理念、露营旅游的理论等引介。然而，截至2014年3月31日中国学界研究露营旅游的相关文献仍不足百篇，较多的理论问题与实践需求尚未被学界重视。为此，本文以中国知网（www.cnki.net）的期刊、硕博学位论文、报纸、国际会议等为基础文献，梳理露营旅游研究相关主题的动态，刻画与揭示中国露营旅游研究的轨迹、问题、现状与趋势，启示中国露营旅游研究与实践方向。

一、露营旅游的概念与相关理论引介

（一）露营旅游、露营地的概念诠释

露营旅游的概念源于20世纪50年代[1]，随着露营方式的多样化，露营旅游的内涵日益

---

① 基金项目：浙江省哲学社会科学重点研究基地——浙江省海洋文化与经济研究中心项目（14HYJDYY03）。
作者简介：倪欣欣（1990— ），女，浙江宁波人，宁波大学人文地理学研究生。

丰富,但至今全球尚无定论。中国首届露营旅游论坛中吴文学认为露营旅游是一种不依赖固定房屋等人工设施,以自带设备在野外生活等为目的的自由活动方式,它集观光、健身、休闲、娱乐、体育竞技于一体[2];台湾学者陈盛雄认为露营旅游是一种与周游型截然不同的旅游形式,它的产生标志着人们的旅游偏好由金钱消耗型向时间消耗型转变[3];伏六明认为露营旅游指暂时性地离开都市或人口密集的地方,利用帐篷、睡袋、汽车旅馆、小木屋等在郊外过夜,享受大自然的乐趣并参与其他保健、休憩和娱乐活动[4];张婷、覃林华认为露营旅游是指摆脱传统的住宿方式,主要依赖可移动的设施设备,在户外开展的一种集观光、度假、健身、娱乐等于一体的综合性旅游休闲活动[5]。可见,不论露营活动、形式如何变化,露营旅游总包括露营者、露营地(含相关设施设备)、露营设备(露营者自备设备,如房车等)、露营活动四部分;因此可将露营旅游定义为利用各种非固定的住宿设施,在自然条件良好并远离人口密集的区域开展的系列能满足自我身心放松、回归自然、增进交流、休闲保健等目的的旅游活动。国内学者根据露营旅游性质将其分为常规露营、拖车露营和特殊形式露营。常规露营是指露营者徒步或驾车到达露营地,开展一般的露营活动,这是最平常的露营活动;拖车露营是指驾驶活动房屋车到野外露营,拖车具有"房子"的特点,供暖供冷供电,甚至有厨房、卫生间,能接上下水;特殊露营是指参与特殊活动的露营,如长距离攀岩需要几天时间,为了及时休息,攀岩者在悬崖边露营。

  与露营旅游密切相关的概念是露营地。国内学者认为露营地是指为露营者提供露营活动的场地,近年来国内房车业的发展和露营方式的多样化,国内露营地也在不断发展,出现了汽车营地或房车营地,即指在露营旅游中,可以满足露营车辆的生活补给和供人休息,集景区、娱乐、生活、服务为一体的综合性旅游度假场所[6~7]。露营地选址位于一定的区域内或附近,如国家公园、自然条件良好的荒野、景区或城郊地带。

  不同类型的露营地有不同的选址标准。刘帅帅、黄安民等认为我国目前建设的大部分属于目的地型营地,就是游客逗留时间长,对营地服务需求综合性[8]。旅游露营地选址影响因素的分析基本集中在自然、社会、市场和交通。其中自然和市场决定了该地适合建什么类型的露营地以及可以建什么级别的露营地;社会和交通则影响该露营地的未来发展[9~11]。自然因素影响露营地选址要遵循"近水、背风、远崖、近村、背阴、防兽、防雷"的原则。露营地宜选择建在气候宜人、日照时间较长的地方,避免极端天气区和浓雾区,如云南滇池营地、三亚市虎头湾旅游营地。露营地不宜选在植被茂密的地方,并要避开珍稀野生动物出没的区域。地形最好选择平坦的地区,没有险情发生的地带。露营地附近还应有天然水源。市场因素影响露营地的建设时要考虑当地露营市场的需求,避免盲目重复开发和恶性竞争。交通可达性和可进入性也是露营地选址的重要影响因素,尽量不建在交通闭塞,不发达的地方。此外,露营地还需考虑土地价格及使用、环境保护、交通、通信、治安、卫生等社会因素。欧美国家因为考虑到露营地距客源地的距离和市场需求的最低门槛数、土地利用,露营地大多选择在人口多的州[12]。露营地的选址过程实际上是一个地理空间布局的问题,美国现已大约有250个公园在使用GIS技术,研究游客对公园的环境影响[13]。

  一般汽车营地基本配套设备设施是供水供电设施、排水设施、卫生设施和解说系统,更高级的汽车营地还应有娱乐服务设施、管理建筑、游步道、儿童游乐设施等。国内露营地的分类没有统一的标准,一般将露营地分为七大类,分别是临时营地、日间营地、周末营地、居住营地、假日营地、森林营地、旅游营地[4,14]。此外也有根据所处环境不同,把露营地划分为山地型、海岛型、湖畔型、海滨型、森林型、乡村型等类型[15]。因此,露营地建设与管理、露营旅游的线路组织与营销等成为近年中国旅游研究新热点。

(二)露营旅游相关理论的引介

露营旅游相关理论包含了露营地选址、建设标准相关理论和露营地被推荐给旅游消费者的相关理论。国内学界重点关注了露营地选址与建设标准,如黑龙江省房车营地空间布局规划研究、资源依托型旅游城镇自驾车旅游开发研究、宁波汽车露营旅游发展研究等讨论了旅游资源对于露营地选址的重要价值,即优良的旅游资源是吸引露营者回归自然、放松身心的先决条件,其中山岳、水域、沙滩、草地、森林等自然旅游资源是构建露营地区域环境的决定性因素[16-17];此外中国学者还探讨了露营地选址的交通、自然灾害与露营旅游安全等因素[5,15,18]。周坤顺提出营地最好距当地中心城市 150~200 千米,而车程最好也控制在 2~3 小时以内[19]。罗艳宁主要分析了露营地建设与自然、社会的关系,特别指出露营地建设应远离潜在危险,如滑坡、洪水、海啸[16]。

当然,确定露营地区位后,便是如何规划、建设与运营。目前国内露营市场还是以常规露营为主,拖车露营和特殊形式露营中远期市场潜力巨大。因此国内目前露营地内部设施设备规划对象还是以自驾车为主,兼顾房车露营。露营地内部的设备设施规划主要涉及排水、给水、供电及服务设施。王作为将房车营地内部功能布局总结为三种模式:环绕式、递进式和串联式,分别适合不同地形和规模的房车营地[18]。

国内目前还关注周边景观协调规划。露营地不是单纯的存在,而是在景区的大背景下营造的,景观规划是通过对景观基质、景观斑块和景观廊道的改善、重建与合理布局,形成一个有利于环境保护、改善当地生态环境的景观生态系统,同时形成较完整的露营地景观系统[20]。南京大石湖生态旅游度假区将露营地规划成 5 片区,最外围是生态保护和修复区,这一区域的设置为露营活动创造宜人的森林型空间,并与中心的露营区、活动区、野营区环境协调[16]。此外还有露营地空间布局的相关理论,如点轴结构理论、环城游憩带理论[18]。目前并未提出原则性的分类指导规划准则和露营地星级分类系统,只能参考国际上露营发达国家的评价标准。而对于露营地运营研究较少,一般在露营地管理内容中涉及。有学者提出了露营地运营的战略方针:"资源共享、品牌连锁、行业联盟、会所经营。"[21]

二、国内露营地研究领域

(一)中国露营地发展现状

在我国,露营发展最早,露营地建设较成熟的是在台湾。1970 年初台湾就已成立露营协会,露营活动是目前台湾人日常活动中非常重要的部分。台湾各市县露营地有 116 个左右,按人口计算,大约 170 000 人就有一个露营地[22]。现我国露营地建设还处于初级阶段,大多数城市及旅游景点都没有建设符合国际露营标准的露营地[5]。

2003 年 9 月 16 日,经国家体育总局、国家民政部批准,成立了"中国汽车运动联合会汽车露营分会",汽车露营分会计划在未来3～5年内,围绕"三圈二线"设想建设露营地(三圈:北京、长江三角洲和珠江三角洲经济圈;两线:东部沿海精品线和新丝绸之路国际汽车旅游精品线)。截至2014年,汽车露营地网络遍布全国主要城市的旅游景点。由于"两线"城市和"三圈"城市有较多重复,仅根据露营中国网不完全统计,中国"三圈"的露营地数量见表1。从表中不难发现中国房车营地和汽车营地数量远远小于帐篷营地数量,珠三角经济圈帐篷营地的数量是房车营地数量的20倍还多,现有房车营地数量不能满足国内高端露营市场的需求。

表1 中国露营地数量统计(以北京、长江角经济圈、珠三角经济圈为例)

区域	成员城市	房车营地（营业）数量	房车营地（在建）数量	汽车营地数量	帐篷营地数量
北京经济圈	北京、天津河北省9市	20	5	8	39
长三角经济圈	上海 江苏省13市 浙江省11市 安徽省5市	10	2	2	47
珠三角经济圈	广东省9市	1	0	1	21

资料来源:www.campingchina.org。

露营地在中国发展现状存在以下几点问题:①露营地建设问题,目前我国露营地建设和发展速度都十分缓慢,滞后于世界发达国家。专门营地少,建设和运营缺乏统一规划,且营地规划、建设超前于营地理论研究。②露营地经营管理问题,主要表现为营地特色不明显,营地投资大、成本高导致露营旅游价格偏高,缺乏宣传推广力度。景区内的露营活动经营方式粗略,基础设施及安全、服务得不到保障[4,6,13,23]。

(二)露营地区位与分类研究

区位活动是人类活动的最基本行为,露营地区位指某一露营地的区位选择及其与其他社会事物的空间联系。对国内露营地区位研究有指导意义的理论有克里斯泰勒的中心地理论、门槛距离与行为区位理论、空间布局理论[21]。露营地区位必须满足外部交通条件良好,处于游憩带内。良好的区位能缩短游客的心理距离,并能吸引和容纳更多的游客[8]。西安秦岭北麓旅游的露营地布局在西安环城游憩的外环圈层,四周形成四通八达的交通线路,极大增加了该地可进入性和自驾车出游。秦岭北麓旅游的露营地选址就是利用了交通区位的优越性[24]。

露营地分类研究包括两个部分:①露营地内部分类;②露营地类型分类。露营地内部按功能划分,陈聪将其分为生活区、娱乐区、运动休闲区[25]。露营地类型划分标准有很多,若按不同房车类型划分,王作为将露营地类型分为停靠式房车营地和休闲式房车营地[18]。若根据露营地所处环境划分,可分为山地型、河湖型、海岸线型。再细可分为湖畔型、海滨型、海岛型、乡村型、森林型、山地型6类。表2将国内学者对露营地的不同分类整理,并得出中国露营地基本分类和基本特征。

表2 中国露营地分类和基本特征

划分标准	类型/分区	功能/基本特征
露营地内部分类： ①按内部功能分	生活住宿区	配备生活所需设施，提供住宿服务。包括房车营区、帐篷营区、汽车营区、木屋营区、生活用电、供水排水系统等
	运动娱乐休闲区	为露营地公共活动区，提供休闲、娱乐及运动设施和服务项目
	综合服务区	为露营地管理服务中心，承担基本服务功能
露营地类型分类： ①按住宿设施分	房车营地	专为房车使用者而建，可以为房车提供全套的供给补给服务，生活休闲设施，相当于旅游度假地，建在风景优美的地方
	自驾车营地	为自驾车爱好者提供自助或半自助服务，有特定主题和复合功能，有一定的场地和设施，建在自驾车旅游线路上
	木屋营地	作为一种特色的建筑形式，为自驾车和房车使用者提供的露营场所，能和自然环境和谐融合
	帐篷营地	需自带帐篷，在露营地临时搭建，只有公用卫生间和冷水淋浴，并需自带食材
②按服务设施分	停靠式营地	露营者只作短暂停留，并非出于休闲度假目的。露营地只能做到对露营车简单的生活补给，一般不建在风景名胜内或周边
	综合式营地	露营者作较长时间的停留，出于休闲度假目的。露营地地理环境优越，一般在风景名胜内或周边，有完善的生活设施、安全保障设施和休闲娱乐设施
③按所处环境分	山地营地	建于海拔500米以上的高地，起伏大，沟谷幽深的地域
	森林营地	建于树木茂密的地域
	乡村营地	建于主要从事农业，人口较城镇分散，民风淳朴的地域
	海滨营地	建于潮汐中间地带
	海岛营地	建于海水环绕的小片地域
	湖（河）畔营地	建于湖（河）的边界地带
	沙漠营地	建于流沙、沙丘所覆盖的地形
	草原营地	建于干旱、半干旱地区（在中国有东北草原区、蒙宁甘草原区、新疆草原区、青藏草原区、南方草山草坡区）
④按露营者逗留时间分	中转营地	露营者只作短暂停靠，休息，补充能量
	周末（假日）营地	专为周末、节假日露营者而建，逗留时间一般在2~3天
	长期（旅居）营地	露营者出于度假目的，逗留时间在一周及以上
⑤按露营目的分	登山营地	专为登山者提供休息的场所
	教育训练营地	一般为使青少年体魄强健，提高青少年身体素质而建
	以娱乐为目的的团体营地	为小团体或大团体设计的营地，适合企业年会、家庭聚会的露营者，以娱乐休闲为目的
	休闲汽车营地	同房车营地和自驾车营地

(三)露营地规划与设计研究

20世纪90年代后,中国大陆才开始出现露营地研究方面的文献,内容涉及露营地开发[26-27]、营地旅游产品开发[28]、露营地规划设计等[7]。通过CNKI检索国内露营地研究的文献(见表3),发现国内露营地研究文献总量偏少,主题词为"露营地旅游"和"露营地规划设计"的文献较多,而关于露营地选址、管理和标准的文献相对较少。国内露营地规划与设计研究多结合实际案例,如汽车营地规划设计方法研究——以南京大石湖生态旅游度假区为例、丽江老君山黎明谷露营地规划方法探讨、赵公山拟建旅行房车(汽车)露营地的报告、森林公园汽车营地研究。此外还有学者详细探讨露营地规划原则与设计方法,如露营地规划设计理论及方法研究。

目前露营地规划设计的专项系统性研究欠缺,只在旅游规划类里零散出现,而场地、园林、建筑类规划设计著作中几乎没有关于露营地规划设计的研究。[7]

表3 国内露营地研究统计(1997—2013年)

主题词	文章来源	数量
露营地旅游	硕士论文	9
	期刊	15
	报纸	4
	国际会议	1
露营地规划设计	硕士论文	5
	期刊	8
	报纸	1
	国际会议	1
露营地选址	硕士论文	1
	期刊	5
露营地管理	硕士论文	4
	期刊	5
露营地标准	硕士论文	3
	期刊	3
	报纸	3

注:CNKI中文检索(1997—2013)。

(四)露营地运营研究

露营地要经历分类定型、定级、选址、规划和设计。露营地分类要考虑露营地所处环境和主要的服务人群。确定露营地类型后就是定级,针对露营地规模大小、服务设施齐全度以及所处环境优越程度将露营地定级,以便更好地管理和运营,也方便游客选择适合自己的露营地。露营地选址从运营的角度应考虑交通区位和安全因素。应尽量选在2~3小时车程以内的或在旅游线路上的地区。露营地的规划设计要倡导"人无我有,人有我优"的原则,突出特色和主题。在露营地细节设计方面,应多考虑露营者的实际需求。以上步骤之后就是如何运营管理的问题。张宪洪提出要形成行业联盟,资源共享,品牌运营的战略[21]。周坤顺提出露营地要开展整合营销,形成系统综合效应,综合运用多种营销手段,扩大露营地知名度,树立良好形象[19]。黄艳华指出国外汽车旅馆的连锁经营模式可以运用到露营地的经营模式中去,连锁运营不仅节约成本提高利润,还能形成品牌效应,对行业内部加以规范[1]。

三、国内露营旅游研究领域与内容

国内露营旅游发展较晚,但国内各地已形成一定规模的露营旅游产业链。实践的发展催生了理论的研究。根据文献,国内露营旅游研究领域与内容主要有露营旅游实证性研究、对策性研究和露营旅游营销研究。

(一)露营旅游实证研究及其主要领域

露营起源于美国,发展于欧洲,对于中国来说,是旅游的"舶来品"。由于我国旅游消费者的文化取向特征同欧美地区不同,中西方对于露营旅游的需求或是想象不一样[29-30]。露营旅游在我国旅游消费者心中并不具备影响力。我国露营旅游还处于发展零散,不成规模的态势,无论从质上还是量上都难以满足我国旅游消费市场的需要,供需矛盾突出[31]。我国旅游业还是以观光游为主。根据国务院下发的《关于加快发展旅游业的意见》,露营旅游将纳入国家鼓励类产业目录中。虽然我国露营旅游起步晚,但已经具备了发展的基础,而且有巨大的市场发展空间。符合国家产业升级的需要,有利于优化我国旅游产品结构、拓宽旅游市场[31-32]。国内旅游学者大多从分析某地的产业基础、资源基础、交通基础和全民休假制度角度分析某地是否适合发展露营旅游[5,15]。露营旅游实证研究主要集中在露营旅游开发及发展潜力、营地选址规划和空间布局等领域(见表4)。

表4 国内露营旅游实证研究

作者	文献题名	研究区域	研究内容	研究方法	研究结论
杨春玲	关于哈尔滨露营地旅游开发的思考(2012)	哈尔滨地区	开展露营的优劣势分析	SWOT分析法	提出露营地旅游发展建议
王作为	黑龙江省房车营地空间布局规划研究(2012)	黑龙江省	房车营地空间布局	文献研究法、交叉研究法、实地调研法	归纳形成房车营地空间布局的研究基础并提出营地布局规划策略
韩倩倩	黑龙江省露营旅游产业化发展研究(2013)	黑龙江省	露营产业化发展趋势、必要性、可行性、布局、对策	文献归纳法、理论分析法、定性与定量结合法	黑龙江省露营产业化发展十分必要,并提出要加强政府主导

续表

作者	文献题名	研究区域	研究内容	研究方法	研究结论
韩倩倩,张杰	基于模糊综合评价法的露营旅游产业化发展研究——以黑龙江省为例(2013)	黑龙江省	研究黑龙江省露营旅游的产业化发展潜力	模糊综合评价法	提出黑龙江省发展露营旅游的相关措施
柳礼奎,焦慧元	天津露营旅游开发的思考(2012)	天津市	天津露营旅游开发	综合分析法	提出天津露营旅游开发策略
罗艳宁	汽车营地规划设计方法研究——以南京大石湖生态旅游度假区为例(2007)	南京大石湖	营地规划设计方法研究	归纳法	归纳总结现阶段中国特色的汽车营地规划设计方法
郭丽娜	宁波汽车露营旅游发展研究(2012)	宁波市	国内外汽车露营旅游研究现状及问题综述,分析宁波发展汽车露营旅游存在的问题	SWOT分析、问卷调查、实地考察、专家访谈、因子分析和灰色关联度分析	提出对策
姜琴君	台州市露营旅游者旅游动机的因子分析(2013)	台州市	露营旅游者旅游动机研究	调查问卷法	总结出五大类旅游动机和两类台州市露营旅游者主要旅游动机
齐炜,刘丽	资源依托型旅游城镇自驾车旅游开发研究——以霍山县为例	安徽省六安霍山县	探索资源型目的地开发自驾车旅游	模型因子分析	总结了资源依托型旅游地在开发自驾车旅游的优势不足和建议
伏六明	长沙市露营旅游发展浅析(2013)	长沙市	讨论长沙市露营旅游发展现状及抑制因素	分析法	提出针对长沙露营旅游发展现状的解决方案
张婷,覃林华	桂林发展露营旅游初探(2009)	桂林市	分析桂林露营旅游发展现状	问卷调查、访谈法	提出发展露营旅游的具体建议
任弼政,孙琳等	丽江老君山黎明谷露营地规划方法探讨(2012)	丽江老君山黎明谷露营地	探讨营地选址、规划设计等	实证分析	结合案例提出改进建议
冯渊成	赵公山拟建旅行房车(汽车)露营地的报告(2009)	都江堰市	分析都江堰选址拟建房车露营地的必要性,并进行可行性分析	SWOT分析法	提出赵公山拟建房车露营地总体规划方案
温亚楠,王栋	森林公园汽车营地研究(2013)	塞罕坝国家森林公园	对现阶段中国特色的汽车营地进行初步探索	现状优势分析	对我国汽车营地设计提出对策
黄艳华	云南公路沿线地质旅游资源开发与露营地建设研究(2006)	云南	地质与旅游资源关系及露营地开发模式研究	国内外对比	提出露营地开发应遵循3个原则

注:文献源自CNKI。

（二）露营旅游的对策性研究

露营旅游的对策性研究是国内露营旅游研究的领域之一。国内学者从地理的大尺度和小尺度上都做了对策性研究。地理的大尺度上，刘亚洲、陈芸同时提出要结合我国实际国情发展露营旅游，并提出了各自的对策[31,33]。朱晓雷针对露营旅游消费者的文化价值观共性问题做了对策分析。同时提出在现阶段体验经济背景下，主张以游客体验为核心，塑造露营旅游企业品牌，从而引导消费者行为[29]。张秀从政策视角、汽车露营地产品视角、人力资源视角、品牌视角、服务补救视角对我国汽车露营地服务质量提出改进策略[34]。地理的小尺度上，陈聪以海南岛为例，基于产品层次理论，对海南岛房车露营旅游发展进行对策性研究，主要对策是对核心产品、有形产品、扩展产品的开发与创新[25]。郭丽娜针对宁波发展露营旅游提出发展对策，加强旅游目的地吸引力建设，深化旅游者行为决策研究，增强社会经济综合影响力[35]。柳礼奎也对天津露营旅游提出了发展策略[36]。韩倩倩对黑龙江露营旅游产业化发展提出相关策略[37]。

（三）露营旅游营销研究及其主要网站

露营旅游营销研究较少，多是在文章中部分提及。梁磊对国内房车旅游营销做了专门研究，主要是营销策略方面[38]。目前，我国在开发和营销露营旅游的有各市县政府、旅行社、旅游文化企业和户外运动俱乐部。露营旅游营销手段多样，主要有专人宣传营销和通过不同媒介营销两大类。如在景点门票或明信片上印露营地的照片，专人在景区发印有露营地照片的宣传册，报纸杂志报道露营地宣传，驴友写露营攻略也为露营旅游做了宣传。网络是众多营销手段中最具影响力、受众面广和消息便捷的营销方式。关于露营旅游的网站有露营中国（Campingchina.org）、中国营地网（www.RVCN.cn）、国际汽车房车露营网（China Camping & Caravanning Association）。这些网站主要发布露营旅游产业的新闻、营地开发建设的最新资讯、户外露营体验报告以及户外装备的最新介绍。

四、总结与展望

在中国，露营旅游是中国旅游业和房地产业的新宠儿，虽然目前露营旅游在中国旅游业中并不占主导地位，而且也鲜为人知，但露营旅游是旅游业可持续发展的归宿之一。中国国土面积大，公路系统发达，人口众多，旅游资源丰富，这些都是发展露营旅游良好的先天条件。然而国内露营旅游理论研究不足，不能为露营旅游发展提供有效的指导。前文梳理了目前露营地、露营旅游研究的主要领域和内容，基于此对露营旅游在中国的研究缺憾和前瞻作一总结。

（一）露营旅游的中国研究缺憾

目前露营旅游研究在中国刚刚起步，研究不足主要表现在研究方法、研究内容、研究视角和理论基础上。

1. 在研究方法上

国内露营旅游文献的研究方法较为单一,以定性分析和评价为主,定量分析不足。定性分析使用最多的是 SWOT 分析法,用以研究露营地优劣势、可行性分析等。其次是访谈法和文献分析,研究露营旅游发展现状、露营地空间布局、露营产业化发展趋势和露营地开发初步探索等。定量分析有因子分析,数据源多为问卷调查、实地调研数据,研究露营旅游存在问题和探索是否适合开发露营旅游。

2. 在研究内容上

国内真正露营旅游的学术理论文章十分有限,其中很多是介绍露营论坛、露营设备以及露营训练营的情况,比同期其他旅游领域研究数量少,缺乏露营旅游专项理论和实际研究。国内研究内容侧重于开发和建设因素,对经营和管理因素关注度不够。

3. 在研究视角上

国内研究视角多停留在经济社会上,没有完成向人文关怀的转变,对露营旅游者的研究深度不够。国内研究将更多目光放在露营地建设规划设计研究上,而露营地建成后管理运营则关注较少。侧重于微观和中观尺度的特定地域的露营旅游发展、露营地开发研究。研究视角更多停留在"省、市"的地域概念上,且以单个地域为主,省际、市际间的联合发展露营旅游问题未得到关注。

4. 在理论基础上

国内研究的理论基础多为纯旅游理论,如旅游区位论、推拉理论、旅游地生命周期理论、旅游消费效用理论、旅游活动行为层次理论,很少结合其他学科相关理论研究。

(二)露营旅游的中国研究前瞻

露营旅游在中国还有很长的路要走,国内旅游业从金钱消耗型向时间消耗型转变也需要过程。欧美成熟的露营旅游也只能给我们以借鉴,而不是抄袭和复制,很多不结合我国国情而导致的失败案例比比皆是。未来露营旅游的研究在内容上需要更加注重实用性,可以在露营旅游的实际操作中起到指导性作用。如露营地活动设计、露营地各区域线路组织、露营地营销。在研究层面上需要细微和多角度,如露营地规划设计原理、露营安全问题、露营保健功能和疾病治疗研究。在研究过程中需考虑生态环境的保护,将露营的负面影响降到最小。

未来露营旅游需要在研究内容、研究方法上进一步拓展,重点加强以下几个方面的研究:①露营旅游者研究;②露营地分级及评价标准体系研究;③露营旅游的线路组织与营销研究

参考文献

[1] 黄艳华.《云南公路沿线地质旅游资源开发与露营地建设研究》,昆明理工大学,2006 年,第 12 页。
[2] 杨雅莹.《中国发展露营旅游的思考》,经济研究导刊,2011 年,第 24 期,第 174 – 175 页。
[3] 焦玲玲,章锦河.《我国露营旅游发展与安全问题分析》.经济问题探索,2009 年,第 4 期,第 92 –

95页。
- [4] 伏六明.《长沙市露营旅游发展浅析》.中国商贸,2013年,第14期,第129－130页。
- [5] 张婷,覃林华.《桂林发展露营旅游初探》.旅游论坛,2009年,第2卷,第6期,第917－921页。
- [6] 孙海琴.《基于房车休闲旅游的房车营地发展现状研究》.现代商业,2011年,第32期,第98－99页。
- [7] 吴小青.《露营地规划设计理论及方法研究》,西北农林科技大学,2010年,第1－2页。
- [8] 刘帅帅,黄安民,王茹,等.《自驾车旅游营地选址影响因素分析》.消费导刊,2010年,第4期,第194－195页。
- [9] 冉超群.《试论旅游项目选址的影响因素》.重庆师范学院学报(自然科学版),2002年,第1期,第74页。
- [10] 林福煜.《广西自驾车旅游营地建设研究》,广西大学,2008年,第24－25页。
- [11] 陆军.《广西自驾车旅游营地发展研究》.旅游学刊,2007年,第22卷,第3期,第35－39页。
- [12] 高林安,李蓓,刘继生,等.《欧美国家露营旅游发展及其对中国的启示》.人文地理,2011年,第26卷,第5期,第24－28页。
- [13] 李宏,齐童,吴乾隆,等.《旅游景区营地规划设计评述》.首都师范大学学报(自然科学版),2011年,第32卷,第6期,第51－69页。
- [14] 曼纽尔·鲍德－博拉,弗雷德·劳森.《旅游与游憩规划设计手册》,北京:中国建筑工业出版社,2004年,第31－34页。
- [15] 范玉娟.《河南省发展露营旅游事业初探》.管理学刊,2011年,第24卷,第3期,第101－102页。
- [16] 罗艳宁.《汽车营地规划设计方法研究——以南京大石湖生态旅游度假区为例》.中国园林,2007年,第51－57页。
- [17] 齐炜,刘丽.《资源依托型旅游城镇自驾车旅游开发研究——以霍山县为例》.安徽农业大学学报(社会科学版),2011年,第20卷,第4期,第37－41页。
- [18] 王作为.《黑龙江省房车营地空间布局规划研究》,哈尔滨工业大学,2012年,第14页。
- [19] 周坤顺.《休闲旅游与我国旅游营地发展研究》.广西财经学院学报,2008年,第21卷,第4期,第107－109页。
- [20] 任弼政,孙琳,申传磊.《丽江老君山黎明谷露营地规划方法探讨》.绿色科技,2012年,第77期,第252－259页。
- [21] 张宪洪.《中国汽车营地旅游项目开发运作的理论、方法与实务》,西北师范大学,2003年,第27页。
- [22] 纪光慎.《台湾地区露营地概论及营地规划》.露营会训特刊,1980年,第3期,第22－40页。
- [23] 温亚楠,王栋.《森林公园汽车营地标准化建设研究》.中国林业,2011年,第11期,第55页。
- [24] 李蓓.《基于游客体验视角下的露营地开发研究——以西安秦岭北麓为例》,西安外国语大学,2012年,第38页。
- [25] 陈聪.《中国房车露营旅游发展研究——以海南岛为例》,华中师范大学,2013年,第5页。
- [26] 吴楚才.《论中国野营区的开发建设》.旅游学刊,1997年,第5期,第37－40页。
- [27] 周宁,雍正华.《野营基地开发研究》.苏州城建环保学院学报,1993年,第6卷,第4期,第58－68页。
- [28] 赵亮.《露营地及其旅游产品开发初探》.中山大学研究生学刊,2008年,第29卷,第2期,第95－104页。
- [29] 朱晓雷.《基于文化维度理论下的我国露营旅游消费者行为取向分析》.商业经济,2011年,第9期,第61－62页。
- [30] 朱晓雷.《论中国露营旅游文化》.学术交流,2012年,第1期,第135－137页。
- [31] 刘亚洲.《浅议露营旅游在我国的发展现状及措施》.鸡西大学学报,2011年,第11卷,第6期,第

43－44页。
[32] 陈阳.《基于六大价值理论的我国露营旅游企业发展研究》.商业经济,2012年,第1期,第43－45页。
[33] 陈芸.《我国房车旅游发展初探》.市场周刊,2008年,第7期,第97－98页。
[34] 张秀.《中国汽车露营地旅游服务质量测评研究——以蓝凤凰汽车露营地为例》.中国海洋大学,2012年,第45－50页。
[35] 郭丽娜.《宁波汽车露营旅游发展研究》,浙江师范大学,2012年,第47－51页。
[36] 柳礼奎,焦慧元.《天津露营旅游开发的思考》.天津经济,2012年,第5期,第13－15页。
[37] 韩倩倩.《黑龙江省露营旅游产业化发展研究》,东北林业大学,2013年,第50－52页。
[38] 梁磊.《国内房车旅游营销策略研究》.黄山学院学报,2011年,第13卷,第4期,第37－40页。

陆岛型都市区结构的多维测度

孙东波,王益澄,马仁锋,陈鹏程,徐 樑

(宁波大学)

摘要:都市区已成为21世纪区域综合竞争力提升的基本地域单元,都市区的规模结构、职能结构与网络结构既是都市经济社会与政治的综合产出,又深刻影响着都市区竞争力提升。当前,滨海城市地区已然成为全球经济的新支点;浙江海洋经济上升为国家战略后,宁波—舟山作为浙江省海洋经济发展示范区核心区,既迎来了全面一体化发展的春天,又面临着城镇体系的再定位与空间重组、职能提升。本文以中国典型的陆岛型都市区"宁波—舟山"为案例,将都市区的陆地部分和海岛部分统筹考虑,以都市区11个大、小城市为基本地域单元,采用城市规模指数、区位商等多种计量模型测度甬舟都市区的规模结构、职能结构与网络结构,阐释都市区结构的现状特征。研究发现:①甬舟都市区的城市规模等级差异明显,首位城市的中心地位突出。都市区的城市等级规模体系区块差异明显,宁波市区作为核心城市的龙头引导作用十分突出,镇海和北仑作为次中心城市对周边城市有较强的辐射带动作用,另外舟山作为未来海洋经济发展的重要节点城市,其区域影响力尚未显现。②都市区工业职能显著,但生产性服务业发展相对滞后。都市区内部主要城市多以工业为突出职能,主导工业部门存在一定的同质化发展趋势,但商业职能分布较为分散,已初步形成区域间产业的分工与协作。③都市区交通网络结构发育良好,各城市以交通网络为载体形成了较好的经济网络联系,都市区的点轴空间发展格局基本形成并向多层次的网络结构发展。

关键词:陆岛一体化;都市区;结构测度;宁波—舟山

---

① 基金项目:国家自然科学基金青年基金项目(41301110);浙江省哲学社会科学重点研究基地——浙江省海洋文化与经济中心项目(14HYJDYY02)。

作者简介:孙东波(1988—),男,浙江德清人,硕士生,主要从事区域与城市规划的学习与研究。E-mail:sdb1024@Gmail.com。

通讯作者:王益澄(1962—),男,浙江宁波人,教授,主要研究方向为区域与城市规划。E-mail:wangyicheng@nbu.edu.cn。

一、引言

都市区是城市不断演化过程中呈现出的一种高级形态,已经成为区域分工与协作,提升区域的综合竞争力的基本地域单元,同时已成为中国城市化的主流模式[1]。然而都市区的形成和发展过程,始终伴随着人口的流动、产业的升级、地域的整合等问题,因此都市区的结构性问题成为城市地理学研究的热点之一。近年来,国外对都市区结构开展了多视角研究,包括都市区空间的拓展和郊区化[2-3]、都市区结构对市民通勤行为的影响[4-5]、都市区多核化及其影响因素[6-8]、都市区结构的异化[9]等,贯穿其中的便是城市要素和职能在地域空间上的集聚和扩散。国内关于都市区的研究始于20世纪80年代,至今已取得丰硕的成果,研究内容涉及都市区的概念[10-11]、边界划分[12-13]、形成机制[14-15]、空间结构[16-17]、规划策略[18-19]等。伴随着全球化和信息化的推进,中国城市化进程进一步加快,许多大城市在新一轮的城市总体规划中,都将都市区战略作为空间重构的重要举措[20]。都市区结构的优化和要素的整合,可以进一步强化区域核心城市的经济实力和提升城市功能,有效地实现都市区化带动区域城市化[1]。

目前世界上已经形成六大都市圈,除北美五大湖都市区之外,其余五大都市区均分布在沿海地带,因此海岸带成为城市重要的集中区域之一。作为海岸带的一个特殊的、有机的地理单元,海岛地区却长期孤立发展,被视为无用的城市边缘地带,远离城市的"文明社会"[21]。21世纪是海洋的世纪,这些被边缘化的海岛地区对于推动区域海洋经济的发展蕴含着巨大的潜力,沿海都市与外围的海岛及海洋区域的整合是实现陆岛型都市一体化发展与可持续发展的重要途径。陆岛型都市区的形成也是陆地系统与海洋系统的空间耦合作用的结果,因此兼具陆地城市和海岛城市的居住、工作、交通、游憩等特征,且拥有一个统一的劳动市场和土地市场,宁波—舟山作为中国典型的陆岛型都市,目前研究内容涉及宁波城镇体系的空间结构[23]、重点镇建设和发展[24-25]以及舟山城镇发展战略[26],但缺乏对都市区陆地部分和海岛部分的统筹考虑,本文试图以甬舟都市区为案例,采用规模指数、人口潜力模型和区位商分别测度甬舟都市区的规模结构、空间结构和职能结构,阐释都市区结构的现状特征,试图为中国甚至世界其他陆岛型都市区结构测度与优化提供借鉴。

二、研究区域与研究方法

(一)研究区域

甬舟都市地处环杭州湾和浙江沿海交汇点,处于整合、带动浙江沿海发展的核心位置,甬舟陆岛联动发展将成为推动浙江新一轮经济发展的主要空间载体。研究区域涵盖宁波舟山2个中心城区、3个县级市、5个县,包括宁波中心城区、慈溪市、余姚市、奉化市、象山县、宁海县;舟山中心城区、岱山县、嵊泗县组成的城镇密集地域。其中宁波中心城区由海曙区、江东区、江北区、镇海区、北仑区及鄞州区组成;舟山中心城区由定海区和普陀区组成。以宁波、舟山各个县(市、区)作为都市城市体系研究的基本单元,由于宁波市镇海区、北仑区距离中心城区较远,作为独立城镇研究较为科学,故都市区城市体系共有11个研究单元。

(二)研究方法

本文主要运用城市规模指数模型、人口潜力模型、区位商模型、交通网络通达性及区域经济联系模型等理论与方法,分别对都市区的规模结构、功能结构特征及网络结构特征进行分析。

1. 城市规模指数模型

广义的城市规模主要包括城市的人口规模、用地规模、经济规模等;狭义的城市规模是指城市非农业人口的规模。为了兼顾非农人口规模和城市用地规模两种常用表征方法的特点,采用城市规模指数模型作为衡量城市规模大小的指标,计算公式Ⅰ:

$$T_i = \sqrt{\frac{S_i}{S} \times \frac{P_i}{P}}, \quad (\text{Ⅰ})$$

式中,T_i 为 i 城市的规模指数;S_i、S 分别为 i 城市的建成区面积、样本城市建成区总面积;P_i、P 分别为 i 城市的非农业人口数、样本城市非农业人口总数。

2. 人口潜力模型

城镇体系的空间结构是城市要素在不同的城镇间的分布、组合形态,是城市规模结构和城市职能结构在空间的投影,也是城市规模结构和城市职能结构存在、发展的空间形式。为深入观察都市区内所有城市(包括自身)的相互作用量,引入人口潜力模型,如计算公式Ⅱ:

$$V_i = \sum_{j=1}^{n} \frac{P_j}{D_{ij}^b}, \quad (\text{Ⅱ})$$

式中,V_i 表示城市 i 与城镇体系内所有城市的相互作用量,称为城市 i 的人口潜力;P_j 表示城市 j 的非农人口数;D_{ij} 表示两个城市间的直线距离;b 为摩擦系数,经验值为2;当 $j=i$ 时,表示城市 i 与自身的相互作用量,这时 D_{ij} 可以采用 i 城市与离它最近城市之间距离的一半,也可以用 i 城市建成区面积的平均半径。

3. 区位商模型

城市职能是指该城市在国家或区域中所发挥的作用,所承担的分工[27]。城市职能结构的分析目的是从整个城市体系的视角明确该城市的作用和特点,以便更好地进行城市间的合作与分工。采用经典的区位商法可测定都市区各城市的职能特征,如计算公式Ⅲ:

$$Q = \frac{N_1/A_1}{N_0/A_0}, \quad (\text{Ⅲ})$$

式中,Q 表示区位商;N_1 为研究城市某部门产值(或从业人员数);A_1 为研究区域所有部门产值(或从业人员数);N_0 为研究城市某部门产值(或从业人员数);A_0 为研究区域所有部门产值(或从业人员数)。

4. 区域经济联系模型

区域经济联系是衡量区域间经济联系强度的指标,区域经济联系强度的测度有助于明确城市在区域内的发展定位,并促进区域经济协调发展,计算公式Ⅳ如下:

$$R_{ija} = \frac{\sqrt{P_i G_i} \times \sqrt{P_j G_j}}{D_{ij}^2} \quad (\text{Ⅳ})$$

式中，R_{ij}表示城市i,j的经济联系量；P_i,P_j分别代表城市i,j的非农人口数；G_i,G_j分别代表城市i,j的GDP，D_{ij}为城市i,j的直线距离，并通过公式Ⅴ计算：

$$F_{ij} = \frac{R_{ija}}{\sum_{j=1}^{n} R_{ij}} \times 100\% \qquad (Ⅴ)$$

计算经济联系隶属度。

5. 通达性模型

通达性是空间节点相互之间到达的便捷程度，是评价交通网络通畅程度的综合性指标。常见的通达性评价方法主要有最大路径法、最短时间法、分散指数法和相对通达性4种，考虑到甬舟都市区的交通网络现状，本文采用最短时间法，如计算公式Ⅵ：

$$A_i = \sum_{j=1}^{n} T_{ij} \qquad (Ⅵ)$$

式中，A_i是节点城镇到其他所有城镇最少运行时间的总和；n是节点数目；T_{ij}是从i点到j点的最少运行时间，计算所得A_i值越小，表明该节点城镇的通达性越好。

三、都市区的规模结构特征

(一)城市规模特征

利用城市规模指数模型计算发现，甬舟都市区发展的城市规模等级体系可分为4级（表1、图1）：

1. 第一等级

城市规模指数$T_i > 10$，宁波市区达25.68，规模指数远高于其他单元，其市区非农业人口103.08万，占研究区域非农业人口总数的48.75%，建成区面积132.98平方千米，占研究区域城市建成区面积的29.87%。

2. 第二等级

城市规模指数$4 < T_i < 10$，包括舟山市区、余姚、慈溪、镇海、北仑5个市（区），平均城市非农业人口21.05万，平均建成区面积54.28平方千米。

3. 第三等级

城市规模指数$2 < T_i < 4$，包括奉化、象山、宁海3个县（市），平均城市非农业人口10.68万，平均建成区面积26.48平方千米，属于规模较小的中等城市。

4. 第四等级

城市规模指数$T_i < 2$，包括岱山、嵊泗2个县，这两个海岛地区的城市由于自然、交通等条件的限制，发展落后于周边大陆地区，非农产业不发达，平均城市非农业人口4.21万，平均建成区面积4.74平方千米，属于典型的海岛小城。

表1 2012年都市区城市规模等级划分

城市等级	城市名称	个数
一级($T_i>10$)	宁波市区(25.68)	1
二级($4<T_i<10$)	余姚(5.03)、慈溪(4.78)、镇海(5.69)、北仑(6.14)、舟山市区(6.67)	5
三级($2<T_i<4$)	奉化(2.46)、象山(2.94)、宁海(2.07)	3
四级($T_i<2$)	岱山(1.03)、嵊泗(0.48)	2

注：括号内数据为各城市规模指数；镇海区、北仑区的建成区面积是根据宁波市城建相关报告测算而得；
数据来源：《宁波市统计年鉴(2013)》、《舟山市统计年鉴(2013)》。

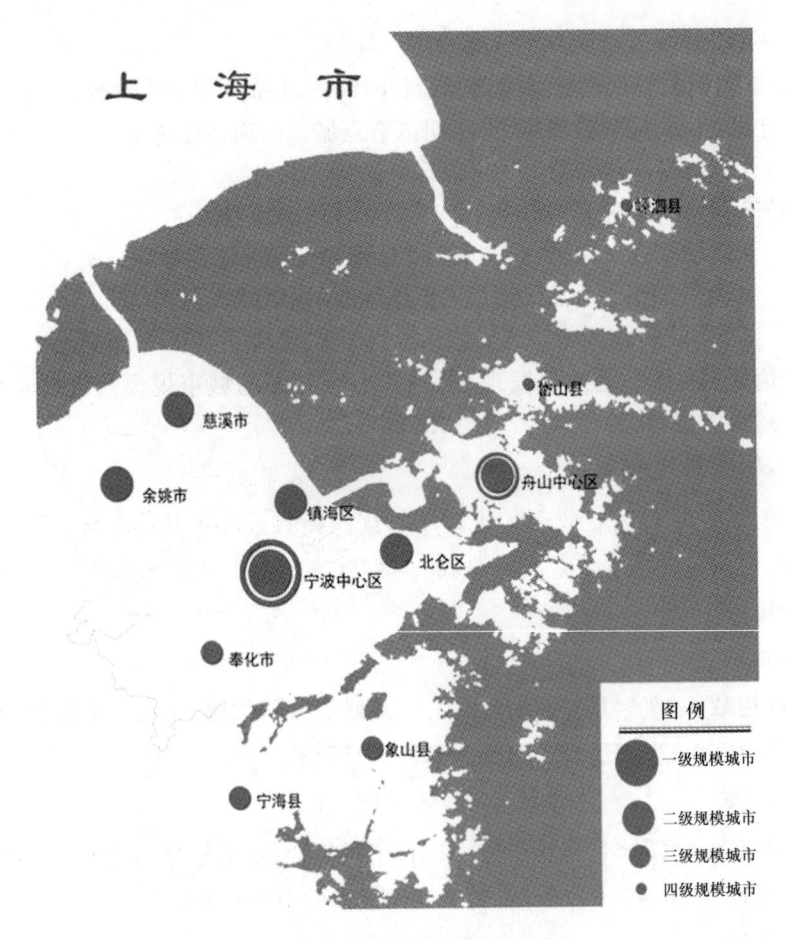

图1 甬舟都市区城市规模空间分布

(二)人口潜力特征

据人口潜力模型计算出各个城市的人口潜力,表明该城市对周围城市产生的人口潜能。

将V_i的计算结果绘制成人口潜力图(图2),根据影响大小可以大致将核心区都市区中各个城市人口潜力分为4级(表2):① 高城市影响区($V_i>91$):为宁波市区,人口潜力为122.50;② 中高城市影响区($41<V_i<90$):为镇海区和北仑区,人口潜力分别为80.52和68.53;③ 中城市影响区($11<V_i<40$):包括余姚、慈溪、奉化、舟山市区,人口潜力分别为35.80、35.42、22.56和19.82;④ 低城市影响区($V_i<10$):包括象山、宁海、岱山和嵊泗2个县,人口潜力分别为8.90、6.34、9.56和3.41。

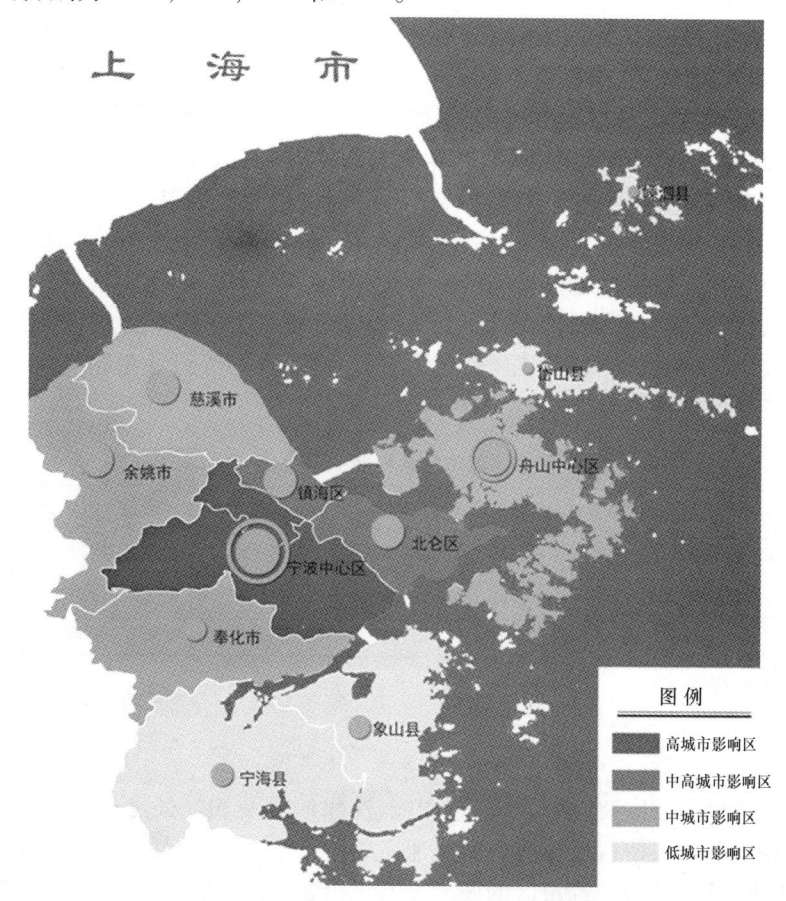

图2 甬舟都市区城市人口潜力空间分布

表2 2012年都市区城市人口潜力区域划分

城市人口潜力	城市名称	个数
高城市影响区($V_i>91$)	宁波市区(122.50)	1
中高城市影响区($41<V_i<90$)	镇海(80.52)、北仑(68.53)	2
中城市影响区($11<V_i<40$)	余姚(35.08)、慈溪(35.42)、奉化(22.56)、舟山市区(19.82)	4
低城市影响区($V_i<10$)	象山(8.90)、宁海(6.34)岱山(9.56)、嵊泗(3.41)	4

注:括号内数据为各城市人口潜力;
数据来源:《宁波市统计年鉴(2013)》《舟山市统计年鉴(2013)》。

四、都市区的功能结构特征

(一) 总体特征

首先将城市统计年鉴的就业行业划分为工业、建筑业、交通运输业、商业、服务业、科教文卫及公共管理7种行业,需要指出的是,农林牧渔业无法体现城市主要职能,因此并未将这些行业的从业人数列入其中计算。根据甬舟都市区和浙江省7类行业的从业人员比重,进而计算7类行业的区位商,反映甬舟都市区各项职能在浙江省的集聚程度(见表3)。据表3可知,都市区的工业职能表现突出,从业人员的比重和区位商分别高达46.0%和1.27,商业、金融房地产业的区位商也大于1,而交通运输业、建筑业、科教文卫及公共管理区位商小于1。可见,都市区的工业职能较为突出,商业、金融房地产业也有一定的集聚优势,交通运输业、建筑业等产业集聚程度较弱。这表明,都市区还处于工业化中后期,以石化、能源、船舶制造、钢铁,造纸等为代表的临港重化工产业发展势头良好;商业、金融房地产业等集聚优势逐步显现,商务金融、高端商业服务、航运服务、航运咨询等行业也很有发展潜力;交通运输业、文化等产业发展滞后,产业发展有待进一步的引导。

表3 都市区各行业的区位商

城市名称	工业	建筑业	交通运输业	商业	金融房地产业	科教文卫及其他	公共管理
都市区比重(%)	46.0	18.2	4.7	4.7	10.3	10.3	5.8
浙江省比重(%)	36.1	27.5	5.2	4.1	9.2	12.0	5.9
区位商	1.27	0.66	0.90	1.15	1.12	0.86	0.98

(二) 内部分异

运用纳尔逊指数法计算各城市的显著职能、突出职能及职能强度(见表4)。甬舟都市区独特的经济地域结构,使得城市间要素流通主要向宁波市区、余姚、慈溪、舟山市区等区域性中心城市集聚,这些城市是都市区的职能重要承担者。由于宁波南部的象山和宁海,舟山的岱山和嵊泗不具备城市集聚力,因此不在研究范围之内。另外,2013年镇海和北仑各行业从业人员的数据不全,因此将其归入宁波市区一起计算。

表4 都市区职能结构内部分异

城市	显著职能	突出职能	职能强度	主导工业部门
宁波市区	金融房地产业	商业	1.79	石化、能源、机械
慈溪市	商业	工业	1.05	家电、化纤、轴承
余姚市	商业	工业	1.15	塑料、机电、五金
奉化市	商业	工业	0.75	纺织、汽摩配件
舟山市区	商业	交通运输业	1.96	船舶工业、石化、机械

据表4可知,甬舟都市区各个城市的职能结构存在趋同化现象,多数城市的突出职能均为工业,并且以石化、机械、船舶、能源等临港产业为主。宁波市主要是以服务业、商业、交通运输业等为主导产业,舟山市主要是以船舶工业、石化、机械、水产品加工为主导产业,可见都市区临港产业地位十分突出,产业特色十分鲜明。从都市区主要城市的优势职能来看,每个城市的产业结构的差异依然存在,宁波市区的商业和服务功能体现在对周边区位的辐射和带动作用,在都市区处于核心地位,舟山市区的船舶工业、石化等临港产业充满活力,成为带动都市区海洋经济发展的一大动力;同时余姚慈溪的商贸功能,奉化的制造业功能对都市区都具有重大的意义。从总体上看,宁波和舟山还处于工业化中后期,主导工业部门也存在一定的同质化发展趋势,但商业职能分布较为分散,已初步形成区域间产业的分工与协作。

五、都市区网络结构特征

(一)交通网络结构特征

在甬舟都市区地域范围内,陆路运输占交通运输的绝对主导地位,因此通达性的计算以该区域内的乡镇及其以上城镇作为节点,以乡县道、省道、国道、高速公路、铁路构成的交通网络体系作为研究对象,进而计算出主要县市区间的空间通达性的情况(舟山市的岱山县和嵊泗县属海岛县,目前没有陆路交通设施与宁波直接相连,所以未列入研究范围之内)。

根据交通部门的统计资料和实地调查与访谈,乡县道的速度取每小时120千米、国道的速度取每小时80千米、省道的速度取每小时60千米、铁路速度取每小时90千米,并由公式V计算出各个节点城镇的最少交通运行时间。利用ArcGIS软件将研究范围内122个乡镇的路网数据矢量化,并计算各乡镇到其余乡镇的最短路径耗,再用普通克里金插值进行空间插值,进而计算出主要县市区的空间通达性情况(见图3)。我们可以发现,甬舟都市区交通网络通达性总体上呈现中心强、四周弱的空间格局。①最优区域是宁波市区,此外还包括镇海和北仑,通达时间在64.00小时至80.05小时之间。宁波市区交通基础设施建设完善,城市道路等级结构合理,支路系统发达,是甬舟都市区的交通枢纽。②通达时间在80.05小时至94.15小时之间的城市包括余姚、慈溪及奉化。余姚、慈溪、奉化与宁波市区的交通联系便利,随着区域经济的一体化发展,余慈地区、奉化与宁波市区的交通同城化效应将越发明显,未来三地的交通通达性时间还将大大缩短。③通达时间在94.15小时至115.55小时之间的城市包括象山和宁海,甬台温铁路复线是串联象山和宁波市区的交通主干道,沈海高速是串联宁海与宁波市区的交通主干道,象山和宁海交通区位优势相对不明显。④通达行较弱的区域主要分布在象山、宁海南部地区及舟山,通达时间在123.33小时至188.01小时之间,主要原因是这些区域不仅在地理位置上与宁波市区较远,而且交通建设相对落后。虽然舟山的通达性较弱,但舟山连岛工程的建成通车,结束了舟山孤悬海外的历史,为宁波和舟山海洋经济的整合发展奠定了基础。

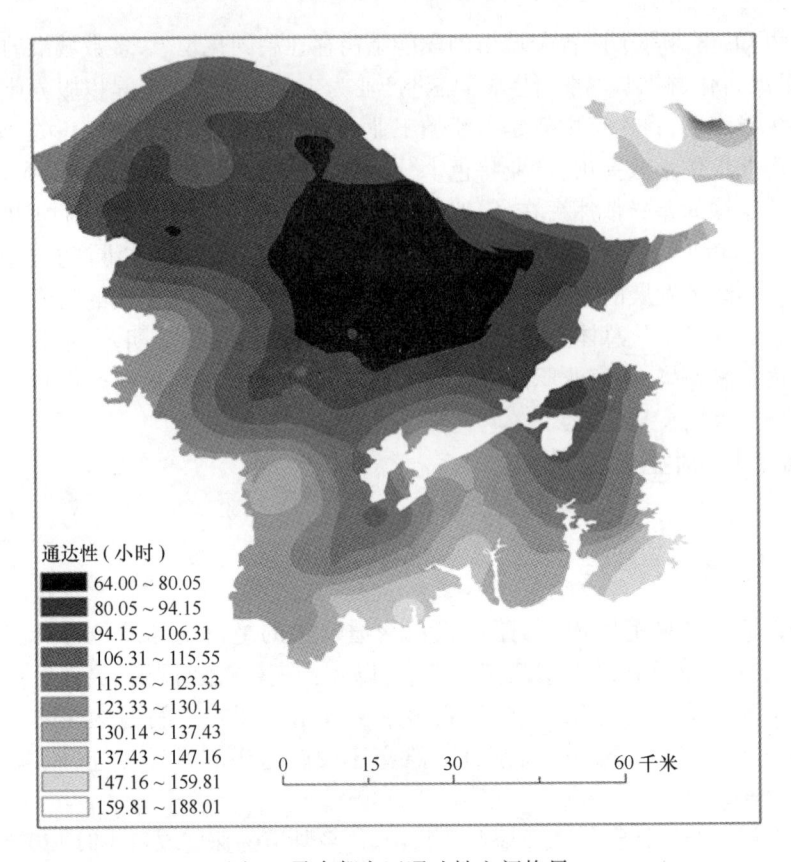

图3 甬舟都市区通达性空间格局

(二)经济联系网络特征

城市间公路运输、铁路运输是维系城市经济活动有序进行、推进城市经济发展的重要因素,即经济联系强度与区域的交通网络结构存在一定的耦合关系。采用区域经济联系模型可计算城市间的经济联系强度,刻画城市间空间联系和功能联系的状态。根据计算结果可知,都市区的各等级城市中,宁波市区与其他城市的经济联系强度总和为12.25,占经济联系总量的33.7%,高于其他各等级城市,宁波市区在都市区处于中心地位,在都市区空间联系和功能联系中扮演着重要角色。其他经济联系总量比例较高的城市分别是镇海(19.3%)、北仑(21.2%)、慈溪(8.5%)、余姚(8.4%)。

为了进一步研究都市区内部的经济联系网络特征,将城市间经济联系值划分为一级联系、二级联系、三级联系和四级联系,然后用不同粗细的联系线表示不同程度的联系强度,经济联系过小的城市间的联系线不予以表示,图4为都市区城市间经济联系网络示意图。我们可以发现,在甬舟都市区经济联系网络中,宁波市区、镇海、北仑、奉化的经济地位比较明显。①在一级联系城市中,宁波市区是都市区内经济联系的中心城市,其辐射范围最广,联系城镇最多,地位明显高于区域内任何一个城市,尤其是与镇海、北仑经济联系最为紧密,宁波市区—镇海—北仑经济联系轴线围成的三角已成为都市区经济发展的核心。②在二级联系城市中,宁波市区—慈溪—余姚经济联系轴线围成的三角在经济联系中处于次中心的地位,辐射范围为整个余慈地区,也是余慈地区城镇空间连绵化发展与宁波市区空间连接的重要区域。奉化与宁波市区的经济联系也较为紧密,将培育建设成为宁波市区南部的高新技术基地、物流基地及宜居新城。③在三级联系城市中,舟山市区与镇海、北仑经济联系较为紧密,舟山跨海大桥的建成通车进一步加强了舟山与宁波的经济联系;镇海、北仑成为舟山更紧密地融入长三角经济圈的桥头堡;象山和宁海分别通过甬台温复线高速和沈海高速;④在四级联系城市中,象山、宁海与奉化彼此经济联系很弱,舟山的岱山、嵊泗与都市区内各城市联系都很弱,尤其是舟山的嵊泗县,由于自然、交通等条件的限制,几乎不与其他城市发生经济联系。值得一提的是,目前舟山市区的对外经济联系格局并未超过都市区内的其他城市,如城市规模突出且经济发展水平较高的镇海区、北仑区、慈溪市等,但在建设国家级舟山群岛新区和浙江省海洋经济核心区示范区的历史契机下,舟山市的政策优势和区位优势显得尤为重要。因此,未来舟山在推动都市区海洋经济发展中将发挥至关重要的作用,这种地位是镇海、北仑等在都市区无法相比的。

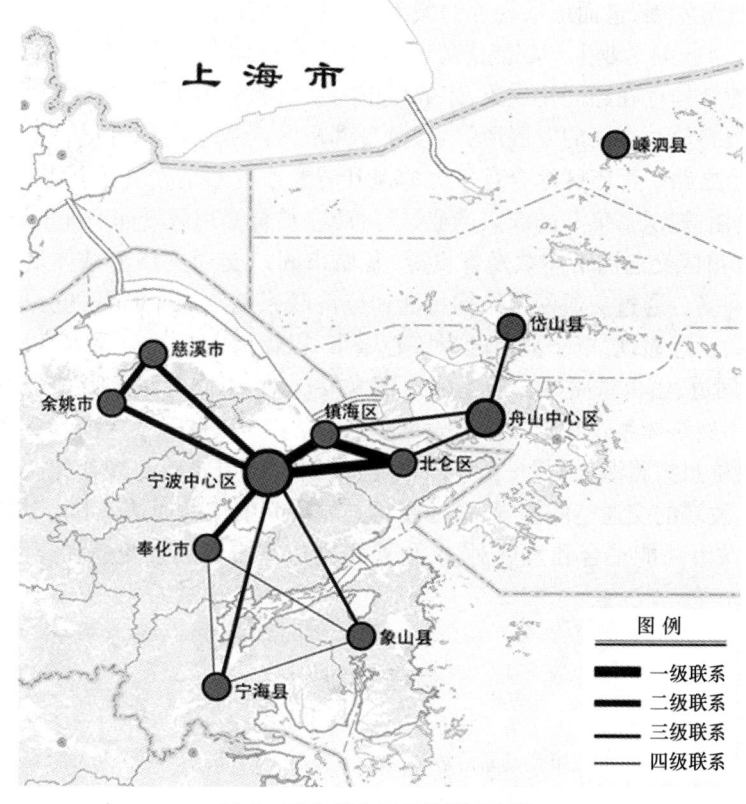

图4 甬舟都市区经济联系网络

六、结论与讨论

海洋经济的发展离不开都市区经济的支持。当前,甬舟都市区正处在新一轮发展阶段,又恰逢浙江海洋经济发展示范区建设上升为国家战略,宁波—舟山核心区的海洋经济发展布局刚启动,甬舟都市区发展势必同时起步,通过都市区功能的持续提升,将为海洋经济发展提供强有力的依托与支撑。本文从规模结构、职能结构和网络结构三个方面深入分析了都市区的发展现状特征,得出以下基本结论。

（1）都市区的城市等级规模差异明显,首位城市的中心地位突出。利用城市规模指数模型计算发现,都市区的城市规模等级体系可分为4个区块:北部和中部区块城镇密集,城市发育程度较好,呈现连绵发展的态势;南部区块城市体系发育还不够成熟,呈现点状发展的格局;东部区块人口规模很小,是典型的海岛小城。利用人口潜力模型计算发现,宁波市区作为核心城市的龙头引导作用十分突出,镇海和北仑次中心地位已然形成,对周边城市有较强的辐射带动作用;虽然舟山市区和余姚、慈溪等地区影响力还不明显,但作为海洋经济发展的重要节点城市,舟山在甬舟都市区的影响力将逐步凸显。未来都市区的城市规模等级的优化在于继续强化宁波市区作为核心城市的集聚效应,同时增强舟山市区在海洋经济发展中的带动作用,重点培育余姚、慈溪两个城市,加强与宁波市区的联系,形成余慈地区城镇与宁波市区连绵发展,进而形成合理的城市等级规模结构。

（2）甬舟都市区的工业生产职能优势明显,但生产性服务业发展相对滞后。同时,都市区各城市的职能结构存在趋同化现象,多数城市的突出职能为工业,主导工业部门也存在一定的同质化发展趋势。在新的发展形势下,甬舟都市区产业的转型升级是促进区域经济可持续发展的必由之路。都市区综合竞争力的提升需要改变目前产业地域分工的格局,培育高附加值、低能耗、知识密集型的新兴产业,通过产业整合实现区域间产业的分工与协作。

（3）甬舟都市区交通网络体系发育良好,各城市间以交通网络为载体形成一个联系紧密的经济联系网络。通过交通网络结构特征和经济联系网络联系特征的分析,都市区的点轴空间发展格局已经显现,以宁波市区为核心城市,以镇海、北仑、慈溪等为次核心城市,以宁镇公路、329国道、萧甬铁路等交通运输通道为发展轴,不同等级的城市和发展轴组成多层次结构的城市网络体系正在形成。从发展趋势看,宁波和舟山共建浙江省海洋经济核心区示范区,将以杭州湾跨海大桥、舟山连岛工程、高铁及城市轻轨等现代化交通方式为连接线,构成网络式发展的交通空间格局,进一步增强城市间的交通通达性和经济联系度。都市区内除了进行城市功能整合和发展对接,也要与周边城市群加强交通和经济的联系,实现双赢。

参考文献

[1] 王兴平.《都市区化:中国城市化的新阶段》.城市规划汇刊,2002年,第4期,第56-59页。

[2] Xiao-Ping Zheng. Metropolitan spatial structure and its determinants: a case-study of Tokyo. Urban Studies, 1991, 28(1):87-104.

[3] Yang X, Lo C P. Modelling urban growth and landscape changes in the Atlanta metropolitan area. International Journal of Geographical Information Science, 2003, 17(5):463-488.

[4] Schwanen T, Dieleman F M, Dijst M. The impact of metropolitan structure on commute behavior in the Netherlands: a multilevel approach. Growth and Change, 2004, 35(3):304-333.

[5] Yang J. Policy implications of excess commuting: Examining the impacts of changes in US metropolitan spa-

tialstructure. Urban Studies,2008,45（2）:391－405.
[6] Meijers E J, Burger M J. Spatial structure and productivity in US metropolitan areas. Environment and Planning A, 2010,42（6）:1383－1402.
[7] Adolphson M. Estimating a polycentric urban structure. case study：Urban changes in the Stockholm region 1991－2004. Journal of Urban Planning and Development,2009,135（1）:19－30.
[8] Champion A G. A changing demographic regime and evolving polycentric urban regions：Consequences for the size, composition and distribution of city populations. Urban Studies,2001,38（4）:657－677.
[9] Burger M, de Goei B, van der Laan, L, Huisman F. Heterogeneous development of metropolitan spatial structure：Evidence from commuting patterns in English and Welsh city - regions, 1981—2001. Cities, 2011,28（2）:160－170.
[10] 胡序威.《对城市化研究中某些城市与区域概念的探讨》.城市规划,2003年,第27卷,第4期,第28－32页。
[11] 张伟.《都市圈的概念、特征及其规划探讨》.城市规划,2003年,第27卷,第6期,第47－50页。
[12] 孙胤社.《大都市区的形成机制及其定界——以北京为例》.地理学报,1992年,第47卷,第6期,第552－560页。
[13] 王珏,叶涛.《中国都市区及都市连绵区划分探讨》.地域研究与开发,2004年,第23卷,第3期,第13－16页。
[14] 藏淑英,吕弼顺,李继红.《哈尔滨大都市圈的形成与发展》.经济地理,2002年,第22卷,第4期,第470－473页。
[15] 徐海贤,顾朝林.《温州大都市区形成机制及其空间结构研究》.人文地理,2002年,第17卷,第2期,第18－22页。
[16] 王兴平,崔功豪.《新经济时代的中国大都市热点空间分析》.人文地理,2003年,第18卷,第1期,第44－48页。
[17] 宗跃光.《大都市空间扩展的廊道效应与景观结构优化——以北京市区为例》.地理研究,1998年,第17卷,第2期,第119－124页。
[18] 阎小培,贾莉,等.《转型时期的中国大都市发展》.人文地理,2000年,第15卷,第2期,第7－14页。
[19] 崔功豪.《都市区规划——地域空间规划的新趋势》.国外城市规划,2001年,第5期。
[20] 胡道生,宗跃光.《大城市都市区化与规划调控思路的转型》.城市规划,2010年,第34卷,第5期,第18－22页。
[21] Abimanyu Talkdir A1amsyah,刘佳燕译.《海陆区域观雅加达大都市地区水上住区发展的新范式》.国外城市规划,2004年,第19卷,第1期,第1－9页。
[22] 孟晓晨,马亮.《"都市区"概念辨析》.城市发展研究,2010年,第9期,第36－40页。
[23] 王益澄.《宁波市城镇体系地域空间结构研究》.地理学与国土研究,1996年,第12卷,第2期,第26－29页。
[24] 李加林,许继琴,叶持跃.《重点镇建设指标体系研究》.地域研究与开发,2001年,第20卷,第1期,第41－45页。
[25] 李加林,许继琴,叶持跃.《宁波市域城镇体系中重点镇发展的若干问题研究》.人文地理,2002年,第17卷,第3期,第18－21页。
[26] 赵鹏军.《基于港口经济的海岛型城镇发展战略研究——以洋山港近域海岛为例》.经济地理,2005年,第2期。
[27] 许学强,周一星,宁越敏.《城市地理学》.北京:高等教育出版社,1997年。

浙江大宗商品市场发展现状、运营模式及瓶颈分析[①]

王军锋，曹无瑕

（浙江工商职业技术学院）

摘要：党的十八大提出实施"创新驱动"发展战略，中国需要在沿海城市布局，培育和发展中国大宗商品交易市场，不断完善大宗商品市场物流组织的高端环节，以此拓展产业链的成长空间，促进其接轨国际，尽快在短时期内取得"话语权"，争取在更高水平上参与国际合作与竞争。浙江省委、省政府提出"创新驱动"发展战略，发挥港口、城市、产业资源和潜力优势，构建大宗商品交易平台，积极探索大宗商品物流组织模式创新，打造对接国际经济水平的"试验地"。本文就浙江大宗商品市场发展现状、运营模式及瓶颈进行分析，以此拓展产业链的成长空间，培育供应链上的核心竞争力，尽快在短时期内取得"话语权"，争取在更高水平上参与国际合作与竞争。

关键词：大宗商品；物流组织；模式研究

一、浙江大宗商品市场发展现状

（一）市场优势

改革开放以来，浙江大宗商品市场建设起步早、体制活、发展快，专业市场近年来发展迅猛，经过多年的发展，具有体制机制先发优势，在推动浙江经济持续发展、实体交易方面已颇具规模，而且走出一条以改革创新激发内生动力的发展新路子。

宁波作为华东地区重要的能源和原材料基地及先进制造业基地，是全国三大化工合成材料和 PTA 最大现货供应商，是塑料原料、铜、镍、粮食、木材、铁矿石等大宗商品的重要消费和运输集散地。宁波口岸液体化工、原油、铁矿石、塑料等交易量均居全国前列，镇海液体化工市场是全国最大液体化工市场之一；余姚中国塑料城是目前中国最大的塑料原料现货

[①] 基金项目：2013 年浙江省哲学社会科学重点研究基地"浙江省现代服务业研究中心"重点招标课题（No. 2013ZB05）。

王军锋（1952— ），男，浙江宁波人，研究员，主要研究方向：经济管理。E – mail:w520831@ sina. com；
曹无瑕（1982— ），浙江宁波人，讲师，主要研究方向：经济管理。

集散地,宁波浙江塑料城网上交易市场发布的中国塑料价格指数和塑料市场库存报告已经成为国际塑料行情风向标,成为业界了解塑料供求情况,分析塑料价格走势的重要依据。宁波贵重金属镍交易额占据全国的40%,全世界的10%,初步掌握了亚洲镍金属的价格话语权。宁波神化公司国际镍贸易交易规模占全国流通领域30%以上;宁波纺织化纤原料生产和贸易在全国PTA贸易和消费居领先位置。2013年宁波大宗商品现货交易额达到2 900亿元,交易规模在全国沿海城市中位居首位。

2011年6月30日国务院批准设立浙江舟山群岛新区后,这座群岛城迎来了掘金海洋的大好时机。浙江省委、省政府抓住机遇,在建设海洋经济强省时,提出构筑大宗商品交易平台、海陆联动集疏运网络、金融与信息支撑体系"三位一体"港航物流服务体系。舟山群岛新区即建成我国大宗商品储运中转加工交易中心、我国东部地区重要的海上开放门户、我国海洋海岛科学保护开发示范区、我国重要的现代海洋产业基地和我国陆海统筹发展先行区五大目标。2011年7月8日,浙江舟山大宗商品交易所注册成立,明确舟山大宗商品交易平台为浙江省大宗商品交易的重要平台,并作为推进浙江舟山群岛新区建设的重要突破口。

(二)区位优势

浙江独特的地理区位、发达的交通网络、优越的港口资源以及宁波、舟山新区是我国重要的海洋渔业基地和海洋开发基地。现代化港口和海岛旅游城市都具备发展大宗商品市场物流组织的条件和雄厚的产业基础。陆域小省的浙江拥有令人震惊的海洋资源,26万平方千米的海域是浙江陆地面积的两倍之多。

宁波作为现代化港口城市和世界级贸易大港港口,从地理区位、交通网络,港口资源方面都具备形成国内外大宗商品交易物流组织模式发展的禀赋优势。宁波港作为全球最大的综合港口,是中国大陆主要集装箱、矿石、原油、液体化工中转储运基地,华东地区煤炭、粮食等散货中转和储存基地理想的集散地。以港口运输为核心,集公路、水路、铁路、航空等多种运输方式于一体的集疏运网络体系,江海联运、海铁联运等多式联运形成全方位立体型大通道,是国家综合交通枢纽和综合性运输大通道的重要交会点。宁波港巨大的货物储运、中转量为大宗商品交易奠定了货源基础。

浙江舟山大宗商品交易中心依托舟山港域,地处太平洋,濒临国际主航道,与香港、基隆、釜山、大阪、神户等港口间国际航线均在800海里之内,至美洲、大洋洲、波斯湾、东非等港口距离航线在5 000海里左右,区位优势明显;而且地处我国南北海运航线与长江黄金水道交会处,连接沿海各港口,江海联运、沟通长江、京杭大运河,可辐射整个华东地区及经济发达的长江中下游流域,紧邻大宗商品终端消费市场。

(三)产业优势

浙江大宗商品市场建设起步早,体制活,发展快,专业市场近年来发展迅猛,现代营销贸易体系正在不断提升,并在交易、交收、融资等环节上进行了创新,经过改革开放多年的发展,具有体制、机制先发优势。

宁波(铜、镍、煤炭、石化、铁矿石、粮食)具有形成全国性市场的基础条件。北仑是国内重要的 PTA 生产基地,宁波每年原油进口中转份额占全国的 1/3,而且围绕港口资源建设了一批产业衔接、规模较大和集聚发展的石化工业企业,形成一个庞大的石化产业链和石化企业集群。宁波第四方物流平台以交易撮合、支付结算、物流全程跟踪等不断完善全程服务模式,已吸引 5 000 余家企业集聚登陆,实现网上交易 29 亿多元,并建立起交易、金融、政务服务"三合一"的物流平台,覆盖海陆空多种运输方式,拓展到长三角地区乃至全国。

舟山大宗商品市场按公司化模式运作,组织石油化工品、煤炭、有色金属、铁矿石、钢材、纸浆、木材等大宗商品交易,提供交易资金结算、交割及相关咨询服务,围绕石油化工、矿石、煤炭、粮食、钢材木材等建材、工业原材料和船舶等交易品种进行重点培育和提升,力争成为全国重要的交易中心和定价中心。

(四)政策优势

作为浙江海洋经济发展的核心区,浙江拓展大宗商品交易政策空间,积极推动宁波、舟山地区自由贸易区试点获取政策优势。浙江发展大宗商品市场,积极申请自由贸易区试点,探索创新,支持符合条件的国际大宗商品贸易流通企业开展金融创新和企业商业模式创新。同时,强化财税扶持力度,对在该地区落户的大宗商品交易市场,给予一次性资金扶持;参照物流等服务业税收优惠政策,实行营业税减免或差额抵扣;解决好交割中增值税差额问题以及交易价格结算差价形成的税收问题。浙江自由贸易区勇于探索创新试点,开展物流组织金融创新和企业模式创新正在纵深拓展。

(五)服务优势

浙江港口开放的广度和深度决定了浙江大宗商品市场的档次和水平寻求层次突破。浙江大宗商品市场物流组织交易模式与物流配套服务,充分发挥港口优势,通过第三方物流配送和转运体系为重点的物流支撑体系,已逐步构筑起与"长三角"南翼浙江经济中心和现代化国际港口城市相适应的现代服务业体系。近年来浙江金融配套服务日益重视金融业的发展,给予一系列宽松优惠政策,形成银行、保险、证券、期货、信托等多种金融机构组成的金融体系,在先行先试政策指导下,坚持管控市场风险,积极创新交易模式,适时推出符合国家战略和市场需求的交易品种,包括船用油、电解镍、铜、铝、螺纹钢等,成为全国重要的大宗商品综合性交易中心。

(六)竞争优势

舟山大宗商品交易所作为新区,在监管机构建设、金融体系建设、口岸通关等工作中具有大宗散货集散、市场腹地良好、基础条件支撑、新区政策扶持四大优势。重点在发展煤炭、石油、金属、矿石、粮食为主的大宗商品交易,是国家赋予的重要使命。

浙江不断完善推广中国光大银行成功开发运行并与浙江塑料城网上交易市场"实时对接"大宗商品交易资金第三方存管系统,保证交易金额安全;同时,加强金融机构对市场交易的支持,积极实现金融机构与交易市场密切合作、良性互动,完善综合服务,构建促进大宗商品市场发展的综合服务体系,为浙江构建大宗商品交易平台提供优势支撑。2013 年 12 月 25 日宁波甬商所新推液化天然气(LNG)品种上市,这是我国首个液化天然气电子交易品种,为开展 LNG 电子化交易提供了坚实的基础。作为重要能源的 LNG,今后将有"宁波价格"。2014 年 3 月 3 日,浙江首个大宗商品第三方支付平台在甬投运,这笔订单成为"甬易支付"投入运营的第一个订单,标志着"甬易支付"成功对接国内首家塑料电商平台——浙江塑料城网上交易市场,实现"交易市场管交易,支付机构管资金",从而切实保障信用和资金安全,有效防范风险,为浙江打造大宗商品交易中心提供强有力的支持。

(七)金融支持

舟山群岛新区发展从全局性、整体性角度科学谋划,按照规划目标,理清思路,准确定位、细化方案、落实举措;结合舟山特色,对港口、航运、仓储、商品市场以及相关产业进行系统性考虑,吸引更多更好的战略性投融资。做到政策性金融与开发性金融相结合,努力在渔业互助保险、海洋开发保险、设立全国性股份制证券公司等方面开展探索和实践,实现新区金融工作的新跨越。宁波积极与上海期货交易所在期现对接、指定交割库、仓单合作、新产品开发以及人员培训等方面开展合作与交流,强化"三位一体"港航物流服务体系的金融服务,尝试先行先试,在核心功能、交易品种、交易和结算模式、运作架构和相关政策等五大方面加大对海洋产业体系的金融支持,力争在外汇管理、离岸金融等方面取得突破,在发展大宗商品场外现货交易市场方面先行先试。

二、浙江大宗商品市场物流模式运营现状

(一)企业物流模式

镇海液体化工交易市场是国内最大的液体化学品交易中心,以液体化工产品为主营商品的大型临港型专业市场,其物流组织模式属企业物流。

1. 发展目标与功能定位

从发展规模上,市场依托全国最大的镇海两个 5 万吨级化工液化品泊位、40 多万立方米液化品储罐以及镇海炼化公司所生产的液化品资源优势,主营液体化工产品交易,进场企业从开始几家增至目前的 300 余家,2013 年交易量超过 300 亿元,是全国最大的液体化工交易市场之一。

2. 物流组织模式

从运营模式上,该市场由镇海区人民政府和宁波港务局共同管理,充分发挥中国液体化工在线电子运营平台作用,除向外发布信息与招商之外,可以进行电子仓单交易。从交易模式上,主要从现货交易为主,交易特点以面对面交易和点对点交易为主。

(二)企业物流与生产物流模式

宁波神化化学品经营有限公司是国内最大的电镀原材料供应商和全球电镀供应链解决方案提供商,其物流组织模式属企业物流与生产物流一类。

1. 发展目标与功能定位

该公司是为制造业提供专业化服务的民营企业,近年来,宁波神化紧紧抓住全球电镀产

业转移和中国消费升级的发展契机,整合国内外优质资源,全力打造一个集品牌产品、技术服务、现代物流、信息资讯等于一体的电镀材料解决方案提供商,成为中国制造业最具影响力的高端服务平台。

2. 物流组织发展模式

从发展规模上,目前神化主营金属镍、铜及特殊化学品等业务,重点发展电镀、合金、不锈钢终端客户,通过持续的商业模式创新和探索,其年销售额从2001年的2亿元人民币上升到2012年的123.93亿元人民币;进出口额从1.27亿美元上升到6.8亿美元,成为目前国内最大的电镀原材料供应商和全球电镀供应链解决方案提供商。

3. 交易机制与交易模式

宁波神化交易机制建立销售、采购、财务三条主线,并适当授权,建立有机运营体系,以分担各部门压力,建立起核心管理团队。在交易模式上,神化灵活运用"期现结合"模式,根据市场价格采取不同点价策略,在国际国内市场价格正挂情况下,在国际金属期货市场进行对冲交易,建立神化核心国内外两个市场无风险套利模式;在两个市场价格倒挂情况下,通过期货市场套利反辅现货,加快现货流动速度,保障现金流畅通。

(三)舟山大宗商品市场物流组织模式

舟山新区依托亿吨级港口的大宗散货集散优势,加上长三角市场腹地资源、新区政策扶持,充分发挥舟山港作为上海国际航运中心的重要组成作用,积极构筑大宗商品交易平台,增强舟山对长三角地区、全国和亚太地区的辐射。

1. 发展目标与功能定位

舟山大宗商品市场按公司化模式运作,组织石油化工品、煤炭、有色金属、铁矿石、钢材、纸浆、木材等大宗商品交易,提供交易资金结算、交割及相关咨询服务,围绕石油化工、矿石、煤炭、粮食、钢材、木材等建材、工业原材料和船舶等交易品种进行重点培育和提升,力争成为全国重要的交易中心和定价中心。

2. 物流组织发展模式

舟山大宗商品交易所充分发挥舟山区位、港口、资源、市场和开放优势,坚持"规范运营、控制风险、科学三公"原则,一是创新设计现货订单交易模式,为大宗商品和船舶交易市场提供现货挂牌、现货竞价交易服务;二是建立完善的市场服务、金融服务、物流服务、信息服务四大体系,服务生产者、贸易商和消费商。

3. 交易机制与交易模式

全面发挥公平定价、现货贸易和避险保值等功能,吸引更多的国内企业和国际资本共同参与;坚持以大宗散货为核心,交易中心立足点是舟山港的货物吞吐量,以进口为主,利用国际国内两个市场,为企业提供高效便捷低成本的服务,有利于让更多的国内企业通过交易来发现价格、规避风险。

(四)宁波大宗商品交易所物流组织模式

1. 指定交收仓库进行实物交收

甬商所通过指定交收仓库实现实物交收,便于统一管理,彻底改变了传统现货贸易实物交收地点散而杂的情况,能够帮助企业更好地实行物流规划,提高仓库的利用率,降低了单位仓储成本。

2. 货物就近配送

传统现货贸易中,企业一般需从交易对手仓库或中间仓库提取所需货物,存在运输难且物流成本高的问题。甬商所与多家仓库进行合作,设立多个指定交收仓库,并采用就近配送模式,帮助企业降低运输风险和成本,更加快捷地进行实物交收。

3. 整合三方物流

以往的现货贸易,物流须由交易双方自行解决,而甬商所能够通过引入第三方、第四方物流企业,为现货企业提供全过程物流解决方案,既保证物流的高效,又提高安全性,彻底改变传统企业物流模式,使得现货企业能将更多精力投入到主营业务当中,提高利润水平。

4. 电子仓单

宁波大宗商品交易所第五个品种LNG,交易商通过甬商所电子交易系统进行交易商品的买入或卖出的价格申报,经电子交易系统撮合成交后自动生成电子交易合同,这是我国首个液化天然气电子交易品种。作为重要能源的LNG"宁波价格",针对LNG仓储成本高,不易长期储存的特点,甬商所不设立交收仓库,以基准计价地的形式来确定LNG交易报价,实际交货地与基准计价地的地区差价按照一定的公式计算,得到买卖双方最终的成交价格。

三、浙江大宗商品市场物流模式发展瓶颈

(一)政策软环境建设相对滞后

与上海、大连、张家港等城市大宗商品交易建设在税收、水利基金、土地等政策大力扶持相比,浙江优惠政策制度制定上举措较少,导致相关企业既缺乏要素资源支持,又临税负较重、市场竞争力下降情况。

(二)专业市场功能体系尚不够完善

浙江现有大宗商品市场经营品种多样,上下游产业链之间合作不够紧密,功能布局不够合理,规模化程度不高,内部区域交易平台存在同构倾向,分散设置和市场资源,加剧内部竞争和交易竞争力空间。

(三)仓储物流配套功能低下

浙江现有仓储物流服务多以民营自发形成基地为主,小而散现状突出,仓储管理水平标准化和规模化程度低,具有公信力标准仓储设施不多,交割库类品种单一,容量明显不足;现

库市场化服务有待提高。

(四)配套服务存在较多欠缺

浙江没有本地第三方支付平台,本地金融机构对大宗商品质押、融资服务关注不够,外资银行未进入开展大宗商品贷款融资业务,电子认证没有统一标准和平台,由于信用体系尚不健全,发生信用缺失案例较多。

(五)金融服务发展水平落后

大宗商品质押融资缺少政府财政扶持的信贷体系,存在较大市场价格风险外资银行开展大宗商品贷款融资业务借助上海、香港金融服务,缺少简便的对外汇结算。

(六)空间腹地开拓能力不强

浙江与上海相比,最大劣势是缺少广阔的腹地。宁波—舟山港腹地则仅局限于宁波市、舟山市及杭州以东和西南浙江地区,来自于国内支线和内陆城市的集装箱货物很少,货物的运输方式也不平衡,主要依靠公路。

(七)政府政策扶持力度不够

浙江在推动大宗商品交易市场发展方面缺乏明确政策支持,对大宗商品交易市场吸引力较弱,市场发展落后于其他省市。

四、浙江大宗商品市场物流组织模式经验与启示

(一)发挥大宗商品物流模式服务现货的基础功能

宁波把发展大宗商品物流作为转变经济发展方式、积极实施港桥海联运,整合相关资源要素,做大做强液体化工、煤炭、金属再生资源、钢材、货运五大专业市场,拓展提升临港现代物流产业,全面打造以大宗生产性资料交易、中转、仓储、加工、配送、运输等为主导的临港服务产业平台。宁波是全国石化产品的重要生产基地,化纤原料、塑料、煤炭、铁矿石、镍、铜、粮食、木材的重要消费地,对大宗商品的物流需求巨大。宁波港经济腹地辐射长江流域七省二市(上海、江苏、浙江、安徽、江西、湖南、湖北、四川、重庆),使得宁波港进出口货物量持续增长,为大宗商品交易平台持续发展提供强大的客户和货源基础。

浙江舟山大宗商品交易所作为交易中心的运营主体,负责石油化工品、煤炭、有色金属、铁矿石等大宗商品交易,涵盖商品交易、公共信息、口岸通关、航运综合、金融配套及行政审批六大功能,集成交易所、银行、口岸通关、船舶交易市场等具体职能部门。同时实现交通运输业转型升级基础上,提升大宗商品交易服务能级,增强要素市场中定价的话语权和港口竞争力,让"中国因素"接轨世界,在国际定价中发挥应有的作用。

（二）发展大宗商品物流模式立足现货市场基础

发展大宗商品物流模式建立在蓬勃发展的现货市场基础上，使其获得更加有效的运行与周转。近些年来，浙江大宗商品交易发展迅猛，宁波口岸液体化工、原油、铁矿石、塑料等交易量均居全国前列。目前已建和在建镇海煤炭交易市场、大榭能源化工交易中心、余姚中国塑料城等14个大宗商品交易平台，拥有大宗商品交易市场物流组织77个。其中百亿元以上规模大宗商品交易市场共5家，2012年实现大宗商品交易总额超2 000亿元，位居全省首位。

宁波拥有浙江塑料城网上交易市场等4家大宗商品中远期电子交易中心。依托宁波液化、煤炭、内贸集装箱、散杂货装卸中转功能，宁波做大做强专业市场，把港口优化转化为商品集聚优势。目前，液化产品市场交易辐射全国2/3省市；金属园区年交易各类金属总量超过100万吨，是国内唯一被国家环保总局命名的金属再生利用示范园区；煤炭市场已成为省内最大的煤炭集散地；新建的钢材、货运市场等的交易数量和金额也成倍增长。

（三）创新发展

宁波地处我国大陆海岸线中段，长江三角洲南翼，为国家计划单列市和全国物流节点城市。宁波港作为全球最大的综合港口之一，基础设施完善，货物吞吐量和集装箱吞吐量均列全国前茅，巨大的货物储运、中转量为大宗商品交易奠定货源基础。金融产品，生态环境，智慧城市的电子交易及"宁波四方物流"模式，为构建大宗商品平台提供支撑。

舟山以集疏远网络体系建设为重点，利用杭州湾跨海大桥、舟山连岛大桥及宁波—舟山港一体化优势，加强区内外大宗物流组织联系。浙江镇海液化产品推进电子商务，其创建的"中国液化工在线"已经成为全国知名液化信息网站；正常运营的"都普特液体化工交易网"日成交量已经超过5万吨；钢材市场加快电子信息平台建设，从综合信息发布逐步向电子交易发展；金属园区正在搜索建立再生有色金属交易平台。

参考文献

[1] 王军锋.《十五时期宁波现代物流发展战略》，中国商贸，2001年，第12期。
[2] 肖　琳.《国际贸易中心建设与大宗商品交易市场发展》，科学发展，2009年，第7期。
[3] 关　旭.《国际大宗商品价格波动中国因素研究》，复旦大学学报，2010年。
[4] 李　挺.《大宗商品期货在资产组合中的应用与分析》，上海交通大学，2008年。
[5] 长城战略咨询：《GEI企业研究——中国大宗商品交易市场研究》，企业研究报告，第225期。

浙、台海洋旅游研究动态及两岸旅游合作新思维

马仁锋[1]，倪欣欣[1]，张旭亮[2]

（1. 宁波大学；2. 浙江省发展规划研究院）

摘要： 素有中国东海明珠之称的浙江、台湾两省，拥有丰富的海洋旅游资源、旺盛的市场需求和较好的海洋旅游发展基础，逐渐成长为中国海洋旅游的国际目的地。梳理国内外对浙江、台湾两地海洋旅游资源、海洋旅游产品等方面研究，评析浙、台两地海洋旅游合作优势、现状与困境，管窥浙江、台湾两地开展海洋旅游合作新路径与政策机制创新，并提出相关优化合作环境建议。

关键词： 海洋旅游；浙江；台湾；海洋旅游合作

20世纪后期以来，滨海各国都充分利用自己的领海与毗邻公海发展海洋经济，利用海洋建设人类休闲、游憩场所自然是重点关注行业之一[1]。中国航海业自唐代以来曾领先世界七八百年，然而步入近代，中国国家海洋战略与国民海洋意识逐渐落后于西方强国。80年代实施的改革开放政策，使滨海省份意识到海洋的重要价值，率先开发了部分海岛发展旅游业；近年沿海地区海洋旅游业发展势头强劲，凸显海洋生态和海洋文化特色的国内外旅游市场日渐形成[2]。为此，学界开始重视海洋旅游的相关研究，中国知网（CNKI）显示以"海洋旅游"、"海滨旅游"、"海岛旅游"等为主题的文献较多，相关文献研究区域基本涵盖了中国沿海省份或少数滨海城市，当然较少关注台湾省；然而现有文献中研究浙江的最多，其中又以舟山群岛的相关文献最丰富；而且学界对海洋旅游的研究领域与视角逐渐细化和全面[3]。但是，受两岸关系限制，隔峡相望的浙江与台湾拥有类型近似且丰富的海洋旅游资源，各自海洋旅游发展势头较好，但省际合作、城际合作却未能落在实处[4]。本文通过梳理现有关于浙江、台湾的海洋旅游研究，评析浙江、台湾两省海洋旅游发展的资源基础、产品基础等，探寻两省海洋旅游合作前景，推动浙台海洋旅游高效合作。

一、浙江与台湾海洋旅游资源特征

海洋旅游是指以海洋资源环境为对象的游憩与休闲活动，包括对海岸/海滨、海岛、大洋等的观光、游憩等利用[1,4-6]。当然这既包括长期居住在滨海地区居民的日常观光、游览等，

---

① 基金项目：浙江省社科规划项目(13HYJD01Z)。
作者简介：马仁锋(1979—)，男，博士，讲师，从事文化经济与城乡规划研究。

又包括处于非移民目的在海洋国土暂时居留与旅行的现象。由此,可将海洋旅游资源界定为人类海洋旅游活动所指向的吸引物及地域。

(一)海洋旅游资源分类及浙江、台湾海洋旅游资源类型划分

现有文献较少关注海洋旅游资源分类问题,即使个别学者尝试提出类型体系,也是从资源成因或属性视角的简单罗列。较为典型的分类是将海洋旅游资源受限分为海洋自然旅游资源、海洋人文旅游资源,随后按系统、大类、基本类型细分[1-2]。此外,国家旅游局制定的《旅游资源分类、调查与评价》方法(GB/T 18972—2003)将海洋旅游资源分为2大类、8个主类和若干个基本类型。2大类是自然类、人文类海洋旅游资源;8个主类分别为地文景观、水域风光、气象与气候景观、生物景观、历史遗迹类、现代建筑与设施类、海洋旅游商品等旅游资源(表1与表2)。现有研究浙江、台湾海洋旅游资源类型主要是金平斌根据浙江省海岛海滨特点分为6类:亚热带海滨风光、名刹古寺佛教朝圣、海洋生物资源、历史文化古迹、民俗风情、海洋科技工程[11];马丽卿将舟山市海洋旅游资源进行分类评析并呈现各类主要分布区域、特征和评价[17];而台湾缺少相关研究,因此采用国家旅游局标准对浙江、台湾两地海洋旅游资源类型及名称进行初步列表与评价。

(二)浙江海洋旅游资源及其特征

浙江陆地资源稀少,但海域面积为陆域面积的2.6倍,海岸线长度和海岛总数分别约占全国的20%和40%,海洋资源是浙江最大的优势资源之一[7]。全省海洋旅游资源大致可分为甬舟、温台、杭州湾三大区[8]。如表1所示,浙江海洋旅游资源涉及碧海金沙、奇石宝礁、海洋生物、佛教名山、历史遗迹、现代化建设工程等类型,海洋旅游资源具有丰富且类型多、滨海重点区域集中分布与全省海岸广泛分布相兼、海岛自然景观与佛教规模大与品位高等的特点,辅以独特的亚热带海洋季风气候,旅游开发价值极高。

海岛风光是浙江海洋旅游资源的重要构成,浙江省大于500平方米以上的海岛有3 061个,约占全国岛屿总数的50%。已开发海岛中,普陀山、嵊泗列岛是国家级风景区,而待开发的台州海滨旅游线、温州南麂列岛旅游区等[9]已经成为区域海洋旅游资源的关键吸引物。历代浙江勤劳的居民,给浙江滨海地区留下异常丰富的海洋人文旅游资源,如杭州西湖"三堤"、慈溪海塘、舟山观音文化、象山石浦海洋渔业文化与民俗、甬台温滨海抗倭遗址、海洋贸易文化等构成了浙江别致的海洋人文旅游资源[10-12]。

表1 浙江海洋旅游资源分类

主类	分布地域	基本类型
地文景观类	宁波:梅山岛、檀头山岛、花岙岛、北仑洋沙山、松兰山、奉化悬山岛 舟山:普陀山、朱家尖、桃花岛、岱山、泗礁等岛屿 台州:桃渚龙园、东矶列岛、木杓、海山岛、温岭三蒜岛 温州:南麂列岛、北麂列岛、鱼寮大沙滩、炎亭	滨海沙滩、海蚀地貌 岛礁景观

续表

主类	分布地域	基本类型
水域风光类	宁波:宁海三门湾 舟山:普陀山 杭州:钱塘	涌潮、击浪、观海
气象气候景观类	舟山:普陀山、岱山	海市蜃景、海上日出日落
生物景观类	杭州湾湿地、宁波:渔山岛、韭山列岛 舟山:岱山海域、普陀山、朱家尖、桃花岛、泗礁 台州:漩门湾	海洋生物、海岛动植物园 天然鸟岛
历史遗迹类	宁波:镇海招宝山 舟山:马岙、大衢、泗礁、金塘、定海、登步、岱山、沈家门	人类海洋活动遗址、原始聚落遗址、文物散落地、海防军事遗址与战场
现代建筑与设施类	宁波:松兰山、石浦、大塘、象山、凤凰山杭州湾跨海大桥 舟山:定海、普陀区的各大水库、桃花岛、岱山、衢山 台州:蛇蟠千洞岛、大陈岛、黄琅不夜岛、扩塘山岛、大鹿岛、披山海岛 温州:洞头县	海岛康体游乐休闲地、海防军事观光地、海洋文化博物馆、海洋宗教阁楼、石窟、跨海大桥、海堤、海塘
海洋旅游商品类	甬舟温台地区	海洋食品、工艺美术品、地方土特产、文物古董、传统文化用品
人文海洋活动类	宁波:鄞州南头渔村、杭州湾大桥农庄 舟山:岱山、定海、普陀、朱家尖、马岙白泉、盐仓、大洋、壁下、东极海域、嵊山洋等 台州:石塘、章安古镇、海门老街、龙门湾、坎门	渔家风情、古渔村集镇、海洋旅游节庆

注:浙江省各市旅游发展规划。

(三)台湾海洋旅游资源及其特征

台湾由本岛、周围属岛(21个)和澎湖列岛(64个)共86个岛屿组成,主要岛屿有澎湖列岛、钓鱼岛列岛、兰屿、绿岛等。台湾虽为岛屿环境,但由于实施了38年的戒严法,使得大部分海岸为海防军事管制,造成海洋与水域运动观光资源利用严重受限[13];台湾海岸线总长达1700多千米,管辖海域面积为陆地面积的4.72倍[14];台湾岛风光呈现"山高、林密、瀑多、岸奇"等典型特征。如表2所示,台湾处于太平洋火山地震带,周边广泛发育喀斯特地貌与海蚀地貌,多山水胜境、火山群与温泉群;西海岸沙滩平缓多海水浴场,东海岸断崖陡峭多奇石怪岩。同时地处亚热带热带海洋气候带,长夏无冬适宜于动植物的繁衍,有"蝴蝶王国"美誉[15]。受台湾人口构成影响,台湾以原住高山人、闽南、客家等族群为主,形成了多元的美食、民俗、宗教等;其中尤以乡村民俗文化资源、滨海观光渔业文化、都市美食文化为主。目前,台湾各地正推广多样化的渔产品文化季,如屏东黑鲔鱼文化观光季、澎湖县海洋生态观光旅游等[16],已成为台湾海洋休闲渔业整合地方特色与海洋资源的经典模式。

表2 台湾海洋旅游资源分类

主类	主要分布地域	基本类型
地文景观类	台北东北部(基隆、宜兰)、东部海岸、台南、绿岛、兰屿、澎湖	海滨沙滩、岛礁景观、海蚀地貌、珊瑚礁景观、火山景观
水域风光类	台北、东部海岸、台南、绿岛、兰屿	击浪、地热与温泉、观海
气象气候景观类	台北、东部海岸、台南、绿岛、兰屿	海上日出、日落
生物景观类	台北西北部和东北角(宜兰)、金门	水生动植物栖息地、鸟类栖息地
历史遗迹类	台北西北部(淡水)、东部海岸、台南、澎湖、金门、马祖	人类活动遗址、原始聚落、军事遗址与古战场
现代建筑与设施类	台北、东部海岸、台南、澎湖、金门、马祖	海岛康体娱乐休闲度假地、海洋宗教与祭祀活动场所、军事观光地、桥、港口、码头、灯塔、海洋文化博物馆、水库观光游憩区
海洋旅游商品类	全岛及海峡群岛	海洋食品、地方土特产、工艺美术品
人文海洋活动类	台北东北角(南雅)、绿岛(南寮)、兰屿、马祖	海洋旅游节庆活动、海洋宗教活动、古渔村

资料来源:《美国国家地理:中国台湾》。

二、浙江与台湾海洋旅游产品及其开发经营模式

旅游产品是旅游目的地对旅游者的核心吸引物,狭义仅指开发、设计、包装旅游目的地旅游资源吸引旅游者进入的吸引物,包括旅游景区(点)及多个景区(点)串联成的旅游线路;广义上还包括为旅游活动服务的住宿、餐饮、交通、购物等所需要的场所或工具。而狭义海洋旅游产品通常指阳光(Sun)、大海(Sea)、沙滩(Sand)以及参与式/体验化旅游兴起所形成的"亲近大自然(Nature)、怀恋大自然(Nostalgia)、精神融入大自然(Nirvana)"[21]为主的海洋游艇、海岛垂钓、海岛高尔夫、邮轮等海洋旅游新产品。

(一)浙江与台湾的海洋旅游产品特征

浙江省滨海五地级市凭借各自的特色海洋旅游资源,开发形成了特色各异的旅游产品。舟山以普陀山、朱家尖、沈家门"金三角"为核心,构建"海山佛国,海岛风光"为主体、海上运动为特色的海洋旅游产品;嘉兴以海滨浴场和康乐保健为特色;宁波以象山松兰山和韭山列岛自然保护区为主体,形成海上垂钓、生态旅游、石浦开渔节为品牌;台州以大陈岛为核心,探索红色旅游与滨海岸线旅游;温州以南麂列岛、洞头列岛为主体,经营海洋休闲假及邮轮、快艇等海洋旅游产品[18]。具体而言:①舟山市注重海洋文化的旅游开发,逐步由海岛游拓展海洋游。如围绕普陀山观音文化积极建设沙雕与海洋影视游;围绕众多海岛与礁石建设海钓基地与游艇俱乐部,举办多项国际、国内海钓赛事与游艇会展[22-24]。舟山海洋旅游仍在积极探索渔业与民俗文化开发以及海洋观景度假房产游[25],如在岱山县东沙古镇[26]建立了渔业民俗游。②宁波市海洋旅游以象山、北仑、宁海、镇海为最,主要依托独特的岛

屿、渔业民俗等举办节事、游艇、海防、滨海度假与海洋工业游。主要有中国象山开渔节与金沙湾度假村、北仑港口文化节、奉化和宁海游艇产品、镇海以海防遗址为载体的海防历史与人防博览园及海滨度假与主城区海鲜美食节等[27-28]。③台州市以大陈岛、石塘古镇、大鹿岛岩雕、蛇蟠岛等为依托,积极发展千年曙光沐浴、海岛度假、渔村文化、海滨沙滩休闲游。④温州市重点开发鱼寮大沙滩,打造具有山海特色的滨海旅游[28]以及与雁荡山结合台胞购物与同宗游[29]。

自台湾开放陆客入台组团游以来,岛内外旅行社销售的旅游产品多是"环岛观光游",多数是当地地接社提供和包装的岛内经典景点线路串烧,已无法满足潜力巨大的市场需求[30]。台湾海洋旅游线多是沿海岸线环岛而行,素有天然"绿岛"和"蓝岛"之称的台湾,自然风光是海洋旅游的宝贵资源,海岸型游憩区域广布,适宜开展海泳、冲浪、浮潜、风帆船、独木舟、水上摩托车、乘船游览、赏鲸、浮潜及水肺潜水、拖曳伞及海钓活动、海盐工场等[14]。近年台湾加速发展休闲渔业,推动观光渔业并衍生海上观光、休闲采捕等海洋休闲活动[16]。

(二)浙江与台湾的海洋旅游产品开发模式

海洋旅游资源是发展海洋旅游的基础,需经规划、设计与营销才能进入市场成为旅游产品。海洋旅游产品开发一是规划与开发单个海洋旅游景区(点);二是将多个海洋旅游景区(点)进行组合构成旅游线,旅游市场决战在于旅游景区(点)或旅游线的新、奇、异[10]。

受地缘关系影响,浙江海洋旅游国内客源以华东六省一市为主,国际客源多以港澳台及东南亚观音信徒为主。因此,浙江海洋旅游开发特别重视省内和周边省市中短线市场,且重点开发适合国内游客的海洋旅游产品,以亲水休闲为核心的海洋主题游[18]。浙江目前尚处在海洋旅游产品初级开发阶段,主要涉及观光和度假旅游产品,缺乏独特性和竞争力,产品结构单一,各景点之间缺乏必要联系[10]。目前,舟山海洋旅游产品开发凸显海岛沙雕与观音影视文化,台州集垂钓、古镇、餐饮为一体,而宁波和温州的海洋旅游产品开发的特色尚不鲜明。浙江海洋旅游产品组合多是"到此一游"型,即走景点、近海戏水、附带尝些海鲜、买些海洋旅游纪念品,海洋旅游文化节庆难以融入常规旅游线路[18]。为此,周国忠提出以"协同论"为指导进行跨区旅游景区(点)统一规划设计、合作开发,形成集群,建议与台湾互动构建合作关系[7];而秦诗丽、朱芬芳则提出要实现以我为主与借力合作加快形成高端海洋旅游产品[19],以区域合作拓展旅游客源市场、提升海洋旅游服务接待能力[20]。

自1987年台湾当局宣布海禁解除,台湾周边海域才得以被民众亲近。台湾注重海洋文化旅游,以汉文化为本,融合原住民文化、荷西文化、日本文化乃至近代美国文化等多元性的海洋文化。近年,台湾岛内客源市场以陆客为主,为台湾第二大客源市场。台湾对陆客推出专门的海洋观光旅游产品,集中在休闲渔业、海洋文化、国家公园与风景区和海岸带观光游憩活动等。

(三)浙江与台湾海洋旅游产品的经营模式

当前浙江海洋旅游产品经营模式主要有海洋文化营销模式、资源整合模式、品牌营销模式3种:①海洋文化营销模式。苏勇军认为宁波市海洋文化旅游产业初步形成三大海洋文化旅游区块(象山港湾区块、杭州湾跨海大桥及沿海滩涂区块、象山半岛海洋休闲度假区块)和多元海洋文化旅游产品(海洋文化节庆、现代港口城市旅游、国际邮轮旅游)[31]。②资源整合模式。舟山市、宁波、温州、台州等地旅游产业发展规划提出旅游区概念,期待通过景区(点)合作构建海洋旅游区,实现区域海洋旅游线路精品化与竞争力化[17,32-33]。③品牌营销模式。早在1999年舟山市利用海洋旅游资源举办了全国唯一的国际沙雕节,开创了舟山海洋旅游品牌[28]。随后,舟山围绕海岛策划了观音文化、海洋影视基地、海钓与游艇等蜚声中外的海洋旅游品牌[22]。浙江海洋旅游产品经营,应优先突出海岛旅游优势,逐渐构筑海上国家公园体系与大洋运动娱乐,并将近岸沙滩、度假、海鲜美食有机融为一体格局,实现由风景旅游向深度体验旅游转变[34]。

台湾海洋旅游产品经营模式有品牌营销模式、休闲渔业模式和细分海洋旅游产品市场3类:①品牌营销模式。自实施大陆居民赴台旅游,台湾推出了观光旅游新品牌 Taiwan - The Heart of Asia,表现了台湾与世界沟通的坦诚态度与创新活力,融合传统与新潮的多样化特质。②休闲渔业模式。20世纪90年代早期,台湾近海渔业严重衰退,开放陆客旅游后,台湾各地开始发展多元化渔业旅游[35],以"推动海洋观光游憩活动与产业"、"推动休闲渔业"两套体系,健全海域观光游憩活动管理为主要策略[14]。③细分海洋旅游产品市场。如台北以表演艺术和都市综艺娱乐为主;台东发展原住民观光;台中、彰化、南投主攻热带水果与乡村之旅;云林、嘉义、台南主推海产、小吃;高雄、屏东推荐夜间娱乐、休闲按摩、滨海度假;澎湖则以风格民宿、海上游乐为主;偏居内地的桃园、新竹、苗栗地区推行两蒋商品、客家之旅[37]。

三、管窥浙、台海洋旅游研究动态,推动旅游合作的优势与困境

(一)推动浙、台海洋旅游合作的优势条件

前述浙江与台湾海洋旅游资源特征、海洋旅游产品开发经营模式研究动态表明:①浙江、台湾发展海洋旅游的区位条件优越,资源禀赋良好,产业基础扎实;②浙江与台湾人脉关系深厚,经贸文化往来密切,合作潜力巨大,具备建设海峡两岸海洋旅游合作的优势条件。

1. 战略区位优势明显

浙江海洋旅游资源主要分布在舟山、宁波、温州等浙江海洋经济发展示范区前沿阵地与南翼,是海峡西岸经济区与长三角经济圈交汇区域,最有条件成为浙江海洋经济发展示范区连接海峡西岸经济区的枢纽。国道、高速公路、高速铁路贯穿全境,目前设有温州机场、舟山机场、宁波国际机场、杭州国际机场,综合交通条件良好,能够最大限度地享受到中国东南沿海与台湾直航空间时间距离最近的优势。

2. 空间资源得天独厚

一是海岛资源丰富。两地现有舟山群岛、澎湖列岛等世界级的海岛资源,是海洋旅游最为重要的发展空间。二是港口资源优势明显。浙江温州、台州、宁波、舟山等港口目前均具备发展邮轮的丰富码头岸线;台湾高雄、基隆、金门等港口早已开辟连接厦门、温州的邮轮定期班线。丰富的海岛资源和优越的邮轮母港岸线资源是推动浙、台海洋旅游业互动的重要

基础。

3. 产业对接需求巨大

浙江与台湾在海洋旅游业合作方面具有很好的结合点。台湾产业以现代服务业为主导,海洋旅游的管理、人才优势明显,产业发展已进入较高阶段,品牌管理、营销服务等是其产业演进的重要趋势。浙江海洋旅游业基础雄厚,以滨海风光旅游、佛教旅游、影视旅游等为主,产业结构上与台湾的邮轮旅游、海洋探险游与露营游有较大的互补性,能够找到产业对接的最佳结合点和突破口,实现优势互补,共赢发展。

4. 浙台旅游合作基础扎实

浙江省是大陆对台工作重点省(市)之一,与台湾之间人脉关系深厚,生活习惯相近,民风民俗相通,一直以来交往频繁,合作颇多。目前浙江旅台同胞逾百万人,台湾政界、军界、商界都有一批浙江籍很有影响力的知名人士。浙江与台湾旅游合作由来已久,至2013年7月,双方在连续举办10届"心手相连"浙台旅游联谊会的基础上,又举行了6届"互利共赢"浙台旅游合作大会。6年来,浙江与台湾旅游合作结出了丰硕成果,双方本着"互利共赢"的原则,加强沟通协调,旅游合作越来越深入、市场互动越来越频繁、合作成效越来越明显,两地业界也结下了深厚的友谊。

(二)浙、台海洋旅游合作的现状

(1)入境台胞天人次与出境去台湾的浙江省居民均呈增长趋势。2004年浙江省接待台湾旅游者的外汇收入占全部外汇收入的18.6%,接待台胞10.79万人次;而2012年浙江省接待台湾旅游者的外汇收入约占全部旅游外汇收入的19.23%,但总量已经达到8.46亿美元,且接待台胞近230万人次,组织出境游客中以台湾为目的地的约有100.2万人次,其中全年浙江省居民赴台旅游超过19万人,数量继续位居全国前茅。

(2)台商投资浙江旅游产业项目日益多元和规模化。2004年浙江邀请台商考察团对宁波、舟山旅游项目进行考察,台商对朱家尖、温泉等项目表现出兴趣;而2012年台商在浙江象山、乐清等地建有数家台商旅游产业园。

(3)浙、台旅游业互动由早期单向逐渐发展为双向互动。"小三通"之前,浙江是台商的重要投资地;ECFA签订之后,浙江企业也逐渐去台湾进行旅游宣传推荐,台湾民间旅游业者协会加大了在浙江温州、台州、杭州等地的宣传。部分旅游项目受到双方的同步推进,如温州直航台湾邮轮等。

(三)浙、台海洋旅游产业互动的瓶颈

1. 区域竞争日益激烈

近年来,长三角、珠三角、环渤海等地区进一步加强区域旅游合作,加大对台工作力度,出台相关奖励政策,强化旅游营销力量,对台旅游合作呈现出强劲发展趋势。越来越多的台湾游客选择到自然生态优美、文化内涵丰富、民族风情独特的中西部地区旅游。因此,浙江海洋旅游业与台湾旅游互动亟待拓展渠道、提升层次。

2. 温州台北游、宁波台北游等线路吸引力不足,制度疾痼亟待破解

由于历史的原因,大陆居民由厦门口岸经"小三通"赴台旅游,目前还存在着辗转通关、行李转挂、中途转机等不便因素。虽然宁波、杭州等机场已经直航台湾,但受当前出入境等管制,普通居民往返浙台旅游仍存在较多制度性障碍。

3. 缺乏较强竞争力的旅游产品

浙江与台湾地缘相近、血缘相亲、文缘相承、商缘相连、法缘相循,两地旅游产品特别是文化旅游产品差异性不大,在一定程度上存在同质化的现象,旅游产品更新换代力度不够。

4. 旅游合作外在变数较大

旅游产业是一个高敏感性行业,受政治、经济、自然、人文和突发事件等因素影响极大。当前两岸持续和平发展的格局,旅游交流合作得到前所未有拓展,但台湾问题的复杂性和敏感性无疑增进了对台旅游合作的难度。同时,台湾方面在机构设置、资金准入、旅游人数、活动安排和手续办理等方面对大陆赴台旅游限制较多。

四、提升浙、台海洋旅游合作的路径与政策创新

面向海洋世纪,浙江与台湾应落实ECFA,围绕区域海洋旅游优势,丰富海洋旅游产业互动类型,增进两地旅游管理认同与文化互信,提升两地旅游业整体利益。具体而言,依托浙台航空直航优势,积极开拓海上航线,以台湾宝岛游和浙江山海游为重点,进一步加强两岸海洋旅游交流,办好各类两岸旅游节庆活动,丰富旅游产品,开拓旅游市场,培育一批有特色、有影响、有效益的海洋旅游精品,打造重要的旅游目的地。

(一)提升路径

1. 提升山海旅游

实施"雁荡""舟山""象山"等浙江海洋旅游资源富集地的整体开发战略,重点突出以雁荡山为主导的山岳休闲观光旅游,以舟山、象山为主的海岛与蓝海旅游,形成"山、海"一体的旅游带,打造山岳滨海特色鲜明,集观光、休闲度假、渔家风情、科普教育、运动美食于一体的滨海旅游体系。强化雁荡山与台湾阿里山的姐妹山关系,舟山群岛与澎湖列岛的海岛旅游组合关系,在景区管理人才互派、共同营销等方面开展深入合作。

2. 培育佛教与妈祖文化旅游

保护和挖掘浙江滨海的茶文化、美食文化、工艺美术文化、地质文化等地域特色浓厚的文化遗产,开发具有人文特色的体验式文化旅游产品,利用文化旅游促进两岸居民的交流了解。依托浙江舟山普陀观音道场和滨海妈祖信仰,加强两岸佛教、妈祖文化旅游合作,加强宗亲文化、宗教、民间信仰的交流,举办中国佛教文化旅游节、台湾美食节等特色旅游节庆活动,深化中小学书画艺术交流活动。

3. 推进休闲养生

将健康旅游与养生文化相结合,开发多样化的医疗保健、健康护理、休闲养生等高端旅

游产品。

4. 引导邮轮旅游

利用两地丰富的岸线与码头资源及直航便利条件,建设温州、台州、舟山等港口的邮轮配套服务基地,加快完善包括邮轮码头管理、港务口岸服务、出入境管理、餐饮宾馆等在内的邮轮复合产业体系,适时开展对台邮轮旅游。

(二)政策创新关键抓手

1. 争取通关便利化政策

争取杭州、宁波、温州等地的海关、出入境检验检疫局等部门继续强化便利化措施,对涉台旅游企业采取通关优先原则。探索创新便捷的检验检疫通关模式,降低产品检测费用、提高效率创新监管模式,加快改革对台出口旅游商品检验监管模式。争取中央支持更多的浙江优势旅游企业获得赴台旅游业相关业务许可。简化从台湾进口的农产品、食品、工业产品等有关的检验监管手续。积极争取在宁波、舟山、温州等地设立海关特殊监管区域,加快实现水铁、水公、水水多式联运。

2. 创新旅游业金融税收政策

结合海峡两岸经济合作框架协议后续商谈,积极研究放宽台资市场准入条件和股比限制等政策,支持在浙江滨海地市先行先试。争取给予台湾海洋产业、旅游业等领域企业一定期限免征企业所得税的优惠政策。研究开展两岸异地旅游企业投融资、税收、土地等优惠与便捷服务政策。

3. 创新用地用海政策

争取中央对浙江省重要对台开放平台提供土地保障和服务。争取投资额在3 000万美元以上的旅游产业对接重大台资项目,其年度用地计划指标实行省级统筹、优先保障。争取国家海洋局在海域使用项目审批、区域用海规划审批、无居民岛利用审批及浙江省海洋局年度围填海计划指标安排上给予倾斜支持,优先保障台商投资项目、国家和省级重点建设项目、国家鼓励的战略性新兴产业项目用海及农业围垦项目用海。

4. 完善台湾人才政策

大力引进台湾高层次人才,对引进的台湾高层次人才给予浙江人才计划的各项优惠政策。允许台湾地区的旅行社、邮轮、旅游景区规划设计、旅游业高等教育等服务机构及执业人员,持台湾地区有权机构颁发的证书,在其证书许可范围内在浙江省的舟山市、温州市等地开展相应业务。在浙江省内就业、居住的台湾同胞可按国家有关政策规定参加当地养老、医疗等社会保险。优先解决在浙江创业就业的台籍人才的子女就学。综合考虑台湾人才对浙江的贡献,给予台湾人才补助、奖励。加强对台人才宣传力度,积极提供优质服务,为台湾人才构建一个平等、宽松的生活与工作空间,大力营造台湾人才宜居环境。

5. 创新招商合作模式

建立全省旅游业对外招商统一平台和协调机制,推动引资方式多元化,切实提高利用台资的质量和水平。加强与跨国公司的合作,引导境内外特别是台湾地区资金、技术、人才等要素参与浙江海洋旅游业建设。加强与台湾在浙企业/人员的联系,"以台联台"、"以台促台",促进优质高效招商。建立与台湾海峡两岸观光旅游协会、海峡两岸旅游交流协会、台湾创业投资商业同业公会、台湾股权协会、台湾工商建研会等机构的长效联系机制,同时积极与其他行业组织建立联系,通过拜会、邀请回访等方式增进双方互信合作,搭建台资旅游企业和浙江企业合作的机制化平台。规范招商合作行为,创新台商投资管理,努力构建规范化、国际化的营商环境。

参考文献

[1] 贾跃千,李平.《海洋旅游和海洋旅游资源的分类》.海洋旅游,2005年,第2期,第77-81页。

[2] 佟玉权.《海洋旅游资源分类体系研究》.大连海事大学学报(社会科学版),2007年,第6卷,第2期,第61-64页。

[3] 王苹,李悦铮.《国内海洋旅游文献分析》.中国集体经济,2009年,第11期,第143-145页。

[4] 马振涛.《海洋旅游,扬帆起航正当时》.中国旅游报,2012年11月30日,第1-2页。

[5] Orans Mark.《Marine Tourism: Development, Impacts and Management》,Routledge,1999年,第10-13页。

[6] 董玉明,王雷亭.《旅游学概论》,上海:上海交通大学出版社,2000年,第35-50页。

[7] 周国忠.《基于协同论、"点—轴系统"理论的浙江海洋旅游发展研究》.生态经济,2006年,第7期,第114-118页。

[8] 苏勇军.《"海上浙江"建设背景下浙江海洋旅游发展思考》.三江论坛,2010年,第3期,第8-14页。

[9] 李跃军.《试论浙江水体旅游资源特点》.台州师专学报,1998年,第20卷,第2期,第15-24页。

[10] 周国忠.《海洋旅游产品调整优化研究》.经济地理,2006年,第26卷,第5期,第875-883页。

[11] 郭鲁芳.《海洋旅游产品深度开发研究》.生态经济,2007年,第1期,第123-125页。

[12] 金平斌.《浙江省海岛海滨旅游资源的开发利用》.科技通报,2000年,第16卷,第6期,第473-478页。

[13] 陈璋玲.《台湾的海洋观光从传统渔业转行到多元化的海域游憩活动》.渔业推广,2006年,第235期,第28-37页。

[14] 周通,周秋麟.《台湾海洋资源与海洋产业发展》.海洋经济,2011年,第1卷,第6期,第24-32页。

[15] 冯斌.《大陆游客赴台湾旅游热分析》.现代营销,2012年,第4期,第217页。

[16] 曾玉荣,周琼.《台湾休闲渔业发展特色及其借鉴》.福建农林大学学报(哲学社会科学版),2012年,第15卷,第1期,第27-31页。

[17] 马丽卿.《论舟山海洋旅游产业区位重构》.浙江海洋学院学报(人文科学版),2004年,第21卷,第3期,第28-34页。

[18] 潘海颖.《浙江海洋旅游产品定位与开发》.经济论坛,2007年,第7期,第17-19页。

[19] 秦诗立.《浙江高端海洋旅游发展思路与对策探析》.海洋经济,2012年,第2卷,第5期,第43-48页。

[20] 朱芬芳.《台州海洋旅游发展浅析》.职业时空,2009年,第8期,第139-140页。

[21] 金文姬,沈哲.《海洋旅游产品开发》,杭州:浙江大学出版社,2013年,第13-14页。

[22] 宋艳.《立足舟山大桥经济,做大海洋旅游品牌》.浙江国际海运职业技术学院学报,2009年,第5卷,第4期,第47-50页。

[23] 俞萍.《略论旅游产品的优化——以舟山为例》.武汉职业技术学院学报,2008年,第7卷,第1期,第96-100页。

[24] 陈展之.《舟山群岛的海洋文化与旅游开发》.浙江师范大学学报(社会科学版),2009年,第34卷,第3期,第78-82页。

[25] 胡卫伟,马丽卿.《论舟山海洋旅游景观房产开发》.海洋开发与管理,2006年,第6期,第130-132页。

[26] 马丽卿.《就舟山东沙渔镇谈非优区位旅游资源的开发》.浙江海洋学院学报(人文科学版),2003年,第20卷,第2期,第61-64页。

[27] 舒卫英.《宁波海洋旅游业发展对策研究》.三江论坛,2011年,第1期,第10-13页。

[28] 骆高远.《发挥海洋优势做大海洋旅游》.资源调查与评价,2005年,第2期,第62-66页。

[29] 苏北春.《温州海洋旅游区位特征与吸引力分析》.地理科学,2008年,第28卷,第3期,第452-456页。

[30] 马瑛.《浅析大陆居民赴台旅游产品的开发》.现代商业,2009年,第6期,第108-109页。

[31] 苏勇军.《宁波市海洋文化旅游产业发展研究》.经济丛刊,2011年,第1期,第58-62页。

[32] 舟山旅游网:舟山市创建"中国优秀旅游城市"工作简报,http://www.zstour.gov.cnnewswork6.htm。

[33] 马丽卿.《国际化视阈下的舟山群岛海洋旅游目的地建设》.文化月刊,2010年,第7期,第68-69页。

[34] 李强.《加快实施海上温州战略》.今日浙江,2003年,第16期,第11-13页。

[35] Chen Chung-Ling.《Diversifying fisheries into tourism in Taiwan: Experiences and prospects.》,Ocean & Coastal Management,2010年,第53卷,第8期,第487-492页。

[36] 江海旭,李悦铮.《浙江省海洋旅游发展研究》.海洋开发与管理,2009年,第26卷,第8期,第114-118页。

[37] 郑锡钦,王群之,陈宏斌,等.《澎湖地区休闲渔业的转型因素、类型与就业能力需求研究》.岛屿观光研究,2010年,第3卷,第1期,第57-80页。

浙江海洋经济示范区建设进程评估[①]

马仁锋

(宁波大学)

摘要:简要回顾了浙江海洋经济战略的历程,诠释了浙江省海洋经济发展示范区提出的时代背景,剖析浙江海洋经济示范区建设的现状、困境与问题。

关键词:国家海洋经济示范区;浙江省;评估;建设进程

海洋经济战略的提出与实施,表征了中国滨海省份在20世纪80年代以来海洋意识逐渐觉醒的过程,也是中国改革开放战略从注重陆地吸引各类外资与建设开发区之后的又一重要战略转型。浙江作为中国滨海省份,海洋经济被纳入国民经济与社会发展战略的历程与其他滨海省份既有相似性,又有独特性。检视与反思浙江海洋经济战略历程、浙江省海洋经济发展示范区发展规划的实施成效,成为当前优化海洋经济战略,建设生态文明的要务。

一、浙江"海洋强省"建设历程反思

浙江虽然早在1989年就提出"大念山海经"的设想,但是真正付诸实际行动只能从1993年提出建设"海洋经济大省"战略目标开始算起[1],可以说起步发展的时间比辽宁、山东等省至少落后了三四年。

(一)"山海协作工程"与"海洋经济大省"探索

1."山海协作"工程

改革开放以来,浙江在经济快速强劲的发展中,东部与西部、山与海的差距逐渐呈现出来。浙江省有11个市,其中舟山、衢州、丽水三市的人口、地域面积分别占全省的13%和27%,GDP却不到8%,城乡居民的可支配收入仅为东部发达地区的50%左右。为扭转省内区域发展的不平衡局面,"山海协作工程"于2001年提出,2002年4月正式实施,是浙江在推进省内欠发达地区加快发展,统筹城乡、区域发展方面的一项重要举措。根据浙江省经协办提供的数据,截至2005年11月,浙江省累计实施山海协作项目3 976个,到位资金693.84亿元,欠发达地区有组织输出劳务32.12万人。浙江省协作办公室区域发展处处长

[①] 基金项目:浙江省社科规划项目(13HYJD01Z)。
作者简介:马仁锋(1979—),男,湖北枣阳人,博士,讲师,从事文化经济与城乡规划研究。

韩海祥介绍说,2006年,衢州、丽水、舟山的财政收入增长幅度都排在浙江全省的前五位;GDP的增速,衢州、丽水分列全省第一、第二。近年来,浙江省有关部门积极支持,帮助浙江丽水、衢州与宁波、绍兴、嘉兴等地建立了长期劳务协作关系,并建立了山海协作劳务培训基地,通过本地劳动力的有序输出,缓解沿海地区"民工荒"难题。

浙江省推出了"山海协作"工程,主要是依托浙东沿海的发达地区与西南山区的一些欠发达地区之间的比较优势和经济互补性,开展多领域、全方位的经济技术合作。重点由杭州、宁波、温州等8个"发达地区"与衢州、丽水、舟山等"欠发达市"的65个县(市、区)结成帮扶关系,实现区域经济的统筹发展。据介绍,在一个省内如此大规模的打破行政区划,推动跨地域合作,浙江堪称第一。其要旨是按照"政府推动、企业为主、优势互补、合作共赢"的原则,推动发达地区的产业转移到欠发达地区,推动欠发达地区的剩余劳动力转移到发达地区,推动发达地区和省级单位支持欠发达地区的新农村建设和社会事业的发展,促进沿海发达地区与浙西南山区、海岛等欠发达地区共同发展、共同繁荣。时任浙江省委书记的习近平同志表示,"山海协作"不是简单的"富帮穷",而是通过政府推动,市场运作,着眼于生产力优化布局,实现两地的优势互补、互惠互利。

2. "海洋经济大省"战略

新中国成立后浙江海洋渔业、海洋盐业等产业一直位居全国前列,但在区域经济发展战略上重视海洋经济,是受1991年江泽民总书记视察舟山时题词"开发海洋,振兴舟山"的启发,并进行先期研究,直到1993年浙江省委、省政府召开了全省首次海洋经济工作会议并提出"海洋经济大省"建设目标,才真正意义上确立了浙江经济发展战略的海洋开发焦点,制定了《浙江省海洋开发规划纲要(1993—2010年)》(浙政[1994]12号)[2]。《浙江省海洋开发规划纲要(1993—2010年)》指出:①浙江是海洋资源大省,其中开发潜力最大的是"港、渔、景、油"四大资源;②1993—2010年间为使海洋经济成为浙江经济发展新的增长点,海洋开发应突出抓好五个方面:一是抓好以深水港为重点的港口群体建设;二是进一步扩大沿海地区对外开放,提高开放层次,大力发展开放型经济;三是强化对海洋自然资源和空间资源的开发,促进海洋产业发展;四是加快海岛基础设施建设,改善投资环境和生活环境;五是加强海洋国土整治,确保海洋经济大发展的同时,海洋生态环境得到较好保护;③总奋斗目标是:把浙江建设成为以国际深水大港为依托,港、渔、工、贸、游综合发展,沿海地带对外高度开放、经济繁荣发达,生态环境优良,人民生活水平不断提高的"海洋经济大省"。

1998年浙江省委、省政府在舟山市召开全省第二次海洋经济工作会议,柴松岳省长以"努力建设海洋经济大省"为题作会议主题讲话,强调一是继续发挥海洋资源优势,念好港、渔、景、油四字经;二是采取切实措施加快海洋经济发展;三是到2010年全省海洋产业增加值达到1 000亿元,占全省国内生产总值比重达到10%左右,海洋经济总量与主要经济技术指标位居全国前列,综合抗灾能力进一步增强,海洋生态环境步入良性循环[3]。

1993—2002年间浙江海洋经济得到了较大的发展,浙江港航向专业化、集群化、规模化方向发展,10年间海上运力平均增长约15%;临港石化、海洋与船舶工程、海洋生物制药等产业逐步走在了全国的前列;海洋渔业稳步发展,远洋捕捞位列全国首位,海水养殖在"246"工程的基础上,逐步形成了"八大基地";海洋旅游业异军突起,成为全省国民经济中增长最快的产业之一[4]。浙江省1997年海洋生产总值突破300亿元,2002年突破1 000亿元大关,海洋经济已成为全省经济社会发展的新亮点。

(二)"海洋经济大省"转向"海洋经济强省"战略

2003年8月18日,浙江省召开了第三次全省海洋经济工作会议,明确提出建设海洋经济强省的宏伟目标。时任浙江省省委书记的习近平同志作了题为《发挥海洋资源优势,建设海洋经济强省》的讲话,认为:一是历经1993年、1998年两次全省海洋经济工作会议,浙江"海洋经济大省"的战略构想已经初步实现,浙江海洋经济发展势头良好,加快发展海洋经济、建设海洋经济强省已具有良好的基础和条件;二是随着《全国海洋经济发展规划纲要》的颁布实施,浙江建设海洋经济强省的方向更明确,并从海洋经济总量、海洋产业结构与布局优化、海洋经济强市/县、海洋生态环境改善等方面做出具体目标要求[5]。自此,浙江省海洋经济发展战略已经从"大省"转向"强省",并从规划实施、海洋综合管理等方面加速实施。

到2010年末,浙江全省海洋及相关产业总产出12 350亿元,海洋及相关产业增加值3 775亿元,按现价计算,海洋及相关产业增加值比上年增长25.8%,是2004年的2.6倍,年均增长17.0%,高于同期GDP总量增长速度。海洋经济占GDP的比重由2004年的12.6%提高到2010年的13.6%,比全国平均水平高3.9个百分点,海洋经济在浙江省国民经济中已经占据重要地位,发挥着重要作用。而且,海洋经济附加值高于经济发展平均水平,2010年,浙江省海洋经济增加值率(增加值占总产出的比重)为30.6%,比全省GDP增加值率高1.7个百分点。

2010年,浙江省海洋经济第一、第二、第三产业增加值分别为287亿元、1 599亿元和1 889亿元,三次产业结构为7.6:42.4:50.0。与2004年海洋经济三次产业结构对比(表1),海洋第一产业增加值所占比重下降4.8个百分点;第二产业增加值比重上升0.1个百分点;第三产业增加值比重上升4.7个百分点。2005—2010年,海洋经济第一、二、三产业增加值年均分别增长7.8%、17.0%和18.9%,第三产业增加值年均增速比全部海洋经济年均增速高1.9个百分点,因此比重上升较快。2010年,海洋经济二、三产业增加值所占比重合计达92.4%,地位日趋突出,在海洋经济中占主导地位。但其中传统劳动密集型产业依然是海洋经济中的主要门类,对海洋资源、环境、生态带来较大压力,因而资金密集型、技术密集型和资源节约型的现代化产业是海洋经济今后发展的方向。

表1 2004年和2010年浙江海洋经济三次产业构成

产业名称	2010年		2004年	
	增加值/亿元	占海洋经济比重(%)	增加值(亿元)	占海洋经济比重(%)
海洋及相关产业合计	3 774.73	100.0	1 472.52	100.0
第一产业	286.71	7.6	182.98	12.4
第二产业	1 598.95	42.4	622.59	42.3
第三产业	1 889.07	50.0	666.95	45.3

资料来源:浙江省统计局.浙江海洋经济发展研究[EB/OL]. http://www.zj.stats.gov.cn/art/2012/2/6/art_281_48995.html,2012 - 02 - 06,2013 - 4 - 3。

2010年,作为海洋经济核心层和支持层的海洋产业增加值为2 130亿元,占GDP的比重为7.7%(表2),其中海洋主要产业增加值1 836亿元,占GDP的6.6%。2005—2010年,海洋主要产业年均增长19%,比整个海洋经济平均增速高2个百分点。2010年发展尤为迅速,比上年增长37.3%,比海洋经济平均增速高11.5个百分点。与2004年海洋经济构成情况相比,海洋主要产业占GDP的比重提高1个百分点,是推动浙江省海洋经济比重上升的主要动力;占全省海洋经济的比重为48.6%,在整个海洋经济中处于核心地位。2010年,作为海洋经济外围层的海洋相关产业实现增加值1 644亿元,占GDP的比重为5.9%。近年来,海洋相关产业发展比较稳定,2005—2010年海洋相关产业增加值年均增长15%,占GDP的比重基本稳定在5.9%~6.2%之间。

表2　2004年和2010年浙江海洋及相关产业增加值构成

产业名称	2010年 增加值(亿元)	占GDP比重(%)	2004年 增加值(亿元)	占GDP比重(%)
海洋及相关产业合计	3 774.73	13.6	1 472.52	12.6
海洋产业合计	2 130.44	7.7	762.37	6.5
海洋主要产业	1 836.20	6.6	647.13	5.6
海洋科研教育管理服务业	294.23	1.1	115.25	1.0
海洋相关产业合计	1 644.29	5.9	710.15	6.1

资料来源:浙江省统计局.浙江海洋经济发展研究[EB/OL].http://www.zj.stats.gov.cn/art/2012/2/6/art_281_48995.html,2012-02-06,2013-4-3。

从海洋经济大省到海洋经济强省,虽只有一字之差,也并不意味着海洋开发战略发生了重大转变,但作为中长期目标,适度、滚动地超前定位,可以更好地发挥导向作用,有助于进一步明确浙江经济发展的目标、任务和重点。此外,"大省"和"强省"相比,"大省"在含义上主要是强调海洋资源和海洋经济的数量,"强省"除了有一定的量作基础外,更强调海洋经济重点领域在全国的竞争力和辐射力,也符合国家建设"海洋经济强国"的战略。当然更意味着海洋经济对陆域经济的推动力呈上升趋势,海洋经济和陆域经济的联动关系就会发生新的变化等。

二、浙江海洋经济发展示范区的提出

(一)浙江经济转型困境与海洋经济发展乏力

2007年全球金融危机以来,浙江省外贸出口额急剧下滑,海运业和船舶制造业深受影响。面临国家产业振兴规划和沿海省份海洋经济快速发展态势,浙江开始反思浙江经济整体运行态势和海洋经济新发力点,发现:①浙江虽然已基本建成海洋经济大省,但离强省还有较大距离。一是海洋生产总值约为广东、山东、上海的1/2,与海洋资源大省地位还不符;二是海洋产业结构还不健全,海洋战略性新兴产业发展相对不足;三是与山东、上海等省市相比,浙江海洋科技实力较弱,人才还较少;四是海洋生态环境保护近年来有所改善,但形势仍然严峻。②大力发展海洋经济既是浙江突破经济发展瓶颈实现转型升级的内在需求,又可为我国经济寻找新的发展空间,转变经济发展模式提供试验区和示范作用。③顺应世界海洋经济发展主流,利用得天独厚的资源优势、区位优势和经济基础,积极争取国家战略为浙江省更好更快地发展海洋经济锦上添花。

(二)看齐山东、广东,探索浙江海洋经济新契机

2009年,为更好地推进海洋综合开发、加快海洋经济发展、促进全省经济转型升级,浙江省委省政府作出重大决策,努力推动浙江海洋经济发展上升为国家战略。在学习山东、广东海洋经济发展经验的同时,积极谋求浙江省海洋经济发展新举措。为此,浙江省发改委和浙江省海洋与渔业局等部门通力合作,研究浙江省海洋经济发展战略,并积极与国家各部委沟通,终于在2011年初获取国务院正式批复《浙江海洋经济发展示范区规划》。规划明确了"一个中心、四个示范"的战略定位,即要建设成为我国重要的大宗商品国际物流中心,海洋海岛开发开放改革示范区、现代海洋产业发展示范区、海陆协调发展示范区、海洋生态文明和清洁能源示范区。同时,进一步明确了"一核两翼三圈九区多岛"的空间布局和构筑"三位一体"港航物流服务体系、规划建设舟山群岛新区和发展海洋新兴产业的三大任务。这些规划和战略,再加上一系列鼓励民营经济参与港口物流、战略物资储运、石化工业以及海岸线、滩涂、小岛、海域等集中连片开发的政策举措,必将推动浙江省海洋经济的发展进入一个全面发展的时期。

三、浙江海洋经济发展示范区建设进展

(一)浙江海洋经济发展示范区建设的总体状况

2011年,浙江省实现海洋生产总值4 500亿元,比上年增长19%,海洋经济发展示范区建设取得了重要的阶段性成效。自2011年2月国务院正式批复《浙江海洋经济发展示范区规划》以来,至2012年9月浙江陆续编制了涵盖490个重点项目、总投资超过1.2万亿元的海洋经济发展建设重点项目规划;出台10个方面29条政策以促进海洋经济发展。其中,"十二五"期间,海洋经济投资将达8 000亿元。海洋服务业、海洋工程装备、高端船舶制造等海洋新兴产业成为发展重点。

2012年浙江省海域使用统计数据显示,2012年1月1日至12月31日全省沿海各级政府为112个用海项目批准了海域使用,用海面积3 634.287 8公顷,其中建设填海造地项目38个,面积1 372.86公顷。核发海域使用权证书154本,确权海域面积2 899.334公顷,其中:建设填海造地项目52本,面积1 293.579公顷;农业填海造地项目1本,面积3.119 5公顷。注销海域使用权证书181本,注销面积5 541.211 8公顷。征收海域使用金12.62亿元,减免海域使用金112.61万元。为99本海域使用权证办理了银行抵押登记,抵押金额22.40亿元。获国家海洋局批准用海规划3个,面积11 752.54公顷,其中:区域建设用海规划1个,面积2 493公顷;区域农业用海1个,面积405.1公顷,淤涨型高涂养殖用海规划1

个,面积 8 854.44 公顷。

(二)浙江海洋经济示范区核心区建设日新月异

1. 宁波—舟山港是浙江省海洋经济发展核心示范区建设的重中之重

一年来,宁波—舟山港一体化推进取得实质性进展,宁波—舟山港发展加速。金塘港区大浦口集装箱码头,作为宁波—舟山港一体化战略的首个工程已投产运行。新建码头的启用,将宁波港的资金和管理优势与舟山港的深水岸线优势有机地结合在了一起。随着宁波—舟山港一体化进程的推进,目前港口建成了国际集装箱、铁矿石、原油、煤炭和液体化工五大中转基地,与 100 多个国家及地区约 600 个港口开展贸易运输往来。

2. 贸易物流是浙江省海洋经济发展示范区的专业化部门

一年来,以大宗商品交易中心为重要载体的建设取得重大突破。浙江舟山大宗商品交易所于 2011 年 7 月 8 日成立,适时推出符合国家战略和市场需求的交易品种,当前品种包括船用油、电解镍、铜、铝、螺纹钢等,到 2012 年 5 月 14 日,电解镍交割突破 1 000 吨,服务现货贸易功能得以彰显。宁波大宗商品交易所 2011 年 8 月 29 日成立,11 月 11 日顺利开业,是一家集交易、交收、仓储、运输、信息、融资服务为一体的综合性现货商品交易所,半年多来,阴极铜和 PTA(精对苯二甲酸)的交易规模和影响力日益扩大,2012 年一季度,阴极铜累计成交近 300 亿元,交收 3 400 吨。

3. 海洋战略性新兴产业与临港工业等产业集聚正在加速

2011 年 11 月 11 日,在宁波举办了首届"中国海洋经济投资洽谈会",179 个项目引资 3 890 多亿元,1 200 多人与相关涉海企事业单位签订了聘用合同。2012 年 1 月,设立 10 亿元海洋经济发展专项资金和 10 亿元海洋产业基金,助推海洋产业发展。舟山群岛新区上升为国家战略后,有更多的国内外知名企业到舟山投资兴业,2012 年一季度,舟山实现地区生产总值 160.72 亿元,同比增长 9.5%,增速居全省第一。2012 年初,中德合资企业上海大众公司一次性投资 117.95 亿元,在杭州湾新区新上了一个汽车整车项目。

4. 海洋科教人才提升取得成效

2011 年 10 月 8 日,浙江省与教育部签署两个协议,支持浙江省发展海洋高等教育,为海洋经济发展提供科技教育人才支撑。2011 年 11 月 11 日,国家海洋局与宁波市政府签订了共建宁波大学协议,市政府将推进和支持宁波大学整合海洋学科资源,激活发展动力,建立开放合作和资源集聚相结合的运行机制;国家海洋局将支持宁波大学推进海洋科学与工程研究院建设,开展海洋科学技术领域的研究,支持宁波大学与国家海洋局所属单位开展海洋科研与人才培养等方面的合作,帮助宁波大学引进海洋学科高层次人才,培养主干学科学术带头人。舟山市全力支持浙江海洋学院建设,新校区已初具规模。舟山市与浙江大学联合设立浙江大学舟山海洋研究中心,摘箬山科技岛一期工程已近尾声。宁波作为建设浙江海洋经济发展核心示范区,目前已渐入佳境。在宁波北仑区,绵延 20 多千米的临港大工业带上,密集分布着数百个重量级大项目,形成了石化、电力、修造船等临港工业支柱产业。镇海炼化大乙烯、大榭烟台万华二期等大项目,已开始发挥产业链的龙头带动作用。规划建设范围达 4 338 平方千米的浙台(象山石浦)经贸合作区的正式成立,标志着宁波发展海洋经济,构建现代海洋产业体系又多了一个重要平台。在第二届中国海洋经济投资洽谈会上,有21个海洋经济投资项目花落宁波,总投资金额689.5亿元,项目涵盖港航物流、临港工业、海洋服务业、现代海洋渔业、海岛开发等产业。

舟山群岛新区是我国首个以海洋经济为主题的国家战略层面新区,也是浙江省两个国家级战略"叠加"的唯一区域,因而备受关注。在2012年中国海洋经济投资洽谈会上,舟山群岛新区共签约高端海洋经济项目13个,总投资337.5亿元,位列浙江省第二,仅次于宁波市。此次舟山签约项目无论在数量上还是质量上都超过上届。其中,投资额在20亿元以上的项目有8个,占项目总数的61.5%。阿尔法摩托汽车生产线及全球销售(展示)中心、亚洲维宁生命中心项目、浙江舟山LNG国际储运中心和国际航运加注基础设施项目、六横岛国际石材城均为投资总额达50亿元的项目。这些项目主要涉及海洋工程装备制造业、以港航物流为重点的海洋服务业、海洋旅游业、海洋战略性新兴产业、基础设施等领域,符合舟山海洋产业发展方向,突出舟山群岛新区特色,对舟山群岛新区未来的发展具有重要的推动作用。另据了解,舟山群岛新区建设的另一大重点,将是建成中国大宗商品储运中转加工交易中心,积极推动舟山港口发展由单一货物运输向综合物流贸易的转变。

四、浙江海洋经济发展示范区建设存在的问题

(一)海洋产业结构有待调整

近年来,浙江海洋第一、二、三产业相对比例迅速调整,其中第二、三产业的份额越来越大,总量结构上已经接近发达国家海洋经济的发展水平。但浙江的海洋产业仍然呈粗放增长态势,三次产业内部结构的不合理限制了海洋经济的快速发展。体现在以下三个方面:①海水养殖业比重偏低。与国内沿海省份比,浙江省海洋捕捞产量占海洋渔业的比重仍大大高于全国平均水平,海水养殖业发展相对滞后。2012年浙江海水养殖产量占海洋渔业比重为22.3%,远低于全国54.6%的水平。②海洋石油和天然气勘探、开采方面无进展。现已证实浙江近海和外海的东海盆地拥有巨大的油气资源。然而一直以来浙江在油气开采方面一片空白,也限制了一系列相关产业的发展。③远洋运输比例偏低。近年来浙江海洋运输发展较快,港口客货吞吐量居于全国前列,但远洋运输占海洋运输的比重仍然较低。2012年全国的远洋运输比重为40.9%,而浙江远洋货物运输量仅占海洋货物运输量的3.89%。

(二)海洋生态环境保护形势严峻

浙江近岸海域水质受无机氮、活性磷酸盐超标的影响明显,海域水体呈中度富营养化状态。2010年监测的4.75万平方千米近岸海域中52.8%为劣四类海水,13.5%为四类海水,24.7%为三类海水,9.0%为二类海水。近岸海域环境功能区水质达标面积1 048.3平方千米,仅占所监测海域面积的2.5%,总体水质呈下降趋势。各沿海城市近岸海域中嘉兴近岸水质最差,100%为劣四类水质。杭州湾、象山港、乐清湾、三门湾四个重要海湾全部为劣四类水质。浙江近岸海域水体呈中度富营养化,14.0%为严重富营养,12%为重富营养,32.%为中富营养,10%为轻度富营养。主要海域贝类生物污染物残留超标问题普遍,主要超标因

子为铜、石油烃、锌。2010年,浙江近岸海域共发生赤潮22次,累计发生面积近3 682平方千米,其中灾害性赤潮2次。其中5月发生在台州大陈海域的东海原甲藻赤潮造成养殖大黄鱼缺氧死亡4万余尾。

(三)滨海旅游业发展存在不足

近几年,浙江滨海旅游业已经形成了一定的规模和水平,但离国际重要滨海旅游目的地、滨海旅游强省还有较大的差距。沿海城市接待国内旅游方面处于全国领先地位,但在接待入境旅游方面落后于上海、广东等地。2012年浙江沿海城市接待入境旅游者605.55万人次,落后于上海的800万人次,更与广东的2 800万人次有较大差距。沿海旅游产品类型中仍以观光为主,旅游企业"低小散"状况没有得到根本改变。入境旅游者平均逗留天数2.6天,而上海的入境旅游者平均逗留天数为3.5天,山东为3.1天。入境旅游者消费与上海、广东、北京相比,也有一定差距。旅游资源深度挖掘不够,缺少带动性强的精品旅游项目。此外,区域发展不平衡也制约了浙江滨海旅游业的发展。省会杭州占到了沿海旅游总量的近一半,宁波、温州、台州、舟山等市的沿海旅游市场开发还不够充分。

(四)海洋经济的科技含量有待提高

近年来,浙江省围绕发展海洋经济总体目标,全面实施科技兴海战略,取得了显著成效。但从总体上看,浙江省海洋科技现状与海洋经济发展的要求还不相适应。在前文提到与广东、山东两省海洋科研力量的对比中,可以明显地看到浙江海洋科研力量不足的现状。从科研机构数量、科研人员数量到科研经费、海洋科研专利情况等全方位落后于山东、广东两省。2009年浙江海洋科研机构科技课题数为536个,而山东和广东分别为1 254个和1 519个,2012年各项科研指标数虽有上升,但与上海、山东、江苏仍存较大差距。由于缺乏有效的科技实力支撑,浙江丰富的海洋资源和独特的区位优势长期以来难以得到有效发挥,导致浙江海洋经济实力偏弱、产业层次偏低。目前,浙江省专门的海洋学院及高等院校内设置的与海洋相关的专业仍不够。海洋科研机构、院校以及海洋科技人才的缺乏,将影响浙江省海洋经济竞争力的提高。

(五)海洋法制、法规建设有待加强

海洋法制、法规建设的滞后性使浙江海洋经济的未来发展呈现出一些隐忧。比如根据《中华人民共和国海洋环境保护法》,进行海洋石油勘探开发活动造成海洋环境污染的,处以3万元以上20万元以下罚款。而美国康菲石油在渤海湾的持续溢油,相关职能部门却成了被动的"看客",看着溢油面积扩大而无可奈何。20万元的罚款上限、要求限期完成清污,都成了无力的空文或"口水令"。从这里可以看出海洋环境一旦遭受污染,其影响范围较大、后果比较严重、持续时间较长,现行法律规定的处罚,不足以弥补海洋生态环境的损失和修复需要的成本。浙江省拥有全国最长的海岸线,目前海域使用"无序、无度、无偿"的状况远未解决,现有的海洋法规缺乏宏观上的协调和规划,也缺乏对海洋资源的综合性保护与污染防治。浙江迫切需要对相关法律进行修改完善,或者出台一些地方性的法规,以改变"守法成本高、违法成本低"的局面。

参考文献

[1] 严建培.《迎接21世纪"海洋开发时代"的挑战:下世纪初浙江海洋开发战略思考》.东海海洋,1993年,第2期。

[2] 吕来清.《锐意进取 再立新功:在浙江渔业名老大表彰会上的讲话》.中国水产,1999年,第10期。

[3] 柴松岳.《努力建设海洋经济大省》.今日浙江,1998年,第12期。

[4] 王颖,阳立军.《新中国60年浙江海洋经济发展与未来展望》.经济地理,2009年,第12期。

[5] 习近平.《发挥海洋资源优势 建设海洋经济强省:在全省海洋经济工作会议上的讲话》.浙江经济,2003年,第16期。

中国海水养殖与海洋生态环境协调度分析[①]

王秀娟,胡求光

(宁波大学)

摘要: 本文在阐述海水养殖与海洋生态环境交互影响机理的基础上,基于2003—2011年相关宏观数据,运用主成分分析方法、静态和动态协调度模型,对中国海水养殖与海洋生态环境的关系进行分析。研究结果表明:第一,海水养殖与海洋生态环境并不总是处于协调发展的轨迹上,其静态协调度呈"M"形发展趋势,两者间的协调发展趋势不容乐观;第二,海水养殖与海洋生态环境的发展并不同步,海洋生态环境改善的程度难以满足海水养殖发展的需求,甚或成为制约海水养殖潜力继续释放的"短板"。

关键词: 海水养殖;生态环境;协调发展;主成分分析

一、引言

水产养殖是世界动物食品生产中增长最快的产业,1961—2009年期间,其年均增长率达3.2%,远超世界人口增长率(1.7%)[②]。2011年海水养殖水产品产量占我国海水产品总产量的比重达53.35%,占世界海水养殖水产品总量的80%[③]。海水养殖的发展提高了人均享用水产品的数量,缓解了海洋捕捞对海洋资源带来的巨大压力,海水养殖在海洋渔业经济发展中发挥的作用愈来愈大。但随着海水养殖规模的不断扩大,长期以来人们单纯以消耗自然资源和片面追求经济效益的传统发展模式所造成的资源高耗和粗放增长等弊端不断凸显,成为海水养殖可持续发展的制约因素,与中国高效低碳的水产养殖目标背道而驰[2-3]。《全国渔业发展第十二个五年规划》中明确指出:协调推进生产发展与生态养护,大力发展生态高效的水产养殖业,在发展的同时,更加注重生态保护。但目前中国海水养殖与海洋生态环境究竟能否协调发展?若不协调,由什么原因导致?应该如何更好地促进两者协调发

[①] 基金项目:浙江省哲学社会科学重点研究基地——浙江省海洋文化与经济研究中心项目(14HYJDYY05);宁波大学区域经济与社会发展研究院重大研究项目"宁波海洋战略性新兴产业的发展路径及培育模式研究"(QYJYD1202)。
作者简介:王秀娟(1990—),女,山东潍坊人,硕士研究生在读,研究方向国际贸易学;
胡求光(1968—)女,浙江东阳人,教授,博士,硕士生导师,研究方向:产业经济和国际贸易。
[②] 数据来源:FAO(ed.):The State of World Fisheries and Aquaculture, Fisheries and Aquaculture Department, 2012.
[③] 数据来源:农业部渔业局编.《中国渔业统计年鉴2012》,北京:中国农业出版社,2012年。

展？回答这些问题,需要对海水养殖与海洋生态环境的协调度进行分析。

本文结构安排如下:第一部分是引言;第二部分是文献综述;第三部分是理论分析;第四部分是评价模型的构建;第五部分是指标体系选取及检验结果分析;第六部分是结论及建议。

二、文献综述

在海水养殖与海洋生态环境交互影响的作用机制方面,现有文献大多集中于定性研究的层面上。贾晓平等指出,沿海重要的海水养殖区是沿海陆源污染物和海上排污的主要受纳场所,导致局部水域水产品的质量严重下降,海域生态平衡遭受破坏、渔业水域环境恶化以及增养殖业衰退等[4]。王国祥等通过研究玄武湖鱼类暴发性死亡的原因发现,水体富营养化、有机污染严重、沉积物年久未清等是"鱼类环境病"的诱发因素[5]。Owen等指出,养殖水域环境变化一方面直接影响鱼类的代谢活动;另一方面通过影响水域的物质循环和生物因子的消长而间接作用于鱼类,从而引发鱼类疾病[6]。而董彬、杜虹等则认为,养殖活动大量增加水体中无机氮无机磷的含量,大量的营养盐沉积,加之水流缓慢,水中溶解氧含量偏低,使得网箱养殖区水体高氨高磷,呈现营养物质过高状态,最终导致水质下降、生态环境恶化等[7-8]。陈琴等指出,浮游生物的群落结构、生物密度和生物量随养殖网箱载鱼量及饲料输入量的增减而发生明显的季节性变化[9]。

在大量定性研究的基础上,诸多实证研究认为,环境指标与人均收入之间存在倒"U"形的EKC曲线(例如张晖、胡浩[10];田素妍等[11])。现在海水养殖与海洋生态环境评价方面的定量分析成为研究的热点。现有研究分析中,学者大多从海水养殖或海洋生态环境单方面来构建其发展指标体系并进行分析检验。蒲新明等以海湾养殖生态系统为典型,根据系统性、动态性、生态－社会－经济相结合的原则,选取了25个指标构建了基于指标体系法和层次分析法的海水养殖生态系统健康综合评价的方法和模式[12]。李京梅、郭斌从水环境、生态、社会经济和环境保护及治理四个方面入手,建立了中国海水养殖的生态预警指标体系,其中社会经济指标包括海水养殖产值占渔业总产值的比重、海水养殖产量增长率、渔民人均收入,环境保护与治理指标包括废水达标率、沿海固体废弃物处理量、海洋类型保护区新建个数[13]。许冬兰、李玉强从经济增长、环境污染、人口发展、资源供给、社会支持力、环境纳污力六个方面构建了海洋生态环境承载力评价指标体系,其中社会支持力包括城市污水处理率、治理废水和废弃物项目数、环保投资占GDP比重、海洋保护区面积、海洋科技人员比例[14]。陈金良选取18个指标构建的海洋经济环境评价指标体系包含4个子系统:海洋污染程度、海洋环境治理、海洋经济损失和海洋可持续发展能力,其中海洋经济损失子系统包括海洋污染直接损失和海洋环境灾害损失两部分[15]。

综上所述,现有文献对海水养殖与海洋生态环境两者关系的研究,由于分析思路、统计指标、研究的时空尺度等方面的不同,结论存在一定分歧,海水养殖与海洋生态环境协调发展研究尚处于探索阶段,其模型和方法需要得到更多的实践佐证。鉴于此,本文在充分吸收已有研究成果的基础上,构建两者协调发展的指标体系,并运用主成分分析方法、回归分析和模糊数学的隶属度公式,对海水养殖与海洋生态环境两者之间的协调度进行分析,为进一步推进海水养殖走高效生态的发展之路提供政策依据。

三、海水养殖与海洋生态环境协调发展的理论分析

（一）协调度分析

协调度是用来衡量系统或系统内部要素之间在发展过程中协调程度的定量指标,旨在判断系统之间的协调关系及其协调程度,分析不协调的原因,为系统的可持续发展提供对策建议。由于经济外部性的存在,海水养殖与海洋生态环境之间存在相互影响、相互作用的反馈机制。海水养殖的成本代价,不仅包括对各种环境资源要素的消耗,而且包括外部不经济对环境的破坏。海水养殖造成的海洋生态环境恶化反过来会作用于海水养殖本身,对海水养殖产生负面影响。两者之间的关系,目前学术界存在着两种不同的观点[16]：一种观点认为,两者是此消彼涨①；另一种观点认为,两者是相互促进的和谐关系。此消彼涨还是相互促进,在很大程度上取决于海水养殖的经济利益与海洋生态环境保护的社会利益之间的权衡取舍。

海水养殖与海洋生态环境的协调度具有空间继承性,由于海洋生态环境的渐变属性和承载的滞后性,某一阶段的协调度是在前一时期区域环境背景基础上做出的评价和调整。具体而言,海水养殖发展不应以牺牲海洋生态环境为代价,两个系统之间是互惠共生、协调发展的。同时,海水养殖与海洋生态环境的协调度相对于海水养殖的经济发展阶段而存在,在海水养殖经济发展的不同阶段,海水养殖与海洋生态环境之间可能会出现相同的协调度,但其内在含义却存在差异[17]。一种情形是海水养殖经济效益相对较低、海洋生态环境相对较好；另一种情形是海水养殖经济效益相对较高、海洋生态环境持续恶化。因此,对于协调度指标意义的解释需要结合研究对象的实际状况。

（二）海水养殖与海洋生态环境的互动机制分析

海水养殖与海洋生态环境的互动机制首先表现在,海水养殖通过养殖规模、养殖水平、养殖结构等对海洋生态环境造成影响。一方面,随着社会经济发展和人民生活水平的提高,与日俱增的水产品需求彰显了海水养殖的经济效益,激发了海水养殖动力,使得海水养殖产值在海洋渔业总产值中所占的比重越来越大,渔民人均收入增加,海水养殖经济效益的取得为改善海洋生态环境提供资金支持,且渔民人均收入的增加,使得人们有经济能力改变过去只重收益而轻环境的传统养殖模式,更加注重推广高效生态养殖模式,从而有利于减少海洋生态环境污染；同时,国家在养殖种苗和技术研发推广方面加大了经费投入,海水养殖的机动渔船吨位越来越大,使得海水养殖水平不断提高,从而将有利于优化海洋生态环境。另一方面,海水养殖密度过大,超过养殖水域可承受的养殖容量②,又会对海洋生态环境造成污染。养殖水域是公共资源,如图 1 所示,在没有明确的产权划分归属情况下,渔民会基于个

---

① 此消彼涨是指鱼与熊掌不可兼得,若侧重环境保护,就必须以牺牲经济利益为代价；若追求经济收益,则必须准备接受环境退化的后果。

② 养殖容量指单位水体内,在保护环境、节约资源和保证应有效益的各个方面都符合可持续发展要求的最大养殖量(董双林等,1998)。

人利益最大化的目标设定海域养殖生物的放养量(假定每个渔民都是理性经济人),故放养量既不会在整体经济收益最大化 MEI 处停止,也不会在最大可持续收益 MSI 处停止,而是一直持续到 ORE 点即边际收益等于边际成本的均衡点才停止。这种超过生物可持续增长的放养量,将使得海域一直处于超负荷运载,而以追求个人收益最大化的海水养殖放养最终将导致海洋生态环境恶化;与此同时,人工网箱和工厂化养殖得到推广,水产养殖种类的营养层次总体上在提升,集约化养殖方式极大地增加了人工饲料的投放。饵料投喂后吸收率不高,绝大部分以不同的废物(残饵、粪便和排泄物等)形式排入到水域环境中,而水域中藻类、贝类排筏底播养殖、鱼虾网箱密布,阻碍了海水正常的流通和交换,使得物质循环减慢,造成海水底质富集,降低了海水中的溶解氧,使海水富营养化,对海洋生态环境造成污染。

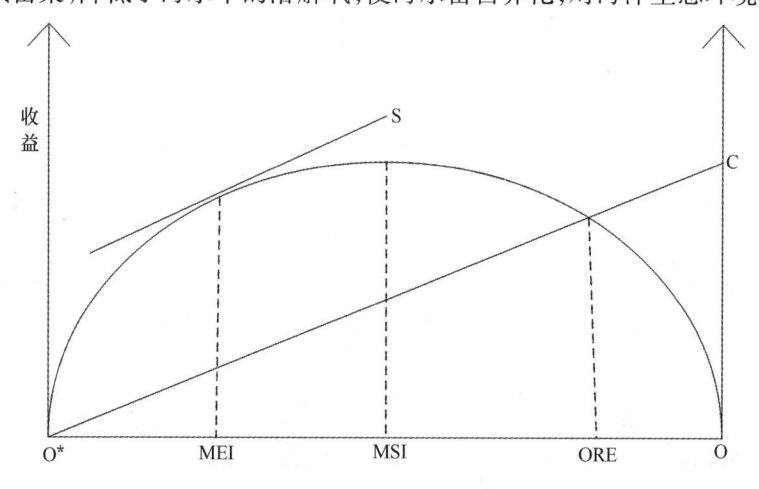

图 1　海水养殖的逻辑斯蒂增长模型扩展

横轴表示海水养殖产量,纵轴表示随着海水养殖产量增加其经济收益的变动情况。其中,O* 代表海水养殖产量和收益为零的极端情况;O 代表水域环境的最大容量;OC 代表海水养殖的成本变动(本文认为,中国海水养殖没有形成大规模的经济效益,故渔业成本呈现递增状态);S 代表海水养殖在这一放养量的边际收益;MEI 表示最大经济收益的放养量;MSI 表示最大可持续收益的放养量;ORE 代表渔民追求个人经济效益最大化的均衡量

其次,海洋生态环境为水产养殖物提供成长、生存所必需的营养和空间,其通过环境污染、自然灾害、环境治理等途径影响海水养殖经济效益的获取。长期以来,中国工农业经济都是以牺牲环境为代价的粗放发展,渔业经济发展引致海洋环境恶化对海水养殖产生了诸多负面影响。大量工业废水、城市废水和农业面源污水未经处理便排放到环境中,直接影响水生生物的代谢能力,恶化水域环境,降低海洋生产力;同时,海水养殖自身污染对海洋生态环境的影响也不容忽视。海水养殖中鱼类、贝类等异养生物的增加,不仅通过呼吸、排泄向水体释放大量的氮、磷等营养物质,导致海水富营养化[1],甚至引发"赤潮",而且还大大弱化了大型海藻在自养生理过程中促使海水中的氮、磷加速溶解、缓解环境压力的生物过滤器作用[19],给海水养殖产业带来巨大经济损失。当然,在发展渔业经济的过程中,为使得海水养殖可持续发展,保证水产养殖行业经济的正常运行,减少海洋生态环境恶化给海水养殖带

来的负面影响,国家又会采取各种措施保护和改善海洋生态环境。一方面,通过不断创新生态环保技术来提高废水、废气物等的处理率;另一方面,在沿海区域开辟了相当多的海洋自然保护区,为海水养殖创造了不断改善的海洋生态环境。

四、海水养殖与海洋生态环境协调发展的评价模型

(一)综合发展评价值的计算

要建立两个系统的协调度模型,首先要计算各个系统的综合发展评价值。目前针对系统协调度的测度方法主要有熵值法和协调度模型[20-21]、主成分分析法等[22-23]。前者一般采用德尔菲法人为赋予权重和熵值,主观性较强,为使得综合发展评价值的计算更加客观科学,本文运用主成分分析法(PCA)对其进行定量分析。

首先,在进行主成分分析前,先将指标正向化①,并通过式(1)将初始值标准化,以消除变量量纲带来的影响:

$$X_{ij}^* = (X_{ij} - X_j)/S_j \tag{1}$$

式中,i 为选取的样本年份;j 为描述系统特征的指标;X_{ij}^* 为 j 指标在 i 年份的标准化数据;X_{ij} 为 j 指标在 i 年份的原始数据;X_j 为 j 指标在选取时段的平均值;S_j 为 j 指标在选取时段的标准差,$S_j = \sqrt{\frac{1}{n-1}\left(\sum_{i=1}^{n} X_{ij} - X_j\right)^2}$,其中 n 为选取的样本容量。

其次,将标准化初始数据代入式(2)求得各主成分得分:

$$F_{ik} = C_{k1}X_{i1}^* + C_{k2}X_{i2}^* + K + C_{kj}X_{ij}^* \tag{2}$$

式中,F_{ik} 为第 i 年第 k 个主成分的得分;$C_{k1},C_{k2},\cdots,C_{kj}$ 为各个指标第 K 个主成分的载荷值;$X_{i1}^*,X_{i2}^*,\cdots,X_{ij}^*$ 为标准化后的指标值。

最后,将各主成分的贡献率代入式(3),计算系统综合得分,从而求出各年的综合发展评价值:

$$F_i = \sum_{k=1}^{m} a_k F_{ik} \tag{3}$$

式中,F_i 为第 i 年的综合发展评价值;m 为选取的主成分个数;a_k 为第 k 个主成分的贡献率;F_{ik} 为第 i 年第 k 个主成分的得分。

(二)协调度模型

为了更加直观清晰地看出系统的协调发展程度,采用模糊数学中的隶属度概念,对两个系统的协调度进行评价。

将两个系统的综合发展评价值进行回归分析,得到两者之间的拟合方程,由此得到两个系统各自每年综合发展评价值的回归值,代入式(4)即可得到两个系统当年各自的协调值,以 x 系统的协调值 $U(x/y)$ 为例说明。

---

① 本文运用 SPSS 中 Transform – compute 对指标加负号进行正向化处理。

$$U(x/y) = \exp[-(F_x - F'_x)/S_x^2] \tag{4}$$

式中，x、y 分别指进行协调值测算的两个子系统；$U(x/y)$ 为 x 系统的协调值；F_x、F'_x 分别为 x 系统综合发展评价值的实际值和回归值；S_x^2 为 x 系统的方差。

考察两个系统协调度的发展状态时，本文通过对系统间静态协调度的计算来反映某一时段内系统的协调状况，而用动态协调度来反映这一时段内系统协调的发展趋势。

静态协调度公式为：

$$C_s(x/y) = \{\min[U(x/y), U(y/x)]\}/\{\max[U(x/y), U(y/x)]\} \tag{5}$$

式中，$C_s(x/y)$ 为两个系统的静态协调度；$U(x/y)$、$U(y/x)$ 分别表示 x 系统和 y 系统的协调值。式(5)表明，$U(x/y)$、$U(y/x)$ 的值越接近，$C_s(x/y)$ 就越大，说明两系统间越协调，反之则越不协调，当 $C_s(x/y) = 1$ 时则说明两系统完全协调。

动态协调度的公式为：

$$C_d(t) = \frac{1}{T} \sum_{i=0}^{T-1} C_s(t-i), \quad 0 < C_d(t) \leq t \tag{6}$$

式中，t 为要进行动态协调度测算的年份；T 为动态协调度测算年份与样本选取初始年份的间隔年数；t 时期的动态协调度定义为 t 时期之前的静态协调度的平均值；$C_s(t-T+1)$，$C_s(t-T+2)$，…，$C_s(t-1)$，$C_s(t)$ 为系统在 $(t-T+1) - t$ 这一时段中各个时刻的静态协调度。设任意 2 个时刻 $t_2 > t_1$，若 $C_d(t_2) \geq C_d(t_1)$，则表明系统一直处于协调发展的轨迹上。

(三) 协调等级

静态协调度是衡量系统之间发展水平高低的定量指标，其取值范围为 $[0,1]$。静态协调度越接近于 1，表示系统越协调；当该值等于 1 时，表明系统处于完全协调状态；反之，当该值越接近于 0，表明系统越不协调；当该值等于 0 时，表明系统为完全不协调状态。为更具体地反映协调状况，在 $[0,-1]$ 区间划分了 5 个等级。如表 1 所示，0~0.2 为严重失调，0.2~0.4 为中度失调，0.4~0.6 为勉强协调，0.6~0.8 为中度协调，0.8~1.0 则为优质协调。

表 1 静态协调度等级划分

	C_S				
	0~0.2	0.2~0.4	0.4~0.6	0.6~0.8	0.8~1.0
协调等级	严重失调	中度失调	勉强协调	中度协调	优质协调

五、中国海水养殖与海洋生态环境协调度评价分析

(一) 指标体系构建

海水养殖与海洋生态环境的协调度应该反映两个系统内部要素之间的相互关系以及两大系统之间的相互作用关系，其评价指标应该包括海水养殖评价指标与海洋生态环境评价

指标两大体系。本文依据协调度模型[20-21],参照许东兰、李玉强[14]、陈金良[15]等提出的生态协调度评价理论体系,结合前文海水养殖与海洋生态环境理论框架,兼顾数据可得性,选取具有代表性的指标组成海水养殖与海洋生态环境协调度的评价体系。

如表2所示,从养殖规模、养殖水平、养殖结构三方面构建了海水养殖评价指标,从环境污染、自然灾害、环境治理三个方面对海洋生态环境予以指标分解。两个系统中均包含了正向指标和负向指标。为消除变量间在数量级和量纲上的不同,考虑到各类指标数据自身的不同特点和分析评价的要求,需要对原始数据采用极值法进行标准化处理。

表2 中国海水养殖与生态环境协调发展的评价指标体系

系统	一级指标	二级指标	指标属性
海水养殖	养殖规模指标	海水养殖产值占海洋渔业总产值比重(%)	正向指标
		渔民人均收入(元)	正向指标
	养殖水平指标	海水养殖机动渔船吨位(吨)	正向指标
		水产技术推广机构经费(万元)	正向指标
	养殖结构指标	养殖密度(‰)	负向指标
		集约化养殖产量(吨)	负向指标
海洋生态环境	环境污染指标	工业废水直接排入海(万吨)	负向指标
		海水中自养与异养生物比例(%)	正向指标
	自然灾害指标	赤潮发生次数(次)	负向指标
		风暴潮发生次数(次)	负向指标
	环境治理指标	沿海地区治理废水当年竣工项目(个)	正向指标
		沿海地区海洋保护区面积(平方千米)	正向指标

注:养殖密度是养殖面积与海湾面积的比值;集约化养殖产量受限于统计资料,仅选取网箱和工厂化养殖产量;在海水养殖中,本文粗略归类,仅将海藻归为自养生物,鱼类、甲壳类和贝类(这里包括滤食性贝类)都归为异养生物。
数据来源:本文研究的数据除特殊说明外,均取自以下文献:农业部渔业局(编):《中国渔业统计年鉴》(2003—2011年,历年),北京:中国渔业出版社;国家海洋局(编):《中国海洋统计年鉴》(2003—2011年,历年),北京:海洋出版社;中国海洋信息网(http://www.coi.gov.cn/gongbao/huanjing/)。其中,2006年沿海地区治理废水当年竣工项目和沿海地区海洋保护区面积数据缺失,本文采取差值法求得,方法为:$Y_t = (Y_{t-1} + Y_{t+1})/2$,$Y_t$表示某年份缺失的数据。

(二)测度评价及结果评析

1. 主成分分析

首先,在进行主成分分析之前,分别对海水养殖和海洋生态环境两个系统的数据进行检验。由运行结果可知,两个系统的KMO检验值分别为0.794和0.567,Bartlett显著性水平均小于0.05,这说明本文的数据适合做主成分分析。其次,求得两系统的各指标特征根、贡献率、累计贡献率。如表3所示,海水养殖和海洋生态环境两个系统的第一、第二主成分的累计贡献率已达到94.184%、86.85%,根据累计贡献率大于80%的原则,两个系统取第一主成分和第二主成分即可。

表3　海水养殖和生态环境主成分分析结果

系统	主成分	特征根	贡献率(%)	累计贡献率(%)
海水养殖	Z_1	5.153	85.886	85.886
	Z_2	0.498	8.298	94.184
	Z_3	0.144	2.401	96.585
	Z_4	0.110	1.840	98.425
海洋生态环境	Z_1	3.956	65.931	65.931
	Z_2	1.255	20.920	86.850
	Z_3	0.373	6.211	93.062
	Z_4	0.311	5.181	98.242

2. 综合发展评价值的测度与分析

根据各个子系统提取的主成分,结合式(3),计算海水养殖和海洋生态环境两个系统的综合发展评价值$F(x)$、$F(y)$(见表4),并绘制出两个系统的综合发展评价值趋势(见图2)。$F(x)$和$F(y)$具有两个性质:①综合发展评价值反映的仅是该年度在整体评价体系中的相对水平,而不是绝对水平,故有正有负。当其为正值时,表明该年度的发展水平高于评价范围的平均发展水平;当其为零时,表明为平均发展水平;当其为负值时,表明该年度的发展水平低于评价范围的平均发展水平,且综合发展评价值越大,系统发展水平越高。②海水养殖与海洋生态环境两个系统的重要程度等同,即海水养殖综合发展评价值的1分与海洋生态环境综合发展评价值的1分是等值的。因此,可以看出,当$F(x)>F(y)$时,海水养殖带来经济效应的增长快于海洋生态环境的优化;当$F(x)=F(y)$时,海水养殖与海洋生态环境同步发展;当$F(x)<F(y)$时,海水养殖的发展滞后于海洋生态环境的改善。

表4　海水养殖与海洋生态环境的综合发展评价值

年份	海水养殖$F(x)$	海洋生态环境$F(y)$	年份	海水养殖$F(x)$	海洋生态环境$F(y)$
2003	-5.4264	5.0244	2008	0.5670	-2.1508
2004	-5.1098	2.7242	2009	3.6430	-1.6823
2005	-2.9341	1.5779	2010	5.4038	-0.7784
2006	-1.2426	-0.7429	2011	6.7470	-2.2590
2007	-1.6480	-2.4913			

首先,由表4和图2可以看出,海水养殖与海洋生态环境综合发展评价值的发展呈相反趋势。海水养殖综合发展评价值由2003年的-5.4264到2011年的6.7470,基本呈上升趋势,且2007—2011年上升趋势逐渐加快,并于2008年首次超过平均值。这表明,随着近些年海洋经济成为中国国民经济新的增长点,海水养殖以其特有的传统优势继续保持高速增长。而海洋生态环境的变化趋势与海水养殖的发展趋势正好相反,海洋生态环境的综合发展评价值从2003年的5.0244下降到2011年的-2.2590,其中2007年之前海洋生态环

境恶化较快,并于2006年下降到零值以下,2007年之后海洋生态环境综合发展评价值一直停留在零值以下,表明海洋生态环境发展总体上不容乐观,但情况有所好转;2007—2010年综合发展评价值呈上升趋势,虽然幅度并不大,依然表明海洋生态环境有所改善,这与这一时段国家加大对海洋生态环境投资和建设密切相关。有资料显示,2007年海洋行政管理制度进一步完善,确权海域面积达到24.46万公顷①,但2011年又再次下降,说明海洋生态环境遭受破坏的程度超过国家对海洋生态环境建设和保护的力度。

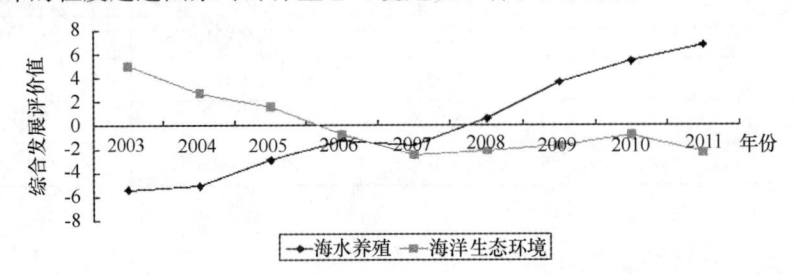

图2 海水养殖与海洋生态环境综合发展评价值趋势

其次,海水养殖与海洋生态环境的发展并不同步。2007年之前,$F(x) < F(y)$,海水养殖的发展水平落后于海洋生态环境的发展水平。这主要是因为海水养殖的发展潜力尚未得到充分发挥,2003—2006年,海水养殖产量与面积的增长幅度基本一致②,说明这几年海水养殖生产的单产水平变化不大,面积扩大才是产量增长的直接原因。从2007年起,$F(x) > F(y)$,海水养殖的发展水平远高于海洋生态环境的发展水平,海水养殖带来的经济效益增加快于海洋生态环境的优化。2007年后,海水养殖进入快速发展时期,海水养殖的发展潜力得到释放,海洋生态环境的改善已无法满足海水养殖发展需求,有可能成为制约海水养殖进一步发展的短板;同时,海水养殖盲目大规模扩张对海洋生态环境所带来的长期负面影响开始显现。

3. 协调度测度与分析

利用上述得出的综合发展评价值,根据协调度模型分别计算出中国2003—2011年海水养殖与海洋生态环境的静态和动态协调度(见表5),并绘制海水养殖与海洋生态环境的静态和动态协调度趋势(见图3)。

表5 海水养殖与海洋生态环境的静态和动态协调度

年份	2003	2004	2005	2006	2007	2008	2009	2010	2011
静态协调度 C_s	0.063 0	0.619 1	0.888 8	0.666 0	0.338 2	0.679 0	0.527 6	0.025 7	0.028 7
协调等级	严重失调	中度协调	优质协调	中度协调	中度失调	中度协调	勉强协调	严重失调	严重失调
动态协调度 C_d	0.063 0	0.341 1	0.523 6	0.559 2	0.515 0	0.542 4	0.540 0	0.475 9	0.426 2

---

① 数据来源:国家海洋局.《中国海洋统计年鉴2008》,北京:海洋出版社,2009年。
② 数据来源:农业部渔业局.《中国渔业统计年鉴》(2004—2007年,历年).北京:中国农业出版社。

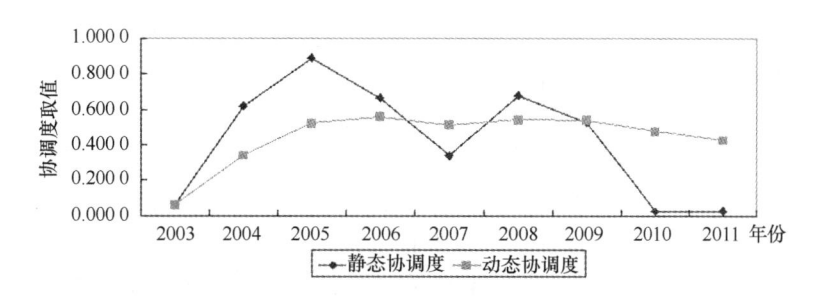

图3 海水养殖与海洋生态环境的静态和动态协调度趋势

由表5和图3可知,首先,从总体上来看,虽然海水养殖与海洋生态环境动态协调度基本保持在0.5的平均水平,但两者间的协调发展趋势并不乐观。2003年、2010年、2011年海水养殖与海洋生态环境均处于严重失调状态。2003年静态协调度不是很理想,究其原因,可能与新海洋制度的实施、世贸组织的加入对海水养殖的刺激有关。随着2000年《中华人民共和国渔业法》的实施,大批从外海传统渔场撤出的渔船纷纷涌入近海,使得近海渔场更加拥堵,海洋生态压力加大,同时渔民对渔业管理制度的变化在短时间内难以适应,涉外渔业事件增多,渔业损失严重;2003年是中国加入世贸组织的第二年,欧盟、日韩等相继对中国水产品出口实施禁令,中国水产品出口面临严峻的绿色壁垒,海水养殖面临巨大挑战,这在一定程度上影响了海水养殖的发展。2010年海水养殖与海洋生态环境静态协调度骤然下降,究其原因,主要与海洋生态环境承载力下降有关。随着海水养殖规模的持续扩大,海水养殖自身污染不断加重,养殖总量超过了海洋生态环境所能承载的养殖容量,海水养殖对海洋生态环境的负面影响开始显现。

其次,海水养殖与海洋生态环境静态协调度的发展呈上升、下降再上升、再下降的"M"形趋势。即在2005年之前,受海水养殖规模扩大带来的正面经济效应的影响,海水养殖与海洋生态环境静态协调度呈现上升趋势,并于2005年达到顶峰值。2004年全国渔业工作深入贯彻中央一号文件和十六届三中、四中全会精神,加强渔业资源和生态环境保护,在宏观政策好、市场拉动力大、自然条件总体有利的条件下,渔业和渔区经济取得全面发展。2005年是实施"十五"规划的最后一年,国家继续加大对渔业的扶持力度,水产养殖全面推进,居民食品质量安全意识普遍提高,使得海水养殖能保持与海洋生态环境优质协调的良好发展态势。而在2005—2007年期间,海水养殖与海洋生态环境的静态协调度逐步下降,其与频繁发生的严重自然灾害、柴油价格上涨等因素密不可分。冰冻雨雪、风暴潮等自然灾害频发,使得2006年、2007年海水养殖产值增幅不大,甚至在2007年海水养殖占海洋渔业总产值的比重下降,降低了海水养殖的综合发展评价值,从而拉低了海水养殖与海洋生态环境的静态协调度。随后,在2007—2008年期间,为降低自然灾害的不利影响,国家支渔惠渔政策力度明显加大,有效调动了渔民生产积极性,促进了渔业生产发展,保证了大灾之后渔业经济上升发展之势。但值得注意的是,随着海水养殖规模的持续扩大,超过了海洋生态环境的承载力,导致生态环境持续恶化,其恶化所带来的负面影响大于海水养殖经济增长带来的正面效应,从而导致2008年之后海水养殖与海洋生态环境静态协调度下降,两者间的协调发展趋势不容乐观,国家应加大对海洋生态环境的投资建设和保护力度。

最后,海水养殖与海洋生态环境的动态协调度并非处于一直上升的趋势,说明中国海水养殖与海洋生态环境并不总是处于协调发展的轨迹上。2006年之前,海水养殖与海洋生态环境动态协调度逐渐递增,即海水养殖在获得经济效益的同时并未对海洋生态环境造成明显的负面影响,此时海水养殖经济效益增加,海洋生态环境虽然在衰退但仍能保持良好发展;而在2008年之后,动态协调度开始降低,虽然并未出现大幅度下降,但此时同样的协调度内涵却与2006年之前有所差异,此时,海水养殖大规模扩张、经济效益持续增加,海洋生态环境虽然有所改善,但其恶化污染状态已成定局,海洋生态环境改善已难以满足海水养殖发展需求。

六、结论

本文在对海水养殖与海洋生态环境影响机理进行分析的基础上,运用主成分分析方法、静态和动态协调度模型,对中国海水养殖与海洋生态环境的协调度进行了分析。研究发现:第一,海水养殖与海洋生态环境并不总是处于协调发展的轨迹上,其静态协调度呈"M"形发展趋势,两者间的协调发展趋势不容乐观;第二,海水养殖与海洋生态环境的发展并不同步,生态环境改善的程度已无法满足海水养殖发展的需求,甚或成为制约海水养殖潜力继续释放的"短板"。

鉴于此,本文从海洋生态环境保护的角度对海水养殖提出几点建议:①确定海域养殖容量,对海水养殖总量、密度进行控制,确保养殖区的污染排放量不超过海域自身的净化能力;②优化养殖结构,提倡生态高效混养、健康养殖的多品种生态养殖模式,利用养殖生物间的代谢互补性来消耗其代谢产物,积极发展以贝、藻养殖为代表的碳汇渔业①质的输入,积极发展引进国外先进的污水治理技术与设备,提高废水处理达标率,适时适量使用水环境保护剂,防止底质酸化和水体富营养化。

最后,本文还存在一些欠缺和不足之处,主要表现在:①本文考虑的海水养殖与海洋生态环境的测算指标体系不够全面;②仅从中国宏观数据上进行了分析,没有针对主要的海水养殖区进行区域分析;③在得出海水养殖与海洋生态环境协调发展水平的基础上,没有进一步对协调度下降的影响因素进行分析。②因此,在今后的研究中将会对这些问题做进一步的探讨。

参考文献

[1] Troell, M.; Halling, C.; Neori, C.; Chopin, T.; Buschmann, A. H.; Kautsky, N. and Yarish, C.: Integrated Mariculture: Asking the Right Questions, *Aquaculture*, 226(1):69 – 90, 2004.
[2] 董双林.《高效低碳——中国水产养殖业发展的必由之路》.水产学报,2011年,第10期。
[3] 刘雪芬,王雅鹏.《低碳经济调价下水禽健康养殖发展现状与对策》.华中农业大学学报(社会科学

---

① 碳汇渔业指凡不需要投饵的渔业生产活动,就具有碳汇功能,可能形成生物碳汇(唐启升,2011)。
② 本文在得出生态环境成为海水养殖与生态环境协调发展的短板后,试图从低碳环境视角进一步分析静态协调度的影响因素,由于样本容量过小,无法消除静态协调度的非平稳性。

版),2013年,第1期。
[4] 贾晓平,蔡文贵,林钦.《我国沿海水域的主要污染物问题及其对海水增养殖的影响》.中国水产科学,1997年,第4期。
[5] 王国祥,夏忠林,方东.《南京玄武湖鱼类暴发性死亡原因分析》.湖泊科学,1997年,第1-4期。
[6] Owen M bokigwe Kibona,倪海儿,王国良,吴雄飞.《基于灰色系统理论的网箱养殖大黄鱼疾病预报》.水产学报,2013年,第6期。
[7] 董彬.《渤海污染的现状与对策分析》.生态科学,2012年,第5期。
[8] 杜虹,郑兵,陈伟洲,黄显兵,王亮根.《深澳湾海水养殖区水化因子的动态变化与水质量评价》.海洋与湖沼,2010年,第6期。
[9] 陈琴,程光平,李文红,姬永杰,桑明远,左婷,赵天龙.《南宁邕江网箱养殖区浮游生物种群结构特征》.海洋与湖沼,2013年,第1期。
[10] 张晖,胡浩.《中国低碳养殖的环境库兹涅茨曲线特征及其成因分析》.资源科学,2012年,第3期。
[11] 田素妍,郑微微,周力.《农业面源污染的环境库兹涅茨曲线验证——基于江苏省时序数据的分析》.中国农村经济,2009年,第4期。
[12] 蒲新明,傅明珠,王宗灵,张新军.《海水养殖生态系统健康综合评价——方法与模式》.生态学报,2012年,第19期。
[13] 李京梅,郭斌.《我国海水养殖的生态预警评价指标体系与方法》.海洋环境科学,2012年,第3期。
[14] 许东兰,李玉强.《基于状态空间法的海洋生态环境承载力评价》.统计与决策,2013年,第18期。
[15] 陈金良.《我国海洋经济的环境评价指标体系研究》.中南财经政法大学学报,2013年,第1期。
[16] 潘家华.《持续发展途径的经济学分析》,北京:中国人民大学出版社,1997年。
[17] 张晓东,池天河.《90年代中国省级区域经济与环境协调度分析》.地理研究,2001年,第4期。
[18] 董双林,李德尚,潘克厚.《论海水养殖的养殖容量》.青岛海洋大学学报,1998年,第1-4期。
[19] 杨建,苏彦平,刘洪波,戈贤平.《内陆渔业生态系统的碳循环特征及碳汇机制》.水产学报,2012年,第5期。
[20] 徐金哲,陶军德,汤永玲.《哈尔滨市土地利用社会经济效益与生态环境效益相关分析》.经济研究导刊,2010年,第36期。
[21] 梁红梅,刘卫东,刘会平,林育欣,刘勇.《深圳市土地利用社会经济效益与生态环境效益的耦合关系研究》.地理科学,2008年,第5期。
[22] 邵桂兰,韩菲,李晨.《基于主成分分析的海洋经济可持续发展能力测算——以山东省2000—2008年数据为例》.中国海洋大学学报(社会科学版),2011年,第6期。
[23] 陈航,栾维新,李婉娜.《港口系统与城市系统协调发展建模方法及应用》.中国航海,2008年,第1期。
[24] 唐启升.《碳汇渔业与又好又快发展现代渔业》.江西水产科技,2011年,第2期。

人类活动对海岸带资源环境的影响研究综述

徐谅慧,李加林

(宁波大学)

摘要:海岸带是人类生产、生活的重要场所。随着社会经济的不断发展,人类活动对海岸带资源环境的干预在强度、广度和速度上都已经超过了自然的演化,也引起了一系列的环境问题。论文从大河干流水利工程建设、围填海工程、滨海旅游、海水养殖等方面论述了人类活动给海岸带资源环境产生的影响,并指出应从多学科的角度,综合研讨不同人类活动给海岸带资源环境所带来的影响,以此寻求海岸带资源开发需求与海岸带生境保护的平衡点。

关键词:人类活动;海岸带;资源环境;影响

一、引言

海岸带是海洋与大陆相互作用的地带,也是海洋与大陆之间的过渡地带[1],具有很高的自然能量和生物生产力。海岸带由于其丰富的资源、优越的自然条件、良好的地理位置和独特的海陆特性,成为人类活动最活跃和最集中的地域。目前,全世界有将近60%的人口生活在仅占地球陆地面积的10%的海岸带区域[2]。

在漫长的地球历史过程中,海岸带的发展变化不仅受海洋、陆地、大气等自然环境的综合影响,而且受到人类活动的直接影响。特别是进入工业革命以后,人类对海岸带的干预在强度、广度和速度上也已接近或超过了自然变化,人类活动已经成为地表系统仅次于太阳能、地球系统内部能量的"第三驱动力"[3]。近一个世纪以来,人类正在对海洋及海岸带进行着开发和索取,但是与此同时,也自觉不自觉地破坏了海岸带的资源环境。人类对于海岸带资源环境的破坏,不仅仅是由于海水污染而导致的海洋生态环境的破坏,更有诸如大河干流水利工程建设[4]、围填海工程[5]、海岸区采矿[6]、海岸工程[7]、海水养殖[8]等众多人类活

---

① 基金项目:国家自然科学基金(41171073);浙江省自然科学基金(Y5110321);浙江省哲学社会科学基金(12JDHY01Z);宁波市社科规划项目(G12 - XK05);宁波大学研究生科研创新基金(G13065)。
作者简介:徐谅慧(1989—),女,浙江宁波人,硕士研究生,主要从事海岸带环境与资源开发的学习与研究。E - mail:xu_liang_hui89@126.com;
李加林(1973—),男,浙江台州人,教授,博士生导师,主要从事海岸带环境与资源开发研究,通讯作者;E - mail: nbnj2001@163.com。

动都给海岸带的资源环境带来了不同程度的负面影响,这也为实现可持续发展战略带来了很大的困难,因此,研究海岸带环境变化中人类活动因素以及其对海岸资源环境的影响对于实现经济的可持续发展具有重要的作用。

长期以来,在水利工程建设、港湾开发、河口整治、海洋资源能源开发等实践任务的驱动下,不同学科的学者就人类不同活动对海洋环境造成的影响展开了大量的工作,为海岸带资源开发及环境保护做出了重要的贡献。针对各类海岸带开发利用活动对海岸带资源环境的不同影响,本文拟从大河干流建坝蓄水工程建设、围填海工程、滨海旅游、海水养殖等方面重点论述其对海岸带资源环境产生的影响。

二、大河干流建坝蓄水工程建设的资源环境影响

随着人类生产和生活用水的不断增加,在河流的中上游地区都兴建起大量的截流蓄水或跨流域调水工程,这类工程在截流了部分水量的同时,也使河流的输沙量减少,对海岸带的资源和生态环境也将产生显著和潜在的影响。

(一)对水文泥沙的影响

重大水利工程的建设将显著改变河流的径流量和其原有的季节分配,这将直接引起河口水文情势的变化。此外,由于大河干流重大水利工程建设导致的河流入海泥沙减少,进而影响河口三角洲的演化[9]。河口三角洲海岸岸滩在新的动力泥沙环境下发生新的冲淤演变调整,原先淤涨型河口海岸,由于淤涨速度减缓,由强淤涨型转为弱淤涨型,甚至转化成平衡型或侵蚀型。Fanos[10]对埃及尼罗河修坝前后入海泥沙量进行了研究,研究表明尼罗河在修建阿斯旺大坝后,入海泥沙量减少98%;Carriquiry等[11]也指出,科罗拉多河上由于修建胡佛等大坝导致入海泥沙断绝;而从国内的研究来看,钱春林就引滦工程对滦河三角洲的影响展开研究,指出滦河因上中游修建了3个大型水库和引水供应天津、唐山和秦皇岛而导致海岸泥沙补给骤减,口门岸滩蚀退速率大约是工程前的6倍[12]。三峡工程的建设,将大量长江径流截流在库区,导致长江口入海泥沙大量减少,河口侵蚀海岸地区的淤积速度放缓,部分地区已出现海岸侵蚀现象。

(二)海水入侵

由于重大水利工程的拦蓄作用,流域中下游和河口的水量明显减少,使得海水入侵时间延长,海水倒灌距离加大,同时也造成了江水中氯化物的浓度升高。目前全世界范围内已有50多个国家和地区的数百个地段发生了海水入侵,主要分布于社会经济发达的滨海平原、河口三角洲平原及海岛地区。特别是进入20世纪80年代以来,我国渤海、黄海沿岸由于大型水利工程的建设,都出现了不同程度的海水入侵加剧现象[13]。海水的入侵也将引起地下水含水层变咸,滩地土地盐碱化,导致严重的地下饮用水短缺[14]。三峡水库每年10月份蓄水,下泄流量减少,可能会引起海水溯江而上,从而使宝钢等地工业用水、生活用水受到影响,长江三角洲沿海部分耕地会发生盐碱化。

(三) 对河口湿地的影响

建坝蓄水导致河流携带泥沙能力下降,使得部分三角洲从淤积型向侵蚀型转化,海岸线蚀退严重,造成了大量湿地的萎缩。此外,王国平等以向海湿地为研究对象,指出由于向海湿地上游的截流,洪水的消除或洪泛次数的减少,限制了河流与其以前形成的洪泛湿地之间的交换,也就限制了河床的摆动和新沼泽地的形成,更进一步减少了维持河边洪泛湿地生态系统所必需的水量,导致湿地逐渐萎缩、破碎,甚至大面积丧失,使本已脆弱的生态平衡遭到严重破坏[15]。

综观以上研究,目前对于大河干流水利工程的建设对于海洋资源环境的影响研究,大多以建坝蓄水工程的影响为主,且研究具有较强的针对性,大多是针对某一项具体工程的影响进行预测和评价,而对于多个水利工程所造成的综合累积影响的评价研究较为少见。同时,许多研究多侧重于建坝蓄水工程建设对于河流流域水文及生态环境造成的影响,而对于河口及海岸带地区资源环境的影响研究较为少见。因此,如何综合评价水利工程建设对海岸带资源环境造成的累积影响,将是水利工程建设对海岸带资源环境影响研究领域中需要迫切解决的问题。

三、围填海工程的资源环境影响

围海是指在海滩或浅海上通过筑围堤或其他手段,以全部或部分闭合的形式围割海域进行海洋开发活动的用海方式,其部分改变了海域的自然属性;填海是指筑堤围割海域填成土地,并形成有效岸线的用海方式,从根本上改变了海域的自然属性[16]。围填海包括围海造田、造陆、兴建港口、码头、防波堤、栈桥等,用于工农业的生产和城市建设,能够有效缓解当前经济发展过快与工农业用地不足的矛盾。但是,不恰当的围填海工程也将对海岸系统造成扰动,造成新的不平衡,甚至会引发一系列海洋环境灾害,对海洋环境构成不可逆转的影响或损失[17]。

(一) 对近岸流场的影响

围填海工程的建设,改变了局部海岸的地形及海岸的自然演变过程,导致了围垦区附近海域的水动力条件发生骤变,形成新的冲淤变化趋势[18],进而可能影响工程附近海岸的淤蚀、海底地形、港口航道、海湾纳潮量、河道排洪、台风暴潮增水、污染物运移等。

长期以来,不同的学者运用不同的研究方法针对具体地区围填海工程造成的流场变化进行了不同的研究。从研究方法来看,大多基于水力学或泥沙运动力学,通过建立数学模型或相关的物理模型来模拟或者计算工程前后流场的变化情况[19-21]。此外,也有基于 GIS 及 RS 手段,通过动态监测和目视解译等,从对近岸航运影响的角度来侧面反映围填海工程对近岸流场所造成的影响[22]。

从研究内容来看,李加林等[23]分别从河口、港湾、平直海岸、岛屿四个方面综合阐述了不同类型的围垦工程对水沙动力环境的影响。随着上海经济发展的日益推进,我国学者对围填海造成的长江口流场的变化展开了大量的研究,如曹颖等采用二维潮流数学模型模拟南汇东滩促淤围垦工程实施前后流场的变化,探讨围垦工程对邻近水域水动力产生的影响[24]。罗章仁[25]、郭伟和朱大奎[26]分别研究了近几十年来香港维多利亚港和深圳湾围垦工程对港湾纳潮面积、纳潮量、潮流速度等潮汐特征及港湾回淤的影响。此外,Guo 和 Jiao[27]也指出围填海加大了新增土地的盐渍化风险,加重了海岸侵蚀,使得海岸防灾减灾能力大大下降。

(二)对近岸海域生态系统影响

围填海改变了海洋的物理化学环境,会引起近岸海域生态系统结构的适应或破坏。围填海工程对近岸海域生态系统的影响一般可以分为对近岸浮游生物的影响和对近岸底栖生物群落的影响两方面。

对浮游动植物的影响主要集中在工程的施工过程中。施工过程中悬浮物浓度的增加将导致水质的浑浊,水体透明度、光照度、溶解氧等下降,从而抑制了浮游植物的细胞分裂和浮游动物的繁殖[28]。但是,这种影响一般都是暂时性和小区域的,当施工结束时影响也将随之消失。此外,从国外的研究来看,孙丽等[29]也指出由于韩国新万金围填海工程的实施,使得该海域内连续两年出现多环旋沟藻赤潮。

相对于围填海工程对浮游生物造成的影响而言,工程对底栖生物的影响更为直接,影响面及造成的危害也更广。围填海工程将永久性地改变海域原有的底质和岸线,将导致底栖生物被挖起死亡或被掩埋致死,并且这种影响将得不到恢复,从而使得海域生态环境被破坏。陈才俊[30]指出,在苏北竹港围垦一二个月内,沙蚕全部死亡,而生命力较强的螠蜒也在 7 年内基本死亡。Wu 等[31]在 1998—2000 年期间,通过对新加坡 Sungei Punggol 河口海岸围填海的大型底栖生物群落影响系统调查,指出由于围填海工程的实施,底栖生物的种类和丰度都明显下降。由此可见围填海给底栖生物造成了显著的破坏效应。

(三)对滨海湿地影响

围填海工程对海岸带滨海湿地的影响主要包括两方面:①侵占湿地,导致湿地景观环境变化;②在一定程度上造成湿地沉积环境的变异[32]。

张华国等[33]利用遥感数据,对杭州湾围垦淤涨情况进行了调查,指出自 1986 年以来,杭州湾地区的累积围垦面积已经达到 124.28 平方千米,是围垦最为集中的地区,大面积地占用了原有的滨海湿地,并且改变了滨海湿地的景观环境。Han 等[34]以我国南部海岸湿地为研究区域,指出南部的潮滩、红树林等湿地都出现了严重的退化,主要原因之一就是大规模、不合理的填海造地造成的。俞炜炜等[35]以福建兴化湾为例,评估围填海对滩涂湿地生态服务造成的累积影响。指出 1959—2000 期间,兴化湾滩涂面积减少了 21.35%,生态服务的年总价值损失达 86.3 亿元,损失幅度为 16.35%。

Sato[36]通过对日本 Isahaya 湾填海造陆工程对湿地的影响分析,指出由于工程的实施,湿地动物群的种类和平均密度出现了明显下降。与此同时,底栖动物中的多毛类种类迅速上升为优势种类;在湿地表层,过量的磷、氮等营养盐指标促使某些藻类大量滋生,叶绿素 a 含量大幅升高,形成"赤潮"。潘少明等[37]通过对香港维多利亚港的铅、锌、铜等重金属在沉积柱状样的分析,表明围填海过程中,沉积速率较快的海域,铅、锌、铜等重金属的污染也较严重。

上述研究多集中于围填海对湿地生态系统结构及功能的影响,研究方法也多局限于对湿地面积缩减程度的估计,对围填海与湿地功能丧失之间的耦合关系缺乏深入的研究。因此,以滨海湿地生态系统为纽带,探索围填海所造成的湿地生态功能损失的过程与机理,同时,将宏观(系统演化过程)与微观(环境要素物质循环过程)结合起来将是未来围填海工程对湿地生态系统影响的重点。

(四)对海洋渔业资源的影响

大规模的围填海工程给海岸环境带来影响的同时,也影响到了海洋各类资源,间接对相关海洋产业造成了影响。例如,随着大连凌水综合整治填海工程和小平岛房地产项目的开发,占据了大量海域,影响了鱼类的洄游,破坏了鱼群的栖息环境和产卵地,使得该海域渔业资源不断衰竭[38]。苏纪兰和唐启升[39]也指出,环渤海地区20世纪末期由于大量的围海养殖,使得河流断流,严重破坏了当地对虾的栖息地,从而导致了当时中国对虾捕捞业的衰退。然而由于不同种类的海洋生物迁徙能力及适应生态环境变化的能力不同,因此,栖息地丧失对于重要海洋生物资源的影响难以进行量化,只有通过对围填海工程附近的生物资源进行长期的动态监测和研究,并结合生物学和生态学实验以及历史数据,才能对围填海影响生物资源的过程、程度和机理有更为准确的认识,这也是今后研究的重点。

四、滨海旅游的资源环境影响

作为旅游目的地之一,滨海旅游已经越来越受到国内外游客的欢迎,海岸带也成为世界旅游业发展最快的领域之一[40]。由于海岸带环境具有高度的动态特征,因此,任何对海洋或者海岸带的自然环境及生态系统的干涉都可能对其的长期稳定产生严重的后果[41]。

(一)海水污染

世界各地的滨海旅游在开发和运营过程中,均造成了不同程度的海水污染,这些污染尤以加勒比海、地中海更为明显[42]。

Kuji[43]对滨海旅游水体污染进行了研究,指出海水污染的来源主要包括两类:海岸带景区化肥池的泄露以及陆源污水处理系统对污染物的排放,特别是高尔夫球场使用的肥料的泄露以及陆源餐馆污水的不合理排放,都不同程度地引起了邻近海域水体的富营养化。其次是游船在出游过程中,由于废污水的任意无制度排放以及固体废物的倾倒也将造成近海海域海水的污染。Marsh和Staple[44]通过对加拿大地区滨海旅游的调查研究发现,特别是在一些生态脆弱地区,游船活动已对其环境造成了重大的威胁。

(二)海岸线侵蚀

滨海旅游的开发也加剧了海岸线的侵蚀和后退。例如,观光海堤的修建,短期内影响了海岸带泥沙的季节分配,而从长期来看,则将引起海岸线后退和陆地面积的损失。同时,Baines[45]通过对SIDS地区的调查研究发现,由于游船航道的修建,导致了岸边礁石爆破,附近泥沙填充了航道,从而破坏了海岸带泥沙的循环平衡,更加加剧了海岸带的侵蚀。三亚地区由于滨海大道等的建设,也导致了该区域自2002年以来,海岸线以平均每年1~2米的速度向岸边推移[46]。

(三)砂质退化

砂质退化也是滨海旅游所引起的较严重的环境问题之一。在滨海旅游过程中,由于污水、垃圾、船舶油类的污染,沙滩的表层颜色已经从白向灰过渡[47]。同时,由于过多的游客的踩踏以及某些交通工具的随意停留,造成了沙滩紧实度增强,极大地降低了潮间带以及海岸带的生物多样性。

此外,国内外学者还对滨海旅游对海岸带地区的植被、土壤、大气等的自然环境影响做了大量的定性和定量的研究。如加拿大的Waterloo大学地理系的Wall和Wright[48]利用旅游环境影响的既成事实法、长期监测法和模拟实验法阐明了旅游对生态环境的影响与环境要素间的相互关系。就目前的研究来看,滨海旅游对海岸带资源环境的影响多集中于个案的研究,研究结论也基本以一定的案例为基础而得出。同时,国内的研究多以社会经济统计资料以及环境监测资料为基础数据,还比较缺乏对新技术("3S"技术)的应用。因此,如何有效利用先进的技术从定性和定量双方面来研究滨海旅游的资源环境影响,并且如何做好综合性的环境评价将是接下来研究工作所要关注的重点。

五、海水养殖的资源环境影响

近年来,由于海洋捕捞业长期的过度捕捞造成大部分鱼类资源下降,海水养殖业反而得到了迅猛的发展。海水养殖的生产和发展需要清洁的水域,于是其发展受到了海岸带其他人类活动的影响;反过来,由于某些海水养殖方式的不规范,也对周围海域的生态环境产生了影响[49]。

(一)对养殖水体自身环境的影响

1. 营养物质污染

世界各地的网箱鱼类养殖都带来了不同程度的饵料浪费和近海水域污染。20世纪80年代,欧洲在网箱养殖鲑鱼过程中,投入的饲料只有1/5被有效利用,其余部分都以污染物的形式排入了海水中[50]。据了解,1987年,芬兰由于海水养殖,向沿岸排放了952吨的氮和14吨的磷,占芬兰当年沿岸排放氮和磷的2%和4%[51]。许多研究表明,海水养殖外排水对邻近水域营养物质负载在逐年增大,排出的氮、磷营养物质成为水体富营养化的污染源[52]。虽然,就目前而言,海水养殖的排污量与其他人类活动向海洋排污量相比比重并不大,但是已经有研究表明,某些海湾地区高密度的海水养殖与近海赤潮发生具有一定的相关性,从而将威胁到养殖鱼类、虾类和贝类的安全性[53]。

2. 药物污染

海水养殖中的化学药物主要用于鱼类的治病、清除敌害生物、消毒和抑制污损生物。据了解,1990年挪威在海水养殖上使用的抗生素已经超过了农业上的使用量[54]。海水养殖中的药物有一大部分将会直接进入到近海海域海水中,造成该区域海洋环境的短期或者长期退化。例如珠江口流域曾经因为使用大量硫酸铜来治理虾病,从而造成了该地区水环境中存在着相当严重的重金属铜污染[55]。同时,一些药物在养殖的生物体内残留和积累也将成为潜在的威胁,进而对整个水体的生态系统乃至人体造成危害。

(二)对近海生物的影响

相对于自然生态系统来说,海水养殖这一人工的生态系统比较单一,需要依靠人工的调节来维持其内部的平衡。从可持续发展的角度出发,大量的单物种海水养殖,必然造成浅海或内湾内生物多样性向单一性转化,使得海洋生物"内循环"发生变异,甚至导致物质循环平衡失调。如桑沟湾的研究表明,浮游植物的生物量与贝类滤水率成反比关系[56]。

当然,海水养殖对海洋生物生态系统的影响并不都是有害的,海水养殖在一定程度上能够缓解由于过度捕捞造成的鱼类资源下降和自然环境变化的局面。海水养殖还能将人工培育、繁殖的苗种释放到渔业资源衰退的自然水域中,使其自然种群得以恢复。然而,海水养殖对自然种群基因多样性的破坏却远远超过了它的正效应。海水养殖过程中许多逃逸的鱼类可能会将自身携带的疾病甚至有害基因扩散到野生群体中,给天然基因库带来基因污染的潜在威胁。Svendrup[57]通过研究发现经过基因改造的大洋鲑逃逸后与野生鲑鱼交配产生变种鱼类,使得缅因湾和芬迪湾的野生鲑鱼面临着灭种的威胁。此外,也有研究表明,逃逸的物种即使不与野生物种交配,但是也会与其竞争事物和栖息地导致当地物种灭绝。

(三)对海岸滩涂、红树林的影响

在养殖对生态环境破坏的众多影响中,养虾业对滩涂、红树林的破坏最为明显。进入21世纪以来,全世界越有1 000~1 500公顷的沿海低地被改造为养虾池,其中大部分低地都为红树林、盐碱地、沼泽地或农用地,而这些低地曾经对维持生态环境的平衡起着不可比拟的作用。

滩涂湿地和红树林在维持生物多样性上更是有着着重要的生态学价值,它们既是海洋生物栖息、产卵场所,又是天然的水产养殖场。但是由于一系列盲目及缺乏规划的开发措施,破坏了滩涂和红树林这些禁忌种类的自然栖息环境。例如大规模的对虾养殖以及不合理的开发导致了滩涂生态环境的破坏,大量的滩涂贝类也遭到了不同程度的破坏[58]。又如通过对Patía河口三角洲的研究,由于海水养殖等一系列的人为活动影响,导致最大的红树林国家公园受到了毁灭性的打击[59]。同时,丧失了红树林就会丧失由它维持的捕捞产量,并使污染物积累、土壤酸化[60]。

六、其他人类活动对海岸带资源环境影响

除此之外,其他人类活动如海岸采矿、污染物排放等也将对海岸带造成不同程度的影响。

我国海岸带有着丰富的砂矿资源,是建筑材料的重要组成部分之一。合理的开发和利

用砂矿资源,能够有效地促进我国社会经济的发展,但是不合理的开采将会破坏海岸的动态平衡从而引起一系列的海洋灾害。李凡[4]指出山东省蓬莱市北海岸地区由于某单位的随意采砂,导致浅滩附近水深增加,加剧了海浪侵蚀海岸导致该岸段的土地、房屋倒塌,造成重大损失。此外,张振克[61]通过实地考察,也提出近40年来,芝果岛北岸小海湾沿岸砾石堤由于人为的过度采运砾石,使得砾石堤的规模不断缩小,抵抗海浪的能力大大减弱,从而海蚀崖崩塌过程频繁发生。

人类生产生活中不同污染物的排放也将对海洋的资源环境,甚至对海洋水产品产生影响。首先,大气中二氧化硫、氮氧化物在湿度较大的空气中将形成酸雨,破坏海洋原有的酸碱平衡,而大气中的总悬浮物(TSP)沉降到海面上也将造成海洋生态环境的变化以及鱼类的减产。其次,随着工农业污水以及生活污水不断排入海洋,使得海洋中溶解氧和悬浮的有机物、无机物不断增多,从而造成海水富营养化,引发大面积的赤潮。陈玉芹[62]指出,2001年中国近海赤潮发生频发,特别是浙江省,两次较大的赤潮造成了渔业损失达人民币近3亿元。此外,工业部门、生活垃圾等固体废弃物也会对海洋环境造成影响,各类有害物质和重金属随着河流流入海洋,通过被鱼类吸收而影响海洋环境及水产品的质量。

七、总结与研究展望

以上综述了近几十年来国内外有关人类活动对海岸带资源环境影响研究的主要进展。在过去的半个多世纪里,国内外学者从大河干流建坝蓄水工程建设、围填海工程、滨海旅游、海水养殖等方面,对人类活动所造成的海岸带资源环境影响的实地检测以及理论模拟分析等取得了许多成就,为更好地构建人地关系的生态过程以及生态环境变化对人类的反馈模式提供了必要的前提和基础。尽管如此,由于海岸带资源环境系统的庞大性和复杂性,加之不同区域区域特色显著,因此进行深入研究仍是必要的,今后需要深入研究的方面包括以下几项。

(1)已有的各项研究通常是只针对某一地区的某一项工程或人类活动的影响,缺乏综合累积影响的评价研究(即要不尽探讨某一具体水利工程的资源环境影响,要不局限于某一旅游开发的影响等),而这些海岸带活动通常是共同制约着海岸带资源环境的变化。因此,今后应在海岸带环境组成要素系统分析的基础上,综合探讨不同的人类开发方式对其造成的影响,通过海岸带环境的自然演替与人类活动效应的综合对比,以此来揭示人类活动影响下的海岸带资源环境演化原理和机制,寻求人类活动和海岸带资源环境演化的平衡点。

(2)已有研究大多以一个地区为例进行研究,而对于同一海岸(大河)工程对不同地域不同海岸环境所造成的资源环境影响的对比甚少。如中国三峡水坝建设与埃及阿斯旺大坝建设对海岸带资源环境影响的对比等。因此今后可以加强对同一类人类活动的资源环境影响的对比研究。

(3)此外,对于旅游等第三产业开发活动的海岸带资源环境影响,国内的研究多以社会经济统计资料以及环境监测资料为基础数据,还比较缺乏对新技术(如"3S")技术的应用。因此,随着高新技术的迅速发展,如何有效利用先进的技术从定性和定量双方面进行深入研究,并且如何做好综合性的环境评价将是接下来研究工作所要关注的重点。

(4)由于海岸带资源环境的特殊性,还应加强地理学、环境学、海洋生物学、物理学、数学、气象气候学[63]等多学科的综合研究,探讨人类活动对海岸带资源环境的影响机制,寻求土地综合高效利用与海岸带生态环境保护及重建的海岸带可持续发展道路是未来人类活动对海岸带资源环境影响研究的发展趋势。同时,海岸带的开发管理,还应结合体制与政策等,加快政府职能转变,提高管理和服务质量,从而真正实现海岸带的可持续发展[64]。

参考文献

[1] 钟兆站. 中国海岸带自然灾害与环境评估. 地理科学进展,1997年,第3卷,第1期,第47-53页.

[2] Ahana Lakshmi, R Rajagopalan. Soci-economic implications of coastal zone degradation and their mitigation: a case study from coastalvillages in India. Ocean & Coastal Management. 2000, 43: 749-762.

[3] 李天杰,宁大同,薛纪渝,等.《环境地学原理》. 北京:化学工业出版社,2004年.

[4] 李凡,张秀荣.《人类活动对海洋大环境的影响和保护策略》. 海洋科学,2000年,第24卷,第3期,第6-8页.

[5] 马龙,于洪军,王树昆,姚菁.《海岸带环境变化中的人类活动因素》. 海岸工程,2006年,第4卷,第25期,第29-34页.

[6] 李萍,李培英,徐兴永,杜军,刘乐军.《人类活动对海岸带灾害环境的影响》. 海岸工程,2004年,第3卷,第4期,第45-49页.

[7] 聂红涛,陶建华.《渤海湾海岸带开发对近海水环境影响分析》. 海洋工程,2008年,第26卷,第3期,第44-50页.

[8] 毛龙江,张永战,张振克,等.《人类活动对海岸海洋环境的影响——以海南岛为例》. 海洋开发与管理,2009年,第26卷,第7期,第96-100页.

[9] Syvitski J P M, Vorosmarty C J, Kettner A J, et al. Impact of humans on the flux of terrestrial sediment to the global ocean. Science, 2005, 308: 376-380.

[10] Fanos A M. The impacts of human activities on the erosion and accretion of the Nile Delta coast. Journal of Coastal Research, 1995, 11: 821-833.

[11] Carriquiry J D, Sánchez A, Camacho-Ibar V F. Sedimentation in the northern Gulf of California after cessation of the Colorado River discharge. Sedimentary Geology, 2001, 144: 37-62.

[12] 钱春林.《引滦工程对滦河三角洲的影响》. 地理学报. 1994年,第49卷,第2期,第158-166页.

[13] 刘杜娟.《中国沿海地区海水入侵现状与分析》. 地质灾害与环境保护. 2004年,第15卷,第1期,第31-36页.

[14] 陈沈良,陈吉余.《河流建坝对海岸的影响田》. 科学,2002年,第54卷,第1期,第12-15页.

[15] 王国平,张玉霞.《水利工程对向海湿地水文与生态的影响》. 资源科学,2002年,第24卷,第3期,第34-38页.

[16] 马军.《大连围填海工程对周边海洋环境影响研究》. 大连海事大学,2009年,第10期,第3页.

[17] 郭伟,朱大奎.《深圳围海造地对海洋环境影响的分析》. 南京大学学报(自然科学版),2005年,第41卷,第3期,第286-296页.

[18] 周安国,周大成,姚炎明.《海湾围垦工程作用下的动力沉积响应》. 环境污染与防治,2004年,第26卷,第4期,第281-286页.

[19] 宋立松.《钱塘江河口围垦回淤过程预测探讨》. 泥沙研究,1999年,第3期,第74-79页.

[20] 姚炎明,沈益锋,周大成,等.《山溪性强潮河口围垦工程对潮流的影响》. 水力发电学报,2005年,

第 24 卷,第 2 期,第 25 – 29 页.

[21] 吴创收.《华南流域人类活动和气候变化对入海水沙通量和三角洲演化的影响》.上海:华东师范大学,2012 年,第 6 期.

[22] 周沿海.《基于 RS 和 GIS 的福建滩涂围垦研究》.福建:福建师范大学.2004 年,第 6 期.

[23] 李加林,杨晓平,童亿勤.《潮滩围垦对海岸环境的影响研究进展》.地理科学进展,2007 年,第 26 卷,第 2 期,第 44 – 46 页.

[24] 曹颖,朱军政.《长江口南汇东滩水动力条件变化的数值预测》.水科学进展,2005 年,第 16 卷,第 4 期,第 581 页.

[25] 罗章仁.香港填海造地及其影响分析[J].地理学报,1997 年,第 52 卷,第 3 期,220 – 227.

[26] 郭伟,朱大奎.《深圳围海造地对海洋环境影响的分析》.南京大学学报(自然科学版),2005 年,第 41 卷,第 3 期,第 286 – 296 页.

[27] GUO H P, JIAO J J. Impact of coastal land reclamation on ground water level and the sea water interface [J]. Ground Water, 2007, 45(3):362 – 367.

[28] 孙志霞.《填海工程海洋环境影响评价实例研究》.中国海洋大学,2009 年,第 6 期,第 68 页.

[29] 孙丽,刘洪滨,杨义菊.《中外围填海管理的比较研究》.中国海洋大学学报(社会科学版),2010 年,第 5 期,第 40 – 46 页.

[30] 陈才俊.《围垦对潮滩动物资源环境的影响》.海洋科学,1990 年,第 14 卷,第 6 期,第 48 – 50 页.

[31] WU Ji hua, FU Cuizhang, FAN Lu, et al. Changes in free – living nematode community structure in relation to progressive land reclamation at an intertidal marsh. Applied Soil Ecology, 2005, 29(1): 47 – 58.

[32] 李杨帆,朱晓东,王向华.《填海造地对港湾湿地环境影响研究的新视角》.海洋环境科学,2009 年,第 28 卷,第 5 期,第 574 页.

[33] 张华国,郭艳霞,黄韦艮,等.《1986 年以来杭州湾围垦淤涨状况卫星遥感调查》.国土资源遥感,2005 年,第 2 期,第 50 – 54 页.

[34] HAN Q, HUANG X, SHI P, et al Coastal wetland in South China: D egradation trends, causes and protection counter m easures. Chinese Science Bulletin, 2006, 51, (Supplem ent):121 – 128.

[35] 俞炜炜,陈彬,张珞平.《海湾围填海对滩涂湿地生态服务累积影响研究——以福建兴化湾为例》.海洋通报,2008 年,第 27 卷,第 1 期,第 88 页.

[36] SATO S, KANAZAWA T. Faunal change of bivalves in Ariake Sea after the construction of the dike for reclamation in Isahaya Bay, Western Kyushu,Japan. Fossils (Tokyo), 2004, 76: 90 – 99.

[37] 潘少明,施晓冬,王建业,等.《围海造地工程对香港维多利亚港现代沉积作用的影响》.沉积学报,2000 年,第 18 卷,第 1 期,第 22 – 28 页.

[38] 马军.《大连围填海工程对周边海洋环境影响研究》.大连:大连海事大学,2009 年,第 6 期.

[39] 苏纪兰,唐启升.《中国海洋生态系统动力学研究》.北京:科学出版社,2002 年.

[40] Hall C M. Trends in ocean and coastal tourism:the end of the last frontier. Ocean & Coastal Management, 2001,44:601 – 618.

[41] Cicin – Sain B,Knecht R W. Integrated coastal and ocean management:concept and experiences. Washington,DC:Island Press,1998.

[42] 梁修存,丁登山.《国外海洋与海岸带旅游研究进展》.自然资源学报,2002 年,第 17 卷,第 6 期,第 783 页.

[43] Kuji T. The political economy of golf. AMPO. Japan – Asia Quarterly Review,1991,22(4):47 – 54.

[44] Marsh J, Staple S. Cruise tourism in the Canadian Arctic and its implication. Hull C M, Johnston M E. Polar Tourism:Tourism in the Arctic and Antarctic Regions. Chichester:Wiley, 1995:63 – 72.

[45] Baines J B K. Manipulation of islands and men:sand – cay tourism in the South Pacific. Britton S, Clark W C. Ambiguous Alternative:Tourism in Small Development Countries. Suva:University of the South Pacific,1987,16 – 24.

[46] 赵善梅,陈扬乐.《浅析海南滨海旅游开发对环境的影响》.第十四届全国区域旅游开发学术研讨会暨第二届海南国际旅游岛大论坛论文集.2009年,第11期.

[47] 吴宇华.《北海市银滩国家旅游度假区西区的环境问题》.自然资源学报,1998年,第13卷,第3期,第258页.

[48] Wall G, Wright C. The Environmental Impact of Outdoor Recreation. University of Waterloo, 1977.

[49] Gowen R J, Bradbury N B. The Ecological impact of salmonid farming in coastal waters:Areview. Oceanogr Mar Biol Ann Rev, 1987, 25:563 – 575.

[50] Ackefors H. Enell M. Discharge of nut rients from Swedish fish farming to adjacent sea areas. Amb io, 1990,19:28 – 35.

[51] CES. Environmental impacts of mariculture. // ICES(International Council for the exploration of the Sea) Cooperative Research report. Copenhagen:ICES,1989.

[52] 李文权,郑爱榕,李淑英.《海水养殖与生态环境关系的研究》.热带海洋,1993年,第32卷,第12期,第33 – 39页.

[53] ENT STROEM S, FONSELIUS S. Hypoxia and eutrophication in the soughern katteegat. The Exploration of the Sea. Katteegat:Marine Science of Katteegat, 1994, 38:115 – 145.

[54] 刘家寿.《投饵式网箱养鱼对环境的影响》.水利渔业,1996年,第8卷,第1期,第32 – 34页.

[55] 贾晓平,蔡文贵,林钦.《我国沿海水域的主要污染问题及其对海水增养殖的影响》.中国水产科学,1997年,第4卷,第4期,第78 – 82页.

[56] 计新丽,林小涛,许忠能,等.《海水养殖自身污染机制及其对环境的影响》.海洋环境科学,2000年,第19卷,第4期,第66 – 71页.

[57] SVENDRUP – JENSON S. Fish demand and supply projections. Naga, 1997, 20(9):112 – 127.

[58] 国家科学技术部.《浅海滩涂资源开发》.北京:海洋出版社,1999年.

[59] Juan D. Restrepoa, Albert Kettner. Human induced discharge diversion in a tropical delta and its environmental implications:The Patía River, Colombia. Journal of Hydrology, 2012, 124 – 142.

[60] Ong J E. Man groves and aquaculture in Malaysia. Ambio, 1989, 18:252 – 257.

[61] 张振克.《人类活动对烟台附近海岸地貌演变的影响》.海洋科学,1995年,第3期,第59 – 62页.

[62] 陈玉芹.《赤潮与海洋污染》.唐山师范学院学报,2002年,第2期,第11 – 12 + 40页.

[63] Rute Pinto, Filomena Cardoso Martins. The Portuguese National Strategy for Integrated Coastal Zone Management as a spatial planning instrument to climate change adaptation in the Minho River Estuary (Portugal NW – Coastal Zone). Environmental Science & Policy, 2013, 33(2013)76 – 96.

[64] 杨义勇.《我国海岸带综合管理问题研究》.广东:广东海洋大学,2013年,第6期.

浅论江苏海洋经济发展战略

沈永明,时海东

(南京师范大学 地理科学学院)

摘要: 江苏就陆地经济而言是一个经济大省,就海洋经济而言,江苏在沿海省市中却是海洋经济小省,江苏只有让海洋经济蓬勃发展起来,才能成为名副其实的经济大省。江苏丰富的海洋资源,优越的海洋开发条件,为江苏海洋经济的开发提供了有力的保障。江苏是经济大省,有能力加大对海洋经济开发的投资力度。江苏应从港口、海洋运输业、海洋渔业、滩涂农林牧业、海洋矿产与海洋能源工业、滨海旅游业、海洋科技与高新技术产业等方面发展海洋经济。

关键词: 海洋资源;海洋开发;海洋经济;江苏

在当今全球粮食、资源、能源供应紧张与人口迅速增长的矛盾日益突出的情况下,开发利用海洋中丰富的资源,已是历史发展的必然趋势。因此,世界各沿海国都十分重视海洋的开发,一场以开发海洋资源为主要内容的"蓝色革命"正在全球兴起。

江苏是沿海省份,有着丰富的海洋资源,如渔业资源、盐业资源、港口资源、滩涂资源、海底油气资源、海洋能源资源等等。就全国而言,江苏可称得上是经济大省,但这是就陆地经济而言的,如果就海洋经济而言,在沿海省市中却是海洋经济小省,江苏的海洋资源还未得到有效的开发。根据经济的一般规律,国际上发达的地区和城市大多在沿海,但江苏沿海经济带成为我国沿海发达地区中的经济洼地,也成了江苏经济腾飞的沉重负担,可以说,江苏近年来经济增速的趋缓与沿海地区经济发展滞后有很大的关系。江苏沿海落后的现状与时代发展海洋经济的要求、广大人民群众致富求发展的迫切愿望不相适应,与江苏经济强省的身份极不相称。江苏只有让海洋经济蓬勃发展起来,才能成为名副其实的经济大省。因此,无论是从世界开发海洋的总趋势来看,还是从实现江苏经济的可持续发展来看,江苏都必须实施海洋开发。发展海洋经济应当成为江苏沿海地区区域经济发展的主流。

海洋经济的涵盖面广,包括港口和海洋运输业、海洋渔业、滩涂农林牧业、海洋矿产与海洋能源工业、滨海旅游业、海洋科技与高新技术产业等。江苏沿海地区是包括江苏境内紧靠黄海由北向南排列的连云港、盐城、南通三个地级市,该地区地处我国沿海、沿江(长江)、沿线(陇海铁路)三条生产力布局主轴线的交会区域,其中的南通、连云港是我国首批对外开

---

① 基金项目:浙江省海洋文化与经济研究中心项目(13HYJDYY08)。
作者简介:沈永明(1970—),男,博士,教授,主要从事海洋资源开发与海洋经济研究。

放的港口城市,沿海的其他各市县也较早地被列入我国对外开放地区,因此,江苏沿海地区的外向开拓条件优越,海水、淡水、交通、电力、人力资源丰富,拥有较好的地理、人文、自然优势,发展海洋经济条件优越。江苏的海洋开发可以从以下几个方面来进行。

一、港口和海洋运输业

江苏沿海地区的产业发展,优先考虑的应当是港口及海洋运输业。这是基于以下几点。

(1)江苏港口产业的比较优势明显。南通市滨江临海,紧靠上海,南通港兼有海港、河港之利,1998年货物吞吐量突破2 000万吨,在全国沿海港口中列第10位,在全国内河港口中列第2位。吕四、洋口港区水域深而宽广,是江苏沿海不可多得最具开发价值的天然深水良港,经专家论证,是适宜建设10万吨以上深水大港的理想水域;连云港具有位于陇海线东端的优势,是第二欧亚大陆桥的"东桥头堡";盐城市拥有江苏中部沿海港口群。

(2)港口产业经济关联度大,港口工业与钢铁、运输、仓储、造船、贸易等众多行业密切相关。通过港口产业的发展,能更好地带动相关产业的发展,从而将地区经济融为一个整体,牵一发而动全身,推动地区经济的全面发展。同时,港口工业较多地涉及重化工行业,这有利于沿海地区工业发展思路由轻工业优先发展战略向重化工优先发展战略的转变,推动产业结构的升级。

(3)港口产业及海洋运输业拓展了经济发展的空间,港口和海洋运输业大发展就意味着把握了运输量最大、运输成本最低的运输方式,意味着充分发挥了沿海城市的特有优势,增强了自身向周边地区的辐射能力,从而极大地拓展了经济发展空间。

为此,海洋交通运输业要密切配合江苏省经济、社会发展和经济国际化的需要,努力为江苏省和其他省区对外开放服务。根据最新的统计资料,目前我国的港口运输中,一方面,一些中小型港口的货运量不足,另一方面,一些大型的专业化的港口不能满足日益增长的货运量的需要,所以江苏省应加快建设具有先进设备的专业化港口及其支持保障体系,发展海运船队,创造条件开辟近海、远洋海运航线,积极参与组建以上海港为中心的国际航运中心。到2010年,建立布局合理、功能协调的沿海港口体系和港、航、船结合,国内外联系通畅的海上运输体系。

二、海洋渔业

江苏管辖的海域有3.75万平方千米,沿海有全国四大渔港之一的吕四渔港,还有如东洋口港等。海域内除有丰富的海洋渔业资源外,还有适宜浅海养殖的滩涂和水域,海洋渔业应从以下几个方面着手。

(1)海水养殖业:在继续发展对虾、贝类、藻类等传统海水养殖,大力提高经济效益的同时,重点发展海珍品和鱼类养殖,养殖结构跟踪市场需求,以求进一步优化养殖结构。

(2)海洋捕捞业:重点发展远洋捕捞,进一步扩大捕捞的海域和远洋渔业基地,使远洋捕捞在整个海洋渔业中比重有比较大的提高,不断提高远洋捕捞的技术装备和效益。

(3)水产品加工业:在加大水产品产量的同时,建设一批具有先进技术和规模效益的加工基地,实现水产品加工的现代化,提高水产品的加工量和附加值。

三、海涂业

浅海和滩涂是海洋资源的重要组成部分。合理开发,科学利用滩涂资源,逐步拓展新的生存与发展空间,是人类认识自然、改造自然的必然趋势。江苏海涂面积5 100平方千米,占全国海涂总面积的1/4,且以每年2万亩的速度扩展,是全省重要的土地后备资源,这对于近几年平均每年减少40余万亩耕地同时又要缩小农产品供需缺口的江苏省,意义是极其深远的。

围绕滩涂海洋优势,提升海洋产业,逐步把海涂建成水产品养殖和加工基地,如文蛤、竹蛏、虾类、紫菜、海带等水产品的养殖和深加工。

围绕滩涂生产优势,发展高效农业,逐步把海涂建成农副产品生产基地。以沿海的中部县(市)为重点,大力围垦沿海滩涂,增加耕地面积,种植水稻、棉花、油料作物,将种植业向条子泥等辐射沙洲推进,在辐射沙洲建立大规模、现代化的海洋农场。加快特种经济作物新品种和新技术的引进,加快发展海水蔬菜和绿色食品生产基地。

围绕滩涂生产优势,发展滩涂林业,继续完善、培育好第一道沿海防护林生态屏障,在滨海围垦的新海堤建设第二道防护林生态屏障,跟踪滩涂围垦和粮棉种植,不断扩大农田林网。

四、滨海旅游业

江苏沿海旅游带拥有良好的海滨自然生态环境——世界独特的大规模广场型淤泥质海岸,发展旅游特别是生态旅游及海滨度假休闲、观光旅游具有广阔的前景。

利用滩涂自然优势,逐步把海涂建成独具特色的旅游休闲基地。重点建设南黄海旅游度假区,进一步开发和建设如东县内的范公堤、启东市内的圆陀角、大丰县内的丹顶鹤自然保护区观光等特色景点区和"海上迪斯科"等特色娱乐区项目,形成集回归自然、休闲、观光、娱乐为一体的别具韵味的休闲旅游风景带。滨海旅游业要抓住机遇,配合其他海洋产业的发展,加快旅游业资源的开发,强化旅游基础设施建设,完善配套功能,开发特色旅游产品。

五、沿海能源工业

江苏能源资源的短缺和经济发展的需求,使江苏的能源工业显得尤为重要,江苏沿海地区经济的开发与腾飞尤其需要能源工业作保证。

一方面,江苏南黄海盆地内约有29亿吨以上的石油天然气资源储量,加快开发这一资源将有力地缓解江苏能源不足的瓶颈,增强经济发展后劲。黄海是我国东部四海中唯一没有开采油气的海域

另一方面,采用低成本、大运量的海洋运输从北方的能源大省运进煤炭,利用广阔的

海涂建造港口火电厂,如国家能源部大唐电厂正在吕四港投资250个亿建设一期发电量 4×60万千瓦、二期发电量2×90万千瓦的火力发电厂;或者运进低用量、高效能的核燃料, 建设核电厂,如连云港正在建设的田湾核电站;利用先进的技术逐步开发无污染的新能源, 如风能发电、潮汐能发电,如东洋口港60万~80万千瓦风电项目的正在报批中。

六、其他临海工业

从长远发展看,发展临海工业是江苏省沿海地区走向发达富裕的主要途径。江苏除发展上述的港口火电、沿海核电站等能源工业外,还要大力石油化工、制碱、钢铁和造船等现代化临海工业,形成连云港、南通、吕四、灌河口、大丰等临海工业基地。江苏沿海经济发展面临良好的国际化环境和机遇。近10年来全球IT行业重组和产业转移,珠江三角洲及苏南地区受益匪浅,这一轮产业转移已接近尾声。下一轮产业转移的重点将是以临港工业群为特征的重化工业的转移,包括大型冶金工业、机械工业、造船业和石化工业。苏通大桥、沪崇苏南遂北桥竣工后,苏北沿海经济带与上海之间的交通障碍得以消除,前者必将受到后者的强烈辐射。如果能对苏北沿海地区进行高层次的规划和建设,加上原有的优势,苏北沿海地区将成为迎接下一轮国际重化工业产业转移的最有利地带。

七、海洋高新技术产业

海洋高新技术产业是现代海洋经济发展最具潜质的新兴领域,也是建设海洋经济强省的一个重要标志,确立这一领域的竞争优势,将大大拓展海洋经济发展的空间。江苏省要通过对海洋科技开发的资金投入和人才培养,加强对江苏海域的海洋科学技术研究,采取积极的扶持政策和措施,加快发展海洋高新技术产业,争取在海洋生物医药、功能保健食品和化妆品、海洋生物化工和工程材料,海洋环保技术及设备,海水综合利用,海洋能源开发等新兴领域取得新突破。

另外,为实现上述海洋经济发展的战略目标,还需要做好以下工作。

(1)加强基础设施建设。江苏沿海地区要高标准地建设一批事关经济发展全局的重大基础设施工程,如沿海交通、水利、电力、邮电通信等基础设施建设。加快推进以新长铁路和通盐、盐淮、盐连高速公路为重点的交通运输基础设施建设,加快宁通、宁连、连徐、汾灌高速公路建成通车,基本形成以南通、盐城、连云港三市市区为中心、连接周边县镇的城市快速通道网络,为发展海洋经济创造良好的外部环境。

(2)多渠道筹集资金,努力增加投入。海洋经济的开发需要较高的资金投入,加上江苏沿海地带原有的经济基础较薄弱,需要各级政府和部门多渠道筹集资金。江苏是一个经济强省,有能力对沿海地区海洋开发的投入,关键是政府应该适当进行统筹和协调。

(3)加强海洋科技开发和人才培养。坚持科技兴海和可持续发展战略,不断提高开发和保护海洋的科技水平。科研是海洋高新产业发展及可持续发展的支柱和后盾。所以,发展江苏的海洋经济必须依靠科技力量和科技人才,发展海洋经济要认真贯彻"开发海洋必须有领先的科学技术"的方针,发展海洋科技必须加强海洋科技人才的培养,不断提高江苏海洋科研和产业技术水平,为建设"海上苏东"提供有力的技术保障。

(4)加大沿海地带的对外开放力度。加大沿海地带的对外开放力度,有利于更好地吸引外资和技术,更好地把握市场供求信息,充分利用国内外的资源,促进沿海外向型经济的发展。

(5)加强海洋管理,强化海洋立法。实施江苏海洋开发战略,必须切实加强海洋管理,充分利用海洋资源,严格按照海洋功能区划来指导海洋的开发利用,实施海洋综合开发,优化海洋经济区域布局,发挥资源的最大效益,带动和推进沿海地区经济的快速发展,保证资源、环境、人口的和谐统一。

(6)加强海洋环境保护。加强海洋环境和生态保护,营造美丽、洁净的海洋环境,保护良性循环的海洋生态系统。没有一个优良的海洋生态环境,就谈不上现代海洋经济,更谈不上可持续发展。所以,为确保海洋经济可持续发展,沿海各级政府和有关部门要采取得力措施,从海洋环境的监测、污染源控制等方面入手,坚持标本兼治,切实做好海洋环境及生态保护工作。要严格控制陆源污染,在重点海域实施总量控制,尽快遏制江苏沿海海洋环境质量下降的趋势。

参考文献

[1] 陈君,陆丽云. 江苏沿海滩涂后备土地资源的开发研究. 海洋科学,2001年,第25卷,第10期,第23-25页.
[2] 周玉翠,韩艳红. 新形势下东部沿海地区产业选择. 经济问题探索,2008年,第6期,第18-22页.
[3] 沈永明. 盐城沿海地区生态旅游资源及其开发. 地域研究与开发,2004年,第23卷,第1期,第52-55页.
[4] 陆丽云,张忍顺,陈君. 江苏沿海辐射沙洲开发利用的前景. 南京师大学报,2002年,第25卷,第3期,第18-24页.
[5] 陈君,张长宽,林康,等. 江苏沿海滩涂资源围垦开发利用研究. 河海大学学报(自然科学版),2011年,第39卷,第2期,第213-219页.
[6] 江苏省GEF湿地项目办公室. 盐城滨海湿地生态价值评估及政策法律、土地利用分析. 南京:南京师范大学出版社,2008年,第25-30页.
[7] 刘永忠. 建设海上连云港 实现海洋经济新跨越. 海洋开发与管理,2003年,第2期,第4-6页.
[8] 叶立新. 江苏省海洋经济可持续发展研究. 商业研究,2005年,第15期,第122-125页.
[9] 楼东,谷树东. 中国海洋资源发展现状及海洋产业发展趋势分析. 资源科学,2005年,第9卷,第5期,第20-26页.

宁波港集装箱海铁联运的发展对策

张星星[1]，刘婷婷[1]，刘桂云[1,2]

(1. 宁波大学；2. 浙江省海洋文化与经济研究中心)

摘要：随着港口货物吞吐量的增长，宁波港集装箱海铁联运的发展越来越重要，研究其发展对策对于推动港口升级换代具有重要意义。本文在综合调研的基础上，对宁波港集装箱海铁联运进行了 SWOT 分析，分析其存在的优势与机遇以及劣势与挑战。进而，借鉴国内外发展经验，从建设硬软件基础设施、部门协调机制、信息平台建设和人才培养机制、优化口岸环境等方面研究了其发展对策。

关键词：宁波港；集装箱；海铁联运

海铁联运是一种综合的交通运输方式，只需要申报一次、查验一次、放行一次便可完成整个运输过程，具有安全、高效、环保节能、成本低、管理方便等特点。国内外各大港口非常重视集装箱海铁联运方式的发展，2011 年 10 月 12 日，宁波市列入全国首批 6 个集装箱海铁（铁水）联运通道示范项目之一。宁波港集装箱海铁联运发展状况良好，2013 年突破 10 万标准箱，同比增长 76.2%。同时，宁波港集装箱海铁联运发展仍然存在一些问题，诸如基础设施建设需要进一步加强、运行成本较高等。针对这些问题，研究宁波港集装箱海铁联运的发展对策，有利于提高港口集疏运效率，提升港口服务水平，推进宁波港国际强港建设。

一、国内外集装箱海铁联运发展现状

(一) 国外港口集装箱海铁联运的发展现状

海铁联运具有的优势使其在交通运输中扮演着十分重要的角色，是各港口集装箱运输组织的首选方式。发达国家港口集疏运中，海铁联运比例约为 30%。美国比例最高，达到 40%；德国约为 20%；法国为 30% ~ 35%；印度约为 25%，而发展中国家比例较低，中国仅仅为 3% 左右。1983 年起，美国便开始采用双层铁路集装箱列车，大大降低了运输成本，提高

---

① 基金项目：宁波市人才项目（D01063124300）；国家软科学项目（2013GXS2D025）；宁波市海洋专项项目（E00300134302）。
作者简介：张星星（1991—　），女，浙江丽水人，本科生，研究方向为物流管理；
刘婷婷（1993—　），女，浙江衢州人，本科生，研究方向为物流管理；
刘桂云（1972—　），女，辽宁鞍山人，教授，研究方向为港口管理。

了经济效益。在欧洲,铁路运价机制比较灵活,信息与通讯网络发达。在比利时的安特卫普港,每天平均有 100 多列班车通过。而荷兰的鹿特丹港,港区内部拥有完善的海铁联运设施,大大方便了货物快捷地运送至欧洲其他国家。拥有欧洲最好集疏运系统的德国汉堡港,拥有直通码头和转运方便的铁路路线。

（二）国内港口集装箱海铁联运的发展现状

从货物吞吐量看来,中国港口发展态势良好,2013 年集装箱货物吞吐量世界前 10 位港口排名中,中国大陆占据了 6 席,宁波—舟山港排名第六。同时,各大港口非常重视铁路疏港方式和海铁联运的发展,2011 年,交通运输部与铁道部共同签署的《关于共同推进海铁联运发展合作协议》,提出了要大力促进集装箱海铁联运发展。2011 年 10 月 12 日,批准了首批 6 条集装箱海铁（铁水）联运通道的示范项目,包括大连至东北地区,天津至华北、西北地区,青岛至郑州及陇海线沿线地区,连云港至阿拉山口沿线地区,宁波至华东地区,深圳至华南、西南地区示范项目等。但是,与国外知名港口相比,集装箱海铁联运方式在国内港口集疏运中所占的比重偏小,亟需推进发展。2010—2013 年全国港口集装箱吞吐量及海铁联运运输量情况如表 1 所示。

表 1　2010—2013 年全国港口集装箱吞吐量及海铁联运量

年份	全国港口集装箱吞吐量(万标准箱)	集装箱海铁联运量(万标准箱)	海铁联运所占比例(%)
2010	13 018	163	1.25
2011	16 231	194	1.20
2012	17 651	183(1—11 月)	1.13
2013	18 878	204	1.08

数据来源:中国港口网。

二、宁波港集装箱海铁联运发展的 SWOT 分析

2009 年,义乌—宁波集装箱海铁联运班列首次开通,宁波港集疏运方式优化取得了跨越式发展,海铁联运箱量稳步增长。但是,其所占比例仍然较低,表 2 为 2010—2013 年的发展情况。

表 2　2010—2013 年宁波港集装箱海铁联运发展情况

年份	宁波港集装箱吞吐量(万标准箱)	集装箱海铁联运量(万标准箱)	海铁联运所占比例(%)
2010	1 300.35	2.8	0.215
2011	1 451	4.7	0.324
2012	1 567	5.95	0.379
2013	1 677.2	10.5	0.626

数据来源:宁波交通委网站。

本文对宁波港集装箱海铁联运发展进行SWOT分析,总结其内部环境(优势和劣势)及外部环境(机会和威胁)。

(一)优势

1. 区位优势

宁波港位于长江与大陆沿海的交汇点,水域条件良好,进港航道最浅水深在 -22.1 米以上,30 万吨船舶可自由进出。附近的舟山群岛为天然屏障,港内风浪小,航道无冻不淤,是全球知名的深水良港。

2. 货源优势

浙江省是宁波港的直接经济腹地,外向型经济较发达,货源充足。近几年来,中国内陆区域经济发展也较快,江西、湖南、湖北、重庆、四川等地作为宁波港的内陆腹地,间接供给了大量货源。

3. 航线优势

宁波港集装箱航线密集,截至2013年底,已经开辟了235条集装箱班轮航线,其中远洋干线117条,每月集装箱航班超过1 400班,与世界上100多个国家和地区的600多个港口有贸易往来。

4. 服务优势

宁波港的港口装卸效率一直位于全国港口前列,货物通过时间短,通关效率较高,客户满意度高。

(二)劣势

1. 基础设施不够完善

宁波港在海铁联运硬件设施建设方面尚不完善,火车站还不能完全满足大型集装箱运输,实现"门到门"的服务。大部分码头船车之间不能直接换装,需要通过集卡车辆转接,降低了运输效率,增加了运输成本。美国和欧洲的很多港口,港区内建有铁路枢纽,货物可以从港口直接换装至列车,实现无缝连接。

2. 信息综合服务水平不高

目前,宁波港的海铁联运信息共享能力较弱,不利于服务衔接。港口、铁路、货主、海关等各方缺乏统一的信息共享平台,运输途中无法自动随时掌握各站点集装箱的情况,无法满足客户即时查询货物信息的需求,造成操作的低效费时,直接影响了海铁联运的一体化与服务质量。

3. 专业性人才较缺乏

海铁联运的发展亟需既有理论素养又有实践经验、创新能力的物流人才,这方面的专业性人才宁波比较缺乏。

(三)机遇

1. 政府政策扶持

在国家《中长期铁路网规划》中,宁波港被指定为全国 18 个集装箱中心站之一。2011 年 10 月 12 日,交通部正式启动的 6 条集装箱联运通道示范项目中包括了宁波到华东地区的通道。宁波市"十二五"规划纲要中提出要加快发展海铁联运,培育海铁联运市场。浙江海洋经济示范区建设的核心内容"三位一体"港航物流服务体系重点强调了"海陆联动集疏运网络"建设。2012 年,宁波市政府出台了《关于印发加快宁波港海铁联运发展若干扶持政策意见(修订)的通知》,对海铁联运的发展给予政策和资金上的支持。

2. "国际强港"的建设契机

2010 年,宁波市委提出要"加快打造国际强港"的战略。宁波市"十二五"规划中再次强调要加快促进"交通运输港"向"贸易物流港"的转变、"世界强港"向"国际强港"的转变。"国际强港"建设目标的提出,有利于提高港口吞吐能力、促进集疏运建设和组织水平提升、优化完善宁波港口岸环境,进而推动宁波港海铁联运市场发展。

3. 腹地经济发展迅速

近几年,江西、安徽、湖北等远程腹地区域经济发展迅速,为宁波港集装箱海铁联运的发展提供了良好的货源。表 3 显示的是 2012 年宁波港部分间接腹地的外贸进出口情况。近年来,宁波市海铁联运发展办公室、宁波港务集团积极与内陆城市开展产业对接和区域合作,构建良好的沟通协调机制,致力于推进宁波至华东地区集装箱海铁联运通道的稳步建设。

表3　2012 年宁波港部分腹地城市外贸进出口总额

城市名称	南昌	重庆	成都	合肥	武汉
外贸进出口总额(亿美元)	82.90	203.54	475.39	176.42	203.54

(四)挑战

1. 协调机制不完善

由于管理体制等方面的问题,使得集装箱海铁联运各个部门和参与者协调性较差,协调机制不完善,整体优势发挥不够。

2. 运价机制不灵活

铁路运价由运输部门制定,运输价格通过政府文件的形式予以规定,不能随行就市。因此,会出现运输部门的定价与市场均衡价格不匹配,导致运输供求不平衡。

3. 竞争对手较多

海铁联运运输的竞争对手多,如公路运输和江海联运等。宁波港的集疏运方式一直以公路运输为主,公路运输方式企业实力较强,是海铁联运最主要的竞争方式。而中长途运输过程中,海铁联运在运价机制、送达时间、服务水平等方面仍然存在不足之处。

4. 港口间竞争激烈

长三角区域港口竞争激烈,特别上海港和宁波港的腹地重叠,而上海在航运金融、保险等航运服务业发展方面有明显优势,给宁波港拓展远程腹地、发展海铁联运带来了挑战。

三、宁波港集装箱海铁联运的发展对策

基于以上的 SWOT 分析,宁波港集装箱海铁联运的发展机遇与挑战并存,结合其存在的优劣势,从宁波港硬软件基础设施、集疏运网络建设、部门间的协调、人才培养等方面提出以下几点发展对策。

(一)完善海铁联运基础设施建设

构建完整、专业一体化的基础设施支撑体系。一方面,增加堆场、泊位的建设,提高办理站点搬运、装卸装备的自动化程度,提高装卸工人的业务熟练程度。优化集装箱码头设施和装卸组织方式,提升集装箱码头通过效率。另一方面,要加强集装箱铁路站场的规划建设,以便加快换装速度,提高与港口间的衔接效率。

(二)推进宁波港集疏运网络建设,巩固"五定"班列

至 2013 年底,宁波港的海铁联运网络已覆盖至国内 12 个城市,可到达省内衢州、绍兴、台州、金华及省外的襄阳、景德镇、南昌、鹰潭、上饶、萍乡、西安、新余等地。2013 年 10 月 25 日,恢复开通了义乌—宁波班列,12 月 9 日,开通了襄阳—宁波班列,同时稳固提升了鹰潭(上饶)—宁波班列箱量。但在铁路双重运输,与绍兴、衢州、金华等内陆港的连接,长江沿线城市的新业务、铁路配套设施建设等方面需要进一步优化,保证"五定"班列的数量和运行效率。

(三)加强部门间的合作,完善海铁联运的运价机制

海铁联运涉及多部门、多区域、多环节,需要各个部门间的良好协调合作。可设立专门的协调职能机构,负责解决海铁联运中可能出现的一系列问题,协调不同政府企业部门间的关系,以帮助解决港口与铁路在海铁联运运行中可能会出现的问题。

与此同时,根据市场需求优化海铁联运运价机制,政府职能应该从直接调控逐渐向间接监管过渡,以建立一致性的海铁联运运价调控体系。

(四)促进海铁联运信息化建设,加强人才培养

宁波港已经开始试运行码头无纸化操作,开发了无水港箱管信息系统。2014 年初,《国家集装箱海铁联运物联网应用(宁波港)示范工程》初步设计通过了评审。但是,各个部门、环节间信息化衔接仍然存在障碍,应把握住宁波"智慧城市"的建设契机,完善智慧应用体系,继续推进海铁联运信息化建设,推进建设海铁联运信息综合平台,加强子系统间的交流,促进货物信息的畅通,实现集装箱号、单证、航次航班、车次等电子数据的自动转换,实现网

上申请、网上操作、网上交易一站式的全程方便高效的运作体系,以满足客户全程追踪咨询货物信息的需求。

同时,加强对人才的培养,努力建设宁波港物流人才培育基地,开展技术操作人员与管理决策人员的多层次培养,为海铁联运的发展储备核心关键人才。

(五)加强口岸建设,优化通关环境

加快建立良好高效的口岸协调机制,进一步优化通关的环境,推动口岸通关的无纸化建设。努力建设智慧信息化口岸环境,不断扩大电子信息平台的应用项目范围,并提供更丰富的增值项目。完善监管模式,简化异地海关检验的手续,真正实现一票到底,一次报关,最大程度地精简货物通过流程,形成"一站式"绿色通道模式,以充分发挥海铁联运的优越性。

同时,继续推进边检、海事、检验检疫等作业的联合,加大对航运保险、金融等航运服务业的资金投入,完善航运服务体系。举办港口间的交流活动、APEC港口网络联盟会议等,提高宁波港的国际知名度,为宁波港集装箱海铁联运的发展营造良好的发展环境。

四、结语

海铁联运组织方式的发展对于优化港口集疏运体系、提升港口通过效率、拓展腹地以及优化港口区域生态环境具有重要意义。宁波港要从基础设施建设、集疏运网络优化、部门间的协调、人才培养等方面采取针对性措施,大力发展集装箱海铁联运,以促进国际强港建设和"三位一体"港航物流服务体系发展。

参考文献

[1]《交通运输部与铁道部签署铁水联运合作协议》.集装箱化.2011年,第5期,第25页.
[2] Reis V, Fabian Meier J, Pace G,et al. Rail and multi – modal transport. Research in Transportation Economics,2013(41):17 – 30.
[3] 黄浚源.《海铁联运合理运距及运输组织优化研究》.北京:北京交通大学,2011年.
[4] 刘伶伶.《集装箱海铁联运运量预测与班列开行方案研究》.北京:北京交通大学,2012年.
[5] 崔艳萍,郑平标.《中国与美国集装箱海铁联运的差异性分析》.海铁联运,2012年,第47 – 51页.
[6] 龚耀军.《宁波—舟山港海铁联运发展现状与构想》.集装箱化,2009年,第9期,第1 – 4页.
[7] 贺向阳.《宁波港国际集装箱海铁联运发展战略定位》.集装箱化,2010年,第7期,第22 – 25页.
[8] 谢新连,赵福杰,赵家保,谢欢.《集装箱海铁联运研究现状与动态》.中国航海,2012年,第3期,第101 – 105页.

基于自动感知技术的集装箱码头生产监控系统[①]

包雄关,刘桂云

(宁波大学)

摘要: 加强对集装箱码头的生产监控和管理,对于提升集装箱港口的通过能力、生产效率和生产安全性具有重要意义。在分析集装箱码头生产特点的基础上,基于RFID等自动感知技术,构建由感知终端、信息传输装置、信息处理和监控中心等组成的集装箱码头生产监控系统,并且对系统框架、自动感知终端的布局、生产监控信息中心的监控流程和监控模块设计等进行研究。研究目的旨在提高港口的综合竞争能力,促进港口经济和海洋经济的发展。

关键词: 集装箱;码头;自动感知;监控

集装箱运输是20世纪中期出现的一种单元化运输方式,由于其存在着安全可靠、装卸方便等优点,逐步发展成为国际贸易运输中非常重要的运输包装方式。专业化的集装箱船舶、集装箱码头发展迅速。学者们对集装箱码头运作和管理做了大量的研究,包括码头信息系统、码头调度系统、码头物流系统等方面。随着现代通信技术、自动化技术的发展,关于物联网和RFID(Radio Frequency Identification,射频识别技术)在港口运作管理中的应用逐步增多。诸如姜长杰[1]、廖平[2]等人对RFID在港口集疏运网络和堆场管理中的应用进行了研究;俞灵[3]、李一方[4]、王宇[5]、Feng Ming Tsai[6]等基于物联网技术,提出了信息化建设、智能港口等方面的发展建议。一些学者对集装箱码头的生产监控,特别是自动化码头的监控问题进行了研究,Francesco Longo[7]研究了集装箱码头集装箱检测的设计与集成;王平福等[8]讨论了网络化码头系泊监控系统的设计问题;邱占芝等[9]研究了码头系泊实时监控可视化系统;张宁等[10]研究了基于OPC技术的自动化集装箱码头监控系统的设计。本文基于物联网等自动感知技术,对普通集装箱码头生产监控系统做深入系统的研究,旨在提升集装箱码头的生产效率和生产安全性,提高港口通过效率,为智慧港口的建设奠定基础。

[①] 基金项目:浙江省科技厅软项目(2012C25102);浙江省哲学社会科学重点研究基地——浙江省海洋文化与经济研究中心项目(11HYJDYY04);宁波大学博士基金项目:智能化港口服务体系的构建。
作者简介:包雄关(1968—),男,浙江省东阳人,宁波大学海运学院,副教授,硕士,研究方向为海上交通工程。宁波市风华路818号宁波大学68号信箱,315211,EMAIL:baoxiongguan@nbu.edu.cn。

一、集装箱码头生产特点

集装箱码头的装卸作业采用机械化、大规模生产方式进行,要求各项作业密切配合,实现装卸工艺系统的高效化;要求码头上各项设施合理布置、有机结合,各项作业协调一致、相互配合,形成高效率的、完善的码头生产作业系统,以缩短车、船、箱在港口码头的停泊时间,加速周转,降低运输成本和装卸成本,实现最佳的经济效益。根据集装箱码头装卸作业、业务管理的需要,集装箱码头由靠泊设施、码头前沿、集装箱编排(组)场、集装箱堆场、集装箱货运站、控制塔、集装箱码头出入大门、维修车间、集装箱清洗场、码头办公楼等。集装箱码头与普通件杂货码头相比具有如下特点。

(一)码头大型化和深水化

全球船舶运输正朝大型化、集装箱化和专业化趋势发展,与此相对应的码头也越来越大。码头前沿水深不断增加,岸线泊位长度延长,堆场及整个码头的区域扩大。由此,对集装箱码头的管理方法和技术要求越来越高。

(二)装卸搬运机械化和自动化

由于集装箱船舶越来越大,从航次经济核算分析,允许船舶停留在码头的时间相对较短。通过缩短集装箱船舶在码头的停泊时间可以降低停泊成本,提高集装箱运输船舶的航行效率,充分发挥船舶单位运输成本的优势,降低全程水路运输的成本,提高经济效益。

另外,为了保证集装箱船舶在码头以最短的时间完成装卸集装箱,现代集装箱专用码头一般都配备了专门化、自动化、高效率化的装卸搬运机械。

(三)码头生产调度集成化

集装箱码头生产需要码头岸桥、集装箱场内集卡、堆场设施设备等高度协调协同,才能够保证生产效率。在集装箱码头生产调度方面,强调岸桥和场内集卡车辆的集成一体化调度。

(四)码头管理信息化

集装箱码头生产逐步开始采用一切可以利用的信息技术提高码头的信息处理能力、提高装卸效率、合理利用堆场。大型集装箱码头基本上都具有码头信息管理系统,一般采用国内外知名的码头系统软件,采用电子数据交换、定位技术和无线电数据终端技术等。

二、集装箱码头生产监控系统组成

基于自动感知技术的集装箱码头生产监控系统构建的目的,是实时监控码头生产状态,及时修正码头调度和管理中的不恰当措施,提高码头工作效率。

（一）监控的目的

1. 保证生产安全

集装箱码头的生产安全包括人员安全保障、机械安全保障和货运质量等。生产监控系统能够自动感知集装箱在码头的位置及所处的状态，及时发现集装箱装卸、运输及堆存时出现的非正常状态，进而保证集装箱码头的生产安全。

2. 提高生产效率

有效的监控系统能够及时发现并解决集装箱码头生产中的设备故障、流程冗余及管理低效的问题，改进拖沓环节，实现精益化操作，以便进一步提高生产效率。

3. 降低工作人员工作强度

完善的集装箱码头监控系统能够自动跟踪整个码头的生产工作过程，降低码头管理人员、调度人员的工作强度。

4. 提高客户服务水平

通过监控系统，提高集装箱码头的客户服务水平。客户服务水平主要体现在高效和高质量服务方面。高效率要求卸船和装车效率上做到车辆、船舶不积压，货物能快速落场和外发。当客户有特别要求，某些货物需要提前或特别装卸时，能够及时安排，跟踪落实，反馈情况。高质量要求高标准的保证产品质量，做到进、出港货物完好，按客户要求进行堆存、运输和装卸。

（二）监控的内容

1. 装卸船过程

装卸船的过程发生在码头前沿，是监控的主要内容。装船时，集卡将集装箱移至码头，核对箱号及箱体状况后，岸桥将集装箱吊到船上指定位置。卸船时，集装箱被吊到等在码头前沿的集装箱拖车上，司机按指令将集装箱移至指定箱位。

装卸船中，对集装箱要进行严密的监控和核查。如果箱号、箱体或封志与清单不符，船边交接员应及时制止装船，不得擅自签署交接记录，应联系业务员（箱管、配载）进行核实，业务处理完毕得到装船指令后方可将此箱装船，并与理货人员做好交接记录。场内机械司机在卸箱时如果发现箱损和箱号不对的情况，应拒绝卸箱，并反馈中控室等待处理，如属码头漏检，中控室通知集卡返回码头进行交接确认。

2. 集装箱在场内位置及状态

监控集装箱在港区内所处的位置，包括堆场、集装箱货运站、装卸及运输过程中的位置等，并监控集装箱的安全状态。

3. 场内集卡运行状态

监控场内集卡的运行线路、运行时间、在码头及堆场的停留位置和时间等，进而判断集卡的运行效率、运行安全性等。

(三) 集装箱码头生产监控系统的组成框架

监控系统主要由自动感知终端、信息传输手段和监控信息处理中心组成，结构如图 1 所示。

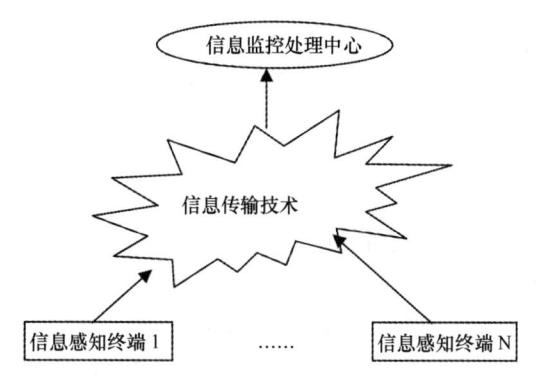

图 1　集装箱码头生产监控系统框架图

感知技术广泛地应用在工业生产、日常生活和军事等各个领域，是产品检验和质量控制的重要手段，也是产品智能化的基础。本文所指的自动感知技术主要为物联网的感知层技术。物联网是通过 RFID、红外感应器、全球定位系统、激光扫描器等信息传感设备，按约定的协议，把物品与互联网连接起来，进行信息交换和通信，以实现智能化识别、定位、跟踪、监控和管理的一种网络，是现代信息技术发展的代表性成果。集装箱码头的自动感知终端主要依靠物联网技术，由各种传感器以及传感器网关构成，负责识别物体、采集信息。RFID 是目前最常用、主要的技术，通过射频信号自动识别目标对象并获取所需数据，无需人工干预，可在各种恶劣环境下工作。RFID 系统由一个阅读器及多个标签组成，利用无线射频的方式在阅读器和标签之间进行非接触式双向传输数据来识别目标和交换数据，并通过识别高速运动的物体和同时识别多个标签来控制、检测和跟踪物体。在 RFID 系统中，客户机主要用于实现与读写器之间的通信功能，读写器可以通过 RS232/485 等标准接口与客户机进行通信，进而通过通信网络与服务器进行连接，通过服务器对数据进行记录并实现对数据库的管理，从而构成一个完整的信息管理平台。

信息传输手段可借助互联网或者无线电传输技术。如果借助互联网技术，需要在感知终端附近设有计算机处理终端，处理后的数据通过互联网传输至监控中心。若借助于无线电传输技术，则需要选用特定传输频率，并注意传输距离的控制，以防干扰到船上或他处的无线电设施设备。

监控中心通过信息处理和实施调度等措施，实现对集装箱在港口运行的全过程控制。

鉴于港口生产信息的庞杂性，可采用分布式的处理模式，在各个子信息库进行信息分类处理，在综合处理系统中进行信息整合。分类处理的主要目的是进行数据统计和整理，整合处理的主要目的是数据对比、挖掘分析等。在综合处理系统的建设中，需要加入决策支持基础分析系统，为上层进行业务查询、统计、分析和决策提供依据。

三、集装箱码头自动感知终端

（一）自动感知的信息内容

自动感知的信息包括集装箱的位置、集装箱的港口信息、集装箱中的货物信息以及集装箱的运输管理信息。

（二）自动感知终端的设计

本文的自动感知终端主要应用射频识别技术（RFID），其终端包括 RFID 标签、RFID 读取器等。标签分为被动标签（Passive tags）和主动标签（Active tags）两种。主动标签自身带有电池供电，读/写距离较远时体积较大，与被动标签相比成本更高，也称为有源标签；被动标签由阅读器产生的磁场中获得工作所需的能量，成本很低并具有很长的使用寿命，比主动标签更小也更轻，读写距离则较近，也称为无源标签。另外还有一种半有源标签，是结合了有源标签及无源标签的优势，能够利用低频近距离精确定位，微波远距离识别和上传数据，来解决单纯的有源标签和无源标签没有办法实现的功能。

本系统可采用半有源标签。半有源标签是一项易于操控、简单实用且特别适合用于自动化控制的灵活性应用技术。识别工作无须人工干预，既可支持只读工作模式也可支持读写工作模式，且无需接触或瞄准；可在各种恶劣环境下自由工作，短距离射频产品不怕油渍、灰尘污染等恶劣的环境，可以替代条码。

（三）自动感知终端的布置

感知终端分布安装在港口各个作业现场，诸如安装在码头机械、堆场卡口、集疏运载运工具等设施上，负责自动感知和采集船舶、货物以及工作状态信息。具体分布如图 2 所示。

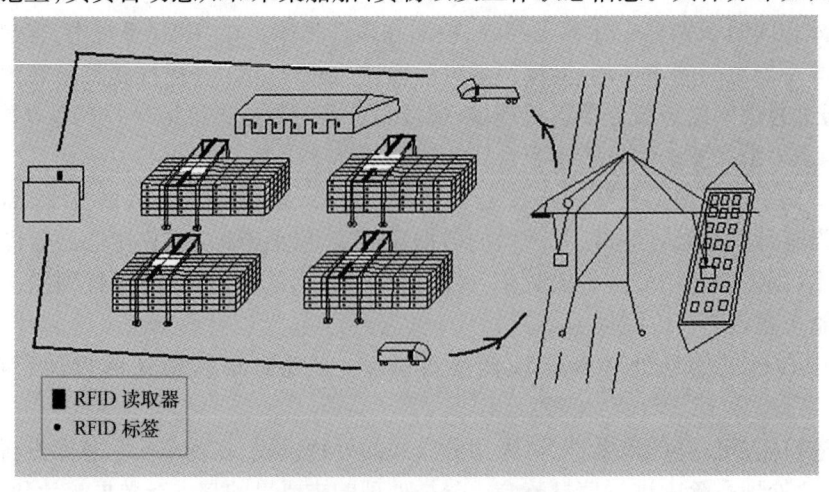

图 2　集装箱码头自动感知设施分布图

集装箱上贴有 RFID 标签,已注入了装卸港、船舶、集装箱及箱内货物等信息。对应的读写器分别安装在岸桥岸向一侧的吊臂上、场内集卡的平板处(集卡驾驶室可设有信息显示终端)、堆场龙门吊臂上、集装箱货运站 CFS 的入口处、堆场卡口处等。场外集卡是否安装信息显示终端及读卡器可由集卡自行决定。

四、集装箱码头生产监控信息中心

(一)监控流程

集装箱码头监控流程如图 3 所示。监控中心对感知系统采集到的实时信息进行综合处理,监控集装箱的状态、位置以及场内集卡位置,如果存在生产问题,将会自动报警并及时修正调度和运行管理。此处的监控主要在对数据信息进行分析和处理的基础上进行,视频监控可通过其他系统另外接入。

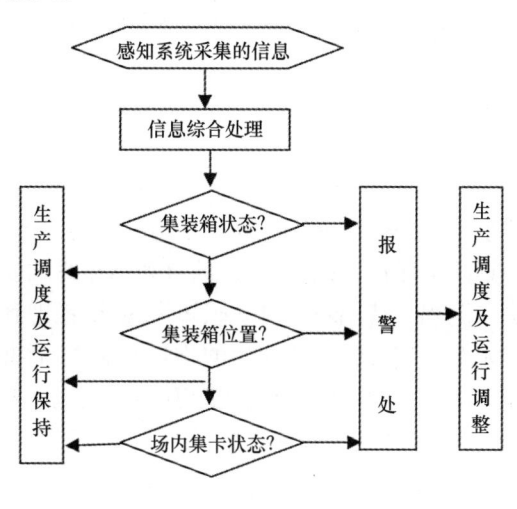

图 3 监控中心流程图

(二)监控中心的信息处理模块和输出

监控中心的信息处理模块主要包括堆场工作信息、岸桥信息、集卡信息和堆场闸口信息处理模块等,对应分析得出堆场工作效率、岸桥工作效率、集卡工作效率和闸口通过效率。处理数据结果由数据和图像输出。数据输出窗主要执行监控与决策功能,输出集装箱码头的工作总量、效率、可靠性等生产服务考量指标;图像输出窗执行监控功能,主要是结合数据分析,输出图表信息,结合其他视频监控,也可输出特殊状态下的图片指示;报警输出窗执行监控与修正功能等。

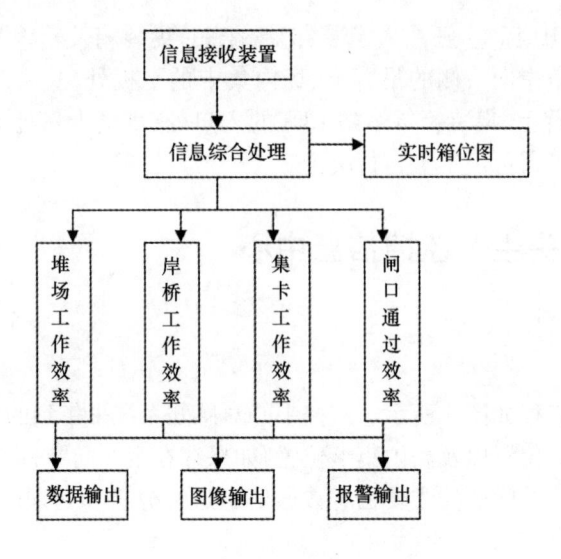

图4 监控中心模块组成示意图

五、结语

基于自动感知技术的生产监控系统能够提高集装箱码头的生产效率和生产安全性。在系统建设中要结合码头的具体工作情况,选择合适的自动感知终端安装位置、信息传输方式选择并设计监控中心模块和流程。特别对于自动感知终端,要考虑到天气情况、码头潮湿环境以及机械装置工作时可能对标签及读取器产生的损坏和影响,谨慎选取终端类型和安装位置。而在信息综合处理输出时,也要考虑到港口 EDI 系统、电子口岸以及其他港口物流平台的信息类别和信息格式,尽量做到兼容和共享。

参考文献

[1] 姜长杰,等.《RFID 技术在港口物流管理中的应用》.物流技术与应用,2008 年,第 10 期,第 96－97 页。

[2] 廖平.《基于 RFID 技术的堆场信息采集系统设计》.计算机测量与控制,2009 年,第 4 期,第 791－796 页。

[3] 俞灵.《港口口岸物联网体系结构规划设想》.综合运输,2010 年,第 5 期,第 35－38 页。

[4] 李一方,等.《物联网技术在港口信息化建设中的问题研究》.科技与产业,2010 年,第 8 期,第 29－32 页。

[5] 王宇,等.《物联网技术在智能港口中的应用前景》.集装箱化,2010 年,第 12 期,第 28－30 页。

[6] Feng－Ming(Chuck) Tsai, Chi－Ming Huang, Cost－Benefit Analysis of Implementing RFID System in Port of Kaohsiung,Procedia－Social and Behavioral Sciences,57（2012）:40－46.

[7] Francesco Longo,Design and integration of the containers inspection activities in the container terminal operations. Int. J. Production Economics,125（2010）:272－283.

[8] 王平福,邱占芝.《网络化码头系泊监控系统的设计》. Proceedings of the 27th Chinese Control Conference. July 16 – 18,2008,Kunming,Yunnan,China. 288 – 291.
[9] 邱占芝, 刘春玲.《码头系泊实时监控可视化系统的设计与实现》. 大连交通大学学报. 2010 年,第 5 期,第 71 – 74 页。
[10] 张宁,薛士龙,陈加敏,曹金虎.《基于 OPC 技术的自动化集装箱码头监控系统设计》. 上海海事大学学报. 2011 年,第 1 期,第 21 – 24 页。

中国南方大陆海岸线时空变迁研究①

杨 磊

(宁波大学)

摘要：海岸线的变迁对于研究海岸带生态环境变化乃至全球变化具有重要意义。通过对5个时相TM影像的人机交互解译,获取1990年、1995年、2000年、2005年和2010年中国南方大陆海岸线信息,分析各时段岸线变迁特征及变迁原因。结果表明：①中国南方大陆海岸线的长度和分形维度保持相对稳定,但岸线长度存在总体缩短和局部增长的演化趋势。②岸线海向推进的岸段占据主要部分,陆向退缩岸段仅发生在少部分岸段。③长江口——杭州湾南岸和珠江三角洲两个典型岸段的分析表明中国南方大陆岸线的时空变化速率与强度在不断加强。④在1990—2010年时段内,引起中国南方大陆海岸线时空变迁的人为因素的作用比自然因素显著,导致人工岸线比重不断增大,自然岸线比重不断下降。

关键词：大陆海岸线;时空变迁;长江口;杭州湾南岸;珠江三角洲

一、引言

海岸带是海洋与陆地相互作用最为频繁、最为活跃的地带,深刻地反映着海陆之间相互作用关系,它的改变反映着自然地理环境的变迁。因此,它是极其脆弱的地带,亟需关注并加以保护。海岸线,泛指海陆的分界线,它的时空变迁,对于沿海地区的自然地理环境来说具有极其重要的指示意义。岸线的变迁,一方面直观地表现在岸线位置的变迁和岸线类型的转变,也就是反映人工化的程度问题;另一方面,引起海岸带滩涂资源面积的变化,进而影响到生物多样性的问题,事关生态环境的演化,对于我们的生存环境有着至关重要的影响。与此同时,那些经济比较发达的沿海地区,严重依赖海洋资源,海洋经济的发展必然与岸线的变迁存在相互的作用。因此,研究海岸线的变迁对于了解海岸带生态环境变化乃至全球变化具有重要意义。

---

① 基金项目：国家自然科学基金(41171073);浙江省自然科学基金(Y5110321);浙江省哲学社会科学基金(12JDHY01Z);宁波市社科规划项目(G12-XK05)。

作者简介：杨磊(1990—),男,安徽霍邱人,硕士生,主要从事海岸带资源开发的学习与研究,E-mail:ylnbu2013@sina.com。

近年来,国内外学者在海岸线变迁及其影响因素方面做了大量的研究工作,M. El – Asmar[1]、NGUYEN Lam – Dao[2]分别研究了尼罗河三角洲海岸、湄公河河岸的岸线变迁,Marcel J. F. Stive 等[3]则探讨了不同时空尺度下荷兰、法国的海岸线变迁及其原因。国内的研究则主要集中在对重点区域的岸线提取与影响因子的分析研究,如对珠江三角洲[4]、黄河口[5-6]、浙江省[7-8]、渤海[9-10]以及辽河口[11]等区域的海岸线变迁及其影响机制的研究;孙伟富等[12]则针对不同海岸类型建立了遥感解译的标志和研究了提取海岸线的方法。近期,徐进勇[13]、高义[14]分别对中国北方海岸线和中国大陆海岸线的时空变化做了一定的研究,探讨了宏观区域内海岸线变迁的特征,一定程度上弥补了海岸线整体性、系统性研究较少的现实状况。但目前的研究仍然较多地集中于对某些重点区域的分析,研究区比较分散,而对于大尺度的宏观区域研究较少,这不利于从总体上把握大范围区域的海岸线变迁规律与特征。中国海岸线漫长,而且近年来海岸带景观格局的变迁十分明显,那么对于海岸线整体性、系统性的认识有待进一步提高,把握海岸线的变迁规律也具有重要的理论与现实意义。前人对于整个中国大陆海岸线和北方海岸线已经有了一定的研究,但对于中国南方大陆海岸线的研究有待进一步深入。因此,本研究拟探讨中国南方大陆海岸线的时空变迁,以期为岸线资源的保护与合理开发利用提供科学参考。

二、研究区概况

（一）数据来源

本研究中的中国南方大陆海岸线是指从东海与黄海的分界点,即江苏省启东市的启东角(31°42′56.03″N,121°54′40.31″E)往南到中国大陆海岸线的最南端——广西壮族自治区东兴市的东兴镇(21°32′45.54″N,108°02′18.52″E)。采用了1990年、1995年、2000年、2005年、2010年,共5个时相的TM遥感数据影像,共计90景,其空间分辨率均为30米。同时,考虑到部分岸段在人机交互解译过程中的分辨率问题,因此,所选取的每一景遥感影像均为低云雾量或者大陆海岸线位置无云雾遮罩,能够很清楚地辨别大陆海岸线所在的位置,在人机交互解译过程中保证遥感影像的质量,以减小误差,从而提高精度。

（二）数据处理

数据处理过程中,选取经过矢量化的1∶50 000中国国家地形图为基准,对每一景遥感影像进行几何精校正、配准和镶嵌。具体步骤如下:首先处理1990年的影像;其次在此基础上参照处理后的1990年的影像对1995年的影像进行如上操作。依此类推最后得出所有所需的影像;最后进行人机交互的解译工作,参照已有的海岸线提取原则和方法,提取各个时相的大陆海岸线。综合利用"3S"技术,通过在Arcgis 10.0和ENVI 5.0平台上进行一系列操作,最终获取1990—2010年中国南方大陆海岸线和变化岸段以及各时段淤进面积,并且选取了上海市黄浦江口和宁波市甬江口这两个勘测点进行解译结果的验证。

三、海岸线时空变迁结果分析

根据人机交互解译得到的 5 个时相的中国南方大陆海岸线,通过对矢量化的岸线进行统计,得出 1990—2010 年中国南方大陆海岸线和变化岸段长度以及各时段淤进面积与分形维数的变化数据,并进行岸线变迁数据分析和原因探讨。

(一)1990—2010 年中国南方大陆海岸线和各时段变化岸段长度变化与淤进面积

由表 1 和图 1 至图 3 可知,在 1990—1995 年期间,发生明显变化的岸段长度为 1 136 千米,占 1990 年中国南方大陆海岸线总长度(10 875 千米)的 10.46%,新淤进面积达到了 484 平方千米。1995—2000 年期间,发生明显变化的岸段长度为 1 936 千米,占 1995 年中国南方大陆海岸线总长度(10 891 千米)的 17.78%,新淤进面积达到了 814 平方千米。2000—2005 年期间,发生明显变化的岸段长度为 2 499 千米,占 2000 年中国南方大陆海岸线总长度(10 988 千米)的 22.74%,新淤进面积达到了 1 256 平方千米。2005—2010 年期间,发生明显变化的岸段长度为 2 804 千米,占 2005 年中国南方大陆海岸线总长度(10 767 千米)的 26.04%,新淤进面积达到了 1 688 平方千米。由此可看出,随着时间的变迁和人类海岸活动的加强,岸线发生明显变化的岸段在不断增加。

表 1 1990—2010 年中国南方大陆海岸线数据统计

年份	历年长度(千米)	变化长度(千米)	淤进面积(平方千米)	分形维数
1990 年	10 875	—	—	1.053
1995 年	10 891	1 136	484	1.054
2000 年	10 988	1 936	814	1.056
2005 年	16 767	2 499	1 256	1.056
2010 年	10 352	2 804	1 688	1.053

在 1990—2010 年时段内,中国南方大陆海岸线的总长度,从 1990 年的 10 875 千米,增长到 2000 年的 10 988 千米。之后的 10 年,其岸线的长度总体上是处于缩短的演化趋势中,而且缩短的程度和速率大于 1990—2000 年间增长的程度和速率。1990—2000 年,中国南方大陆海岸线增加了 113 千米,年均增加 11.3 千米;而 2000—2010 年,中国南方大陆海岸线缩短了 636 千米,年均缩短 63.6 千米。各时段的岸线变化长度平均值均在增加,从 1990 年的 1 136 千米,增加到 2010 年的 2 804 千米,变化的岸段越来越长,同时,岸段变化所占的比例以五个百分点的速率在增长。由表 1 和图 3 得出,各时段的淤进面积呈现出一定的规律性:由 1990—1995 年的 484 平方千米到 1995—2000 年的 814 平方千米,再到 2000—2005 年的 1 256 平方千米,直至 2005—2010 年的 1 688 平方千米。从数据上可以得出,每个时段增加的淤进面积在 400 平方千米左右。由此可以反映出,人类正在有规律地加大开发海洋的力度。

从表 1 可知,中国南方大陆海岸线长度是在波动起伏中演进,基本上变化幅度不大。从

1990 年的 10 875 千米到 2010 年的 10 352 千米,其中在 2000 年以后南方大陆海岸线的长度是在逐渐减少的。岸线的变化存在两种情形:①在原有岸线基础上的向海侧扩张或向陆侧的侵蚀;综合水动力条件、河流泥沙含量、港湾特征和地形起伏状况,在泥沙易于堆积的地方,发育着成熟的淤泥质地貌、砂砾质地貌;反之,由于受到河流和潮汐等的侵蚀,加速了岸线的陆向退缩。例如,在长江三角洲、珠江三角洲地区,出现明显的海向扩张;在雷州半岛北侧,出现了明显的陆向退缩。②属于"裁弯取直"型的变化。一些岸段由于岸线在人工化的过程中,连成一片,那么,比较小的港湾就会被人工岸线包裹在岸线的内侧,减小了岸线的长度;而另一种情况则是:人工岸线向外推进的过程中同孤岛连接起来,岸线将向外突出或者人工修筑堤坝、海塘之类。这些都会减少或者增加岸线的长度,进而影响到各个时段的淤进的面积和分形维数的变化。但是,整体上人工化的面积和岸线的扩张是不断向海洋推进的,而且从变化的长度和淤进的面积上,可以看出推进的速度是越来越快。

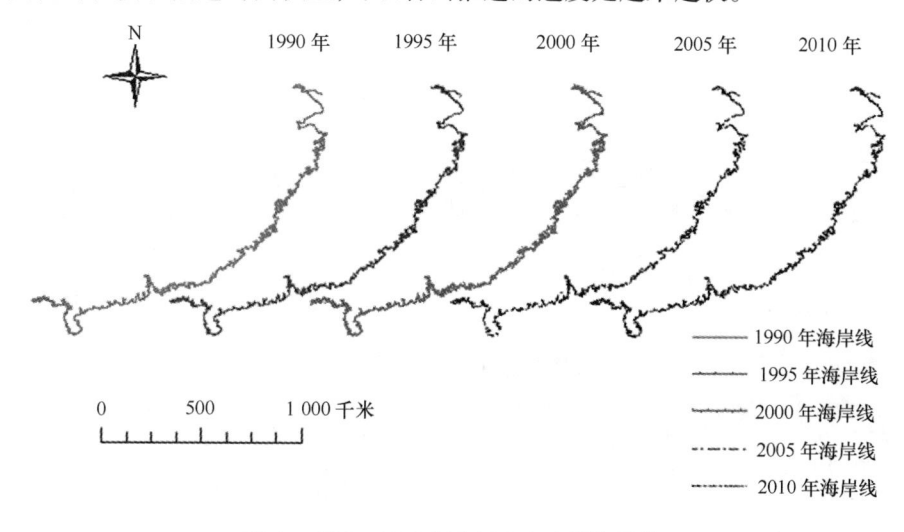

图 1 1990—2010 年中国南方大陆海岸线

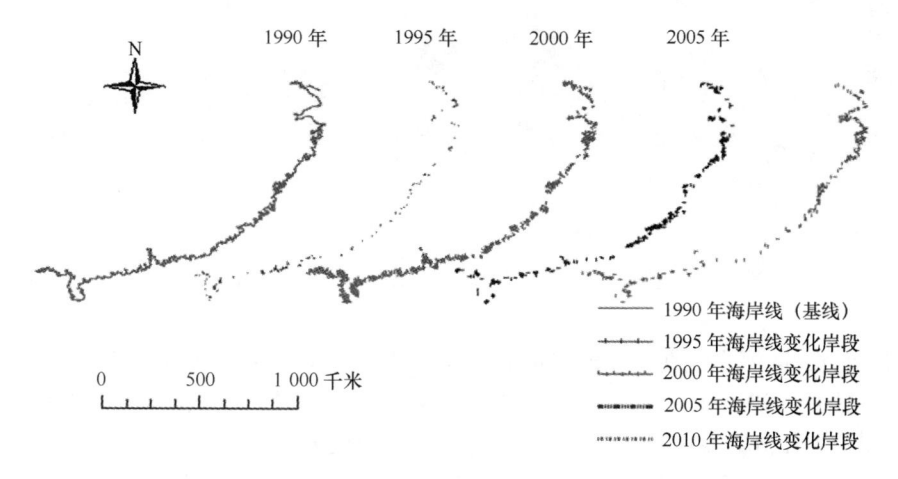

图 2 1990—2010 年中国南方大陆海岸线变化岸段

南方大陆海岸线的长度变化,从数值上来说幅度并不是很大。但是,近年来作用于岸线的人工化强度越来越大,具体到某些区域,它的变化还是比较显著的。尤其是一些淤泥质海岸和大规模开发海洋资源的岸段。如长江三角洲地区和珠江三角洲地区是社会经济发展速度最快的区域,其海岸的人工化强度都比较大,大陆岸线人工化趋势非常明显,并不断向海侧推进。因此,从图4可知,1990年以来中国南方大陆海岸线发生变化的岸段总体上在不断增长,但总体上增加速度在下降,这可能是由于海岸线人工化的强度已经达到一定的水平以及持续高强度的改造海岸线附近的自然地理环境,可能带来一系列不良影响,也减缓了人类对于海岸线改造的速度。

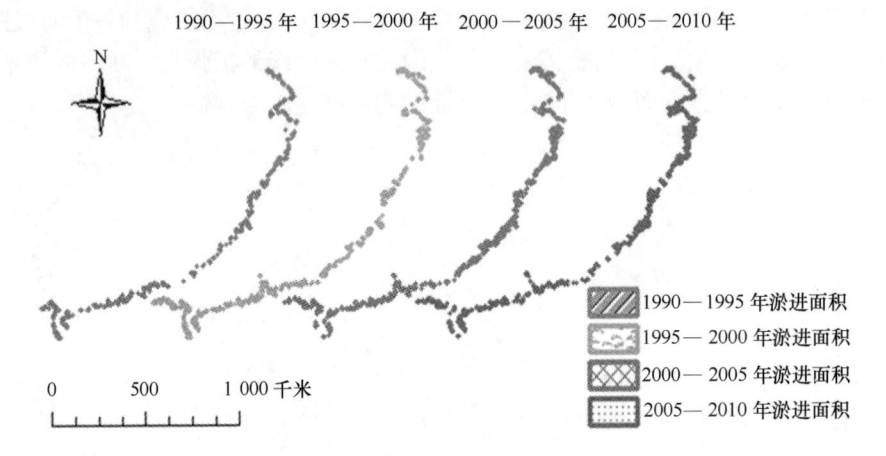

图3　各时段淤进面积

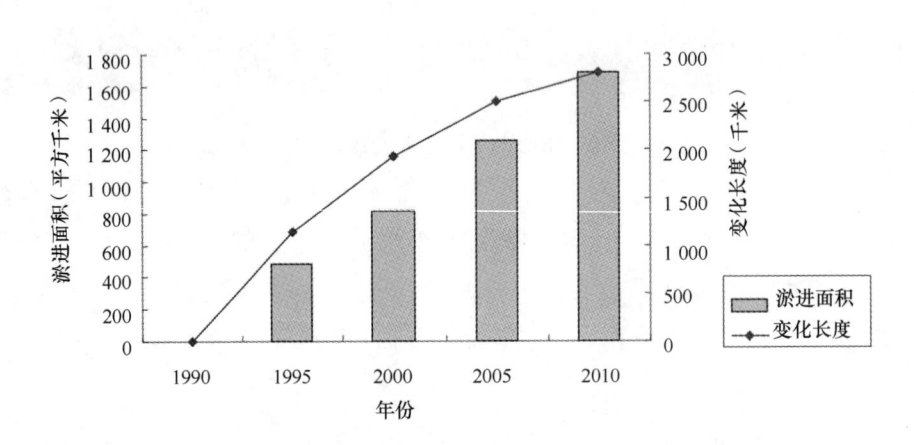

图4　各时段中国南方大陆海岸线变化长度和淤进面积

中国南方大陆海岸线在各个时段的淤进面积的变化呈现出明显的规律性,由年均增长400平方千米的淤进面积,可以得出接近等差数列的增长关系,这也反映出岸线有规律地变化着,说明随着经济的发展,人类更为迫切地需要土地资源,由于土地资源的有限性和不可移动性,人类不得不深入海洋,向海洋索取土地资源,通过围海造陆满足人类对于土地资源的需求,从而改变了原有的自然岸线和自然地理环境,人工化的强度在逐步加大。

(二)1990—2010 年南方大陆海岸线的分形维数

采用不同精度或标准,得到的岸线长度存在差异。因此,本研究采用网格法来计算 1990—2010 年中国南方大陆海岸线的分形维数,从分维的角度来描述中国南方大陆海岸线。首先,创建分维计算的模型,表达式设置为:%值%×30;数据类型根据 TM 卫星遥感影像的分辨率设置为像元大小即 30;按值为 1,到值根据实际需要选择 20,其他适当数值也可。下一步,将创建的模型添加到 Arctoolbox 中,依次运行,得出依据像元大小所得到的像元个数值,再分别取对数值。最后,在 SPSS 19 中对所得到的两列对数值进行回归分析,通过曲线拟合得到参数估计值,即得到该年份大陆海岸线的分维数。

表 2　1990—2010 年中国南方大陆海岸线维数数据

年份	1990 年	1995 年	2000 年	2005 年	2010 年
分维数	1.053	1.054	1.056	1.056	1.053

表 2 显示,5 个时相的中国南方大陆海岸线的分维数具有一定的稳定性,这也同前人的研究成果吻合。1990 年、1995 年、2000 年、2005 年、2010 年的分维值分别是 1.053、1.054、1.056、1.056、1.053,分维值基本变化不大。朱晓华通过网格法测算的中国大陆海岸线分维数为 1.070 7[15]。由于海岸线附近的物质组成的差异性,允许一定范围的差值。而且,中国整个大陆海岸线的物质组成在不同的岸段具有不同的特点。本研究的研究区设定范围是启东角以南,它反映的是中国南方大陆海岸线的一个分形维数的特点,结合 1990—2010 年中国南方大陆海岸线的长度,得出的分维值可以实现对中国南方大陆海岸线特征的描述。从数据分析中看出,2000 年以后中国南方大陆海岸线的发展总趋势是向海洋推进,在这个过程中,一些港湾地区海岸线演替的速率尤为迅速。因此,从自然岸线的变迁角度来说,其岸线的曲折度在降低,特定地点的岸线形态更逼近直线型。但是,在经济发达的地区,城市用地的规模日益扩大,不断地变自然岸线为人工岸线,逐步向海洋延伸。码头的建设、海上养殖和海上旅游设施的修建等等都会增加岸线的曲折度,从而影响海岸线的分形维数。自然岸线的曲折度在降低,人工岸线的曲折度在增加,彼消此长,综合起来,在一定时间范围内,大陆海岸线的长度和分形维数都不会出现剧烈的变化。

(三)重要岸段的大陆岸线变迁

1. 长江口—杭州湾南岸岸线变迁

长江三角洲位于长江入海口前端的冲积平原之上,从其成因上看,长江三角洲是由长江带来的中上游泥沙在流水沉积作用下,不断淤积起来的,形成了一系列的沙洲、沙坝和岛屿。长江三角洲在行政单位上包括上海市、浙江省和江苏省。流经长江三角洲的大江大河主要是长江和钱塘江,而泥沙的主要来源是长江。长江是一条丰水多沙的河流,每年泄出的径流量达 9.04×10^{11} 立方米,多年平均输沙率为 4.35 亿立方米/吨(大通站,1951—2000 年)。

长江口北岸和杭州湾南岸以淤积为主;长江口南岸和杭州湾北岸以侵蚀为主。受到河流径流和沿岸洋流以及地转偏向力的作用,长江口北岸逐年淤积,水下泥沙沉积速度加快,导致崇明岛有与长江口北岸并岸的趋势;而杭州湾南岸淤积的速度和范围也在扩大,但是其泥沙的来源主要是沿岸的洋流从长江口携带而来,而不是以钱塘江的泥沙为主。从岸线类型和景观格局的变化看:长江口北岸和杭州湾南岸,主要以农用地为主,围填海后的土地被用来作为养殖用地、农田用地、盐田用地等类型;而长江口南岸和杭州湾北岸,主要布局着码头、工业用地、城镇用地等类型(图5)。

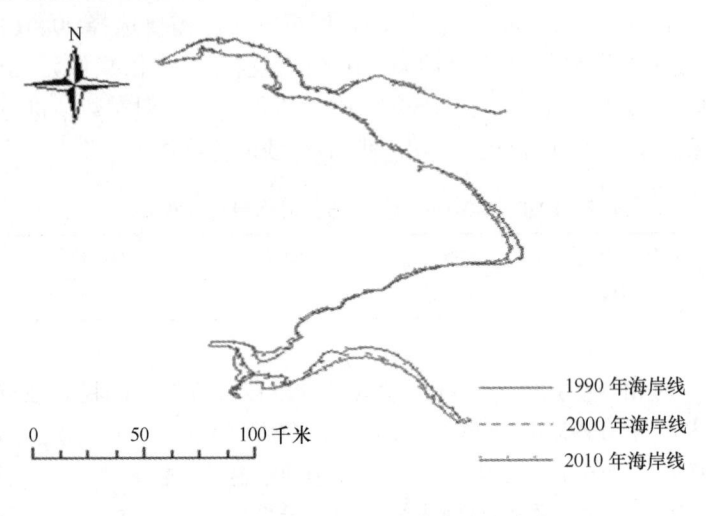

图5 长江口——杭州湾南岸海岸线变迁

2. 珠江三角洲的岸线变迁

珠江三角洲位于广东省东南部,地处珠江的下游,属于泥沙淤积形成的河口三角洲。在行政单位上包括了广州、深圳、珠海、东莞、佛山、中山、江门以及肇庆和惠州的部分市县。依据2002年中国河流泥沙公报,珠江水系径流丰富,多年平均(1959—1979年)径流量为 3360×10^9 立方米,年平均(1959—1979年)含沙量为0.27千克/立方米,全流域多年平均(1959—1979年)输沙量达 8872×10^4 吨/年。

依据珠江三角洲岸线的形态,分为三个部分:珠江口岸段、珠江口以东岸段、珠江口以西岸段。珠江口岸段,以其港湾的特征点为大致的分界点。这个岸段的自然岸线发育和人工岸线的建设都比较剧烈。由于地处珠江的入海口,受到地形和港湾特征以及潮汐的作用,河流流速变缓,导致大量泥沙在港湾内淤积,由此淤泥质滩涂发育明显。但是,本地区飞速发展的工业和城市化进程的推进,导致城市用地不足,只有通过围海造陆、陆连岛等措施来解决用地问题。随之带来城镇护堤、码头岸线等各种形式的建设岸线的增加,以各种类型的人工岸线取代自然岸线。珠江口以东岸段,自然岸线类型以基岩海岸为主,人工岸线多为城镇护堤和近海养殖岸线。加之缺少大型河流,没有稳定而充足的泥沙堆积,因此本岸段的自然岸线在时空上的变迁不是很明显。而人工岸线的推进,多是通过填海造陆实现的。珠江口以西岸段,其自然发育程度相对珠江口地区差一点,但是要高于东岸。西岸有小的河流发育,河流的数量和长度远大于东岸,其结果是泥沙的淤积量要比东岸大,淤泥质的自然岸线发育程度高,为围海造陆等人工建设提供了基础。再从水动力条件上看,由北往南的近岸洋流,可以将珠江口的泥沙输送到西岸,加速了西岸的淤积(见图6)。

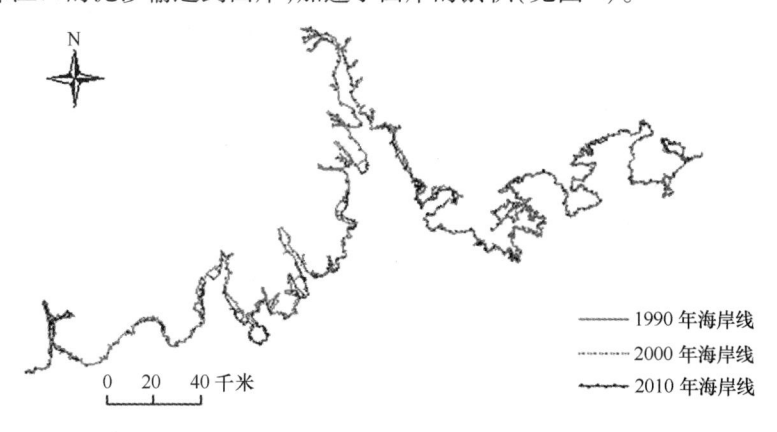

图6 珠江三角洲海岸线变迁

(四)岸线变迁过程中的岸线类型人工化特征分析

长江口—杭州湾南岸和珠江三角洲地区是中国南方大陆海岸线变迁最显著的区域,也是海岸人工化程度最高的区域。本节着重讨论长江口—杭州湾南岸的岸线类型人工化特征。从长江口—杭州湾南岸各时期各类型大陆海岸线长度统计(见表3)可知,1990年、2000年及2010年的岸线长度分别是869千米、888千米和910.8千米,数据显示岸线长度在逐年增加,而且由于受到海岸形状、港湾特征等的影响,向外淤涨的过程中,海岸线不断地向海洋一侧移动,导致海岸线的曲折度和维度降低,这也是海岸线长度增加不明显的一个原因。由表3可知,本区域内人工岸线的比例明显高于自然岸线的比例:1990年、2000年及2010年的人工岸线比例分别是76.64%、77.25%和71.15%。人工岸线主要包括:码头岸线、城镇护堤、盐田岸线、养殖岸线、农田岸线五类。其中,码头岸线和城镇护堤的岸线长度在急剧地增加,而另外三类岸线的长度却在逐年减少,表明在城市化过程中,城市的用地规模在扩大,岸线人工化的程度在加强。自然岸线包括:生物岸线、基岩岸线、河口岸线、砂砾质岸线、淤泥质岸线五类。其中仅仅是淤泥质岸线的长度保持着增幅的状态,而且增加的幅度较大。1990—2000年的淤泥质岸线的长度基本变化不大。但是,2010年的淤泥质岸线长度比2000年增加近100千米,主要由于河流的来沙量增大导致滩涂的自然淤积速率增大,加之人工促淤工程的修建所导致,这也是自然岸线与人工岸线在博弈的过程中消减最明显的地方,而另外几种自然岸线的长度都处于逐年降低的趋势(见图7)。

表3 长江口—杭州湾南岸各时期各类型大陆海岸线长度统计

岸线类型	岸线长度(千米)		
	1990年	2000年	2010年
码头岸线	63	129	244
盐田岸线	35	22	29

续表

岸线类型	岸线长度(千米)		
	1990年	2000年	2010年
养殖岸线	190	212	113
农田岸线	325	246	169
城镇护堤	53	77	93
河口岸线	23	15	13
生物岸线	11	8	6
基岩岸线	29	18	0.8
淤泥质岸线	120	116	219
砂砾质岸线	4	6	1
其他岸线	16	39	23
总计	869	888	910.8

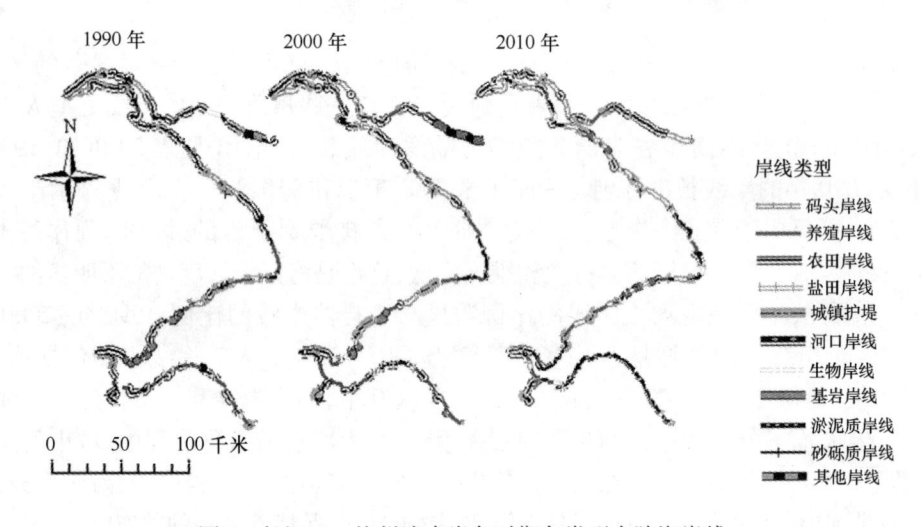

图7 长江口—杭州湾南岸各时期各类型大陆海岸线

(五)大陆海岸线时空演变的影响因子分析

1. 自然因素

自然因素包括了水动力条件、河流含沙量、地形起伏状况和潮汐的顶托与扩散作用等等。根据自然岸线的划分，从海岸线所处的地质地貌情况看，一般分为四类：基岩海岸、淤泥质海岸、生物海岸、砂砾质海岸。而从其稳定性角度来说，分为侵蚀型、淤涨型、稳定型。结合这两种分类以及实际解译的结果来看，在短期内发生了明显变化的岸段是属于侵蚀型或者淤涨型的淤泥质海岸，例如从长江口往南延伸到杭州湾南岸、珠江三角洲，这些地区都是发生了大的变化的岸段。其泥沙来源与水动力条件是影响岸线自然变迁的主要因素。至于其他自然类型的岸线,就其本身的演变过程来说,在几十年尺度下,并没有发生多少变化,其变化多是建立在人类的活动之下。因此,除了淤泥质海岸之外,因自然因素所引起其他自然岸线的变化在本研究时段内是相对较少的。

2. 人为因素

随着社会经济的发展以及工业化、城市化的推进,人类对土地资源的需求越来越迫切,介于土地资源的数量有限,人类开始逐渐向海洋迈进,寻求发展的立足之地。海洋空间受到人类的挤压,导致海岸线的海向退缩,这是主要的演进趋势。

1990—2010年中国南方大陆海岸线产生时空变迁的人为因素主要有围海造陆、港口建设、水产养殖等等,一系列的人类活动形成了人工化的大陆海岸线。其中,围海造陆对于海洋的影响尤其明显,其大范围的滩涂匡围改变了近海洋的自然地理环境。围垦之后,经过人类的活动改变了原有的自然生态环境面貌和土地的利用形式以及景观格局。以平均每年400多平方千米的淤进速度向海洋寻求土地资源,在这些新增的土地上,通过各种人类活动改造着海洋与陆地的关系,引起海岸线的变迁。已有许多研究专门针对围垦前后的土地利用形式的变化来说明人类对于自然岸线的改变,在此,本研究就不再一一分类比较。港口建设对于大陆海岸线的影响主要是强烈地改变了岸线的曲折度,增加岸线长度,进而影响到整个岸线的分形维数。港口建设,需要比较深的水位,因此,人类通过修筑堤岸向海洋延伸以及码头的修建,都是塑造人工化岸线的人为原因。水产养殖可分为两种情况,一种是在围垦的土地中开辟水产养殖区域;另一种是发展近海养殖,利用港湾地形和网箱进行水产经营。这里的研究对象即为后者,这种人类活动也改变着近海的岸线类型。

四、结论

本研究借助多时相遥感影像,获取了5个时相的中国南方大陆海岸线,分析了各时段岸段长度变化情况以及各时段淤进面积与分形维数的变化情况。在此基础上,对中国南方大陆海岸线的时空变迁原因和特征进行分析。选取两个岸线变迁显著的区域,详细分析其时空变迁的影响因素与特征。对长江口——杭州湾南岸地区的大陆海岸线类型进行划分,分析自然岸线与人工岸线的博弈关系。综合各方面因素,对中国南方大陆海岸线的分析结果总结如下。

(1)中国南方大陆海岸线的长度和分形维度保持相对稳定,但岸线长度存在总体缩短和局部增长的演化趋势。从1990年的10 875千米变为2010年的10 352千米,与之相对应的是分形维数的相对稳定性,维持在1.054 4上下。因此,说明分维的确可以用来表征海岸线的客观性质,这与分维理论是吻合的。1990—2010年中国南方大陆海岸线的变化岸段的长度不断增加,与之相对应的是淤进面积保持着400平方千米/年的淤进速度。在长江口—杭州湾南岸的岸线长度在逐渐增加,从1990年的869千米变为910.8千米,由此说明局部岸段的增长与总体上的缩短特征并存。

(2)岸线海向推进的岸段占据主要部分,陆向退缩岸段仅发生在少部分岸段。海向推进的岸段最显著的地方位于长江口北岸、南汇嘴、杭州湾南岸、珠江口附近;陆向退缩的岸段主要位于雷州半岛的北侧。无论是海向的推进还是陆向的退缩,主要是受到该岸段水沙关系的影响。同时,与岸线人工化的程度也有密切的关系。

(3)长江口——杭州湾南岸和珠江三角洲两个典型岸段的分析表明,中国南方大陆岸线的时空变迁速率与强度在不断加强。人类对于岸线的影响程度日益强烈,对于海岸带资源的开发力度日趋加大。作为中国经济发达的地区,工业化和城市化的水平位居全国的前列,与之相对应的是开发岸线的需求和能力与日俱增。

(4)在1990—2010年时段内,引起中国南方大陆海岸线时空变迁的人为因素的作用比自然因素显著,导致人工岸线比重不断增大,自然岸线比重不断下降。自然因素主要包括了水动力条件、河流含沙量、地形起伏状况和潮汐的顶托与扩散作用等等。简言之,水沙的关系基本上决定了自然岸线的发育程度。人为因素主要有围海造陆、港口建设、水产养殖等等。人工岸线类型多样,短时间内变化显著。人工岸线与自然岸线存在交替现象,这是两者博弈的结果。从岸线类型分类上,可以看出:中国南方大陆海岸线时空变迁的自然因素的地位逐步下降,而人为因素日趋重要。重要岸段分析中,长江口——杭州湾南岸在三个时相中,人工岸线的比重分别是76.64%、77.25%和71.15%,远远高于自然岸线的比重。

参考文献

[1] H M El - Asmar, Hereher M E. Change detection of the coastal zone east of the Nile Delta using remote sensing[J]. Environmental Earth Sciences,2011,62:769 - 777.

[2] NGUYEN Lam - Dao, VIET Pham - Bach, et al. Change Detection of Land Use and Riverbank in Mekong Deka, Vietnam Using Time Series Remotely Sensed Data. Journal of Resources and Ecology,2011,2(4): 370 - 374.

[3] Marcel J F. Stive, Stefan G J. Aarninkh of, Luc Hamm et al. Variability of shore and shoreline evolution. Coastl Engilleerillg. 2002,47(2):211 - 235.

[4] 梁向阳,梁家海,萧金文.《珠江三角洲海岸变迁及对城市可持续发展的影响》.资源调查与环境,2005年,第26卷,第4期,第283 - 291页.

[5] 程义吉,张建怀,杨晓旭.《黄河三角洲海岸线的演变特征分析》.人民黄河,2011年,第33卷,第10期,第118 - 121页.

[6] 常军,刘高唤,刘庆生.《黄河口海岸线演变时空特征及其与黄河来水来沙关系》.地理研究,2004年,第23卷,第5期,第339 - 346页.

[7] 陈正华,毛志华,陈建裕.《利用4期卫星资料监测1986—2009年浙江省大陆海岸线变迁》.遥感技术与应用,2011年,第26卷,第1期,第68 - 73页.

[8] 楼东,刘亚军,朱兵见.《浙江海岸线的时空变动特征、功能分类及治理措施》.海洋开发与管理,2012年,第3期,第11 - 16页.

[9] 宋高儒,许学工.《渤海湾西北岸1974—2010年逐年填海造陆进程分析》.地理科学,2012年,第32卷,第8期,第1006 - 1012页.

[10] 薛春汀.《7000年来渤海西岸、南岸海岸线变迁》.地理科学,2009年,第29卷,第2期,第217 - 222页.

[11] 谌艳珍,方国智,倪金,等.《辽河口海岸线近百年来的变迁》.海洋学研究,2010年,第28卷,第2期,第14 - 21页.

[12] 孙伟富,马毅,张杰,等.《不同类型海岸线遥感解译标志建立和提取方法研究》.测绘通报,2011

年,第3期,第41-44页.

[13] 徐进勇,张增祥,赵晓丽,等.《2000—2012年中国北方海岸线时空变化分析》.地理学报,2013年,第68卷,第5期,第651-660页.

[14] GAO Yi,WANG Hui,SU Fen-zhen et al. Analysis on Spatial-temporary Changes of China Mainland Coastline in Latest 30 Years, Acta of Oceanography Scinica,2013,35(6):31-42.

[15] 朱晓华,蔡运龙.《中国海岸线分维及其性质研究》.海洋科学进展,2004年,第22卷,第4期,第156-161页.

潮滩围垦对海岸环境的影响研究进展[①]

李加林

(宁波大学)

摘要：潮滩围垦是沿海国家拓展陆域,缓解人地矛盾的最主要方式之一。潮滩围垦通过对潮滩高程、水沙动力条件、沉积物特征多种环境因子的改变,促进生物演替,并通过垦区土地的人为利用,对海岸环境演变产生重要影响。在简要回顾国内外围垦史的基础上,从围垦工程对水沙环境的影响、围垦对海岸生态环境的影响、围垦对潮滩生物的生态学影响和盐沼恢复与生态重建四个方面探讨了不同学科学者对围垦环境影响的主要研究进展及存在的问题,并对未来的研究趋势做了讨论。

关键词：围垦；海岸环境；潮滩；盐沼恢复；生态重建

历史时期以来,潮滩围垦在沿海地区扩展土地资源、防御灾害、发展生产,推进国民经济建设和提高人民生活水平方面起到了很大作用[1]。但是,围垦工程也可在短时间、小尺度范围内改变自然海岸格局,对系统产生强烈扰动,造成新的不平衡,有时甚至会引发环境灾害,对海岸环境构成不可逆转的影响或损失[1-2]。长期以来,在港湾开发、河口整治等实践任务的驱动下,不同学科的学者就围垦工程实施对海岸环境的影响开展了大量的工作,并很好地指导了围垦实践[1]。本文拟在简要回顾国内外围垦史的基础上,就围垦对水沙动力环境、海岸生态环境、潮滩生物生态学和盐沼恢复与生态重建四个方面的主要研究进展进行探讨,以期为全球变化背景下陆海相互作用中潮滩围垦环境效应研究提供借鉴和启示作用。

一、潮滩围垦史的简要回顾

历史时期以来,为谋求生存发展、抵御自然灾害,沿海人民结合海岸自然演变,筑堤修塘,围海造地,取得了巨大的围海成就[1]。随着围海技术条件的提高和人类欲望的膨胀,围垦的起围高程逐渐从高滩降至中滩、低滩,或在低滩用块石建丁坝,先促淤后围垦[1]。围海的目的也从传统的发展种植业与渔盐生产,逐渐发展为围区多样化的土地利用。从围垦工

[①] 基金项目：国家自然科学基金(41171073)；浙江省自然科学基金(Y5110321)；浙江省哲学社会科学基金(12JDHY01Z)；宁波市社科规划项目(G12 - XK05)。

作者简介：李加林(1973—　　)，男，浙江台州人，教授，博士生导师，主要从事海岸带环境与资源开发研究，通讯作者；E - mail：nbnj2001@163.com。

程的类型看,主要有河口边滩围垦、平直海岸围垦、港湾围垦和岛屿围垦等[1,3]。

潮滩匡围及其开发利用在中国已经有1 000多年的历史,浙东大沽塘、苏北范公堤代表了我国历史围海工程的最高成就[1]。我国海堤长度居世界第一,仅苏北、苏南、钱塘江河口沿岸海堤长度就达1 000千米以上。海堤又称海塘、围堤、海堰等。最早的记载是钱塘江防海大塘,据郦道元《水经注》载为后汉华信所筑,第一次见于正史的为北齐的海堰工程。《嘉庆海州直隶州志》引《北齐书·杜弼传》谓:"显祖敕弼行海州事,弼于州东事海而起长堰。外遏咸潮,内引淡水"。至隋唐,江浙沿海已有系统的海堤工程。我国海塘自古以来约定成俗地划分为苏北海塘、江南海塘、钱塘江河口海塘、浙东海塘、福建和广东海塘五部分[1]。钱塘江河口海塘始于五代吴越王钱镠。《咸淳临安志》载:"梁开平四年(910年)八月,钱武肃王始筑捍江塘……"。杭州湾南岸大沽塘始建于宋庆历七年(1047年),元至正年间(1341年)改为石塘[3-4],至今杭州湾南岸海堤已筑至十一塘。苏北海堤始于唐代,但均为局部工程,北宋范仲淹于天圣六年(1028年)建成范公堤,此后历代有冲有修。闽粤海塘始于隋唐,唐太和年间(829—839年),李茸筑闽县海堤和长乐海堤,用障咸潮,并立陡门,调节蓄泄[1]。据统计,1949年前我国围海造田面积达13万平方千米,新中国成立后围海造地约1.2万平方千米。

荷兰、德国、朝鲜、英国等国的潮滩匡围也有几百至近千年的历史[5-9]。荷兰地处莱茵河、爱塞河和斯赫德河3条河流入海口,围海造田始于13世纪,并最先用潮间带沉积坝来促淤造陆[10-11]。荷兰1/5的国土面积是通过潮滩和湖泊围垦得到的,其代表性工程是20世纪30年代投资40亿美元修建的须德海围垦工程,所围潮滩占全国国土面积的7%。滩涂围垦也从最初的"圩田围垦"等简单方式,发展到集筑坝、围涂及排水系统于一体的水利工程建设[5]。德国修建有总长达7 500千米的沿海堤防,日本利用围海造地建立了多个高新工业区。朝鲜半岛的西南沿海,港湾众多,韩国大多数入海河口已进行围垦,其典型大型围海工程为1970—1977年修建的平泽垦区,总面积达18 419公顷;朝鲜已将起围高程定为－5米[7]。印度尼西亚、马来西亚等东南亚国家也曾大力开展围海造地[1]。

20世纪50、60年代以来,随着人们对潮滩湿地生态服务功能认识的加深,加强海岸盐沼的保护和恢复引起了世界各国政府和科学界的普遍重视,潮滩围垦的势头逐渐得到控制[12]。西方发达国家还开展了大规模的退垦还海、恢复盐沼湿地活动[13-14]。在目前的社会经济条件下,我国近期还不可能出现大面积的退垦还海,随着起围高程的降低,中、低滩围垦仍是大势所趋[1]。

二、围垦工程对水沙动力环境的影响

围垦工程改变了区域海岸地形和海岸状况,影响到附近海域的潮汐、波浪等水动力条件,导致附近区域的泥沙运移发生变化,并形成新的冲淤变化趋势[15],从而可能对工程附近的海岸淤蚀、海底地形、港口航道淤积、河口冲淤、海湾纳潮量、河道排洪、台风暴潮增水等带来影响。从研究方法看,目前,围垦工程对水沙环境的影响研究大多是基于水力学和泥沙运动力学方法,建立数学模型计算工程前后流场分布,再用经验公式计算淤蚀强度,或辅以必要的物理模型进行[16-17]。也有基于RS和GIS手段,从潮滩均衡态角度探讨围海工程对水沙动力环境的影响[18]。下面分述不同类型围垦工程对水沙动力环境的影响。

(一) 河口围垦工程

潮汐河口受潮流和径流的双重影响,动力条件和河床演变过程都较为复杂,河口围垦工程对水沙环境的影响范围下至入海口门及其邻近地段,上至潮流界甚至潮区间[1]。此类工程常与河口整治相结合,主要在入海河口的边滩筑堤围涂,也有在河口或河口汊道上筑坝建闸挡潮。河口围垦开发,既要考虑排洪入海尾闾畅通,又要考虑河海港道的维护,保护河口的潮汐吞吐能力。

钱塘江河口是典型的强潮河口。结合河口整治,我国学者就围垦对钱塘江河口水沙动力环境的影响开展了大量研究。潘存鸿等[19]应用水深平均的二维水流数学模型,提出了尖山河段顺坝促淤围垦方案,用以增加河道弯曲度,并有效减少涌潮对北岸海塘的冲刷。河口围垦使得钱塘江主流及河槽趋于稳定,河宽缩小,提高了杭州出海渔船吨位[20]。在定床潮流计算的基础上,利用河床变形方程、最小能耗原理、灰色模型可探讨钱塘江河口围垦回淤问题[16]。河口围垦后河槽束窄,潮波变形加剧,落潮最大流速和落潮断面潮量减小。上游河段潮汐动力减弱,盐官至澉浦平均淤高1米,场前至金山段深槽沿程有所冲刷[21]。从防洪角度看,由于河槽束窄,仓前以上河床虽有所降低,但在洪峰流量 2×10^4 立方米/秒时,杭州洪水位仍抬高了 0.2～0.4 米[16]。遭遇类似9711台风及特大台风暴潮时,沿程风暴潮水位均不同程度地抬升,一般以盐官段抬升最大,由盐官往上游或下游递减[22]。

此外,辛文杰[23]、彭世银[24]采用平面二维水流泥沙数学模型,分别对珠江口和深圳河河口围垦所引起的潮波变形、沿程水位抬高程度和河床冲淤变化进行了数值模拟。黄健东等[25]就新津河口围垦工程对汕头港航道防淤及河床演变的影响进行了研究。姚炎明等[17]研究了不同水文条件下山溪性强潮河口鳌江口外南岸边滩围垦前后的区域潮波与潮流变化分布。王顺中等[26]、李孟国等[27]、陆永军等[28]运用定床水流模型、定床悬沙淤积模型及浑水循环系统,就瓯江口促淤围垦及其对河道泄洪、南北分流、港口航道及状元岙深水区等水沙动力环境的影响进行了研究。Kang[29]的研究表明,韩国灵山河口木浦沿海围垦,导致潮汐壅水减小,潮差扩大,并使得台风时的洪水灾害加重。

(二) 港湾围垦工程

港湾围垦或在湾内边滩筑堤圈围,或在湾顶、湾中、湾口或湾内港汊筑坝堵港。边滩围垦多在高滩外缘筑堤造陆,类似平直海岸的小规模围涂。堵港围海则是在堵港之后,将港内高、中滩筑堤造陆,低滩或浅海则多用于蓄淡养殖。港湾围垦主要造成坝内港口废弃,并因纳潮量减少及径流被拦蓄而导致坝外港口航道淤积[1]。

罗章仁[30]、郭伟等[2]、陈彬等[31]分别研究了近几十年来香港维多利亚港、深圳湾、泉州湾等围垦工程对港湾纳潮面积、纳潮量、潮流速度等潮汐特征及港湾回淤的影响。贺松林等[32]根据纳潮量的空间配置和规划中工程规模,探讨了湛江湾沿岸工程对水沙环境的正负面影响及主要影响区域。王义刚等[33]、李孟国等[34]基于二维潮流数值模型,分别研究了福建铁基湾围垦工程对三沙湾内深水航道的影响和浙江洞头北岙围垦工程对周边海区及围堤根部的影响。秦华鹏等[35]采用多种数学模型,定量分析了各种围海岸线方案对水沙环境的影响,并通过综合集成模型评判各种围海岸线方案的优劣。Lee 等[36]的研究表明,1984 年韩国西海岸的瑞山湾围垦工程在湾口修建长达 8 千米的海堤后,使得低潮滩的沉积过程发生了重大变化。二号海堤前潮流明显增强,潮滩全面侵蚀,侵蚀的泥沙则在曾经是潮流通道入口的一号海堤外沉积。

(三)平直海岸围垦工程

平直海岸围垦一般在淤涨型岸段进行,其堤线大体与海岸线平等。围堤之后,潮流条件的变化使得原来相对平衡的海滩剖面遭受破坏。日久之后,随着潮滩均衡态的调整,又能重新塑造新的平衡,即堤外滩地逐渐淤高,并继续向海推进[1,37-38]。由于围堤切断了潮盆近岸部分的潮沟系统,并改变了潮盆的局地水沙环境。因此,在潮滩均衡态调整过程中,潮水沟的活动可能会危及海堤安全[18]。合理的围堤方案,确保匡围后潮滩均衡态调整不影响海堤安全,是围海工程设计时需要解决的首要问题。李加林等运用潮滩均衡态概念框架,探讨了潮滩演变规律在苏北笆斗、三仓、仓东、蹲门口等多个围海工程围堤选线中的应用[18]。此外,李加林[39]、张忍顺[40]通过围垦工程实施后对邻近闸下流槽各种落潮水量组成及其维护闸下排水能力的有效性分析,分别探讨了围垦工程对梁垛河闸、东台河闸排水的影响。结果表明,合理的围堤方案,在平均潮汛及一般大潮汛时对邻近闸下排水能力影响较小,而在风暴潮或秋季大潮汛时有一定影响,但可以通过若干次冲淤保港来解决。

(四)岛屿围垦工程

海岛一般多基岩岬角海湾,单片滩地围垦面积一般较小。随着起围堤线的降低,再加上海岛风浪较大,一般需促淤围垦,或在岛屿间堵港建坝促淤,条件成熟时再进行边岛围垦工程[1]。岛屿围垦或连岛围垦会明显改变陆岛附近的水沙环境和底质类型,并给滩涂养殖和原有港口航道带来不同程度的负面影响。我国的岛屿围垦工程除海南岛和崇明岛外,一般规模较小。浙江温岭东海塘工程是个典型的连岛围海工程,因工程可能导致礁山港的严重淤积,曾中途停工。后将礁山港外移至横门山岛建龙门新港,促使该项连岛围垦工程的完成,并增加了滩涂养殖面积。1977 年完成的浙江玉环漩门港堵口促淤工程,使玉环岛连陆,由于漩门港的纳潮量仅占乐清湾的纳潮总量的 3%,因此对湾内水沙动力环境的影响较小[1]。

综观以上研究,各类围垦工程对水沙环境影响的研究有较强的针对性,通过数学模型和物理模型,结合潮滩演变规律,可较好地预测或分析围垦工程实施对周边水沙环境可能带来的影响。实践表明,只要不是大范围的围垦,围垦前做好环境影响评价,单个工程对河口、海岸、港湾和岛屿附近水沙环境的负面影响都是不太明显的,甚至可忽略不计。但是,就某一海岸区域而言,长期大量围垦所产生的累积效应却不容忽视。如历次围垦对河道排洪、河口淤积的综合影响如何?垦区附近航道淤积与围垦工程是否有直接关系?多次围垦对港湾纳潮量的累积影响如何?历次围垦工程之间的交叉影响如何?由于围垦项目论证只是对本项目的影响进行评价,不会也不可能对多个项目的累积影响进行评价,这些问题都是一项围垦工程论证所无法解决的。同时,水流泥沙问题的复杂性和当前研究的不成熟性,使得采用泥沙数学模型进行长历时、在区域的模拟受到诸多影响因素制约,而采用物理模型的代价又太大。因此,如何研究并评价围垦对水沙环境的累积影响,将是围垦对水沙环境影响研究领域中迫切需要解决的问题。

三、围垦对海岸生态环境的影响

(一)围垦对堤内垦区生态环境的影响

围垦对堤内生态环境的影响研究主要涉及垦区土地利用对土壤肥力特征、水资源、水土流失、生态系统服务功能的影响等内容。垦区土壤的利用离不开脱盐培肥,新围滩涂脱盐受气候、利用方式、地形高低的影响[41-42],完善排水系统、降低地下水位是脱盐降渍的根本途径。采取必要的工程措施,如控制内河水位,实施暗管排水,开挖排咸河,抬高涂面则可加速脱盐过程[41]。此外,不同的土地利用方式也影响土壤脱盐速度,如水稻种植比旱作更易脱盐[43]。土地的农业利用还引起土壤有机质、N、P、K等养分特征的变化。长江口南岸的东海农场围垦后无机氮含量有增加的趋势,柱状沉积物中无机氮含量的季节性变化明显加剧[44]。土壤肥力特征的变化与土壤利用方式、农业化肥投入、排灌体系等密切相关[43,45]。由于土壤抗剪性差,加上植被覆盖低,垦区土壤还存在较严重的重力侵蚀、水蚀和风蚀[46]。用盐水和淡水轮流灌溉将引起表土层土壤导电性、溶解钠、钠吸收率和交换性钠含量的变化,但对产出的影响并不明显[47]。淡水资源的严重不足和地表水体污染和水质恶化是垦区的水资源与水环境的突出问题[48]。潮滩围垦还可改变地下水流系统[49]。此外,潮滩围垦还引起生态系统服务功能的变化[50]。

(二)围垦对堤外潮滩及近海水域生态环境的影响

潮滩围垦对堤外潮滩及近海水域生态环境的影响研究主要集中在潮滩底质和近海水域污染两方面。不同的围垦规模和污水排放体系有着不同的污染物排放通量和输移方式[29,51]。同时,土地利用方式的差异也造成不同的污染种类和污染程度。如港口、能源、化工、城镇建设等全面开发活动带来的污染远大于以农业开发为主的影响[52]。工业废水、海水养殖废水、农田耕作退水和居民生活污水是造成垦区内外水质和潮滩底质污染的主要因素[53]。

围垦对海岸生态环境的影响研究表明,围垦后的土地利用不仅使得垦区内潮滩脱盐陆化,形成陆生生态系统。同时,入海物质排放通量的变化也对潮滩及近海水域生态环境产生影响。因此,垦区土地利用及其变化是围垦对海岸生态环境影响的直接驱动力。现有研究缺乏对垦区土地利用环境影响的评价,今后应遵循生态经济学的基本原理,进行垦区土地可持续利用评价,形成合理的土地利用系统,减少对海岸生态环境的影响。

四、围垦对潮滩生物的生态学影响

(一)围垦对潮滩盐生植被演替的生态学影响

潮滩围垦后,围堤内外的潮滩生态环境有着不同的演化特征[54]。海堤建设使得堤内潮滩湿地与外部海域全部或部分隔绝,垦区水域盐度逐渐降低,土壤表层不再有波浪或潮汐带来的泥沙沉积,土壤因地下水位下降而不断脱盐。生境条件的变化,导致盐沼植被群落结构的演替。崇明东滩98大堤内芦苇湿地由于人工排水干涸,土壤发生旱化和盐渍化,植被群落表现为明显的次生演替[55]。堤外高滩的快速淤积,为先锋盐沼植被侵入创造了条件,同时植被的促淤作用使得潮滩进一步淤高,盐沼植被逐渐恢复到围前状态[56]。江苏东台笆斗、金川、三仓、仓东等垦区的围垦论证及跟踪调查表明,潮间带围垦,导致堤前快速淤积,只要在堤外预留适量的盐沼,随着堤前滩地的淤高,原生的盐沼植被群落将在堤外得到恢复[57]。杭州湾南岸潮滩围垦后,堤外盐沼的恢复也有类似特点[58]。

(二)围垦对潮滩底栖动物的生态学影响

围垦改变了潮滩高程、水动力、沉积物特性、盐沼植等多种环境因子,这些生物环境敏感因子的综合作用,导致底栖动物群落结构及多样性的改变。潮滩围垦后,堤内滩涂在农业水利建设和各种淋盐改碱设施的改造下逐渐陆生化,潮滩底栖动物种类丰度、密度、生物量、生物多样性等都明显降低或最终绝迹,陆生动物则逐渐得以发展[59-60]。日本九州岛西部Isahaya湾围堤导致了堤内水域底栖双壳类动物大量死亡及淡水双壳类群落的发展[61]。苏北竹港围垦后沙蚕在一二月内便全部死亡,适生能力较强的蜾蠃7年内也几乎全部消失[54]。围垦也使得土壤线虫群落种类多样性和营养多样性明显减少[62-63]。水文环境和沉积环境变化是引起堤外底栖动物群落变化的最重要因素[64]。堤外淤积环境的迅速改变,使不适应快速淤埋的潮滩底栖动物发生迁移或窒息死亡[54]。上海市围海造地使得潮滩及河口地区中华绒螯蟹、日本鳗鲡、缢蛏、河蚬明显减少[65]。此外,海水养殖、淡水种植和工业等废水大多通过沿海挡潮闸排入垦区外海域,也对附近潮滩动物产生影响[54]。

(三)围垦对其他生物的生态学影响

围垦对其他生物的生态学影响研究主要包括陆源动物、水禽和附着生物。围堤对陆源动物的影响较小,但受人为捕猎影响,其消亡速度较快,如獐子在围堤时就可能被捕猎。丁平等[66-67]研究了钱塘江河口萧山垦区小型兽类的兽种形态、群落结构、分布格局、种群动态、栖息地特征及其与人口迁居的关系。英格兰东部的沃什湾潮滩栖息的雌麻鸭及其他7种涉禽的数量与盐沼底质类型和盐沼断面宽度之间存在明显的相关关系,潮滩围垦使得潮间带盐沼变窄,最终导致了水禽的减少[68]。唐承佳等[69]的研究表明,鸻鹬生境必须含有水域、植被和裸地三种景观要素,景观异质性的改变引起鸻鹬数量和群落结构的变化。围海工程还也引起附近海区浮游植物、浮游动物生物多样性的普遍降低及优势种和群落结构的变化。受水流不畅影响,围垦区内水域附着生物群落的发展水平明显不及垦区外[70]。

围垦通过对潮滩生物生境条件的改变,干扰了潮滩盐生植被的正常演替,甚至导致盐生植被的逆向演替,引起底栖动物生物多样性减少,同时还影响着鸟类等其他生物的栖息生境。但是目前还缺乏围垦对潮滩生物生态学影响机理的研究,未能确立潮滩生物生态学与潮滩敏感环境因子的对应关系。今后应加强对潮滩生物生态学调查,探讨围垦引起的潮滩生物种类、数量的时空变化规律以及人类滥捕或移苗护养对潮滩生物生态学的影响。

五、盐沼恢复与生态重建

由于其特殊的地理位置,滨海湿地成为自然界中最富生物多样性的生态系统之一。盐沼作为滨海湿地的重要组成部分,在生物多样性保护方面具有不可替代的作用。此外,盐沼植被对海岸防御也具有非常重要的意义,是潮汐和波浪消能的天然屏障[71-72]。经常受潮水影响的盐沼因捕获潮流携带的泥沙而不断淤高,其淤积速率可能赶得上现在和将来的海平面上升速率,海堤前盐沼的存在提高了垦区的安全性并可减少海堤的维护费用[73]。围垦使得盐沼面积不断减少,同时海平面上升则引起盐沼侵蚀后退。在英国,地面沉降和海平面上升引起的盐沼侵蚀尤为严重[74]。因此,为加强海岸防护,毁堤重建盐沼引起了西方发达国家的普遍重视[6]。

通过毁堤重建盐沼的思想来自于风暴潮引起的海堤决口所导致的盐沼自动演替[75]。Wolters等[11]对西北欧89处毁堤重建盐沼的调查研究表明,许多面积小于30公顷的盐沼重建区恢复的盐沼物种少于本地目标种的50%,而物种多样性较高的区域面积大于100公顷,并且其大部分地区的高程范围在小潮平均高潮位和大潮平均高潮位之间。Yosihiro Natuhara等[76]通过在1983年围垦的大阪港潮滩上重建野生鸟类公园,使得鸟类数量明显增加,公园潮滩的蟹类和软体动物的减少,导致大矶鹬丰度的减少。Bernhardt等[77]针对德国波罗的海沿岸盐沼草甸的退化现象,在毁堤重新引入潮水区进行了长达5年的定位观测,结果表明重新引入潮流与传统的放牧体制,可增加盐沼的平均物种多样性和总物种多样性。5年后75%的区域被典型盐沼植被和盐沼草甸覆盖,并有8%覆盖了先锋植被。近20年来,荷兰垦区完全依靠生态系统自然演替规律,采取少量的人工措施或完全没有人为干预,使曾经荒芜的围垦土地出现了面积达数万公顷的自然保护区,为生态重建提供了成功案例[78]。

虽然西方发达国家在退垦还海、恢复盐沼湿地方面取得了一定的成功经验。但也有相当一部分盐沼恢复和生态重建最后未能达到理想的效果。这一方面是因为大部分盐沼恢复计划缺乏明确目标,也缺乏对盐沼演变历史的研究;另一方面是盐沼恢复区域受海陆交互作用影响,生境干扰因子具有特殊性。应加强植物学、生态学、海洋学、海岸地貌学、地理学、水利学、流体力学等多学科的交叉研究,以期对海岸盐沼恢复和生态重建有更深入的认识。

六、展望

围垦作为影响淤泥质海岸带环境的最主要人文因素之一,加强围垦对海岸环境的影响研究,对揭示沿海典型区海陆气相互作用(LOICZ)与人类活动互馈-协调机制,构建人地关系生态过程与生态安全对全球变化的反馈模式具有重要的科学意义。在我国,潮滩是沿海地区土地资源的重要补充来源,潮滩围垦成为实现区域耕地占补平衡的重要举措。潮滩环境自然演替规律和围垦开发造成的环境影响研究,是进行海岸带生态建设最基础的研究和前提。目前围垦开发造成的环境后效的科学研究还很薄弱,远不能适应海岸带生态建设的需要。笔者认为,对于海岸带环境而言,围垦的影响研究需要在海岸带环境组成要素系统分析的基础上,通过海岸带环境的自然演替与围垦效应的综合对比,探讨人类围垦活动影响下的海岸环境演化机制,特别强调围垦对水文、沉积、土壤等关键生态要素和生态系统功能结构演化的影响,以揭示围垦对海岸带关键生态要素和功能演替的影响机制和作用强度(图1)。

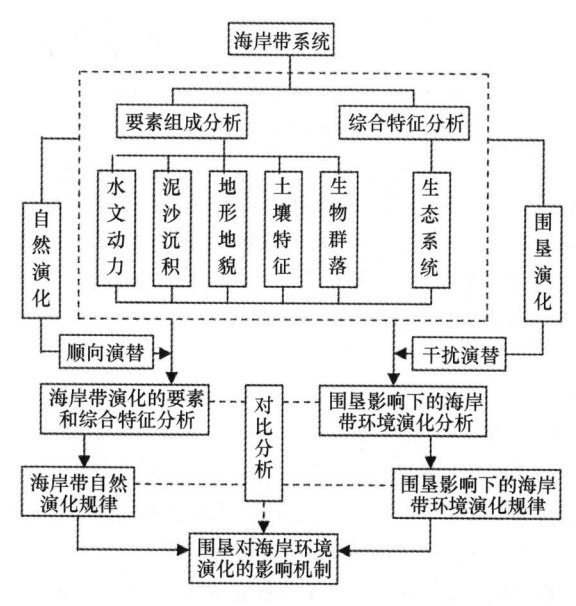

图1 围垦对海岸带环境演化的影响研究体系

参考文献

[1] 陈吉余. 中国围海工程. 北京:中国水利水电出版社,2000年,第34-109页.

[2] 郭伟,朱大奎.《深圳围海造地对海洋环境影响的分析》. 南京大学学报:自然科学版,2005年,第41卷,第3期,第286-296页.

[3] 徐承祥,俞勇强.《浙江省滩涂围垦发展综述》. 浙江水利水电科技,2003年,第1期,第8-11页.

[4] 慈溪市地方志编纂委员会. 慈溪市志. 杭州:浙江人民出版社,1992年,第83-134页.

[5] Dijkema K S. Changes in salt-marsh area in the Netherlands Wadden sea after 1600 // Huiskes, A. H. L., Blom, C. W. P. M., Rozema, J., Vegetation between land and sea. Dr. Junk Publishers, Dordrecht, 1987. 42-49.

[6] Pethick J. Estuarine and tidal wetland restoration in the United Kingdom: policy versus practice. Restoration Ecology. 2002, 10: 431-437.

[7] 胡思敏.《朝鲜的海涂资源与围海造田》. 土壤通报,1985年,第16卷,第3期.

[8] Hill M L, Randerson P F. Saltmarsh vegetation communities of the Wash and their recent development, The Wash and its environment (eds P. Doody, B Barnett). Nature conservancy council Peterborough, 1986: 111-122.

[9] Doody P. The impact of reclamation on the nature environment (eds P. Doody, B Barnett). Nature conservancy council Peterborough, 1986:172-186.

[10] Siddiqui M N, Maajid S, Monitoring of geomorphological changes for planning reclamation work in coastal area of Karachi, Pakistan. Advances in Space Research, 2004, 33:1200-1205.

[11] Wolters, Angus Garbutt, Jan P. Bakker. Salt-marsh restoration: evaluating the success of de-embankments in north-west Europe. Biological Conservation, 2005, 123(2):249-268.

[12] Cearreta A, Irabien M J, Ulibarri I. Recent salt marsh development and natural regeneration of reclaimed areas in the Plentzia Estuary, N. Spain. Estuarine, Coastal and Shelf Science, 2002, 54, 863-886.

[13] Stuyfzand P J. The impact of land reclamation on groundwater quality and future drinking water supply in the Netherlands. Water Sci Technol, 1995, 31(8):47-57.

[14] Bartholdy J, Christiansen C, Kunzendorf H. Long term variations in backbarrier salt marsh deposition on the Skallingen peninsula - the Danish Wadden Sea. Marine Geology, 2004, 203:1-21.

[15] 周安国,周大成,姚炎明.《海湾围垦工程作用下的动力沉积响应》.环境污染与防治,2004年,第26卷,第4期,第281-286页.

[16] 宋立松.《钱塘江河口围垦回淤过程预测探讨》.泥沙研究,1999年,第3期,第74-79页.

[17] 姚炎明,沈益锋,周大成,等.《山溪性强潮河口围垦工程对潮流的影响》.水力发电学报,2005年,第24卷,第2期,第25-29页.

[18] 李加林,王艳红,张忍顺,等.《潮滩演变规律在围堤选线中的应用——辐射沙洲内缘区为例》.海洋工程,2006年,第24卷,第2期.

[19] 潘存鸿,朱军政.《钱塘江北岸尖山一期促淤围垦工程数模研究》.海洋工程,1999年,第17卷,第2期,第40-48页.

[20] 毛明海.《杭州湾萧山围垦区环境变化和土地集约利用研究》.经济地理,2002年,第22卷(增刊),第91-95页.

[21] 倪勇强,林洁.《河口区治江围涂对杭州湾水动力及海床影响分析》.海洋工程,2003年,第21卷,第3期,第73-77页.

[22] 曹颖,朱军政.《钱塘江河口围垦对台风暴潮影响的数值模拟》.杭州应用工程技术学院学报,2000年,第12期(增刊),第24-29页.

[23] 辛文杰.《河口边滩围垦的潮波变形数值模拟》.水利水运科学研究,1997年,第4期,第310-319页.

[24] 彭世银.《深圳河河口围垦对防洪和河床冲淤影响研究》.海洋工程,2002年,第20卷,第3期,第103-108页.

[25] 黄健东,江洧,罗岸.《新津河口围垦规划及其对汕头港航道的影响研究》.广东水利水电,1997年,第3期,第12-15页.

[26] 王顺中,李浩麟.《瓯江杨府山边滩围垦工程试验研究》.海洋工程,2001年,第19卷,第1期,第51-58页.

[27] 李孟国,秦崇仁,蒋厚武.《多因素数学模型在温州瓯江口浅滩围涂工程研究中的应用》.水运工程,2005年,第4期,第62-66页.

[28] 陆永军,李浩麟,董壮,等.《强潮河口围海工程对水动力环境的影响》.海洋工程,2002年,第20卷,第4期,第17-25页.

[29] Kang J W. Changes in Tidal Characteristics as a Result of the Construction of Sea-dike/Sea-walls in the Mokpo Coastal Zone in Korea. Estuarine, Coastal and Shelf Science 1999, 48, 429-438.

[30] 罗章仁.《香港填海造地及其影响分析》.地理学报,1997年,第52卷,第3期,第220-227页.

[31] 陈彬,王金坑,张玉生,等.《泉州湾围海工程对海洋环境的影响》.台湾海峡,2004年,第23卷,第2期,第192-198页.

[32] 贺松林,丁平兴,孔亚珍,等.《湛江湾沿岸工程冲淤影响的预测分析Ⅰ:动力地貌分析》.海洋学报,1997年,第19卷,第1期,第55-63页.

[33] 王义刚,王超,宋志尧.《福建铁基湾围垦对三沙湾内深水航道的影响研究》.河海大学学报(自然科学版),2002年,第30卷,第6期,第99-103页.

[34] 李孟国,时钟,范文静.《瓯江口外洞头岛北岙后涂围垦工程潮流数值模拟研究》.海洋通报,2005年,第24卷,第1期,第1-7页.

[35] 秦华鹏,倪晋仁.《确定海湾填海优化岸线的综合方法》.水利学报,2002年,第8期,第35-42页.

[36] Lee H J, Chu Y S, Park Y A. Sedimentary processes of fine grained material and the effect of seawall construction in the Daeho macrotidal flat-nearshore area, northern west coast of Korea. Marine Geology 1999,157, 171-184.

[37] 张忍顺.《淤泥质潮滩均衡态——以江苏辐射沙洲内缘区为例》.科学通报,1995年,第40卷,第5期,第347-350页.

[38] 蒋国俊,冯怀珍.《海塘对潮滩剖面发育的影响》.第四次中国海洋湖沼会议论文集,北京:科学出版社,1991年,第26-33页.

[39] 李加林,张忍顺.《滩涂匡围海堤选线对邻近涵闸排水的影响分析——以条子泥西侧岸滩仓东片匡围为例》.海洋技术,2005年,第24卷,第4期.

[40] 张忍顺.《滩涂围垦对沿海水闸排水的影响》.南京师范大学学报(自然科学版),1995年,第18卷,第2期,第89-94页.

[41] 林义成,丁能飞,傅庆林,等.《工程措施对新围砂涂快速脱盐的效果》.浙江农业科学,2004年,第6期,第336-338页.

[42] 李艳,史舟,王人潮.《基于GIS的土壤盐分时空变异及分区管理研究——以浙江省上虞市海涂围垦区为例》.水土保持学报,2005年,第19卷,第3期,第121-125页.

[43] 丁能飞,厉仁安,董炳荣,等.《新围砂涂土壤盐分和养分的定位观测及研究》.土壤通报,2001年,第32卷,第2期,第57-60页.

[44] 欧冬妮,刘敏,侯立军,等.《围垦对东海农场沉积物无机氮分布的影响》.海洋环境科学,2002年,第21卷,第3期,第18-22页.

[45] 潘宏,严少华,张振华,等.《轻质滨海盐土围垦利用初期土壤环境的化学变化》.江苏农业科学,1996年,第5期,第47-50页.

[46] 王资生.《滩涂围垦区的水土流失及其治理》.水土保持学报,2001年,第15卷,第5期,第50-52页.

[47] Moreno, Cabrera, Fernandez-boy, et al. Irrigation with saline water in the reclaimed marsh soils of south-west Spain: impact on soil properties and cotton and sugar beet crops. Agricultural water management 2001, 48:133-150.

[48] Jiao Jiu J, Wang Xu-Sheng, Subhas Nandy. Preliminary assessment of the impacts of deep foundations and land reclamation on groundwater flow in a coastal area in Hong Kong, China. Hydrogeology J. doi: 10.1007/s10040-004-0393-6.

[49] 任荣富,梁河.《钱塘江南岸萧山围垦地区水资源与水环境问题初探》.浙江地质,2000年,第16卷,第2期,第42-48页.

[50] 李加林,许继琴,童亿勤,等.《杭州湾南岸生态系统服务功能变化研究》.经济地理,2005年,第25卷,第6期,第804-809页.

[51] 孙长青,王学昌,孙英兰,等.《填海造地对胶洲湾污染物输运影响的数值研究》.海洋科学,2002

年,第 26 卷,第 10 期,第 47-50 页.

[52] 陈宏友,徐国华.《江苏滩涂围垦开发对环境的影响问题》.水利规划与设计,2004 年,第 1 期,第 18-21 页.

[54] 陈才俊.《围垦对潮滩动物资源环境的影响》.海洋科学,1990 年,第 6 期,第 48-50 页.

[55] 葛振鸣,王天厚,施文彧,等.《崇明东滩围垦堤内植被快速次生演替特征》.应用生态学报,2005 年,第 16 卷,第 9 期,第 1677-1681 页.

[56] 沈永明,曾华,王辉,等.《江苏典型淤长岸段潮滩盐生植被及其土壤肥力特征》.生态学报,2005 年,第 25 卷,第 1 期,第 1-6 页.

[57] 张忍顺,燕守广,沈永明,等.《江苏淤长型潮滩的围垦活动与盐沼植被的消长》.中国人口资源环境,2003 年,第 12 卷,第 7 期,第 9-15 页.

[58] 李加林,许继琴,童亿勤,等.《杭州湾南岸滨海平原土地利用/覆被空间格局变化分析》.长江流域资源与环境,2005 年,第 14 卷,第 6 期,第 709-714 页.

[59] 袁兴中,陆健健.《围垦对长江口南岸底栖动物群落结构及多样性的影响》.生态学报,2001 年,第 21 卷,第 10 期,第 1642-1647 页.

[60] 葛宝明,鲍毅新,郑祥.《围垦滩涂不同生境冬季大型底栖动物群落结构》.动物学研究,2005 年,第 26 卷,第 1 期,第 47-54 页.

[61] Shin'ichi Sato, Mikio Azuma. Ecological and paleoecological implications of the rapid increase and decrease of an introduced bivalve Potamocorbula sp. after the construction of a reclamation dike in Isahaya Bay, western Kyushu, Japan. Palaeogeography, Palaeoclimatology, Palaeoecology, 2002,185:369-378.

[62] Wu Ji hua, Fu Cui zhang, Chen Shan shan, et al. Soil faunal response to land use: effect of estuarine tideland reclamation on nematode communities. Applied Soil Ecology, 2002,21:131-147.

[63] Wu Ji hua, Fu Cui zhang, Lu Fan, et al. Changes in free-living nematode community structure in relation to progressive land reclamation at an intertidal marsh Applied Soil Ecology, 2005,29(1):47-58.

[64] 葛宝明,鲍毅新,郑祥.《灵昆岛围垦滩涂潮沟大型底栖动物群落生态学研究》.生态学报,2005 年,第 25 卷,第 3 期,第 446-453 页.

[65] 陈满荣,韩晓非,刘水芹.《上海市围海造地效应分析与海岸带可持续发展》.中国软科学,2000 年,第 11 期,第 115-120 页.

[66] 丁平,鲍毅新,诸葛阳.《萧山围垦农区小型兽类种群动态的研究》.兽类学报,1994 年,第 14 卷,第 1 期,第 35-42 页.

[67] 丁平,鲍毅新,石斌山,等.《钱塘江河口滩涂围垦区人口迁居与农田小兽群落的关系》.兽类学报,1992 年,第 12 卷,第 1 期.

[68] Goss-Custard J D, Yates M G. Towards predicting the effect of salt marsh reclamation on feeding bird numbers on the Wash. The journal of applied ecology 1992, 29(2):330-340.

[69] 唐承佳,陆健健.《围垦堤内迁徙鸻鹬群落的生态学特性》.动物学杂志,2002 年,第 37 卷,第 2 期,第 27-33 页.

[70] 周时强,柯才焕,林大鹏.《罗源湾大官坂围垦区附着生物生态研究》.海洋通报,2001 年,第 20 卷,第 3 期,第 29-35 页.

[71] Moller I, Spencer T, French J. Wind wave attenuation over saltmarsh surfaces: preliminary results from Norfolk England. Journal of Coastal Research 1996, 12, 1009-1016.

[72] 李加林,张忍顺.《互花米草海滩生态系统服务功能及其生态经济价值的评估》.海洋科学,2003 年,第 27 卷,第 10 期,第 68-72 页.

[73] King S E, Lester J N., Pollution Economics. The value of saltmarshes as a sea defence. Marine Pollution

Bulletin. 1995,30,180 – 189.
[74] Cooper N J, Cooper T, Burd F. 25 years of saltmarsh erosion in Essex: implications for coastal defence and nature conservation. Journal of Coastal Conservation 2001,9, 31 – 40.
[75] French P W. Managed retreat: a natural analogue from the Medway estuary, UK. Ocean & Coastal Management 1999,42, 49 – 62.
[76] Yosihiro Natuhara, Masaaki Kitano, Kaoru Goto, et al. Creation and adaptive management of a wild bird habitat on reclaimed land in Osaka Port. Landscape and Urban Planning 2005,70:283 – 290.
[77] Karl – Georg Bernhardt, Marcus Koch. Restoration of a salt marsh system: temporal change of plant species diversity and composition. Basic and Applied Ecology 2003,4(5):441 – 451.
[78] 董哲仁.《荷兰围垦区生态重建的启示》. 中国水利,2003 年,第 11 卷,第 A 期,第 45 – 47 页.

山东半岛与长三角、珠三角城市群综合竞争力比较研究[①]

王楠楠,王益澄,马仁锋,梁贤军

(宁波大学)

摘要: 客观正确地评价山东半岛城市群综合竞争力的现状,对其可持续发展具有重要的作用。本文运用 ANP 法从综合经济实力、居民生活质量、交通运输与通信、科技创新力四方面构建城市群竞争力评价指标体系,建立城市群竞争力多指标非线性综合评价决策模型,对山东半岛与长江三角洲、珠江三角洲城市群进行实证比较研究。揭示山东半岛城市群在经济增长速度、医疗卫生与环境保护、教育资源等方面具有竞争优势,但在经济总体实力、科技研发投入与产出比、交通与通信建设等方面明显滞后。

关键词: ANP 法;山东半岛;长三角;珠三角;城市群综合竞争力;比较研究

随着经济全球化、区域一体化、城市现代化的不断推进,国内外城市群纷纷崛起,尤其是滨海城市群对外开放的不断深化,相互之间的竞争和合作日益加剧。同时,在海洋经济快速崛起的新形势下,沿海地区的发展亟需城市群作为强劲引擎来带动,因此,加强对滨海城市群综合竞争力的研究,选取新的技术方法对其进行量化评价并揭示内在影响因素,已显得十分重要而迫切。

城市群综合竞争力衡量的是城市群作为一个整体所具有的竞争力,其是历史竞争的结果,更是进一步发展的动力所在。将城市群的研究置于一个更宏观区域比较、评判,判断出不同城市群发展的相对优劣势,已然成为当前城市群规划决策的重要命题。山东半岛城市群面临后发优势,是东部沿海具有竞争优势的经济隆起带。

就城市群竞争力的研究进展看,学术界目前主要有许学强等[1]构建珠三角城市群城市竞争力评价指标体系,并采用主成分方法纵向对比 1990 年、2001 年珠三角城市群竞争力演变影响要素及内部城市竞争力的时空演变规律;张会新[2]从经济发展、科技实力、基础设施、区位环境、自然环境、社会环境六方面选取 17 个一级评价指标、88 个二级指标,构建了城市群竞争

[①] 基金项目:宁波市软科学计划项目(2013A10091),浙江省海洋文化与经济研究中心自设课题(14HYJDYY02)。
作者简介:王楠楠(1991—),女,山东威海人,在读硕士生,主要研究方向:城市发展与规划。E-mail:wangnann1991@163.com。
通讯作者:王益澄(1962—),男,浙江宁波人,教授,主要研究方向:城市发展与规划。E-mail:wangyicheng@nbu.edu.cn。

力的评价指标体系；陈梦筱[3]建立因子分析数学模型对中原城市群城市竞争力进行评价；中国社会科学院[4]设计城市群综合竞争力、城市群先天竞争力、城市群现实竞争力和城市群成长性竞争力指数计算模型，并比较中国33个城市群相关竞争力；王成新[5]从经济竞争力、社会竞争力、环境竞争力、潜能竞争力、辐射竞争力等方面选取27项指标并采用主成分方法得出2006—2010年中国六大沿海城市群竞争力排名。综上可以发现：①城市群竞争力影响因素的研究，主要包括经济、社会、文化和环境四个方面要素。只是因为学者选取的研究领域不同，各种影响因素对城市群竞争力的影响程度会有所侧重，难免带有一定的随意性。②事实上，构造综合评价指数的核心是确定权重，权重的选择将直接影响到最终评价结果。目前，权重的确定方法大致可以分为主观赋权法和客观赋权法。德尔斐法、AHP法、隶属赋值法属于前者，变异系数法、多元统计方法、熵值法、模糊综合评价法等属于后者[6]。③以上两种评价方法或侧重于主观判断，或侧重于客观数据。在层次分析法、主成分分析法、因子分析法、模糊评价法等几种有代表性的指标权重确定方法中，层次分析法应用较多，影响较大，但该方法只适用于内部独立的递阶层次结构，对于城市群综合竞争力评价并不适用。

本文运用ANP法对城市群综合竞争力进行评价研究。与AHP法相比，ANP法适用范围更广，尤其是在科学研究、管理领域评价中，如武器装备作战能力评估[7]、工程项目风险分析[8]、管理者职务晋升决策[9]、区域科技实力评价[10]等。然而，将ANP应用于城市群综合竞争力的研究却很少，尤其在国内这方面的应用更少。城市群竞争力评价涉及方面较广，影响因子众多，是一个复杂的系统工程，运用ANP对城市群综合竞争力进行评价并对其比较研究，不仅有益于丰富城市地理学的理论和方法，而且对增强城市群综合实力、推进新型城镇化和城市现代化进程、提高居民生活品质，都具有十分重要的理论研究价值和实际应用价值。

一、研究区域界定与评价模型构建

选取山东半岛城市群与长三角、珠三角城市群进行综合竞争力比较研究，是从山东半岛城市群的一些特殊情况出发的：①在中国逐渐形成了以长三角、珠三角、京津唐三大城市群为代表的城市群，而山东半岛城市群的发展相对滞后，但其未来发展速度和发展潜力引起了理论界和相关政府部门的高度关注。②山东半岛蓝色经济区国家战略，需要山东半岛城市群作为其核心支撑，如何增强这一城市群综合竞争力已成为山东蓝色经济区快速有效推进的关键。③把长三角和珠三角城市群作为发展标杆，通过比较寻找差距，进而分析深层次原因，明确追赶目标，是山东半岛城市群在竞争中实现跨越式发展的有效途径。

（一）研究区域范围界定

1. 山东半岛城市群

2003年，由北京大学周一星主持的《山东半岛城市群发展战略研究》通过了由山东省人民政府和国家建设部召开的省部联合论证，最终确定山东半岛城市群包括济南、青岛、淄博、东营、烟台、威海、潍坊、日照8个城市[11]。本文采纳这一概念作为山东半岛城市群的区域范围。

2. 长三角城市群

按照上海市、江苏省、浙江省长江三角洲市长联席会议约定的范围，长三角城市群包括上海,江苏省的南京、无锡、常州、苏州、南通、扬州、镇江、泰州,浙江省的杭州、宁波、嘉兴、湖州、绍兴、舟山、台州,共计16个城市。

3. 珠三角城市群

本文中所指的珠三角城市群为由珠江沿岸广州、深圳、珠海、佛山、惠州、东莞、中山、江门、肇庆9个城市组成的区域,这也就是通常所指的"小珠三角"。

(二)城市群综合竞争力指标体系构建

根据科学性、系统性与完备性、可行性和操作性等原则,城市群综合竞争力指标体系应能集中反映城市群整体的资源集聚力、产业竞争力、持续发展力和科技创新力。总结国内外学术界(包括国际经合组织、Kresl、倪鹏飞、中国社会科学院[12]、张会新[13]、王成新[5]等)相关研究成果,筛选、归类使用频率最高的评价指标,同时,采用主成分分析法进行分析,得出综合经济实力、居民生活质量、交通运输与通信、科技创新力四个主成分,其累积贡献率达90%以上。因此,城市群综合竞争力指标体系可分为三个层次,即目标层(A)、准则层(B)和子准则层(C)(见表1)。目标层(A)为城市群综合竞争力水平;准则层(B_1—B_4)包含综合经济实力、居民生活质量、交通运输与通讯、科技创新力4个二级指标;子准则层(C_1—C_{20})则由20个三级指标构成。

表1 ANP层次分析法指标权重

目标层(A)	准则层(B)	子准则层(C)	权重(%)
城市群综合竞争力(A)	B_1 综合经济实力(47.17%)	C_1 地区生产总值(元)	14.60
		C_2 GDP增长率(%)	1.44
		C_3 人均GDP(元)	6.13
		C_4 第三产业生产总值占GDP比重(%)	14.24
		C_5 实际外资直接投资(亿美元)	3.08
		C_6 海关进出口总额(亿美元)	2.08
		C_7 社会人均消费品零售额(元)	1.05
		C_8 单位财政收入(%)	4.57
	B_2 居民生活质量(10.78%)	C_9 年末城乡居民人均储蓄存款余额(元)	2.85
		C_{10} 城镇居民人均可支配收入(元)	4.53
		C_{11} 每万人拥有公共交通运营车辆(标台)	1.07
		C_{12} 每万人拥有医生数(人)	1.61
		C_{13} 人均绿地面积(平方米)	0.73
	B_3 交通运输与通信(16.44%)	C_{14} 公路里程(千米)	7.68
		C_{15} 客运总量(万人)	2.63
		C_{16} 货运总量(万吨)	1.57
		C_{17} 邮电业务总量(亿元)	4.56
	B_4 科技创新力(25.62%)	C_{18} 每万人在校普通中学生人数(人)	4.19
		C_{19} 科教支出占财政支出比重(%)	13.82
		C_{20} 申请专利授权数(个)	7.61

（三）基于 ANP 确定指标权重

由于在城市群综合竞争力评价指标体系中,三级指标之间不是完全相互独立的关系,各指标之间存在相互影响和制约,因此,采用 ANP 法能够充分考虑这种联系,科学构建城市群综合竞争力评价模型。将竞争力指标体系分成两个部分,第一部分为控制层,包括目标问题（A 城市群综合竞争力）以及决策准则（B_1—B_4）。其中,决策准则之间被认为是彼此独立的,只受目标问题的支配;第二部分为网络层,包括受控制层支配的子准则指标集,即（C_1—C_{20}）,网络层内部各指标是存在相互影响关系的[14]。根据 ANP 法原理,利用相关知识,结合专家打分或德尔菲法对上述指标体系中各指标之间的关系进行综合分析[15],本文借助 Super decision1.4.2 软件进行计算,确定其内部依赖和反馈关系（见图1）。

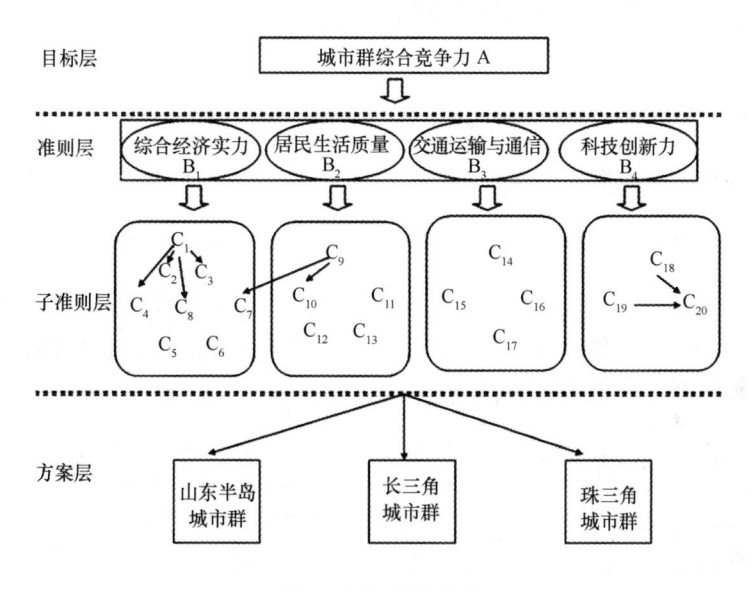

图 1　ANP 模型结构

根据原始数据,在 SD 软件中建立三层模型,分别是目标层（goal）——城市群综合竞争力;准则层（criteria）——综合经济实力、居民生活质量、交通运输与通信、科技创新力;子准则层（subcriteria）。然后根据此模型的内部依赖和反馈关系,在模型上建立子准则层内部、子准则层之间的结点联系[16]。

采用主观赋权法,即通过专家评价得到指标的权重。为使指标权重尽量反映多数人的意见,提高其科学性与合理性,采用多专家群体综合评判法（以浙江省重点高校人文地理、城市管理方向的 25 名专家学者对指标重要程度的理性赋值为主观数据的来源）。ANP 法采取 9 级标度法进行重要性判断,邀请专家对各级指标内元素进行重要性比较,并用一致性比率 CR 对判断矩阵进行一致性检验。

通过 Assess/Compare/node comparisons 命令输入准则层各结点的比较矩阵,采用问卷调查式,录入准则层（B_1—B_4）相对于目标层（A）的相对重要性,再录入子准则层（C_1—C_{20}）相对于准则层（B_1—B_4）的相对重要性。当 $CR = CI/RI < 0.1$ 时,一致性检验通过;反之,若一致性检验不通

过时,矩阵数据需要调整,直到通过为止。最后由加权超矩阵得到指标权重结果(见表1)。

(四)数据来源与数据处理

各项指标原始数据均来自 2013 年山东省、江苏省、上海市、浙江省以及广东省统计年鉴,个别数据来源于所研究城市的国民经济与城市发展统计公报。对所有数据作无量纲标准化处理,公式如下:

$$y_{i,j} = \frac{x_{i,j}}{\max(x_j)}$$

式中,y 为指标的标准化值;x 为指标的原始数据值;i 为评价对象数;j 为评价指标数。

二、三大城市群综合竞争力对比

(一)各城市群综合竞争力测度模型

运用加法模型综合指数法

即

$$y = \sum_{i=1}^{p} w_i x_i$$

式中,y 表示评价指数;p 为评价指标个数;w_i 为第 i 项指标的权重;x_i 是参与评价的第 i 项指标。其中,w_i 是基于 ANP 法得到的综合竞争力评价指标体系中各指标的权重;x_i 是三大城市群各项指标数据标准化值。

(二)基于 ANP 与 AHP 赋权法的三城市群综合竞争力测度对比

通过表1得到的指标权重和表2的2012年三大城市群各项指标标准化值可以计算得到三大城市群的竞争力得分。

表2　2012年三大城市群综合竞争力得分

指标名称	山东半岛城市群 标准化值	山东半岛城市群 竞争力得分	长三角城市群 标准化值	长三角城市群 竞争力得分	珠三角城市群 标准化值	珠三角城市群 竞争力得分
地区生产总值	0.347	5.07	1	14.6	0.524	7.65
GDP 增长率	1	1.44	0.997	1.43	0.922	1.33
人均 GDP	0.83	5.09	1	6.13	0.98	6.01
第三产业生产总值占 GDP 比重	0.8	11.39	0.929	13.22	1	14.24
实际外资直接投资	0.172	0.53	1	3.08	0.376	1.15
海关进出口总额	0.173	0.36	1	2.08	0.781	1.63
社会人均消费品零售额	0.896	0.94	1	1.05	0.989	1.04
单位财政收入	0.644	2.94	1	4.57	0.751	3.43
综合经济实力		27.75		46.16		36.47
年末城乡居民人均储蓄存款余额	0.594	1.69	0.951	2.71	1	2.85

续表

指标名称	山东半岛城市群 标准化值	山东半岛城市群 竞争力得分	长三角城市群 标准化值	长三角城市群 竞争力得分	珠三角城市群 标准化值	珠三角城市群 竞争力得分
城镇居民人均可支配收入	0.808	3.66	0.93	4.21	1	4.53
每万人拥有公共交通运营车辆	0.601	0.64	0.83	0.89	1	1.07
每万人拥有医生数	1	1.61	0.922	1.48	0.836	1.34
人均公园绿地面积	1	0.73	0.797	0.58	0.817	0.59
居民生活质量		8.33		9.87		10.38
公路里程	0.615	4.72	1	7.68	0.352	2.7
客运总量	0.352	0.93	0.741	1.95	1	2.63
货运总量	0.387	0.61	1	1.57	0.524	0.82
邮电业务总量	0.261	1.19	1	4.56	0.922	4.2
交通运输与通信		7.44		15.76		10.36
每万人在校普通中学生人数	1	4.19	0.606	2.54	0.3	1.26
科教支出占财政支出比重	0.785	10.86	0.657	9.08	1	13.82
申请专利授权数	0.117	0.89	1	7.61	0.197	1.5
科技创新力		15.93		19.23		16.58
综合竞争力		59.46		91.02		73.79

表3给出了分别使用AHP和ANP方法进行测评所得结果的比较。可以看出,两种方法所得三大经济区域竞争力排序结果虽然相同,但竞争力得分值却有出入,尤其是三大经济区域之间竞争力差距明显不同。ANP方法所得结果中反映出来的山东半岛城市群与长三角之间竞争力差距明显小于AHP方法所得结果,而山东半岛城市群和珠三角之间的差距则相反。究其原因,是因为传统的AHP方法没有考虑因素和指标之间的相互依存关系,把城市群竞争力各影响因素和测评指标之间的关系简化为简单的线性组合关系,导致部分潜在因素的重复计算,从而在某种程度上扭曲了客观现实[17]。而基于ANP理论的区域竞争力测评模型和方法则较好地体现因素与指标之间的非线性关系,其结果更为科学合理。

表3 三大城市群AHP和ANP模型测评结果比较

	AHP法	ANP法
山东半岛城市群	58.75	59.46
长三角城市群	91.27	91.02
珠三角城市群	73.01	73.79

(三)山东半岛城市群综合竞争力差距分析

从表1可以看出,城市群综合竞争力的二级指标重要性排名依次为综合经济实力、科技创新力、交通运输与通信、居民生活质量。由此可见,综合经济实力是基础,科技创新力是保障,而交通运输与通信、居民生活质量则体现了城市群在经济和科技的基础上的长远发展。三级指标中重要性排名较前的依次为"地区生产总值""第三产业生产总值占 GDP 比重""科教支出占财政支出比重""公路里程""申请专利授权数""人均 GDP""单位财政收入""邮电业务总量",其中一大半的指标仍与经济方面密切关联。

从城市群最终评价结果表 2 来看,在三大城市群中,山东半岛城市群得分位居第一的指标是"GDP 增长率""每万人拥有医生数""人均绿地面积""每万人在校普通中学生人数",其中"每万人在校普通中学生人数"的竞争力分值远超其他两个城市群,可见山东半岛城市群发展的潜力不容小觑;得分位居第二位的指标是"公路里程""科教支出占财政支出比重",显示了山东半岛城市群在发展过程中的重视与投入。山东半岛城市群大多数指标得分都位列最后,与第一位城市群的分值差距一半以上的指标有"地区生产总值""实际外资直接投资""海关进出口总额""客运总量""货运总量""邮电业务总量""申请专利授权数"等,凸显了山东半岛城市群与长三角、珠三角城市群在经济规模、市场运作以及科技含量上的差距。

表 4 为利用长三角、珠三角城市群分别与山东半岛城市群综合竞争力得分的比值,看出山东半岛城市群与其他两个城市群之间的差距。

表 4 山东半岛城市群与长三角、珠三角城市群综合竞争力差距

比例关系(倍)	长三角城市群	珠三角城市群
综合经济实力	1.66	1.31
居民生活质量	1.19	1.25
交通运输与通信	2.12	1.39
科技创新力	1.21	1.04

对山东半岛城市群和长三角、珠三角城市群进行比较、分析与评估,发现山东半岛城市群的综合竞争力与长三角、珠三角城市群的差距是全方位的。①从综合经济实力整体来看,山东半岛城市群远远落后于长三角和珠三角城市群;从各个指标来看,GDP、实际外资直接投资和海关进出口总额均大大落后于其他两个城市群,单位财政收入的差距较大;而 GDP 增长率位居第一,这说明其经济总量的增长速度较快,发展潜力较大;人均 GDP、社会人均消费品零售额与其他两个城市群存在的差距并不大,显示一定的竞争优势。得出其产业结构层次与长三角、珠三角城市群还存在差距,产业结构亟待调整。②从整体上看,长三角城市群的居民生活质量位列第一,紧随其后的分别是珠三角和山东半岛城市群,其中的差距并不大;从各个指标分析,山东半岛城市群的年末居民人均储蓄存款余额、公共交通运营情况与其他城市群的差距较大,人均可支配收入稍低于其他城市群;而每万人拥有医生数的指标表明其较为充裕的医疗资源;另外,人均绿地面积遥遥领先,这得益于对环境保护与治理的重视及相应对策的实施。③在交通运输指标上山东半岛城市群与其他城市群差距较大:从客运总量、货运总量、邮电业务收入总计三个指标看,长三角与珠三角凭借其发达的交通网络,在较大区域范围内以至全国范围内产生了巨大的物流、人流、信息流、资金流、技术流。山东半岛城市群应利用自身优势,重构城市群综合交通网络,搭建区域内外通畅的人流、物

流、信息流等硬件平台,提高区域辐射竞争力。此外,加强山东半岛城市群一体化发展,延伸内陆腹地,这将成为影响其交通运输竞争力的重要因素。④山东半岛城市群科技创新力与其他两个城市群相比差距不大:每万人在校中学生数位居第一,这说明居民文化素质较高,具有良好的人才储备,为城市群竞争力的进一步提升奠定了良好基础;但其申请专利授权数远远低于长三角城市群,距珠三角城市群也有不小差距,高端科技创新能力不足;随着科技、教育投资的增加及相关激励政策的实施,其科技竞争力将进一步提升。

三、结论与讨论

综上所述,运用网络层次分析法(ANP)对城市群竞争力进行综合对比评价具有独特优势,可以综合各层次指标间交互作用,明确指标之间反馈关系,使评价过程更直观可靠;清晰表征比较对象间的制约因素与优势所在,有利于清晰揭示综合评价结果。通过运用ANP法从综合经济实力、居民生活质量、交通运输与通信、科技创新力四方面构建城市群竞争力评价指标体系,建立城市群竞争力多指标非线性综合评价决策模型,运用SD软件对山东半岛城市群与长三角城市群、珠三角城市群综合竞争力进行对比研究。结果显示:山东半岛城市群综合竞争力滞后因素主要体现在经济总体实力与科技创造水平等;发展的潜力因素主要体现在经济增长态势良好、医疗卫生与生态环境比较完善、教育资源充沛。而城市群综合竞争力的制约因素在于经济规模、研发投入与产出比、交通与通信条件,前两个要素正是山东半岛城市群极为欠缺的部分,需要得到极大的重视和加强。随着时代变迁和经济快速发展,城市群竞争力的研究出现一些新趋势,需要在生态环境更高水平上的融合,要有较强竞争力的产业集群作支撑,并努力提高城市群对群内城市、农村以及城镇的辐射力和集聚力,逐步实现城市群经济一体化态势。需要指出的是,城市群竞争力是地区自然、文化、经济、政治和社会多因素共同作用的结果,由于其影响因素的复杂性和研究内容的广泛性,评价理论和具体方法的研究还有待进一步深入;同时,作为竞争力评价量化研究的基础,相关统计数据也有待进一步完善。

基于ANP法的评价模型考虑了竞争力指标之间的相互依存、相互影响的关系,克服了传统评价方法的不足,提高了指标权重的科学性与合理性,增加了测评结果的可信性。客观正确地评价出山东半岛城市群的现状,对其可持续发展具有重要的作用。但是,该方法在确定因素或指标之间的依存关系时也存在一定的主观性,这也是今后需要进一步改进的地方。在科学简捷地建立网络模型、快速求解超矩阵以及ANP分析软件的研制等方面,也需要进一步的研究和探索。

参考文献

[1] 许学强,程玉鸿.《珠江三角洲城市群的城市竞争力时空演变》.地理科学,2006年,第26卷,第3期,第257-264页。

[2] 张会新.《城市群竞争力评价指标体系的构建与应用》.太原理工大学学报(社会科学版),2006年,第24卷,第4期,第18-21页。

[3] 陈梦筱.《中原城市群城市竞争力实证研究》.经济问题探索,2007年,第2期,第33-39页。
[4] 马传栋.《论全面提升山东半岛城市群的整体竞争力》.东岳论丛,2003年,第24卷,第2期,第28-32页。
[5] 王成新,李新华.《城市群竞争力评价实证研究》.地域研究与开发,2012年,第31卷,第5期,第50-51页。
[6] 刘党社.《城市群综合竞争力评价指标体系研究》.经济与管理,2009年,第9卷,第4期,第1-4页。
[7] 吴国栋.《基于ANP的武器装备作战能力幂指数评估方法研究》.国防科学技术大学,2010年。
[8] 赵刚.《基于ANP的模糊综合评判法在工程项目风险分析中的应用》.河南科学,2009年7月,第850-853页。
[9] 邹占芳,白炳泉.《基于ANP理论的管理者职务晋升决策研究》.科学决策,2010年2月,第72-77页。
[10] 赵国杰,邢小强.《ANP法评价区域科技实力的理论与实证分析》.北京:系统工程理论与实践,2004年,第5期,第42-45页。
[11] 王书明,许真.《山东半岛城市群研究进展》.北京城市学院学报,2012年,第3期,第91页。
[12] 马传栋.《论全面提升山东半岛城市群的整体竞争力》.东岳论丛,2003年,第24卷,第2期,第28-32页。
[13] 张会新.《城市群竞争力评价指标体系的构建与应用》.太原理工大学学报(社会科学版),2006年,第24卷,第4期,第18-21页。
[14] 刘丽秋,聂晓薇.《基于ANP模型的旅游文化创意产业园区竞争力指标体系构建》.河南科学,2013年,第31卷,第12期,第2318-2319页。
[15] 赵国杰,赵红梅.《基于网络层次分析法的城市竞争力评价指标体系研究》.科技进步与对策,2006年,第11卷,第126-128页。
[16] 郭德,梁娟红.《基于ANP的企业软实力评价体系研究》.科学学与科学技术管理,2008年,第29卷,第7期,第184-188页。
[17] 周群艳.《区域竞争力的形成机理及其网络层次分析法测评模型》.系统管理学报,2008年,第17卷,第1期,第69-71页。

SPS 和 TBT 对我国海产品出口影响分析[①]

董楠楠

（宁波大学　商学院）

摘要：本文分析了 SPS 及 TBT 协定对我国海产品出口影响的经济效应，理论上探讨了 SPS 和 TBT 对我国经济影响的机制，实践上列举了美国、日本、欧盟等区域的政策，并有针对性地提出了减少 SPS 及 TBT 协定对我国海产品出口影响的对策。

关键词：中国；SPS；TBT；海产品；对策

SPS 是指《WTO 动植物卫生检疫协议》，它在水产品国际贸易中发挥着重要作用。各国的动植物卫生检疫措施和规章以及制定的标准都或多或少地存在着阻碍海产品国际贸易的现象。联合国贸发局在其"海产品贸易存在的问题"的研究报告中指出：在国际海产品贸易中，除数量限制外，像卫生标准等非关税措施已构成了对海产品国际贸易的扭曲和壁垒。

TBT 是指 WTO 中的《技术贸易壁垒协议》。技术壁垒主要是指商品进口国家所制定的那些强制性和非强制性的商品标准、法规以及检验商品的合格性评定所形成的贸易障碍，即通过颁布法律、法令、条例、规定、建立技术标准、认证制度、检验制度等方式，对外国进口商品制定苛刻的技术、卫生检疫、商品包装和标签等标准，从而提高产品技术要求，增加进口难度，最终达到限制进口的目的。

一、我国海产品出口面临的问题

就目前国际贸易中技术壁垒的具体情况来看，主要是发达国家如美、日、欧盟等国凭借其自身的技术、经济优势，制定了苛刻的技术标准、技术法规和技术认证制度等，而且近几年新标准不断出台，对发展中国家的出口贸易产生了明显的限制作用。

（一）美国、日本、欧盟每年 SPS 和 TBT 中新标准的不断出台

美国经济实力居世界首位，市场容量大，进口范围广，对商品质量要求高，市场变化快，销售季节性强，是我国海产品主要的贸易伙伴。美国法规在世界上是比较健全和完善的，主

[①]　基金项目：浙江省哲学社会科学重点研究基地——浙江省海洋文化与经济研究中心研究项目（12HYJDYY01）。
作者简介：董楠楠（1979—　），女，辽宁海城人，博士，主要研究方向：海洋经济发展与对外贸易．E - mail：dongnannan@ nbu. edu. cn。

要通过严格的技术法规、标准、强制性认证和苛刻检疫来强化对进口农畜产品的技术性贸易限制。对于食品和海产品,美国实施了严格的联邦法规限制,不断颁布新的技术法规和技术标准。如美国 FDA 于 1995 年颁布的《加工和进口水产品安全卫生程序》规定,凡出口美国的海产品,其生产加工企业都必须实施 HACCP 体系,并在美国官方机构注册。

日本市场规模大、消费水平高,对商品质量要求高。日本在 WTO 成立后,充分利用 WTO 有关 TBT 和 SPS 协定,主要是技术法规和标准、产品质量认证制度与合格评定程序、绿色壁垒:①日本是技术法规繁多的国家,在农产品食品工业中的法规有:《食品与日用消费品管理法》、《蔬菜水果进口检验法》、《肉类制品进口检验法》、《包装与标签法》等;②日本的技术标准不仅数量多,而且很多技术标准不同于国际通行的标准;③日本凭借本国先进的技术水平和较高的生活水准,对进口的农产品,在有关健康、卫生、包装、标签等方面提出严格的要求和审核程序,并对本国产品、进口产品的技术要求统一,这就对从发展中国家进口商品形成贸易障碍;④在绿色卫生检疫制度方面,日本对食品的安全卫生指标十分敏感,尤其对农药残留、放射性残留、重金属含量要求越来越严。

欧盟国家是最先意识到国际贸易中技术壁垒的区域,同时其成员国也是设置技术壁垒最普遍的国家。欧盟采用技术法规、技术标准和合格评定程序三种手段作为其主要技术性贸易壁垒措施,即有统一的欧盟指令、欧洲标准和统一认证体系,又有成员国各自拟定的法律法规和标准,这就使欧盟的技术性贸易壁垒体系复杂而且严密。2000 年欧盟委员会先后发布了 24,42,48,57,58/EEC 号指令,规定了在欧盟各成员国内流通的农产品中农药最高残留的最高限量,超过者禁止销售和进口。欧共体部长理事会还规定,要求对输入欧共体的产品加强安全检查,不管从哪个成员国的口岸进来,均需根据统一标准接受安全和卫生检查,任何一个海关,只要在检查时发现进口的产品不符合欧共体的标准,可能会危及消费者的健康和安全,不仅有权中止报关手续,还应该立即通知其他海关口岸。

(二)我国沿海农业对海产品出口的依赖度日益增强

在欧盟、日本、美国近几年新标准不断出台的同时,我国渔业经济的发展对海产品出口的依赖度在不断增强。

近几年,我国近海水资源,已经出现严重衰退。为此政府采取了季节性休渔、限制生产中使用的渔具等保护措施。但短期内难以取得明显成效。因此,在国际社会高度重视过度捕捞和保护海洋生态环境的情况下,我国沿海渔民改捕捞为养殖。我国海产品生产中养殖业产品增长很快,近年来已经超过捕捞渔业产量,中国已是世界上海产品养殖业最发达的国家,产量占世界水产养殖业中产量一半左右。

随着中国经济的飞速发展和城乡人民生活水平的不断提高,渔业生产在农业生产,乃至整个国民经济中占有越来越重要的地位。20 世纪 70 年代末以来,中国渔业进入了快速发展的时期,中国渔业进入了快速发展的时期,取得了巨大成就。从 1985 年到 2000 年,中国海产品产量增加了 6.07 倍,2000 年达 4 278.5 万吨。渔业生产迅速发展,中国已经成为国际海产品市场上的重要贸易国,近年来海产品出口大约占世界贸易额的 10%,年创汇 20 亿~30 亿美元。中国海产品出口在世界的排名已由 10 年前的第十名之外跃居第二位,仅次于挪威。随着国内与国际海产品市场贸易的扩大,沿海地区已形成一批以出口创汇为主的外向型企业,一些名优特新海产品的生产和加工对国际市场已具有较高的依附度。

二、SPS 及 TBT 协定对我国海产品出口影响的经济效应分析

从国际贸易来看,障碍性的壁垒主要是关税壁垒和非关税壁垒。目前,在国际贸易中,技术壁垒已占非关税壁垒的30%。贸易壁垒的重点正向技术壁垒转移,技术壁垒在国际贸易中所起的作用越来越大,因此,技术壁垒引起国际贸易摩擦也越来越大。在这种形势下技术贸易壁垒对我国海产品出口的影响越来越大。总的来说,可以分别从禁止效应、限制效应和扭转效应来分析。

(一)贸易禁止效应

许多国家通过设置禁止或禁止性协议,贸易将完全禁止。目前,发达国家制定的技术标准越来越多,而且,要求越来越高,近年在我国的海产品的出口中,不少海产品因为不符合国外有关的进口技术标准而被迫停止出口。例如,1999 年,英国以在中国出口的观赏鱼中检验出鲤春病毒为由,禁止进口中国的观赏鱼。随后,其他欧盟国家也相继出台了禁止从中国进口金鱼的决定,给观赏鱼行业造成很大的打击。2002 年 1 月 25 日欧盟委员会有关机构通过了全面禁止进口中国动物源性食品的决定,包括海产品出口企业在内的中国相关企业面临 6 亿多美元的损失。

(二)贸易限制效益

所谓贸易限制效应就是各国通过设置协同成本或其他壁垒减少各国间的贸易量。国外实施技术壁垒和卫生与植物防御协议对我国海产品的出口在经济上的影响可用下图来分析(这里不考虑关税等其他因素)在形成壁垒之前,国际海产品的供需曲线为 S' 和 D'(如图 1 所示)。

相对应的在国内海产品市场有需求曲线 s 和 d(如图 1 所示)在国际市场价格水平 $P1$ 下,国内产量为 $q2$,消费量为 $q1$,可供出口量为 $Q1 = q2 - q1$,这时出口额是 $p1 \times Q1$。

由于美国、日本、欧盟每年 SPS 和 TBT 中新标准的不断出台,对我国出口的海产品提高标准后,我国生产者为了继续出口,不得不提高生产和加工的技术标准,否则将被禁止进入目标市场。这样做的结果将直接导致我国海产品的生产成本上升。或者是由于国外检疫机构在我国出口海产品的检疫过程中,提高检疫标准,延长检疫时间,从而增加了我国出口海产品的成本。在图 1 上就表现为国内的供给曲线由原来的 S 可左移到新的位置 S^*,相应地,国际海产品市场上的供给曲线由原来的 D' 左移为 $D^{*\prime}$。

在此条件下,由于供给减少,国际市场价格上升至 $P2$,国内市场可供出口数量为 $Q2 = q4 - q3$,贸易量减少,贸易额为 $p2 \times Q2$,与实施 SPS 和 TBT 之前的 $P1 \times Q1$ 相比,贸易额变化量不能确定,要根据国际市场对我国海产品的需求弹性而定。若需求弹性大于1,即富有弹性的情况下,贸易额将缩小;若国际市场对我国海产品的需求弹性小于1,即缺乏弹性,贸易额将扩大。也就是说,在需求弹性小于1的情况下,即使国外对我国海产品出口额使用了技术壁垒,我国海产品出口额也不会下降,反而会有所上升。这里有一个前提,就是我国的

这种海产品出口必须在世界市场上占有较大的份额。

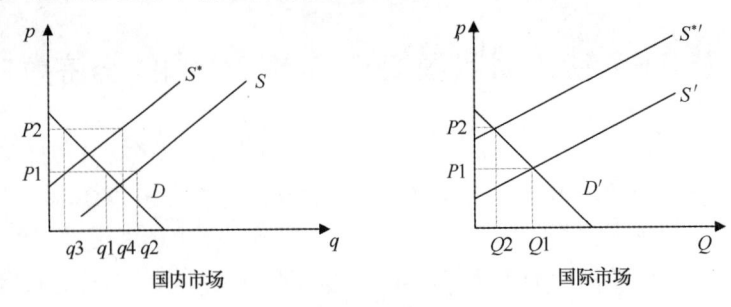

图 1　贸易限制效应

（三）贸易扭转效应

通过在不同的进口商之间设置歧视性标准使得贸易流向发生转移，即从贸易伙伴转向另一个贸易伙伴。图 2 分别表示进口国、受歧视国与中立国的国内供需曲线。在不受卫生检疫措施影响时，进口国从受歧视国进口量为 $I_1 = q2 - q1$，从中立国进口量为 $I_2 = q2' - q1'$，则进口国的中进口量为 $I = I_1 + I_2$ 为图 2 左图中 $Q2 - Q1$；在此情况下，国际市场价格是 $P1$。如果进口国认定某些出口国国内的生产环境和标准不能满足其进口要求，对其单方面提高检疫标准，从而形成歧视性的进口限制措施，此时贸易流向将发生逆转。

受歧视国的出口受阻，为了继续出口，将不得不提高生产标准，直接导致生产成本增加。在图 2 中图中表现为供给曲线向左移，由原来的 S 移到 S'，其出口量由原来的 I_1 下降到 I'_1，如图 2 中图中 $I'_1 = q3 - q1$，其下降的幅度为 $I_1 - I'_1 = q2 - q3$。若受歧视国在国际市场上是出口小国，则出口量下降不会影响国际市场价格，其出口下降部分会很快由其他中立国补充；若受歧视国是出口大国，则会影响到国际市场价格，引起国际市场价格由原来的 $p1$ 上升到 $p2$。

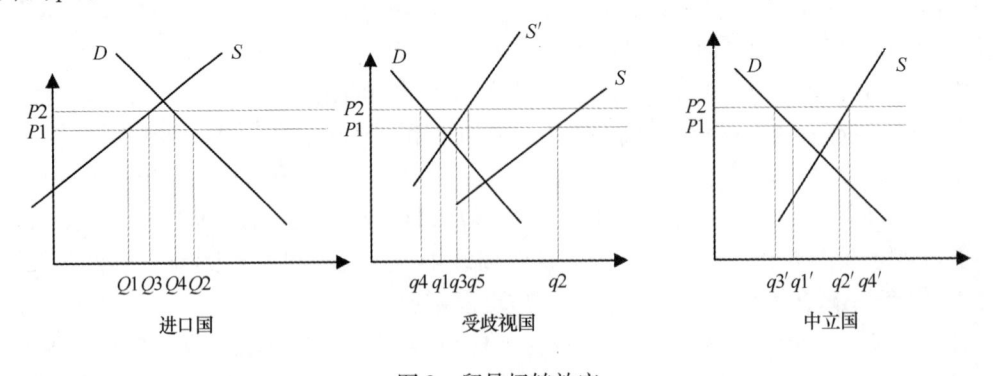

图 2　贸易扭转效应

对于三方来说，进出口量都发生了变化，进口国的进口量开始下降，变为 I'，$I' = Q4 - Q3$，其进口来源地构成也发生了细微的变化。其中从受歧视国进口量，如图显示为 I''，$I'' = q5 - q4$。

这一进口量和原来的进口量相比,有所缩小,但比其小国经济条件下的出口量要大;从中立国进口的数量增加,由原来的 I_2 上升到 I'_2, $I'_2 = q4' - q3'$。

三、SPS 及 TBT 协定对我国海产品出口的影响

（一）市场准入方面

随着中国入世,欧美日等国家将逐步降低关税壁垒,并按照时间表拆除配额等非关税壁垒,转而找出一种新的手段来对付我们,即 SPS 及 TBT 协定。我国一些海产品由于苛刻的技术要求而无法进入国际市场,或已经进入国际市场,因为无法达到提高了的技术、安全、卫生检疫标准也被迫退出。2001 年 8 月,欧盟利用其高科技检验手段,发现从中国部分地区进口的虾仁氯霉素超标。因此决定改变从中国进口海产品的检验办法,由原来抽取 5% 样品进行检测。改为 100% 检测并规定一经查出海产品中的氯霉素含量超标 0.2×10^{-9},即予以退货。荷兰更甚,一经检验出氯霉素含量超标,就将货物就地销毁。同年,韩国利用精密金属仪器对从中国进口海产品进行全面检测,并且规定,不论产品内外,抑或包装内外,一经检验出含量有金属物,不但作退货处理,而且暂停该出口公司出口韩国代号。据有关部门统计,仅此两相就使我国海产品减少出口 13 万吨,造成减少外汇收入 6 亿多美元的经济损失,使我国海产品外贸出口深受其害,有的出口企业因一时无法达到进口国的技术标准而被迫放弃市场。

（二）价格竞争力

为达到市场准入门槛,企业必须增加投入,包括设备更新、专利引进、人才培训等多个方面,势必增加企业生产经营成本,降低了出口产品在国际市场上的价格竞争力。尤其突出的是,由于国内商检部门部分测试、评估的技术和标准,得不到进口国或出口国的认可,在出口贸易过程中,进口国或进口商往往会指定国外认证机构认证。而国外认证机构的认证和检测费用非常昂贵,直接增加了企业的出口成本。中国海产品最大的市场是日本,出口产品包括虾和鳗鱼等高价值养殖产品。2002 年 3 月中旬日本宣布对我国出口到日本的动物源性产品实行检验,并对我方通报了从福建、厦门进口的鳗鱼产品中检出大量氯霉素残留,并同时公布了 11 种药物的最大残留限量。致使我出口企业不得不按照消费者的要求提供高质量的、安全健康的海产品:按照国际通用的质量标准行事,这样作为海产品加工企业必须进行技术改革,加强配套设施建设,无疑提高我国鳗鱼的出口成本。

四、应对 SPS 和 TBT 协定对策建议

(1)政府要坚强对水产养殖业的管理。只有对各相关部门与企业人员加强食品安全法规的学习与教育,实现所有各相关部门的齐抓共管,才能使我国水产养殖业尽快了解并适应 SPS 及 TBT 协定的有关精神。

(2)建立和完善海产品加工质量保证体系是突破贸易技术壁垒的关键。海产品的竞争

主要体现在品质的竞争上。品质与品种有关,而商品性则和海产品的标准化密切相关世界贸易组织贸易技术壁垒组要通过苛刻的卫生、安全、技术标准以及严格的检验程序来控制国外商品进口。工业发达国家的标准都为自愿性标准(及我国的推荐性标准),而其强制性标准则是根据本国的利益需要,由法规灵活引用部分或全部相关部分的标准,从而使技术规范变成了法规,它要求与之贸易有关的出口国也必须制定相应的标准引入法规实施,凡是不符合法规的产品不允许出口,这就成为事实上的技术壁垒。虽然我国制定海产品加工危害分析与关键控制点(HACCP)计划,成立了国家海产品质量检测中心及认证中心,但全国范围内尚未完成海产品质量保证体系的建设,这就形成了我国水产出口受到国外 HACCP 标准的限制,而国外海产品进入我国则没有受到相应制约的被动局面。为尽快与世界接轨,提高我国海产品的国际竞争力,在全国建立海产品检测中心,切实提高我国海产品加工企业质量和加快我国海产品加工企业质量保证体系的建立和认证工作显得十分迫切。

(3)提高水产养殖人员的业务素质和技术水平。在马来西亚等许多国家,水产养殖人员必须通过专业知识水平考试才能获得从业资格。在我国,虽然福建等地也曾提出"所有养殖人员需经专业培训"的设想,但有关措施迄今尚未付诸实施。目前,我国还有相当一部分养殖纯属家庭养殖,养殖者既没有专业的知识与技术,又缺乏水域环境保护和养殖产品质量的意识与观念,其养殖的成败纯粹依靠经验与运气,一旦疾病暴发,便乱用滥用各种药物,不仅自身受损,还殃及周围的养殖水域和养殖场所,直接导致产品无法达到 SPS 协定和 HACCP 等所规定的质量指标。鉴此,各养殖企业应全面加强对水产养殖人员业务素质和技术水平的培养,强化产品质量意识,努力生产出达到有关部门颁布的绿色食品质量和卫生标准的养殖海产品(绿色水产品在不少国家是免检产品)。

(4)建立海产品出口预警体系。借鉴国外的经验,一个成熟的预警体系,应包括政府、中介机构和行业协会、企业三个层面。政府部门提供政策和信息;中介组织和行业协会提供国内外市场的动态数据和分析报告;企业应成立专门机构或聘请咨询公司进行分析研究,根据产品出口情况不断调整经营策略。预警内容主要包括:国际农产品市场的产销信息;国际和主要贸易国设立的技术、环保、食品安全标准、质量认证的政策和法规;全国海产品生产、出口情况,包括养殖面积,出口品种、数量、价格、国家及地区;国外对我国出口海产品的反倾销情况等,设立我国大宗出口海产品和易受反倾销产品的出口预警指标,对达到临界点的产品发出警示。

参考文献

[1] 周懿,周永灿.《水产养殖如何面对 sps》,海南大学学报,2002 年,第 2 期。
[2] 张汉林,石庆方.《农业承诺与竞争和发展》,北京:人民日报出版社。
[3] 沈忠泉,曹海涛.《SPS 对我国食品贸易的影响及对策》,国际经贸探索,2002 年,第 2 期。

海洋旅游低碳化发展研究

苏勇军

（宁波大学　浙江省海洋文化与经济研究中心）

摘要：低碳旅游是低碳经济背景下产生的一种新的旅游发展方式,是旅游业发展低碳经济的响应方式。21世纪是海洋的世纪。海洋作为人类旅游休闲的重要空间愈来愈受到关注。但随着海洋产业的持续发展,海洋旅游目的地在接受因海洋旅游经济带来的巨大的经济恩惠、社会效益的同时,其旅游环境不断受到日益严重的破坏。因此,推进海洋旅游低碳化发展势在必行。通过对海洋区域发展低碳旅游的必要性分析,提出海洋旅游低碳化发展应加强宏观管理,严格推行节能减排制度;发展绿色交通,倡导低碳或无碳方式出游;开展多种形式的海洋旅游碳补偿活动等建议。

关键词：海洋旅游;低碳经济;低碳旅游

海洋旅游是以海洋为旅游场所,以探险、观光、娱乐、运动、疗养为目的的旅游活动形式。党的十八大报告中提出,"提高海洋资源开发能力,坚决维护国家海洋权益,建设海洋强国"。当前,海洋经济已成为拉动中国国民经济发展的有力引擎。建设海洋强国,要在开发海洋、利用海洋、保护海洋、管控海洋方面拥有强大的综合实力。发展海洋旅游在这些方面都能起到重要而独特的积极作用。但随着海洋产业的持续发展,海洋旅游目的地在接受因海洋旅游经济带来的巨大的经济恩惠、社会效益的同时,其旅游环境不断受到日益严重的破坏。因此,推进海洋旅游低碳化发展势在必行。

低碳旅游作为一种新型的可持续旅游发展形式,强调尽量减少旅游活动产生碳排放量,一经提出,便得到各界迅速响应。目前,低碳旅游已成为一种新的旅游消费方式。当前国内外对低碳经济、低碳产业、低碳城市等方面研究相对较多,而对于低碳旅游方面的研究还相对较少,而对于海洋旅游低碳化发展更是无人涉足。

一、低碳经济与低碳旅游的内涵

低碳经济是以低能耗、低污染、低排放为基础的经济模式,是人类社会继农业文明、工业

---

[1]　基金项目:浙江省哲学社会科学重点研究基地——浙江省海洋文化与经济研究中心重大招标课题(14HYJDYY04)研究成果。

文明之后的又一次重大进步,是国际社会应对人类大量消耗化学能源、大量排放二氧化碳和二氧化硫引起全球气候灾害性变化而提出的能源品种新概念,实质是解决提高能源利用效率和清洁能源结构问题,核心是能源技术创新和人类生存发展观念的根本性转变。"低碳经济"的概念首次出现在2003年英国能源白皮书《我们未来的能源:创建低碳经济》,而系统地谈论低碳经济,则应追溯至1992年的《联合国气候变化框架公约》和1997年的《京都协议书》。

低碳旅游正是在低碳经济背景下产生的一种新的旅游发展方式,是旅游业发展低碳经济的响应方式。一般而言,低碳旅游是指在旅游发展过程中,按照低碳理论并通过运用低碳技术、推行碳汇机制和倡导低碳旅游消费方式,以获得更高的旅游体验质量和更大的旅游经济、社会、环境效益的一种可持续旅游发展新方式。旅游业本身是低碳产业,其单位增加值能耗为0.202,仅为工业的1/11,具备发展低碳经济的良好基础。但我们也不能受旅游产业是"无烟产业"传统思维的束缚。其实,旅游业在第三产业当中的碳排放水平并不算低。据世界经济论坛"走向低碳的旅行及旅游业"报告对世界旅游业以及航空、海运和陆路运输业的联合调查显示,旅游业(包括与旅游业相关的运输业)碳排放占世界总量的5%,其中运输业占2%,纯旅游业占3%,而且目前来自旅游业的碳排放量以每年2.5%的年均速度增长,至2035年,旅游业交通及住宿业二氧化碳排放量将分别达到2 436兆吨和728兆吨,奢侈浪费现象的存在更是促使旅游业二氧化碳排放量的增长。因此,旅游产业具有较大的节能减排空间。

二、海洋旅游发展的低碳化需求

进入21世纪,全球以海洋为依托的旅游业迅猛发展。中国是海洋大国,管辖海域面积约300万平方千米,大陆海岸线和海岛岸线长达18 000千米,大于500平方米的海岛有约7 000个。美丽安静的岛屿,气势磅礴的大海,桅帆林立的港湾,岸险浪急的礁石,宽阔洁净的沙滩,幽静庄严的庙宇,神奇罕见的海洋生物,各有特色的捕捞作业,加之温和宜人的海洋气候和气息浓烈的风土人情,构成了我国海洋旅游业发展的坚实基础。众所周知,旅游作为人类对高品质生活追求的特殊生活方式,只有那些环境优美、生态良好的地区才能够对游客产生持久的吸引力。海洋作为特殊的地理单元必须采取科学、合理的理念,通过开展低碳旅游实现海洋旅游业的可持续发展。海洋区域发展低碳旅游的必要性主要基于三方面因素。

(一)旅游者消费攀高、道德感弱化等行为特征

旅游过程中,旅游者总是表现出责任约束松弛和占有意识外显的行为特征。几乎所有的研究都证明,旅游者在旅游过程中的消费具有明显的挥霍倾向,这就导致了对海洋区域资源过度的消耗。同时,旅游者缺乏道德约束的行为对海洋环境也可能造成严重的破坏。节假日过后游客在海滩、海岛、海面上随意丢弃的垃圾、石壁上刻下的字迹都给海洋环境造成了严重的破坏。2014年,端午过后,海南省海口市假日海滩的沙滩上到处是玉米棒、塑料袋、啤酒瓶、饮料罐等丢弃物,40多位环卫工人用手推车转运到大卡车上,手推车往返260多次,才能把沙滩上30多吨垃圾全部运走。

（二）海洋旅游资源脆弱性特征

我国沿海大部分区域生态相对脆弱，资源和空间有限，环境承载力差，生态系统极易退化且不易恢复。特别是远离陆地的海岛，生活、生产没法自给自足，属于需求和供给双重输入型的经济领域，生活和生产成本较高，资源禀赋决定了海岛经济只能走资源节约型的发展道路。同时，海岛处于海陆相互作用的动力敏感带，地理环境独特，生态环境较为脆弱，自我补偿和修复机制弱。如果我们不走节约、环保、低碳的模式，就会在旅游开发的过程中可能将海洋生态系统不可逆转地损毁。

（三）海洋交通运输与船舶制造等产业对海洋旅游环境造成污染

海洋运输、海洋船舶业成为很多海洋城市海洋经济发展的主要产业，如2013年底，上海港吞吐量达到3 361.7万标箱，蝉联世界第一大集装箱港口。海洋运输业在货物运输、装卸过程中经常发生如沉船污染事故、货油泄漏事故等海运事故，如2014年4月，浙江舟山籍化学品船"云翔58"轮于江苏泰兴驶往泉州石井，途经平潭海坛海峡船浪礁水域时，触礁搁浅并发生翻覆，船上载有750吨丙烯酸丁酯化学品发生泄漏，对该海域造成较为严重的污染。船舶修造业主要经营船舶制造、修理、拆解、清仓等船舶业务。拆、造、洗产生的噪声对当地居民生活的影响，固体污染物的处理，油污直接排放对海水的污染以及各种污染对大气、海洋生物、陆地生物产生各种有形与无形的破坏性污染。各种污染对整个海陆空的生态环境系统直接产生影响，对海洋旅游发展环境影响颇大。

三、海洋旅游低碳化发展建议

游客对海洋的感知是碧海、蓝天、白云、金沙、绿岛，清新的空气，鲜美的海味，所以在很多情况下优美宜人的海洋环境是吸引游人的主要因素，因此海洋旅游业是对海洋生态环境和资源保护要求极为严格的行业，海洋旅游低碳化发展是确保海洋资源开发领域参与构建和谐社会的必由之路。我们认为，海洋旅游低碳化发展应该从以下几个方面着手。

（一）加强宏观管理，严格推行节能减排制度

沿海区域要从政策、制度到法律、法规等方面对海洋旅游产业发展进行全面规范和约束，制定具体详细的节能减排目标和措施。加快完善行业低碳准入标准，实施低碳认证制度，建立健全旅游环境影响评价制度，推行旅游碳汇机制，实行严格的节能减排标准，对海洋旅游业相关的交通运输、旅游景区、住宿餐饮、休闲娱乐、旅游商品等制定科学、完善、操作性强的低碳旅游评定标准，进行严格评定分级。

同时，依据联合国《可持续旅游发展宪章与行动计划》等纲领精神，将海洋旅游低碳化发展理念贯彻到生态型海洋旅游产品开发、海洋旅游市场营销以及海洋旅游规划与开发的相关政策和做法中去，长久、动态地进行海水环境保育、海洋生态环境保育、海岸生态环境保育和临近陆地污染物控制等。

（二）深入挖掘海洋文化内涵,丰富海洋旅游产品体系

旅游是注意力经济,旅游目的地根据自身特点进行清晰的定位是非常重要的。针对海洋旅游产品普遍缺乏创意,开发深度不够,缺少个性与特色,质量粗糙、品种单一等问题,海洋旅游开发需要细分旅游市场,依托独特的人文资源和山水资源,以丰富的文化内涵和厚重的文化底蕴作支撑,深入挖掘海味浓郁的海洋商业文化、海洋历史文化、海洋民俗文化、海洋宗教信仰文化、渔业文化等文化内涵,包装精品名牌,让海洋旅游产品承载当地的历史文化内涵,提升区域海洋旅游的吸引力和美誉度。

（三）发展绿色交通,倡导低碳或无碳方式出游

我们认为,当前我国海洋旅游发展应以低碳经济为导向,以绿色交通为突破口,大力推进长距离快速公共交通的发展,打造以自行车、人行为主体的慢行交通环境,积极探索适合沿海旅游区域特征的交通模式,用新的低碳生态资源观来指导交通规划。不仅是对现有沿海交通资源进行充分整合,而且要有通盘考虑,形成整合常规交通、轨道交通、自行车网络、登山道、沿海栈道、海上公交的绿色交通体系。绿色交通的理念突破了常规思维,从"海陆空"三个方面全盘给出解决思路,这种思路不再受陆路交通约束条件的限制,拓展了可用资源,丰富了海洋旅游的魅力。

（四）开展多种形式的海洋旅游碳补偿活动

低碳旅游的一大优势在于它可以开展补偿活动,旅游中对二氧化碳等的排放是不可避免的,这需要海洋旅游地在引导旅游者实行低碳旅游的同时,加强对碳排放的补偿活动。从旅游地来讲,应根据海洋旅游者的数量,主动补偿旅游者活动对滨海与海岛区域的"伤害",从旅游收益中拿出一部分资金做补偿性活动。从旅游者角度来讲,旅游地可以通过让旅游者计算自己在旅游过程中的碳排放量来开展补偿活动,可以考虑栽种纪念树的方式来补偿自己的行为,当然旅游地也要为旅游者的行为提供便利性,确保补偿活动的顺利进行。

（五）建设海洋旅游低碳示范区

海洋旅游低碳化发展模式的推广和实施是一个系统工程,涉及旅游客源市场、旅游目的地吸引物、旅游企业、旅游支撑和保障等多方面的内容,难度较大。基于此,我们认为在国际旅游岛海南、国家级新区舟山等区域建立海洋旅游低碳示范区,采用先示范,后总结经验,再逐步推广的模式。海洋旅游低碳示范区主要功能是系统分析和比较示范区内旅游项目是否满足低碳产业的要求,对低碳旅游示范区内如何配置环保型酒店、低碳交通等低碳基础设施以及如何将低碳技术应用到示范区进行节能减排等进行研究。

（六）加强宣传,为海洋旅游低碳发展营造良好氛围

低碳旅游在我国还是一个崭新的概念,需要通过各种途径加大宣传力度,营造良好的舆论氛围:①通过海洋旅游资源的宣传和教育,提高全民循环使用海洋旅游资源的意识,提高各级地方和部门决策中的生态环境保护意识;②国家在推进海洋旅游规划时,要大力宣传低

碳旅游的理念,不仅要将低碳的理念贯穿到海洋旅游规划中,而且要将低碳的理念宣传到海洋旅游者的心中;③海洋旅游景区在进行宣传时,要彰显低碳的理念。通过不同形式的宣传影响旅游企业、旅行者的实际行为,使之积极参与到海洋旅游低碳行动中来。

参考文献

[1] 倪外.《国外低碳经济研究动向分析》.经济地理,2010年,第30卷,第8期,第1240-1247页.

[2] 陈文婕.《新兴低碳产业发展策略研究》.经济地理,2010年,第30卷,第2期,第200-203页.

[3] 钟玉锋.《低碳经济背景下我国旅游业发展的机遇与挑战》.生产力研究,2010年,第7期,第185-186,224页.

[4] 楼筱环.《再论海洋旅游可持续发展紧迫性及其发展战略》.商场现代化,2008年,第30期,第233-234页.

[5] 侯文亮.《低碳旅游基本概念体系研究》.安阳师范学院学报,2010年,第2期,第86-89页.

[6] 王辉.《低碳旅游在海岛旅游发展中的应用与探讨——以大连市海岛旅游为例》.海洋开发与管理,2010年,第25卷,第10期,第75-79页.

浙江海洋文化遗产保护与旅游开发对策

金 露

(宁波大学)

摘要: 海洋文化遗产是人类与海洋在长期历史互动中形成的一种遗产类型。浙江省因其独特的海洋自然条件和优厚的海洋资源,孕育了丰富而特点鲜明的海洋文化遗产。目前,浙江海洋文化遗产在现代化进程中正面临着保护不力、开发不当等危机。本文旨在分析浙江海洋文化遗产的现状,探讨如何在旅游活动中对其加以适度开发,实现海洋文化遗产保护与旅游开发的双赢。

关键词: 海洋文化遗产;旅游开发;遗产保护

一、浙江海洋文化遗产概述

"遗产"(heritage)一词源自拉丁语,最初指"父亲留下的财产"[1],或者是指"个人对于已故祖先的继承"[2]。一方面,遗产是指那些已经存在或可以继承、传续的事物;另一方面,遗产是关于过去的、与历史密切相关的文化传统。

海洋文化遗产是人类在沿海发展、港口建设、船舶建造、航海技术、航路开辟、政治联结、文化传播、商品生产、贸易互利等诸多方面,通过开发、利用海洋环境空间而存留下来的物质及文化遗存。因此海洋文化遗产不仅能够反映出沿海居民适应、利用和开发海洋的文化史,而且能够折射出整个中国的海洋文明历程。

浙江海洋文化历经数千年的演进、整合与重构,内容丰富,留存了体系庞大、特色鲜明的物质及非物质文化遗产。浙江作为中国沿海的重要省份,拥有海域面积约 26 万平方千米,相当于陆域面积的 2.56 倍;大陆海岸线和海岛岸线长达 6 500 千米,占全国海岸线总长的 20.3%;大于 500 平方米的海岛有 3 000 多个,占全国 500 平方米以上岛屿总数的 47%。浙江海洋资源丰富,全省近海渔业资源蕴藏量均列全国第一,海洋旅游资源占全国的 14%,可开发潮汐能的装机容量占全国的 40%,潮汐能占全国的 50% 以上。与之相应的是,至迟至 7 000 年前的新石器时代晚期,浙江先民已经开始了海上航行,在漫长的历史长河中孕育了

---

① 基金项目:浙江省哲学社会科学重点研究基地——浙江省海洋文化与经济研究中心项目(13JDHY01YB)。
作者简介:金露(1983—),女,浙江省东阳人,宁波大学人文学院,博士、讲师,研究方向为文化遗产保护与开发。宁波市风华路 818 号宁波大学 110 号信箱,315211,E-mail:jinlu@nbu.edu.cn。

丰富、独特的海洋文化,其留存至今的海洋文化遗产是中华民族灿烂文明的重要组成部分。鉴于海洋文化遗产的保护和开发还比较薄弱,海洋文化遗产具有相当大的开发空间,对于海洋文化遗产的保护也刻不容缓。同时,在海洋经济的快速发展背景下,海洋文化遗产具有可预期的经济前景。对海洋文化遗产的研究,不仅能够提升文化软实力、保护现存的遗产资源,同时开发海洋文化遗产的多种形式能够拉动当地的旅游、投资和经济增长。

二、浙江海洋文化遗产的现存问题

我国海域广阔,不同海域因自然条件、文化条件、经济政治条件等的不同又各有特点。在人与海洋长期的历史互动下,形成了具有地域特点的海洋文化遗产。东海大陆架广阔而平缓,沿岸多港湾、岛屿,因受长江淡水影响,渔业发达,素有"天然鱼仓"之称。沿岸居民以海为伴,以海为田,形成了浙江独特的海洋人文传统,为形成浙江海洋文化遗产奠定了基础。

与我国其他沿海省份相比,浙江独特的海洋自然条件和优厚的海洋资源表现在:①岛屿众多,岸线漫长。浙江沿海星罗棋布着3 000多个岛屿,占全国约7 000多个岛屿数的近心1/2,拥有海岛数居全国各省第1位;且海陆交错,岛屿旁连,形成了中国最为漫长曲折的海岸线。②具有得天独厚的渔业资源优势。浙江海域蕴含着丰富的鱼类饵料,自然地形成天然渔场;其中舟山渔场是全国最大、世界闻名的大渔场。③拥有众多天然良港,且有海洋区位优势。浙江沿海的曲折岸线,大多岸滩稳定,水深湾大,港域宽阔,航道畅通,多天然良港;同时,又地处中国海岸线中部,便于南下北上,与海内外沟通交流。④风貌独特的海洋自然和人文景观。浙江海域岛秀、礁险、石奇,海洋自然美景别具一格;吴越海洋文化风情,令人难忘。[3]占据如此广阔的海岸线和得天独厚的资源优势,浙江先民在历史上较早萌生了利用海洋资源的意识,并创造了具有浙江特色的海洋文化遗产。

根据遗产的划分方法,浙江海洋文化遗产大致可分为浙江海洋物质文化遗产和浙江海洋非物质文化遗产。

浙江海洋物质文化遗产包括:①古港口:天封塔和海运码头遗址(宁波)、洞头港(温州);②古船:萧山独木舟;③古航道:绍兴古纤道;④古海塘:盐官海塘(海宁);⑤古渔村、古集镇:东沙港苍南渔港(温州);⑥古灶户和古盐场:临海杜渎盐场(台州);⑦海防、海战遗迹:卫、所、巡检司、兵寨、关、瞭望台、烽火台,如镇海口海防遗址(宁波);⑧历史人物形迹和历史事件发生地遗址:徐福亭(舟山)、东渡纪念碑(舟山);⑨民间信仰与宗教遗址:舟山妈祖庙、海宁海神庙;⑩贝丘文化遗址:花鸟山贝丘遗址(舟山)等。[4]

浙江海洋非物质文化遗产具体有:建筑艺术(海塘、码头等的建造技艺)、说唱艺术(渔民号子、锣鼓)、宗教信仰(妈祖信仰、陈十四等海洋女神的信仰)、仪式及习俗(祭海、潮魂)、中外文化传播(与古代日本、朝鲜、越南、泰国、菲律宾等的贸易往来)等。

对于以上列举的海洋文化遗产,直至今日,我国尚没有开展系统的资源普查、分类保护和合理开发,大量的海洋文化遗产面临着损毁和消失的尴尬局面。目前海洋文化遗产的保护和旅游开发现状存在的问题可归为以下几个方面。

(一)现代化进程导致的遗产弃用和破坏

我国自20世纪80年代展开大规模城市化运动,起初由沿海地区开始,在带来沿海城市飞速发展和经济快速繁荣的同时,也导致对沿海文化遗产的破坏。无论宁波、台州或是温州,每年均有大量的海洋文化遗产消失。我们只能通过传统的地名来推断沿海城市在各历史时期的海洋经济与防卫功能。

"遗产"是祖辈们留下的财富,但当这些财富无法为子孙的日常生活所用时,它们是否还能称为遗产?如何对这些历史遗留物妥善安置和保管?或许以下的案例能够给我们一些警示。

浙江省舟山市马岙镇是海边一座普通的小镇,然而仅仅这一座小镇,就蕴藏着洋坦墩遗址、凉帽篷墩遗址、古炮台等海洋物质文化遗产。凉帽篷墩现存面积约1 700平方米,为省级文保单位。遗址中挖出了大约500多件完整的文物,包括了贝壳、兽骨、石器、陶器、骨器、瓷器、青铜器、铜器、银器等。

洋坦墩遗址位于定海区马岙镇洋坦里,是一个较为完整的新石器时代原始制陶区,面积约1 000平方米,在此出土的夹砂红陶碎片上多数留有稻谷痕迹,专家据此认为舟山群岛在5 000年前就开始大量栽种水稻。在舟山先民曾经居住的地方,留下了许多关于海洋文化的宝贵文物,但是目前却荒草重生,鲜有人至,只有两块刻有遗址名称的石头模样清晰。

马岙镇现存古烽火台两处,一处位于炮台岗上,呈南北走向,共3座。另一处位于三江口的昭君山上,呈东西走向,共6座。烽火台大小、高低、形状不一,土石堆筑。最大的一座直径达8米,高4米,巨石砌基。据《定海县志》记载:明洪武年间,倭患致乱,各地设置28个烽火墩,用以传递信号。所以烽火台是马岙人民抗击倭寇的历史见证。但现今两处烽火台均处于自生自灭的境地。

近年来,沿海区域的工业化发展迅猛,即工程化、工厂化、"高科技"产业化,在经济繁荣的同时,人们不得不围海造地、修扩公路、开发海岸,在近海、岛屿之间修坝造桥,沿海、海滨海岸片区及岛屿地块上的海洋文化遗产有许多尚来不及普查摸底、考古挖掘和修缮保护,就被破坏甚至铲除。

(二)海洋旅游的"产业化"和海洋文化遗产的"单一开发"

海洋旅游产业在发展过程中,单向度的"产业化"对海洋文化遗产造成了破坏。海洋旅游业主要包括海滨、海岸、近海景观景点旅游(远洋旅游目前尚不广泛),而这些海旅游观光景区景点,往往就是海洋文化遗产本身。旅游业多从经济上着眼,对具有历史积淀的"文化产品"进行"包装",有些"包装"甚至是失真的和破坏性的。

"单一开发"是单个景点或单个景区的开发,而缺少与之类似或相关景点(景区)的联合开发。如烽火台和炮台往往都是连成一线或布置为阵,对其中某点单独保护既没有效果,又不能体现其在历史上的作用和意义。目前各级保护单位和开发商对海洋文化遗产的开发一般采取各自为盈的策略,这无论从文化遗产本身来看或是从参观者角度而论,都是一件憾事。同时"单一开发"难免诱发"重复建设",单一景点投入大量经费修建,开发后其功能类似,每个单体不能构成对游客的吸引力,导致游客数量的分散。我们从海宁市古镇盐官的旅游发展案例可见一斑。

古镇盐官隶属于浙江省海宁市,是浙江省首批历史文化名镇,举世闻名的天下奇观海宁潮是古镇得天独厚的自然景观,除此之外,盐官还拥有古海塘和海神庙等海洋物质文化遗产和祭奠"潮神"等海洋非物质文化遗产。

目前盐官的旅游资源开发只注重于钱江潮的开发,资源开发的单一性限制了盐官旅游的发展。其原因除主观上宣传不够、资源认识存在偏差外,主要是客观上钱江潮每月大约只有10天左右能看到大潮,且每次看潮时间只有约半小时。因此,如何吸引游客在观潮后,对古镇内众多人文旅游资源进行游览,从而促进旅游消费,是进行综合开发的首要问题。除此之外,古镇景点开发缺乏统筹安排——古镇内景点众多,如海神庙、占鳌塔、陈阁老宅、王国维故居等,但由于景点的开发缺乏统筹安排,各景点之间缺乏关联,旅游线路不明确,游客的旅游行程和活动没有可选择性,游客在浏览过程中主题不明确,大大降低了景区的吸引力。[5]

(三)重海洋物质文化遗产而轻海洋非物质文化遗产

浙江海洋非物质文化遗产的保护和旅游开发,较之海洋物质文化遗产,其难度更大。因为海洋物质文化遗产是实实在在的具象的"物",其保护状况更容易察觉,恢复修葺也相对容易。而海洋非物质文化遗产是"无形"遗产,建筑技艺、说唱艺术、宗教信仰、仪式习俗等都是经过长期历史积淀形成的,传承靠人与人之间的口耳相传,一旦消失很难在短期内恢复。因此对海洋非物质文化遗产的保护和旅游开发必须是以"活态"的形式进行,特别需要保护其传承的载体——传承人和其繁衍生息的环境——传承空间。

以妈祖信仰为例,浙江省妈祖信仰较早通过渔民、海运商帮为主体的经营团体以及福建移民传播到浙江尤其是浙东沿海地区。妈祖信俗是以各种口头传说、表演艺术、祭祀仪式、节庆活动为表现形式,以妈祖宫庙为主要文化场所的非物质文化遗产。妈祖信仰等海洋非物质文化遗产往往与海洋物质文化遗产密不可分,因为文化最终的表现形式总能够通过物质来表达,如妈祖宫庙即是妈祖信仰的文化传承空间,因此对其保护应该遵循整体保护的原则。

三、浙江海洋文化遗产保护及旅游开发对策

综上所述,浙江海洋文化遗产保护与开发过程中出现的问题,其根本原因在于没有对现有的遗产进行系统普查、分类保护,同时缺少必要的监管体制和法律依据,因此笔者针对浙江海洋文化遗产保护及旅游开发提出以下对策。

(一)系统、全面开展浙江海洋文化遗产的普查工作

开展海洋文化遗产普查工作,是反映我国海洋文化发展现状、制定海洋文化产业战略、实现海洋经济可持续发展的基础性工作,也是具体实施国家提出的建设海洋文化强国决策的一项前期性工作。开展海洋文化遗产普查,在全面掌握海洋文化遗产的基础上,系统分析沿海地区海洋文化遗产状况,客观评估中国海洋文化遗产的保护、利用、开发形势,为进一步发展中国海洋文化产业,繁荣海洋文化事业,为国家制定科学合理的海洋文化发展战略与相

关政策提供可靠的依据。所普查的内容包括海洋物质文化遗产与非物质文化遗产。海洋物质文化遗产包括沿海历史遗址、文化遗存、历史文化名城等;海洋非物质文化遗产主要包括经历史沉淀而形成的海洋艺术、海洋工艺、海洋宗教及海洋文学等。按照国际组织、机构和我国对遗产保护的相关要求和指标进行调查、评估、分析、整合和规划,整理出分类恰当的海洋文化遗产名录,根据名录进行分类保护和合理开发。

(二)制定相关法律法规

从世界范围来看,英美作为海洋大国,其沿海具有大量的水下文化遗产,因此在政策和法律上都制定了如《海洋法》、《沉船保护法》等较为完善的制度保障;澳大利亚的大礁堡等海域加入世界自然遗产名录中,实现了保护与开发的并轨;邻国日本和韩国在海权意识下亦积极开展本国的海洋文化遗产保护工作。比较来看,我国因海权观念的薄弱,对海洋的开发、对海洋文化遗产的重视和研究都是相对滞后的。因此,当务之急是要健全和完善我国相关的海洋文化遗产保护法,明确规定如何界定海洋文化遗产、制定具体保护措施和可持续开发的限度,同时惩戒违法行为,设立监管机制。

(三)组建中国海洋文化遗产研究基地,加强海洋文化遗产保护与旅游开发的理论研究

为了提升中国海洋文化遗产保护与旅游开发的理论水平,拓展海洋文化遗产保护与旅游开发的实践领域,进一步推进中国海洋文化遗产保护与旅游开发的历史进程,提高海洋文化遗产资源的经济转化率,笔者认为,当前组建由政府、高校、研究机构、企业等联合而成的"中国海洋文化遗产研究基地"是非常有必要的。海洋文化遗产研究基地的建立应依据中国海洋经济发展进程总体规划,特别是中国海洋文化产业发展总体规划,整合当前中国高等院校、科研机构和文化企业的人才、技术和资源优势,深度挖掘中国潜在的海洋文化遗产资源,进一步整合已经开发的海洋文化遗产资源,从而为中国海洋经济的发展提供文化支撑。

具体而言,首先需要整合中国现有海洋文化遗产资源,挖掘潜在海洋文化遗产资源,努力实现海洋文化遗产与旅游开发的结合。其次为企业提供涉海文化产业项目规划与开发思路,同时为政府发展和扶持海洋文化产业提供信息咨询和决策参考。最后,举办海洋文化遗产保护与旅游开发论坛,定期出版学术期刊,为中国海洋文化遗产的保护与旅游开发提供智力支持。

参考文献

[1] 顾军,苑利.《文化遗产报告——世界文化遗产保护运动的理论与实践》,北京:社会科学文献出版社,2005年。

[2] Tunbridge J E, Ashworth G J. 1996. Dissonant Heritage: The Management of the past as a Resource in Conflict. Chichester, New York, Brisbane, Toronto, Singapore: J. Wiley.

[3] 柳和勇:《简论浙江海洋文化发展轨迹及特点》,浙江社会科学,2005年,第4期。

[4] 曲金良.《海洋文化艺术遗产的抢救与保护》,中国海洋大学学报(社会科学版),2003年,第3期。

[5] 权小勇,谭福琛.《浙江古镇盐官旅游资源优化开发》,浙江教育学院学报,2008年,第1期。

欧洲港口海运产业集群发展模式研究[①]

庄佩君[1],马仁锋[2]

(1.宁波大学 海运学院;2.建筑工程与环境学院)

摘要:欧洲港口海运业集群强国英国、挪威和荷兰有着相似的港口航运资源禀赋和不同的发展历程,分别形成了以伦敦为核心的英国海运服务业集群、以鹿特丹和阿姆斯特丹为中心的荷兰港口与港口服务业集群和以奥斯陆为中心的挪威航运和航运技术集群。显示港口海运业集群发展的基本模式——航运和港口资源是重要的历史路径,国家政策革新引领市场和企业创新是外部动力及解除路径锁定的关键,生产或制定全球航运市场的垄断性产品或规则是核心动力。从港航企业集聚向集群发展的关键路径是营造发展环境和蓄积专业性知识,完善专项资源配置能力和功能,通过企业成群、产业成链、市场创新,形成多部门、多层次、协调合作、共同提升国际港口和航运服务体系,为港口海运业发展提供迅捷而专业的解决方案,引领国际港航服务发展前沿。中国沿海港口产业和港口城市迅猛发展,应科学地认识港航集群,多方联动研发创新,以促进中国港口海运集群发展。

关键词:港口海运业集群;欧洲模式;中国港口海运业集群

海洋一直是欧洲沿海诸国的经济活动基础,早期的资源出口、工业革命时期的工业品出口和资源进口、现代的多元国际贸易培育和促进了这些国家的港口海运业的发展和群集(clustering)。几个世纪的航运和贸易的兴盛,形成了这些国家强盛的港口海运业集群[1]。综观当今欧洲港口海运业集群,以伦敦为核心的英国海运服务业集群、以鹿特丹和阿姆斯特丹为中心的荷兰港口与港口服务业集群、以奥斯陆为中心的挪威航运及航运技术集群既是欧洲港口海运业集群发展的高地,又是欧洲港口海运业称霸全球的资本。21世纪以来欧洲学者对海事集群研究颇多[2-3],2005年欧洲十国的海事组织组建了欧洲海事业集群网络(European Network of Maritime Clusters)。但其所界定的海事产业较为广泛,除港口和海运业及相关的服务业和造船业外,还包括渔业、海军/海岸警卫队、海洋供给、休闲娱乐船、内陆水运、海洋设备、海洋工程及涉海休闲和旅游等沿岸活动,几乎囊括所有涉及海洋的活动,然而有些产业间缺乏基本联系,难以寻找集聚动因。21世纪以来中国沿海港口发展迅速,我

[①] 基金项目:宁波大学区域经济与社会发展研究院项目(QYJYNS1206);浙江省海洋文化与经济研究中心项目(14HYJDYY02);浙江宁波市软科学项目(201301A1011153);浙江省自然科学基金项目(Y14D010007)。
作者简介:庄佩君(1969—),女,浙江定海人,教授,博士,研究方向:港口物流、海洋经济,E-mail:zhuangpeijun@nbu.edu.cn。

国的港口海运业逐渐进入了转型升级期。对比分析英、挪、荷三个欧洲典型海洋国家的港口海运业集群的发展基础、历程与特征,构建集群发展模式及基本路径,既能丰富港口海运业集群理论研究,又为我国港口海运业和港口城市发展提供可资借鉴理论模式与实践经验。

一、英国、挪威、荷兰的港口海运业的全球地位

欧洲拥有长达15 000千米的海岸线、世界最大的综合性港口及海湾,海洋带给欧洲丰裕的食物、能源、矿产、化工品和发展空间。欧洲90%以上的国际贸易和近30%的区域内贸易通过海运得以实现,作为环境友好型交通运输方式,海运是欧盟内部贸易的首选,未来会继续拓展。如今,欧洲海运产业雇员约0.25亿,港口货物吞吐量占世界海运贸易的40%,船东掌控着世界40%的运力,近海运输占世界总量的50%[3],内河航运发达。欧洲造船业利润率远高于世界同行,海运服务业、海运研究和内陆水运都领先于世界。

(一)英国:世界经济贸易中心孕育了国际海运服务中心

自1649年以来,以伦敦为中心的英国许多城市形成了以纺织业和采矿业为主的产业结构,促进了海运业快速发展。1930年后伴随国际贸易迅猛增长,英国航运业进入鼎盛期,形成了若干海事集群地。21世纪初英国命名了伦敦海事集群、西南海事集群、默西海事集群和东南海事集群。伦敦海事集群是世界级高端航运服务业的中心地,后三者为国内区域性集聚地。西南海事集群位主要在普利茅斯、南丹佛等四城市,集中了几家海运企业和英国海事委员会等公共机构;默西海事集群的中心地是利物浦,以物流为主;东南海事集群是英国最大的休闲娱乐性海事产业集中地,以小型企业为主。

在19世纪和20世纪,伦敦港是欧洲最重要的枢纽港。港口和航运活动的积累、集聚造就了伦敦的国际航运中心地位。20世纪初以来的纽约、鹿特丹、汉堡、奥斯陆和比雷埃夫斯等成长为门户港,20世纪末香港、新加坡、上海等新兴国际门户港的快速形成,挑战着英国国际航运中心的全球地位。但是,英国仍被欧盟评为最具有直接增值价值的海事集群。最突出的伦敦海事集群以国际航运中心为基础,不断创新与衍生航运交易、融资、海事保险、海事法律、仲裁、船舶经纪(注册、代理等)、航运咨询、信息通信、教育培训、专业媒体出版等与航运相关的服务产业集群,并主导国际航运服务业相关行业的系列国际标准与市场规则制定[4],成功实现了国际航运中心华丽转身为国际海运服务中心。

伦敦国际金融服务研究所(IFSL Research)的《2007海事服务报告》显示伦敦承担着全球船舶融资、保险-核保、保险-保赔、劳埃德船舶检验服务、油轮租船、干散货租船、二手船交易(按吨位计)占国际市场份额分别为18%、23%、65%、19%、50%、40%、50%[5]。2010年英国海运服务业创造了6.4万个岗位、3.8亿镑GDP及1.4亿镑财政税收,在伦敦及其周围约有5 000余家公司专为国际航运提供专业服务[6]。此外,2012年伦敦仲裁庭共受理3 492起海事纠纷,世界30%~40%的干散货船经由以伦敦为基地的船舶经纪人交易,2011年劳埃德市场协会成员总保费收入达230亿镑,13家在伦敦设有办公场所的国际性船东互保协会承担了90%全球船队的船东互保业务,英国法院受理的80%海事相关案件涉及至少一方为非英国当事方[6]。伦敦还是船舶入级和检验服务的集聚地,它是劳埃德船级社的全

球总部和9家其他世界级船级社的区域部门所在,这10家船级社承担了世界90%(按吨位计)货船的设计和建造的安全检验。可以说,以伦敦为核心的英国海运服务业集群在航运仲裁、租船、保险、法律、金融服务方面拥有无可匹敌的国际地位。

(二)挪威:快速成长的全球海事技术服务中心

1947年Thor Heyerdahl与同伴从秘鲁的卡亚俄出航前往波利尼西亚的土阿莫土群岛,完成了"Kon-Tiki"航行,意在通过此次航海探险重现史前航行,向人类证明在马鞍和车轮发明之前人类已经掌握了航海技术。如今,"挪威国际海事展"是全球三大海事展览之一,展现挪威先进的海运技术与发达的航运业,显示其在船舶设计、制造、环保化、管理及海洋工程设备等方面领先全球的技术及大型游轮、液化天然气船、滚装船、高技术渔船、冷藏船、近海供应船、高速双体船和地震探测船的制造技术业领先世界[7]。以船舶及船用设备制造技术见长的挪威海运集群在全球优势地位集中体现在[8]:①5家大型和300家中小型的船用设备生产商,生产占全球份额的8%~10%船用设备;②拥有全球10%的商船队、23%的游艇、19%的液化天然气运输船、19%的化学品运输船队、11%的原油运输船、15%的世界近海海洋工程船队;③挪威占据世界海事保险市场20%份额;④入级挪威船级社的商船占全球船队16%的份额等。

(三)荷兰:历史悠久的全球枢纽港与港口服务业胜地

港口海运业是素有"欧洲门户"之称荷兰的国民经济支柱行业之一,全国进出口货物的50%通过海运实现,而且欧洲20%以上的国际货物经由荷兰港口转运[9]。全国最主要港口是鹿特丹和阿姆斯特丹,其货运量占全国海运货物总量90%。始建于1600—1620年间的鹿特丹港,历经小渔业码头、商业码头、工业革命期间的欧洲中转港等,1960年以来随欧共体的建立而迅猛发展。1961年鹿特丹港口货物吞吐量首次超过纽约港,此后40多年一直保持世界第一大港地位;虽在2004年货物吞吐量被上海港超过,但仍居世界第四、欧洲第一。始建于1206年的阿姆斯特丹港,14—15世纪因与东方贸易逐渐发展,至17世纪成为欧洲重要港口;目前是荷兰第二大港,欧洲第四大港。2010年货物吞吐量为7 250万吨,其中标准集装箱203 084个,年进港远洋轮船超过5 000艘。总体而言,荷兰港口的码头、堆场、仓库、装卸设备、环保设施和水陆空交通运输网及各种支持系统非常完善,而且运营管理科学、规范、信息化管理,效率高[10],引领着世界港口集疏运规范和港口物流服务业。

2010年欧洲各国港口吞吐量见表1。

表1 欧洲各国港口吞吐量比较(2010年)

国家	吞吐量(百万吨)	人口(百万人)	人均吞吐量(吨)
荷兰	521	16	33
比利时	228	10	23
西班牙	182	46	4
法国	199	65	3
德国	189	81	2
英国	143	63	2
罗马尼亚	47	22	2
俄罗斯	136	100	1
意大利	51	61	1

二、英国、挪威、荷兰的港口海运业集群形成的资源禀赋与发展特征

(一)港口航运集群形成的资源禀赋

1. 三国港口航运的区位与资源条件

英国海岸线长度占欧洲第一位,海岸线 10 千米以内生活着全英 30% 的人口;沿海 600 多个港口中年吞吐量超过千万吨的有 12 个,如多佛、伦敦、福思、克莱德、米尔佛德、梅德韦、提兹、哈特尔浦、布里斯托尔、朴次茅斯、奥克尼等,它们扼守西欧航线。此外,英国拥有位列全球前列的商船船队,在集装箱、油轮和干散货、游船、轮渡、离岸支持和其他专业航运活动等领域非常出色。

挪威位于北欧斯堪的那维亚半岛西北部,海岸线长达 57 000 千米,岛屿超过 15 万个,为世界上峡湾最多的国家。海岸线上 60 个公共港口和众多私营港口星罗棋布,扼守东北航道、西北航道和穿越极地的运输航道。占全球人口 0.1% 的挪威拥有全球 5% 的商用船队,海上船队规模居世界第二。

扼守欧洲三大河流出海口的荷兰,地处北海航路、欧陆出海的交会处,其 900 千米的经济圈包括英、德、法、比、瑞、丹等国,总人口达 2 亿,占欧盟市场 50%,具有广阔的腹地和发展港口物流的最坚实的地理资源。鹿特丹港和阿姆斯特丹港,不仅是全球重要枢纽港,更是位居欧洲一、二的综合性现代港口。

2. 港口航运集群形成的资源禀赋特征

英、挪、荷三国港航集群形成的区位与资源条件,显示出港航集群形成的基础必要条件之一是拥有优良的港湾和深水码头大型泊位区并扼守全球干线航道,以利于全球商船集聚,进而衍生出港航服务业需求。其次是天然良港更需广阔的腹地市场催化,尤其是大宗干散货物的国际贸易中转以催生港口服务业集群发展。再次是港口所在城市或国家在全球海事业的某一领域或多个领域具有良好的全球声誉和较高的市场份额,以反哺国际贸易带动的港航集群,形成互哺循环提升机制。

(二)三国港航业集群发展的基本特征

1. 英国港航业集群发展特征:港口私有化、国际航运中心建设催化与群集效应

(1)港口私有化。英国港口所有权分为私有港、信托港和市政港,其中私有港占了 2/3。政府对港口发展实施约束管制,即首先要以最低的成本服务于国家、地区和民族经济,其次要最大限度提高盈利水平确保港口的持续发展。自 1980 年末起英国港口管理体制的系列改革,刺激港口产业快速发展。如 1991 年颁布港口法,规定港口由私人投资经营、政府不得干预港口事务,为港口产业创造了宽松的发展环境。

(2)国际航运中心的催化与群集效应。英国港航产业集群发展过程最显著特征是国际贸易和优良的港航产业基础培育了国际航运中心及政府培育政策促进了海事相关产业群集与催化。以伦敦国际贸易中心的 300 余年的历史积淀为基础,通过创新和制定系列国际航

运相关标准,不断衍生航运交易、航运融资、海事保险、海事法律、仲裁法院、船舶经纪、船舶注册、船舶代理、航运咨询、信息通信、教育培训、媒体出版等相关服务业,群集了约2 000家专业从事航运服务的公司或组织。

(3)与金融业紧密结合。伦敦的航运服务业具有鲜明的与金融服务相结合的特点。2000年英国出口海运相关保险服务5.5亿美元,金融服务140亿美元,是德国的5倍,荷兰的24倍,挪威和丹麦的30倍;按人均计算,是排在第二位的挪威的4倍[11-12]。

2. 挪威港航业集群发展特征:空间集聚与技术创新引领

(1)海事业的空间集聚。挪威以航海之国著称于世,狭长的国土使得约80%的全国人口居住在沿海岸线10千米地域,城市和乡镇沿海岸线分布。挪威60个公共港口和众多的私营港口及相关产业聚集在西部海岸以及南部沿海到首都奥斯陆的一段区域,其中墨勒-鲁姆斯达尔以船舶设备制造为主,卑尔根以造船业及航运业为主,奥斯陆以海事服务与技术研发为主[7]。

(2)船舶和海事装备技术研发形成海事制造业集群。20世纪以来挪威加强船舶和海事设备制造技术研发,船舶及海洋设备的工艺,尤其高科技船舶和海事工程建设一直领先于世界。全国有300家中小型和5家大型的船用设备生产商,60%产品出口,约占世界市场的10%。200多家造船厂密集地分布在奥斯陆、斯塔万格、卑尔根、特隆赫姆等造船基地。可生产先进的船用推进器和动力主机、船舶稳定系统、电子货物装运设备、电子导航仪器和电子地图;大型游轮、LNG船、滚装船、近海供应船、高速双体船和地震探测船的制造技术世界领先。著名的龙头企业有康士伯集团和位于鲁森达尔的哈丁安全公司,前者是世界上最大、最完善的海事技术集团,后者在密封式救生船、营救船和吊架系统的制造技术居世界领先地位。

(3)海事管理和服务技术创新,引领港航业集群发展。世界领先的风险管理机构挪威船级社,具有世界海事科技领导者的市场定位和品牌策略[13],该公司在全球100多个国家设立了约300个分支机构。DNV致力于引领全球绿色航运技术,在2001年率先开发出液化天然气用为船舶燃油的规范;开发了全新混合燃料系统,使船舶发动机节能高效;采用新技术,提高油轮的货油蒸汽有效利用。该公司能不断地结合市场与技术研发,创新新型船舶和海洋工程设计概念,如2010年提出的Quantum号未来集装箱船概念,能多运货而大幅度减少耗油;油轮新概念船Triality号,不仅使用液化天然气为燃料,而且创新结构线型,减少压载水处理;X-stream管道新概念,降低深水天然气管道成本。此外挪威政府也致力于海运环保事业。2008年政府制定了21世纪海事发展规划,重点发展以知识为基础且有益于环境保护的海事企业。为此,挪威海事行业呼吁政府部门从2012年起每年调拨5.05亿挪威克朗用于7个优先发展领域的研究与创新:知识中心与基础架构、海事政策与发展架构条件、海事创新与业务发展、环境友好型能源的高效利用、液化天然气的分配与利用、高要求的海事运营以及北方版图内的交通运输与运营。

3. 荷兰港航集群发展特征:纵深腹地支撑、集群式分层发展

(1)集群的纵深腹地支撑。自15世纪建港以来,鹿特丹港经历了持续不断的大规模港口建设,主要原因是该港拥有幅员广阔的腹地。图1显示了鹿特丹港的腹地范围,经过鹿港

货物能送达此图上任何一地,在48小时物流圈内,如果客户要求可以做到24小时之内送达。阿姆斯特丹港和鹿特丹港通过密集的铁路、公路、内河和海运四大网络构成集疏运系统,实现吞吐货物的80%的发货地或目的地不在荷兰,而是欧洲各国或世界各地(见图2),图2显示了荷兰这二大港口广泛的深入欧洲内陆腹地的水路网系。

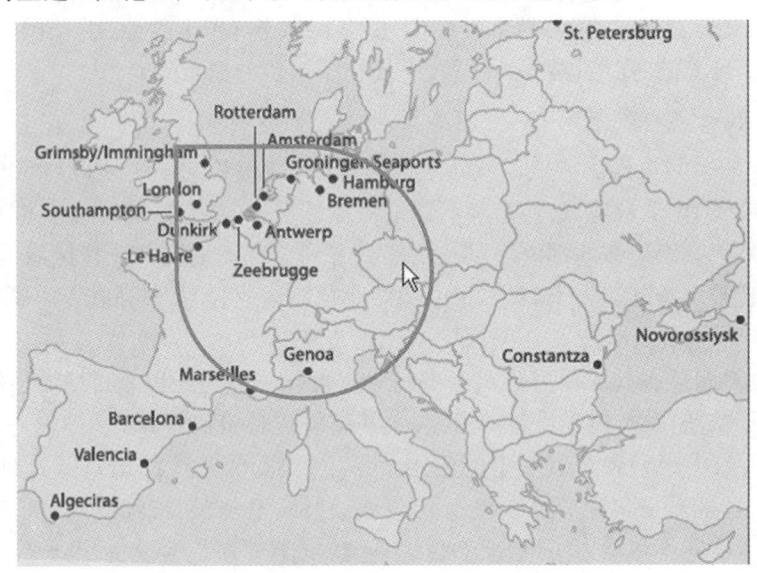

图1 鹿特丹港的48小时物流圈

资料来源:F. Tuininga 于2012年1月11日在浙江省舟山市的讲座《Port Logistics and Free Trade Zone》

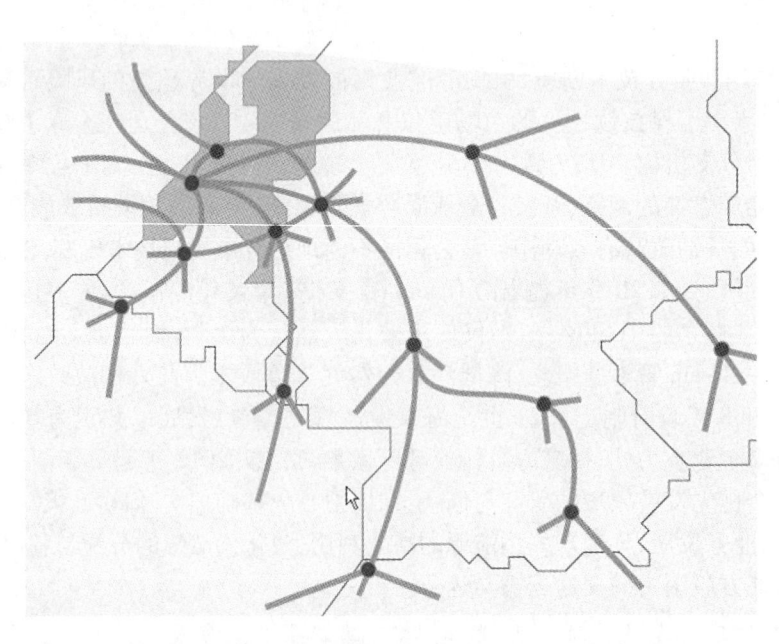

图2 鹿特丹港和阿姆斯特港深入腹地的水路通道网络

资料来源:F. Tuininga 于2012年1月11日在浙江省舟山市的讲座《Port Logistics and Free Trade Zone》

(2)港口地域综合体的空间成长。鹿特丹港区自15世纪建港以来一直向莱茵河下游迁移[14],20世纪以后向出海口拓展的速度更快,2008年动工的马斯平原二期项目已经位于深水航道边,吃水深度超过20米。随着港口拓展,港口的直接产业[15]不断发展,形成了以不同产业集聚为主的多个港口地域综合体。首先是临港工业区,分布于临港、临江产业带的石化、船舶修造、港口机械、农产品加工为主的临港工业精细化分工,其产值达到鹿特丹市产值一半以上;其次,航运相关服务和配送中心等物流服务业集聚并高度专业化发展。港口产业、港口贸易的发展也带动不同的大型船运企业入驻,美日等大企业的欧洲配送中心有75%位于鹿特丹市,三个大型的不同类型的物流中心可满足区域物流服务。除了不断发展的港口集疏运网络和港口基础设施外,港区及周围分布众多与航运服务相关的船舶服务、船员培训及金融、保险、信息、代理、法律和咨询等港口服务产业也日益成为物流发展的方向。

(3)港口航运服务业集群的分层式发展。集聚区可分为核心区、次核心区和延伸区三层次[16]。譬如以鹿特丹港为核心所形成的集群为例:集群核心区是中心港区,主要为船舶停靠和货运的装卸以及转运服务活动;次核心区积聚着大量港口航运相关产业,如船舶及船用设备制造、码头建造及港务工程、内陆疏运、船用油类、机电设备销售、航运金融保险、信息服务、教育培训科研机构;集群延伸区,即集聚在港口城市的郊区甚至是港口腹地城市的一些为港口主导和相关产业提供原材料和服务的产业以及需要依靠港口运输的产业,如壳牌、埃索、科威特石油公司、阿克苏诺贝尔和伊斯特曼等在港区腹地集聚。

三、英国、挪威、荷兰的港口海运业集群的发展模式

(一)英国——国际航运服务业集群发展的路径与模式

1. 路径:历史路径依赖与制度创新

拥有悠久航海史的英国在1840—1940年间完成工业革命,期间大量原材料运入和工业品输出主要由伦敦港实现,促使伦敦快速成长为国际贸易与商业中心。20世纪初,伦敦港货物吞吐量仍位居全球第一。而与此同时,在伦敦成立的诸多航运服务公司逐渐成长,如今已经成为国际航运巨头,如成立于1744年的波罗的海航运交易所、1823年成立的波罗的海俱乐部、1691年创建的劳氏船级社、1970年成立的德鲁里航运咨询公司等注册在伦敦的国际航运服务业巨头公司。它们既是伦敦成长为全球贸易与商业中心的产物,又是新世纪伦敦全球航运服务集群形成的核心。至21世纪初,约有5 000余家为国际航运界提供专家级的专业航运服务公司集聚于伦敦及其周围。可见,在英国工业革命以来成长的诸多航运公司沿着历史足迹逐渐成为21世纪伦敦全球港航服务业集群发展的历史基础,这种历史路径依赖既是锁定英国航运服务业集群快速发展的核心动力,也是英国港航服务业群集过程创造新路径的桎梏[14]。

英国素有以国家立法推动航运发展路径变革之惯例[17]。从1381年《航海法》到1651年《航海法》,英国政府从限制外国商人在本国从事沿海贸易,转变为本国商船队进入他国航运市场开辟道路。1970年以来受石油危机和全球经济中心转移影响,英国国际贸易和航运产业地位逐渐衰落。撒切尔夫人执政期间率先放松对交通运输业管制,改革港口经营管

理体制,实行港口私有化;进一步放松海事保险与融资管制、改善船员就业环境。如,在每年在离海岸12海里以外的海上工作183天以上的海员可豁免收入税;引入船舶吨位税制,吸引了更多船舶入籍英国。政策是企业选址的一个重要决定因素,英国政府持续推动海运相关政策改革打破了历史积淀及惯性,引导航运产业集群发展与创新。

2. 模式:市场主导的国家政策激励模式

从国际航运中心到国际航运服务中心,英国既赖以日积月累的国际化市场体系、完善良好法律环境、稳定的市场服务,又有自然禀赋、历史积淀和积极的政策变革刺激航运企业进行产品衍生与创新[2-3,6]。图3显示了以伦敦为核心的航运服务业集群发展路径和模式:区位与资源禀赋、国际贸易与商业中心的长期积淀分别构成了国际航运服务业集群发展的先决条件与必要条件;全球航运产业波浪式震荡发展、英国海运产业政策革新激励分别是国际航运服务业集群发展的内、外部诱因;海运(相关)企业巨头的历史惯性、海运服务企业受产业政策吸引趋聚于伦敦及周边,成为国际航运服务业集群发展的根植动力和网络式集聚动力。可以看出,市场经济在英国国际航运服务业集群成长过程一直发挥主导作用:①作为市场延续,海运(相关)企业巨头不停地自由创新与发展;②受全球航运市场影响,英国航运业历经崛起—衰落—转型,而此转型正是航运服务集群成长期;③海运产业及相关政策调整,通过刺激全球市场发挥了政策调节功效。

(二)挪威——全球海运技术集群发展的路径与模式

1. 路径:政策导向重构历史路径依赖

挪威具有世界领先的造船技术和工艺,尤其是特种船建造技术。早在19世纪50年代挪威已建造配置蒸汽机的钢船,到1900年建造了3.5万总吨的船舶,虽然经历20世纪上半叶缓慢发展期,但1972年造船能力达97.5万总吨[18],奠定了世界地位。目前,全国共有造船厂200多家,形成了奥斯陆、斯塔万格、卑尔根和特隆赫姆是四大造船基地。20世纪80年代挪威诸多造船厂开始转向近海设施生产平台建造业,主攻海上平台和船用仪表。这其中既有20世纪60年代北海油气田开发的市场需求,又有全球造船业衰落导向。自60年代开始,挪威造船工业的主导船厂、相关大学、政府和科研机构便逐渐强化船舶工业的技术研发投入。至2000年挪威显现了全球海运设备技术研发的三个显著特征:①形成了以挪威海事技术研究院、挪威船级社和挪威特隆赫姆大学为中坚的全球领先的海事工程科研;②始终关注海上运输和海上油气工业两领域中的三种先进技术研发,即液化天然气输送的解决方案、船舶航行和管道铺设操作;③通过国际海事展等系列全球性海事技术展示和贸易,寻找全球技术合作伙伴、提升实力。纵览挪威海运技术集群发展过程,发现航海技术及相应造船工业是挪威海运产业的历史路径。60年代以来挪威政府通过国家战略调整海运产品需求,并通过财政政策大规模提升本国海运设备研发,促成了挪威海运技术集群的快速成长。

2. 模式:政策创造路径引领市场转向模式

从历史悠久的航海强国转向全球航运技术研发中心和相关生产实践集群地,挪威航运技术集群的成长与发展模式如图4所示。首先表现为20世纪60年代之前的航海业诱发造船企业及其技术资源,其次是60年代开始的北海石油开发国家战略诱致的海运技术转向海上作业平台、深海管道及各类特种船舶制造技术;第三是始办于60年代的挪威海事展日益成为世界海事技术和造船领域规模最大、影响力最强的专业性贸易展览会,提供了航运技术研发技术国际交流合作契机。国家政策对历史路径重构集中表现在海运产业政策和国家海洋空间规划等诱发、强化了航海技术立国的挪威首次转向造船大国、又转向海运技术研发强国过程。

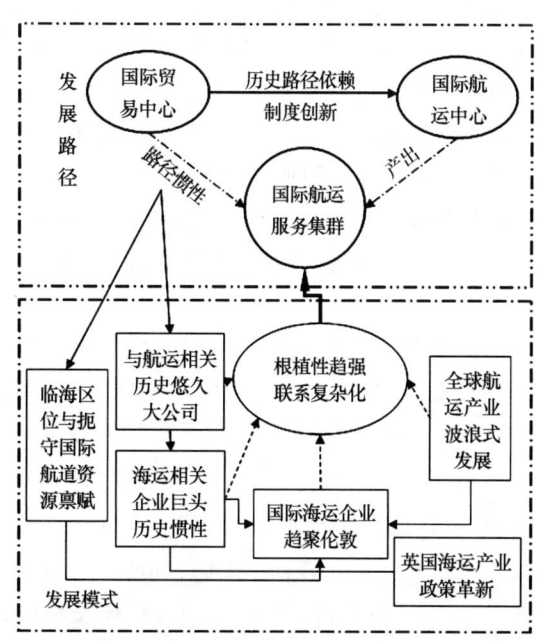

图3 英国国际航运服务业集群发展的路径与模式

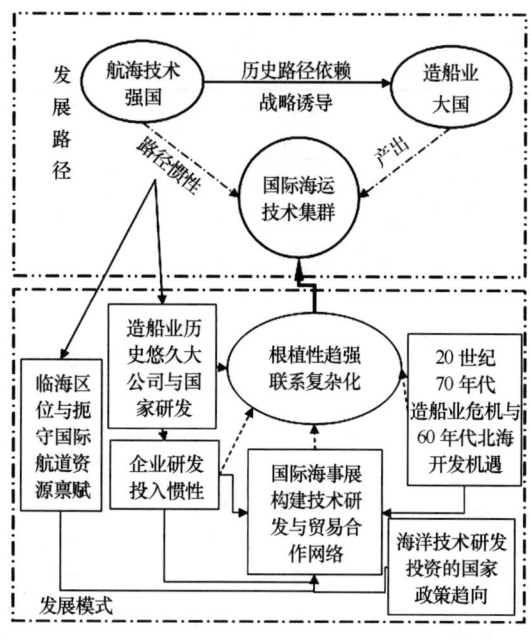

图4 挪威国际海运技术集群发展路径与模式

(三)荷兰——港口与港口服务业集群发展的路径与模式

1. 路径:腹地系统扩展主导港口产业演替

De Langen 认为港口是集群研究的最佳案例地[19],荷兰的港口及港口服务业集群发展显著特征是完备的港区设施、密集的物流网络和完善的集疏运体系支撑临港产业集群发展的关键。这其中,港口腹地拓展是促成港区与集疏运体系建设和物流园区网络发展的空间资本和空间产业化为集群的核心动力。如鹿特丹港1961年货物吞吐量首次超过纽约港以后一直保持世界第一大港地位。直到2004年被上海港超过,现仍居欧美第一位。现今有500条海上航线通达世界1 000多个港口,每年约有3.1万艘海轮和近20万艘内河船舶进出该港。鹿特丹港口及相关辅助产业总产值占全国GDP 12%,占当地城市GDP 40%。由此,集聚了众多与航运服务相关的企业,约有11万人从事与港口直接或间接相关的产业,并促进了相关服务业发展。

鹿特丹的港口及港口服务业集群充分显示了港口是港口城市发展的基本地理动力,港口空间的持续不断向出海口拓展,孕育了各种形态的港-城界面和港口地域综合体[20]。在鹿特丹体现为临港工业集聚,港口和中转、储运和配送等物流业集聚及金融、信息和代理等航运相关服务业。

2. 模式:空间拓展诱导港口服务业集群模式

荷兰港口及港口服务集群发展过程表明区位优势是重要历史基础,而与周边国家不断新建相关集疏运体系,尤其是多式联运为基础的港口腹地系统快速拓展是促成港口产业渐次性演替并群集众多港口服务企业的核心诱因与动力。如图5所示,区域优势与港口基础设施构成了荷兰港口服务集群发展的历史惯性路径,而港口基础设施及集疏运体系快速扩展诱致的腹地空间范围促成其欧洲门户战略地位快速形成,以此促进港口产业集群的演替和新兴港口服务业快速集聚,这其中荷兰本身门户战略持续革新及欧盟一体化政策是重要的外部推动力。

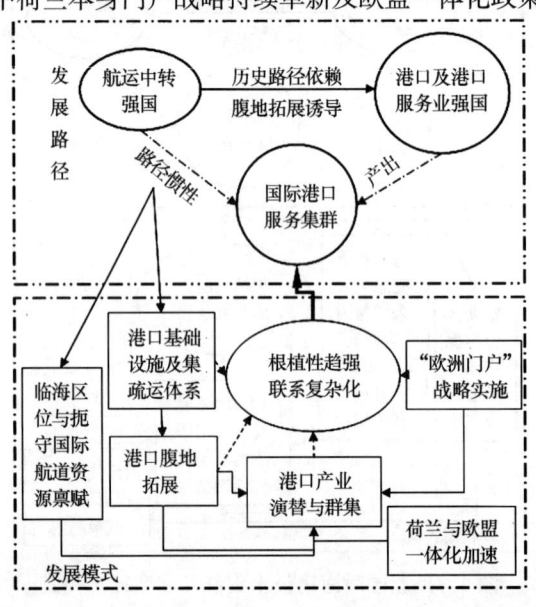

图5 荷兰国际港口服务业集群发展路径与模式

四、结论及启示

(一)欧洲港口海运集群发展的基本模式

对比分析英国、挪威和荷兰三国的港口海运集群发展路径与模式,发现:①欧洲港口海运集群发展的历史路径依赖非常显著,其核心是依托由区位与扼守全球航道资源和港口便利资源,快速发展港口和航运业及相关服务业和造船产业等,成为当今国际航运服务集群、国际海运技术集群、国际港口服务业集群成长的关键路径。②欧洲港口海运集群发展过程无不显示出各国对历史路径依赖的重构,即以国家政策创新打破路径锁定。虽然各国采用的政策创新各异,但都聚焦于市场主体培育、市场环境改善和市场风险的国家/国际分担机制。③三国港口海运集群发展过程,都始终充满着市场未知的预期。如三国都曾面临20世纪70年代全球造船业危机,处理巨大风险的最佳尝试是积极拓展本国港口和航运的产业链并提升价值链层次,操作手段以市场运作为名创新市场产品和市场规则,实质上是利用本国的强项制定全球航运及相关市场操作准则。如图6所示,区位与扼守全球优质航道及港口资源成为欧洲港口海运集群发展的历史路径,国家政策革新引领市场和企业创新成为欧洲三国港口海运集群成长的外部动力及解除路径锁定的关键,生产或制定全球航运市场的垄断性产品或规则是欧洲港口航运集群快速成长的核心动力。

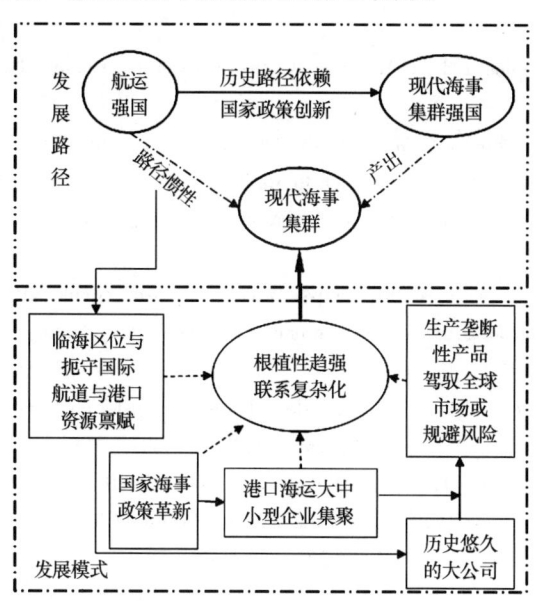

图6 欧洲港口海运集群发展的一般模式与基本路径

在这其中,从港航企业集聚到集群转变的关键是营造港口物流和航运服务发展环境和蓄积服务专业性知识,核心是港口航运资源配置能力和服务功能日臻完善,通过企业成群、产业成链、要素成市、创新成魂,形成多部门、多层次、协调合作、共同提升的国际港口服务和航运服务体系,为全球的港口、航运和海运物流业发展提供迅捷而专业的解决方案,以引领创新成为国际港航服务新发展的前沿。

(二)对中国港口海运业集群培育的启示

欧洲经验表明,只有提高对港口海运业集群的科学认识,才能科学定位港口海运业集群的培育路径与模式及有效实施途径。因此,首先要探索适合我国不同区域港口海运业的集群模式,尤其近年来沿海港口在世界前十大最繁忙港口名单中的数量不断增多,沿海各省市积极实施海洋经济战略,要以科学的集群培育模式与行政管制机制引导以港口为核心、以港口城市和区域为依托的港口和海运产业升级。其次,发挥认知共同体的治理和协调作用[21],积极构建由港口海运及相关服务业的企业、各级政府部门和非政府组织等共同构成的"港口共同体",使其成为区域内港口海运业集群的产业内部联系纽带和外部联系门户,以提高我国港口海运业集群国际竞争力。再次,做强我国港口和海运及相关产业的企业,联合研制出引领全球的垄断性产品,在研发过程必须高度重视与科研院所的合作,加快科技创新转化速度,形成竞争—创新—合作的良性循环机制。最后,各国经验均证明高素质的相关人才集聚是形成港口海运业集群的基础和不断创新的源泉;因此,中国要实现海洋强国之战略必须重视海洋教育和培训。

参考文献

[1] Michael B. Miller. Europe and the Maritime World: A Twentieth Century History. Cambridge University Press,2012.

[2] Wijnolst Niko. Dynamic European Maritime Clusters. Delft University Press, 2006.

[3] Wayne K. Talley. The Blackwell Companion to Maritime Economics. Blackwell, 2012.

[4] 董岗.《伦敦国际航运中心和英国航运业的动态演变规律研究》.水运工程,2009年,第12期,第17-23页。

[5] IFSL Research. Maritime Services 2007. http://www.fisherassoc.co.uk . 2012-4-12.

[6] Maritime London: Promoting the world's premier maritime centre. http://www.maritimelondon.com. 2012-4-12.

[7] Gabriel R. G. Benito, Eivind Berger, Morten de la Forest. A cluster analysis of the maritime sector in Norway. International Journal of Transport Management,2003,1:203-215.

[8] UNCTAD. Review of Maritime Transport 2011. www.unctad.org,2012-4-12.

[9] de Langen W. Clustering and Performance: the Case of Maritime Clustering in The Netherlands. Maritime Policy & Management. 2002,29(3):209-221.

[10] 吴心宏.《荷兰鹿特丹港的四大特色及发展趋势》.城市公用事业,2010年,第24卷,第1期,第46-51页。

[11] Akobsen E.,A. Mortensen, M. Vikesland. ,et al. Attracting the Winners Oslo:Kolofon,2007.

[12] Torger Reve. Norway - a Global Maritime Knowledge Hub. Research Report of BI Norwegian School of Management,2009.

[13] Det Norske Veritas. http://www.dnv.com/, 2012.

[14] 赵鹏军,吕斌.《港口经济及其地域空间作用:对鹿特丹港的案例研究》.人文地理,2005年,第5期,

第 108 – 111 页。

[15] 赵鹏军.《基于港口经济的海岛型城镇发展战略研究——以洋山港近域海岛为例》.经济地理,2005 年,第 29 卷,第 5 期,第 206 – 210 页。

[16] Curtis S. The future of London's Maritime Services Cluster: A Call for Action. Economic Development, 2004(4):1 – 2.

[17] 李明倩.《英国航海法的历史变迁》.河南教育学院学报:哲学社会科学版,2011 年,第 2 期,第 66 – 70 页。

[18] 苏红宇.《挪威船舶工业概况》.船艇,1992 年,第 12 期,第 19 – 30 页。

[19] Peter W. de Langen. The Performance of Seaport Clusters: a Framework to Analyze Cluster Performance and an Application to the Seaport Clusters in Durban, Rotterdam and the Lower Mississippi. Erasmus Research Institute of Management,2004.

[20] 庄佩君,汪宇明.《港 – 城界面的演变及其空间机理》.地理研究,2010 年,第 29 卷,第 6 期,第 1105 – 1116 页。

[21] 庄佩君,汪宇明.《基于认知共同体的大都市区治理与协调机制》.经济地理,2009 年,第 29 卷,第 5 期,第 735 – 740 页。

港口吞吐量预测模型的比较研究[①]

——以舟山港为例

徐钰姬,邱 枫

(宁波大学)

摘要:港口吞吐量受到多重因素影响,且各因素相互构成一个复杂的非线性系统,其变化具有一定的内在规律性。正确认识这些因素的内在联系,选择合适的模型可较精确预测港口的吞吐量,其对于指导港口规划建设,确定港口投资规模和促进地区经济的发展具有极重要的战略意义。综合考虑以舟山港为实证研究对象,结合其港口特点选取相关线性因素,建立指标体系,分别将平滑技术、回归分析法以及灰色预测法这三种较常见的预测模型应用到吞吐量的定量分析过程中,以误差大小为认定标准,误差越小的模型越适于吞吐量预测。结果表明,三种模型在预测港口吞吐量过程中都有一定的误差,相较而言,灰色预测法的误差相对较小且具有一定的稳定性。

关键词:港口;吞吐量;模型;预测

一、引言

港口是陆地与海洋的衔接地,它同时为内陆和海洋组织提供服务[1]。港口经济是沿海港口城市经济的重要组成部分,是调整区域产业结构的重要带动力量。港口所依托城市的经济条件是决定港口功能水平的根本所在,港口腹地的经济实力将直接或间接影响港口的进出口货量。舟山市地处长江三角洲经济区、全国沿海要冲,具有优越的经济环境和区位优势,且在国家政策的支持下,兼具良好的政策环境。因此,本文以舟山市港口吞吐量预测作为个案,以此为典型对港口吞吐量进行分析及预测,以期为其他港口吞吐量的预测作出表率。而如何有效地研究港口吞吐量预测方法的选择理论,对于正确预测未来舟山市港口吞吐量,指导港口规划建设,确定港口投资规模和促进地区经济的发展具有极其重要的战略意义。

传统对预测方法的研究主要集中于对方法本身的改进,忽视了对预测方法的选择[2]。

---

① 作者介绍:徐钰姬(1989—),女,浙江宁海人,硕士研究生,人文地理学城市地理与城市规划方向,E - mail:xuyuji2006@126.com。

针对舟山港口的现状,本文尝试采用定量计算的方法对港口吞吐量进行分析与预测,结合定性分析[3],将研究区的基本条件作为研究的基石,通过对数据的统计分析,建立指标体系,选取三种模型分别对港口吞吐量进行分析及预测。

二、港口吞吐量预测模型

(一)研究方法

港口吞吐量属于经济预测的范畴,经济预测的模型方法多达二三百种,常用的也有六七十种[4],本文主要选取较常应用到吞吐量预测中的平滑技术、灰色预测法[5]以及回归分析法[6]进行分析比较研究,以相对误差为标准比较三者计算结果,误差越小越说明其适用性。选择相对误差最小的模型应用于舟山市港口吞吐量预测中,以实证的方式确定效果较好的预测模型。

1. 平滑技术

平滑技术[7]是由平均法演变而来的一种趋势预测模型,以事物发展的延续性为前提只适用于时间序列。它将按照某种时间单位记录下来的不规则数据加以大致修匀平滑,分析数据的演变趋势,做出预测。由于平滑技术具有数学处理上比较简单,并且能够通过对数据点按照时间的远近赋予大小不同的权数及时地反映出最新的发展趋势,所以经常被用于港口吞吐量的短期和近期预测。在舟山港口吞吐量的历史数据并不完整的前提下,结合平滑技术的特点,本文选择平滑技术作为三种模型之一对舟山市港口吞吐量进行分析与预测。

指数平滑法预测模型为: $F_{t+1} = F_t + \alpha(X_t - F_t)$ (1)

式中, $\alpha = \frac{1}{N}$, α 值的确定可通过计算均方差 MSN 使其最小时获取。

2. 回归分析法

回归分析是一种处理变量之间非确定性因果关系的数理统计方法,属于因果预测。它通过调查研究确定预测变量可能的相关影响因素,然后根据这些因素的统计资料运用最小二乘法拟合出回归模型,再利用回归模型进行预测和分析。常用的回归分析预测模型主要有一元线性回归模型、多元线性回归模型和非线性回归模型,必须根据自变量个数的不同以及因变量具体的发展趋势来选择相应的回归模型。港口吞吐量与经济指标之间都有相互关系,可以选择某一经济变量作为相关关系分析中的自变量。

其预测模型为: $\hat{y} = b_0 + b_1 x$ (2)

其中: $b_1 = \dfrac{\sum (x - \bar{x})(y - \bar{y})}{\sum (x - \bar{x})^2}, b_0 = \bar{y} - b_1 \bar{x}$ (3)

3. 灰色预测法

灰色系统理论[8-9][简称灰色理论(Grey Theory)]是邓聚龙教授在20世纪70年代末、80年代初,针对既无经验、数据又少的不确定性问题而提出,可用于解决预测、评估、决策、控制等方面的问题。由于它具有所需样本数据少、计算简单等优点,因此考虑选取该模型以预测舟山市港口吞吐量。预测模型通常是 $GM(n,1)$ 模型,即单序列一阶线性动态模型,其主要用于长期预测,适合对单调变化的数列建模,是最常用的预测模型。

$GM(1,1)$ 模型的建立过程如下:

令 $x^{(0)}(n)$ 为 $GM(1,1)$ 模型序列,$x^{(1)}$ 为 $x^{(0)}$ 的 AGB 序列(累加生成该序列),$z^{(1)}$ 为 $x^{(1)}$ 的均值 $MEAN$ 序列,即

$$\begin{cases} x^{(0)} = \{x^{(0)}(1), x^{(0)}(2), \cdots, x^{(0)}(n)\}, \quad x^{(1)} = \{x^{(1)}(1), x^{(1)}(2), \cdots, x^{(1)}(n)\} \\ x^{(1)}(k) = \sum_{m=1}^{k} x^{(0)}(m) \\ z^{(1)} = \{z^{(1)}(1), z^{(1)}(2), \cdots, z^{(1)}(n)\}, \quad z^{(1)} = 0.5x^{(1)}(k) + 0.5x^{(1)}(k-1) \end{cases} \quad (4)$$

其对应的白化微分方程为 $\dfrac{\mathrm{d}x^{(1)}}{\mathrm{d}t} + ax^{(1)} = b$,通过对其转化可得该白化微分方程的解为:

$$X^{(1)}(k+1) = \left[X^{(0)}(1) - \frac{b}{a}\right]e^{ak} + \frac{b}{a} \quad (5)$$

其中:$P = \begin{bmatrix} a \\ b \end{bmatrix} = (B^T B)^{-1} B^T Y n; Y n = \begin{bmatrix} x^{(0)}(2) \\ x^{(0)}(3) \\ \vdots \\ x^{(0)}(n) \end{bmatrix}; B = \begin{bmatrix} -z^{(1)}(2) & 1 \\ -z^{(1)}(3) & 1 \\ \vdots & \vdots \\ -z^{(1)}(n) & 1 \end{bmatrix} \quad (6)$

经累减还原得到原序列的预测模型:$X^{(0)}(k+1) = X^{(1)}(k+1) - X^{(1)}(k)$,即可得到各个预测值。

(二)指标体系的选择与建立

在确定港口吞吐量的研究中,需要考虑的因素很多,因此港口吞吐量分析指标的确定也很复杂。为方便起见,本文选取能体现舟山市港口吞吐量的显性因素,并相应地选取港口所在城市的一些指标,以作分析研究。

1. 港口指标

港口作为实现各种运输方式的衔接,衡量港口规模的一项重要指标就是货物吞吐量。货物吞吐量反应了港口在国民经济和社会发展中的地位和贡献大小,是港口设施和经营管理水平的综合性反映。同时,在港口规划设计中,也是根据对吞吐量的预测确定港口通过能力规模的。因此,在港口指标的选取上,本文采用了货物吞吐量这项指标。综合考虑确定采用舟山市港口2006—2013年的货物吞吐量数据。

2. 城市指标

要正确定位一个港口的功能就必须认识到它与城市的经济发展情况有着密切联系。港口所在城市通常是港口最直接的经济腹地,城市规模的大小将直接影响港口吞吐量的大小,因此在选择指标时必须考虑城市方面的指标。城市的 GDP 指标一直是代表一个城市经济繁荣程度和城市发展的重要指标。根据舟山市统计年鉴的更新结果,本文选取2006—2013

年舟山市的 GDP 数据为进行回归分析的相关城市指标,下文将进行相关系数计算以保证指标有效性。

表1 舟山港 2006—2013 年货物吞吐量及 GDP 统计数据

吞吐量	年份							
	2006	2007	2008	2009	2010	2011	2012	2013
货物吞吐量(亿吨)	1.13	1.28	1.59	1.93	2.21	2.61	2.91	3.14
GDP 值(亿元)	335.20	408.52	509.04	535.24	644.32	772.75	851.95	930.85

三、舟山市港口吞吐量预测结果与分析

(一)平滑技术的应用

由于数据具有持续的线性增长趋势,因此应采用二次平滑预测模型。

二次指数平滑模型为: $Y_{t+T} = a_t + b_t T$

其中: $S_t^{(1)} = \alpha y_t + (1-\alpha) S_{t-1}^{(1)}$; $S_t^{(2)} = \alpha S_t^{(1)} + (1-\alpha) S_{t-1}^{(2)}$;

$a_t = 2S_t^{(1)} - S_t^{(2)}$;

$b_t = \frac{\alpha}{1-\alpha}[S_t^{(1)} - S_t^{(2)}]$

式中,$S_t^{(1)}$ 为第 t 期的一次指数平滑值;$S_t^{(2)}$ 为第 t 期的二次指数平滑值;α 为权数,且 $0 < \alpha < 1$;Y_{t+T} 为第 $t+T$ 期的预测值;a_t、b_t 为平滑系数。

模型中的权数 α 可以通过取 0~1 之间不同的数值进行模拟,α 值越大,则新数据在计算结果中占权重越大。当时间序列波动很大,长期趋势变化幅度较大,呈现明显且迅速的上升或下降趋势时,宜选择较大的 α 值,如可在 0.6~0.8 之间选值,以使预测模型灵敏度高些,能迅速跟上数据的变化。由于舟山港口货物吞吐量在 2006—2013 年时间序列数据具有迅速明显的变动趋向,因此 α 值可以选择的范围为 0.6~0.8 之间。

用指数平滑法进行预测计算时,首先必须确定初始值 $S_0^{(1)} = S^{(2)} = 1.13$,再分别取不同的 α 值,得出每年的预测值,然后根据预测值进行误差分析,计算得到相对误差,结果见表 2。

表2 取不同 α 值所得舟山市港口吞吐量预测值

权重 α	年份							
	2006	2007	2008	2009	2010	2011	2012	2013
0.6		2.34%	6.92%	10.40%	11.47%	11.32%	10.99%	9.64%
0.7		4.69%	10.91%	13.61%	12.88%	12.73%	11.33%	9.14%
0.8		11.72%	15.09%	15.88%	13.33%	13.67%	11.23%	8.49%

（二）回归分析法的应用

在城市指标的基础上，建立港口吞吐量与直接经济腹地内地区生产总值的一元线性回归模型，以预测近期内舟山市港口的货物吞吐量。依据2006—2013年舟山市的港口货物吞吐量及其地区生产总值基础数据（表3），应用预测模型 $y_0 = b_0 + b_1 x$。在回归分析预测法中，需要对 x、y 之间的相关程度作出判断，这就需要计算相关系数 γ，其公式如下：

$$\gamma = \frac{\sum (x - \bar{x})(y - \bar{y})}{\sqrt{\sum (x - \bar{x})^2 \sum (y - \bar{y})^2}}$$

当 $|\gamma| = 0$，x 与 y 无线性相关关系；$|\gamma| = 0$，完全确定的线性相关关系；$0 < |\gamma| < 1$，x 与 y 存在一定的线性相关关系；$|\gamma| > 0.7$，为高度线性相关；$0.3 < |\gamma| \leq 0.7$，为中度线性相关；$|\gamma| \leq 0.3$，为低度线性相关。现对舟山港口货物吞吐量与同期地区生产总值作相关分析得到两者的相关系数为 $|\gamma| = 0.995$。由于 $|\gamma| > 0.7$，证明舟山港口货物吞吐量与其同期地区生产总值为高度线性相关，因此选取GDP与吞吐量作相关分析具有科学依据。

利用线性回归方程求得 $b_1 = 0.003$，$b_0 = -0.07$，可建立一元线性回归模型：

$$Y = 0.003X - 0.07$$

式中，Y 为货物吞吐量；X 为地区生产总值。

表3 舟山市港口货物吞吐量预测

项目	年份							
	2006	2007	2008	2009	2010	2011	2012	2013
地区生产总值（亿元）	335.2	408.52	509.04	535.24	644.32	772.75	851.95	930.85
货物吞吐量（亿吨）	1.13	1.28	1.59	1.93	2.21	2.61	2.91	3.14
预测吞吐量（亿吨）	0.94	1.16	1.46	1.54	1.86	2.25	2.49	2.72
相对误差（%）	-17.20	-9.72	-8.36	-20.43	-15.70	-13.86	-14.58	-13.29

（三）灰色预测法的应用

港口货物吞吐系统本质上是一个灰色系统，既包含许多已被人们所确定的因素，如国家或地区的经济形势、港口发展水平等自然和社会经济因素，也包含着大量人们正在研究和还未认知的因素。灰色预测法的模型很多，其中 $GM(1,1)$ 模型是最常用的。

基于舟山市港口2006—2013年的货物吞吐量，应用式（5）与式（6）可知 $a = -0.14$，$b = 1.17$，$b/a = -8.41$。

经累减还原得到原序列的预测模型：$X^{(0)}(k+1) = X^{(1)}(k+1) - X^{(1)}(k)$，得到预测结果见表4。

表 4 灰色预测模型预测结果

项目	年份							
	2006	2007	2008	2009	2010	2011	2012	2013
货物吞吐量(亿吨)	1.13	1.28	1.59	1.93	2.21	2.61	2.91	3.14
预测吞吐量(亿吨)		1.43	1.65	1.9	2.18	2.51	2.89	3.32
相对误差(%)		11.72	3.77	−1.55	−1.36	−3.83	−0.69	5.73

（四）三种预测模型的比较分析

将以上三种预测模型的结果进行比较,分别结合表2、表3与表4分析可知:①利用平滑技术对舟山港口吞吐量预测,其相对误差的变化较大,大致呈现相对误差随权重取值的增大而增大的态势,权重为0.6时的每年吞吐量相对预测较小,但也时大时小,其中2007年的相对误差最小,为2.34%,其余年份的相对误差均超过6%,其预测结果精确率低。②经回归分析法预测,相对误差结果普遍较大,很不稳定,其中,除2007年和2008年外,其余年份的相对误差均超过10%,而控制在10%以内的2007年和2008年的预测相对误差亦不小,达8%以上。③经灰色预测法得到的预测结果相对误差虽然也有大有小,但普遍较小,其中,最大的误差出现在2007年,超过10%,其余6个年份的港口吞吐量相对误差均控制在6%以下,总的来说,该模型相对稳定且误差较小。

表 5 三种预测模型的比较分析

结果	模型		
	平滑技术	回归分析法	灰色预测法
	1. 数学处理较简单 2. 反复实验确定,工作量很大 3. 预测结果精确度低	1. 需要较多的历史数据,数据不足将影响预测结果 2. 相对误差不稳定,可信度降低	1. 适合研究"小样本"、"贫信息"的不确定性系统,计算简单 2. 除个别数据误差较大外,总的误差较小且变动较为稳定

根据舟山市港口吞吐量预测的实证结论,结合三种预测模型的特点,可知灰色预测模型较平滑技术和回归分析法更适合于应用于港口吞吐量预测中。基于灰色预测法,2014年舟山港货物吞吐量为3.82亿吨。

四、结论

港口吞吐量的影响因素很多,但在建立预测模型时并不能将所有因素全部引入,本文经综合考虑以货物吞吐量为港口指标、GDP为城市指标。在确定指标体系的基础上,本文选取平滑技术、回归分析法及灰色预测法这三种较常应用至港口吞吐量预测过程中的模型,以实证的方式分别应用到舟山市港口吞吐量预测过程中,通过定量计算和定性分析确定灰色预测法的预测结果误差相对较小且具有一定的稳定性。

参考文献

[1] Weigend G. Some elements in the study of port geography[J]. Geographical Review, 1958, (48): 185-200.

[2] 王红,寒风杰.《预测技术在港口吞吐量预测中的应用》.物流技术,1995年,第3期,第8-10页。

[3] 洪勇,赵灿林,谢耀峰.《港口吞吐量数学预测模型的选用》.水运管理,2006年,第28卷,第7期,第9-11页。

[4] 易丹辉.《统计预测方法与应用》.北京:中国统计出版社,2001年。

[5] Hsu L C. Applying the Grey prediction model to the global integrated circuit industry[J]. Technological Forecasting&Social Change,2003,(70):563-574.

[6] 刘明维,王多银.《港口货物吞吐量预测方法探讨》.水运工程,2005年,第3期,第53-56页。

[7] 黄勇,高捷.《最优组合预测方法在内河港口吞吐量预测中的应用》.水道港口,2006年,第27卷,第6期,第401-403页。

[8] Deng Julong. The Unit of Introduction Representation in Grey System Theory[J]. The Journal of Grey System,1991,3(2):87-106.

[9] 施泽军,李凯.《基于灰色模型和指数平滑法的集装箱吞吐量预测》.重庆交通大学学报:自然科学版,2008年,第27卷,第2期,第302-304页。

宁波海洋经济数据库平台设计[①]

孙伟伟,李 飞,陈顺丽,陈小慧

(宁波大学 建筑工程与环境学院城市科学系)

摘要: 当前,海洋经济越来越受到各个国家和地区的重视,而其已经成为我国国民经济的重要组成部分。自浙江海洋经济发展示范区建设上升为国家战略后,宁波作为浙江省第二大城市,其海洋经济数据库平台的建设将对整个浙江省乃至全国海洋经济的发展具有重要的推动作用。本文在总结国内外当前海洋信息数据库平台建设的基础上设计了宁波海洋经济数据的总体框架;其次,分析了宁波海洋经济数据库平台的建设意义;再次,针对宁波城市实际情况,做出了宁波海洋经济数据库平台实施方案设计和平台应用设计;最终为最大程度发挥宁波海洋经济数据的潜在功能而服务。

一、引言

在海洋经济已经成为世界经济发展潮流的大背景下[1],各个国家和地区政府海洋主管部门、各海洋产业和海洋研究机构在日常决策和研究中非常关注各种有关海洋的数据信息,力求及时准确地获取充分的海洋经济数据,用以保障制定的海洋开发战略决策的科学性和现实性。因此,海洋经济数据库平台能够为政府部门的海洋经济决策和工作提供有效的参考和建议。同时以该平台为依托,能够向社会公众和企事业单位提供快捷、全面、准确的综合海洋经济信息服务。

近30年来,国际组织和沿海发达国家先后通过各种措施加强对海洋科学数据的收集、管理和服务工作。1960年成立的国际海洋资料和情报交换委员会(IODE)开展国际间海洋资料交换工作,为多个国家海洋中心资料共享起到重要作用。1993年国际海委会(IOC)、世界气象组织(WMO)、联合国环境计划署(UNEP)和国际科联理事会(ICSU)等组织联合建立全球海洋观测系统(COOS)。80年代美国政府实施国有科学数据完全与开放共享国策,2002年欧盟提出公共科学数据、公共当局持有的信息开放共享的公益性共享原则和指导思想。欧美国家中多个相关部门无偿共享实时性、完备性、可靠性的数据集。在国际数据共享

[①] 基金项目:浙江省海洋文化与经济研究中心课题(13HYJDYY06);宁波大学海洋经济专项专项研究项目(HYS14103)。

良好氛围影响下,发展中国家纷纷建立海洋信息共享系统。印度国家海洋所网站提供印度周边及印度洋的各种类型的数据查询服务。国外发达国家与发展中国家都在积极地开展海洋信息数据共享工作[2]。

改革开放以来,我国的海洋信息数据库在各方面取得了显著成绩。自1982年来,国家各部门先后启动与建成的科学数据库及其信息系统项目、海洋信息共享网络服务系统、中国极地科学数据库建设项目,近年来都在不断完善,进一步提高服务能力和水平。"九五"和"十五"期间,国家863计划所构建的6个数据共享平台为我国海洋信息数据库的工作积累了全套技术与丰富的经验。2003年,国家基金委青岛海洋科学数据共享服务中心网站访问人数与汇交数据量均达历史新高。同年,国家多个部门联合启动海洋科学数据共享中心建设项目,建立多个海域及地区的海洋科学数据共享分中心。2006年国家海洋信息中心完成海岸带海岛基础数据库系统建立,对20世纪在全国实施的综合调查形成的档案进行数字化和集成统一管理。2007年国家海洋信息中心负责的908专项信息基础框架构建项目"数字海洋"信息基础平台的各级系统统一设计,标准统一、接口规范和功能的基本一致,并与现有业务系统有机结合;在展示方式上采用多种手段,生动展示有关海洋的多方面信息。我国海洋数据共享逐步形成多维空间化、多样产品化、动态可视化、便捷网络化服务模式[2]。

尽管目前海洋经济数据库建设发展迅速,为海洋开发提供了强大的数据支持,但目前海洋经济数据分类标准不统一,没有针对海洋经济服务的专业数据库平台,研究缺乏针对海洋经济数据库的总体方案及可行性分析和高级服务功能分析[3]。因此,本文针对我国海洋经济的产业分类现状和宁波本地海洋经济实际发展状况,将统筹分析世界各国海洋经济产业分类标准和海洋经济数据特点及宁波海洋经济发展特色,制定适合宁波本地的海洋经济数据总体框架体系,从宁波的经济发展情况出发,设计宁波海洋经济数据库平台建设的总体方案和专业功能,从而提供高层次的海洋经济决策支持服务功能。

二、宁波海洋经济数据库框架

宁波海洋经济数据库包括海洋经济决策支持数据库和海洋经济专业数据库。宁波海洋经济专业数据库依据宁波海洋经济数据总体框架进行设计,数据库包括四大子数据库,分别为宁波海洋资源环境数据库、宁波海洋依赖型产业数据库、宁波海洋联系型数据库和宁波海洋服务型数据库。每个数据库分别由若干数据子集构成,如宁波海洋资源环境数据库包含海岸线地理空间数据集、海域地理空间数据集、海岛地理空间数据集和滩涂地理空间数据集。各项数据集由若干数据表构成,分别对应附录中各表项,数据表、数据集和数据库共同组成宁波海洋经济数据库的四级框架体系。宁波海洋经济数据库体系结构如图1所示。

(一)海洋资源环境数据库

宁波海洋资源环境数据库记录收集宁波海洋的基础地理空间数据和海洋环境及灾害数据,以便于查阅和了解海洋的状况,包括海洋地理空间、水文、海洋气象、海洋化学、海洋灾害、海洋环境监测及观测等海洋环境要素。海洋资源环境数据库是以全国海洋开发规划基础资料、中国海岸带和海涂资源综合调查报告为基础,总结整理宁波市政府部门及各海洋相

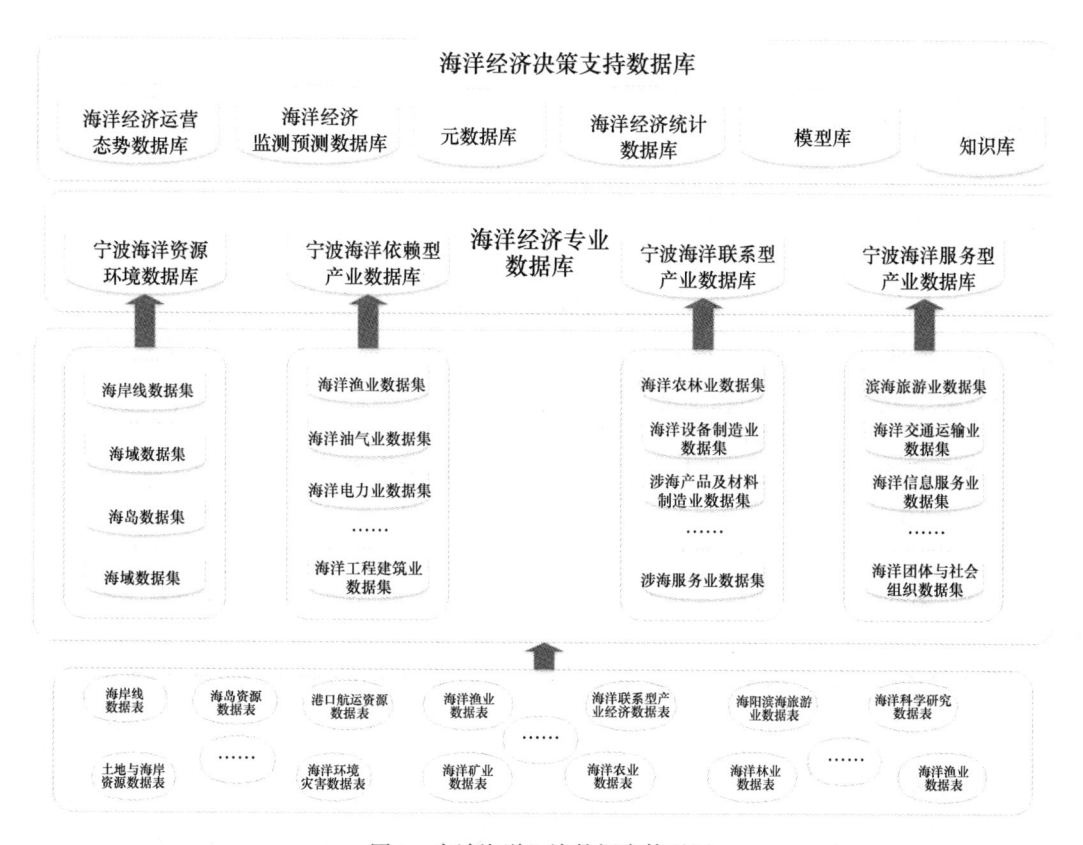

图1　宁波海洋经济数据库体系图

关的行业协会所提供的资料,通过数据处理及编辑方法来得到的数据库。宁波海洋资源环境数据库是开展海洋资源现状分析、评估以及海洋产业活动对海洋资源影响评价研究等必不可少的内容之一。宁波海洋资源环境数据库主要包括海洋基础地理空间数据库、海洋生态环境数据库、海洋经济资源数据库和海洋灾害数据库四大数据库。针对每项数据库,按照内部要素划分为数据项,如海洋基础地理空间数据库包括海岸线、海岛、海域和滩涂地理空间数据。每一个数据项由对应若干数据表。

（二）海洋依赖型产业数据库

海洋依赖型产业是离开海洋自身无法开展的海洋经济产业。宁波海洋依赖性产业数据库包括海洋渔业数据库、海洋油气业数据库、海洋电力业数据库、海洋海水利用业数据库、海洋矿业数据库、海洋盐业数据库、海洋船舶工业数据库、海洋化工业数据库、海洋生物医药业数据库和海洋工程建筑业数据库等。针对每项数据库,按照内部要素划分为若干数据项,如海洋船舶工业数据库可分为沿海地区海洋修造船完工状况数据集、海上活动船舶状况数据集、海洋船舶工业经济数据集等。每一个数据项对应划分为若干数据表。

（三）海洋联系型产业数据库

海洋联系型产业是指与海洋活动关系密切的产业[4]。宁波海洋联系型产业数据库主要包括海洋农林业数据库、海洋设备制造业数据库、涉海产品及材料制造业数据库、涉海建筑与安装业数据库、海洋批发与零售业数据库和涉海服务业数据库。针对每项数据库,按照内部要素划分为若干数据项,如海洋农林业数据库可分为海洋农业数据集、海洋林业数据集和海洋农林服务业数据集等。每一个数据项对应划分为若干数据表。

(四)海洋服务型产业数据库

海洋服务型产业是指与海洋活动配套服务的产业[5]。宁波海洋服务型产业数据库主要包括海洋交通运输业数据库、滨海旅游业数据库、海洋信息服务业数据库、海洋环境监测预报服务数据库、海洋保险与社会保障业数据库、海洋科学研究数据库、海洋技术服务业数据库、海洋地质勘查业数据库、海洋环境保护业数据库、海洋教育业数据库、海洋管理数据和海洋团体与社会组织数据库等。针对每项数据库,按照内部要素划分为若干数据项,如海洋交通运输业数据集可分为海洋交通运输业发展统计数据集、海洋交通运输业设施建设统计数据集、民营水运发展统计数据集、港口运输和邮轮产业及海底管道运输业统计数据集、宁波海洋交通运输辅助活动统计数据集等。每一个数据项对应划分为若干数据表。

三、宁波海洋经济数据库平台实施方案设计

(一)总体设计目标

宁波市海洋经济数据库的总体建设目标是在建成的全国领先的海洋经济数据交换与共享平台上实现宁波市海洋经济辅助决策支持和综合海洋信息服务等功能。其目标具体如下:成为海洋经济数据信息共享枢纽,为各部门及海洋相关企业等提供信息交换的通道,沟通部门间信息,使部门间的相关系统互通互联,从而促进各个部门的工作效率和管理、运营、决策,实现"平台"与各个相关子系统间的平滑接口和信息充分共享;提供针对市政府高层决策的辅助决策支持以及对各个海洋经济业务主管部门的业务支持功能;综合宁波海洋经济信息服务,本系统收集到的宁波海洋经济信息经融合处理后能够为社会公众和海洋经济企业提供综合海洋经济信息服务,使他们日常工作中更加方便。

(二)建设内容设计

宁波海洋经济数据库平台建设将用两期时间来实现其目标。一期以该数据库平台为核心,实现部分共享海洋经济数据资源,形成初步的信息资源平台,并通过一定终端系统实现单向信息共享。在数据库平台建设中,制定相应规范,为实现后期目标打好基础。接下来以上述信息资源为基础,通过初步建设形成的决策支持模块,提供多种相关功能,从而提高决策的科学性和时效性。一期项目实施后,能够向政府相关部门提供较为全面的海洋经济数据支持和技术支持,面向企业和公众提供科学合理的海洋经济相关统计报告等,为海洋经济数据信息服务大规模产业化发展奠定基础。二期实现该数据库与杭州市各海洋经济相关职能部门信息系统的直接对接、全面整合与信息共享,大幅度降低成本,提高效率,并进一步扩大信息接入点,做深、做实数据库的建仓工作;在示范功能的基础上,完善信息服务功能,对

政府部门的科学决策能够提供充分依据,并以该数据库平台为依托,向企业和公众提供更为快捷、全面、准确的综合海洋经济信息服务。之后,增强该数据库平台软、硬件系统的信息处理与服务能力,并扩大系统的数据采集范围和服务网络覆盖范围。以此为基础,大力推进该服务的应用普及工作,并以此作为宁波市海洋经济产业发展新的增长点,体现其经济和社会效益。

(三)预期效益分析

宁波市海洋经济数据库平台一期工程的建设将服务宁波市海洋经济发展,提高宁波市政府相关管理部门在海洋经济方面的宏观决策能力,帮助相关海洋经济企业了解并把握海洋经济的最新形势和发展方向,具有明显的社会和经济效益。首先,可在港口码头和主要海洋贸易集散地进行海洋经济重要信息的动态发布。同时,实现各类基础数据、相关指标的在线查询并建立海洋经济运行状况与评价的月报、年报制度,为政府相关部门及企业决策者提供数据支持,从而节省成本,提高效率。其次,通过该数据库平台的辅助决策支持功能,一方面,有关部门可尽早了解海洋经济的当前态势和发展趋势,及早做出政策调整或决策优化;另一方面,可引导相关企业做出更合理的判断,为其发展起到一定指导作用。同时,依据此能够建立更加全面的海洋经济发展规划评价体系与长期规划信息系统,对宁波海洋经济的长期发展有极其重要的作用。宁波海洋经济数据能够客观反映宁波海洋经济发展中存在的问题,通过该平台系统,促使有关政策制定和海洋管理部门了解其中的一些具体问题,针对性加以解决并改善,提高管理水平。而该数据库平台本身就是利用高新技术的典例,但还需在空间信息数据库框架基础上促进高新技术在海洋经济方面的推广应用,以促进政府各有关部门相应的海洋经济分系统的建设。

四、宁波海洋经济数据库平台应用设计

(一)宁波海洋经济产业空间形态分析

各国学者主要利用各种统计方法分析各地区差异的时空演变趋势。因此,宁波海洋经济产业空间形态分析同样基于各种统计方法来进行空间分析。利用空间分析理论,分析海洋经济产业数据,可以定量分析宁波海洋经济产业空间差异情况,也可得到宁波海洋经济发展的总体发展态势。

首先是宁波海洋经济总体发展现状分析。根据海洋经济产业总产值的年际总量,利用曲线图分析总产值,同时可以利用洛伦兹曲线,直观分析海洋经济收入在某些产业部门的集中化程度。

其次是区域之间人均海洋产业产值的分析。区域之间人均海洋产业的绝对差异,可以采用标准差来分析得到。区域间的相对差异可以采用基尼系数或锡尔系数来测度,也可以上两种方法同时使用来验证两种方法的分析结果是否趋于一致。如果趋于一致,说明得到的分析结果可信度较高。

最后是宁波海洋经济结构的变动分析。海洋产业变动可以进行横向分析和纵向分析。

横向分析可以利用基尼系数,根据选定的时间点来分析各个海洋经济产业的集聚程度,以此来比较各个海洋产业在该时间点内的变化情况。纵向分析可以选择一个时间段来分析某一海洋产业变动情况。通过横向和纵向的综合析,可以掌握宁波海洋经济结构的变动情况。

(二)宁波海洋经济产业健康监测与评估分析

该分析主要运用了产业监测与评估模型,分别为景气循环法、综合模拟监测预警法和状态空间法。

(1)景气循环法:该方法认为,宏观经济运动是周期循环的,并且运动周期的峰值与波谷是比较有规律的。这种规律可以通过不同指标以及在变动中的关系表现出来。通过编制扩散指数和合成指数来确定峰谷和周期的具体方式,然后又把扩散指数和合成指数都分成先行、一致、落后三种状态[6]。一致指标是用来反映和监测当前经济景气变化的形势;滞后指标是用来进行事后验证并用作修订前一轮政策的依据;先行指标是用来反映并监测经济景气的当前态势(构建海洋经济景气指数、海洋经济警告指数,涉海产品价格指数等海洋经济监测指数群)。

(2)综合模拟监测预警法:此方法不把指标分为先行、一致、滞后指标,依赖于统计事实,通过数学方法选择若干经济指标,所选择的指标要与当前经济景气变动密切相关的。根据指标在样本区间的均衡目标值,确定临界点和等级区间。利用无量纲的方法得到去掉量纲后的分数值。计算综合分数值,与各指标临界点以及相应的指标区间相配套,设置模拟的灯号和灯号值。按综合模拟信号系统的灯号规定,依据指标值与分数值,对宏观经济的景气动向进行监测、预警和评判,最后提出实用的对策。

(3)状态空间法:该方法的主要数学基础是线性代数。它以因子分析法为主要的方法,从比较庞大的指标初始集合中筛选组成状态向量的特征向量,辅以经验判断修正,确定最小维数的状态向量。应用聚类分析的方法把具有一定时间维度的有值状态向量分为不同的类别。分析特征向量的特征变量,运用已有数据构造出预测状态向量,然后用模式判别函数对该状态向量进行类别的判别和预警分析。

(三)宁波海洋经济产业的发展前景预测

当前学者已经在海洋经济产业预测方面做了一些工作,他们主要使用灰色系统法 GM(1,1)模型[7]、趋势分析法[8]和成长曲线法[9]。以上三种方法都要求被拟合和预测的系统是一个稳定系统,具有可靠的统计数据,具备稳定的外部发展环境[10]。

(1)灰色系统法 GM(1,1)模型:它是基于随机的原始时间序列,经按时间累加后所形成的新的时间序列呈现的规律可用一阶线性微分方程的解来逼近。当原始时间序列隐含着指数变化规律时,灰色模型 GM(1,1)的预测是非常成功的。传统的灰预测模型 GM(1,1),为等间距灰序列的预测模型。利用灰色系统模型 GM(1,1)来预测海洋经济产业的总值和增加值等。最后用趋势图来直观地表示对未来宁波市海洋经济数据值增加的预测。

(2)趋势外推法(trend projection):它是生产预测中常用的一种方法[11]。它根据原始统计数据确定二次三项式的系数。通过对数据的分析,采用二次曲线模型分别表述宁波海洋经济中海洋第一产业、海洋第二产业、海洋第三产业增加值和相关产业增加值。利用趋势外推法来预测海洋经济的总值和增加值等。预测出海洋经济的数值后,也可与灰色系统模型GM(1,1)预测的结果就行校对,如果两种预测及结果相差不大,说明预测的结果较为可信。

(3)戈珀资成长曲线法(growth-curve approach):它利用指数函数描述经济成长。用上述两种预测方法得到不一样数据时,利用戈珀资成长曲线法,预测出海洋经济总值和增加值等。如其预测值与前两次相差很少,则说明三次预测具有很高的可信度。最后根据以上海洋经济产业发展预测结果对未来海洋经济发展最初判断来辅助相关决策。

参考文献

[1] 徐质斌,牛福增.《海洋经济学教程》.北京:经济科学出版社,2003年,第15-16页.

[2] 宋转玲,刘海行,李新放.《国内外海洋科学数据共享平台建设现状》.科技资讯,2013年,第36期,第20-23页.

[3] 马新房.《宁波海洋经济发展研究》.厦门:厦门大学,2009年.

[4] 《海洋经济知识读本》编委会.《海洋经济知识读本》.杭州:浙江大学出版社,2011年.

[5] 朱坚真,黄梅生,李林,闫玉科.《海洋经济学》.北京:高等教育出版社,2010年.

[6] 康晔,白丽华.《商品住宅市场预警方法研究》.经济研究导刊,2012年,第9期,第134-135页.

[7] 殷克东,秦娟,张斌等.《基于数列灰预测的海洋经济预测》.海洋信息,2007年,第4期,第13-16页.

[8] 徐丛春,李双建.《我国海洋经济发展趋势预测研究》.海洋开发与管理,2007年,第4期,第48-52页.

[9] 乔俊果.《三种数学模型在海洋经济预测中的应用》.广东海洋大学学报,2008年,第2期,第16-19页.

[10] 朱小檬,栾维新,孙爱田.《海洋经济前景预测分析》.大连海事大学学报(社会科学版),2009年,第8卷,第2期,第5-8页.

[11] 王唯涌.《如何用成长曲线法预测水产品销售量》.中国渔业经济,2001年,第3期,第44—45页.